机械工程基础课程指导

主编　张登霞　余凯平

合肥工业大学出版社

内容简介

本书是本科高等教育专业学员必修课程《机械工程基础》的教学辅导书,是依据新修订教学大纲和人才培养方案要求,结合军队人才培养特点,以及编者多年教学经验和体会编写而成的。书中章节次序与课程主教材《机械工程基础》保持一致,编有绪论、静力学基础、材料力学、工程材料、常用机构、机械传动、常用零部件、机械制造基础,共八章内容,每章均由教学基本内容、线上自学任务、章节内容提要、常见题型精解及学习效果测试五部分组成。

本书可作为《机械工程基础》和《机械设计基础》的配套教材,也可作为其他高等院校相关专业学员学习机械工程知识的教学用书或读物,还可供相关工程技术人员学习参考或机械工程领域研究生入学考试复习参考。

图书在版编目(CIP)数据

机械工程基础课程指导/张登霞,余凯平主编 .—合肥:合肥工业大学出版社,2024.7 (2025.1重印)

ISBN 978 - 7 - 5650 - 6653 - 5

Ⅰ.①机⋯　Ⅱ.①张⋯　②余⋯　Ⅲ.①机械工程—高等学校—教学参考资料
Ⅳ.①TH

中国国家版本馆 CIP 数据核字(2024)第 005144 号

机械工程基础课程指导

主编　张登霞　余凯平　　　　　　　　　　责任编辑　张择瑞

出　版	合肥工业大学出版社	版　次	2024 年 7 月第 1 版
地　址	合肥市屯溪路 193 号	印　次	2025 年 1 月第 2 次印刷
邮　编	230009	开　本	787 毫米×1092 毫米　1/16
电　话	理工图书出版中心:0551 - 62903204	印　张	10.25
	营销与储运管理中心:0551 - 62903198	字　数	231 千字
网　址	press. hfut. edu. cn	印　刷	安徽联众印刷有限公司
E-mail	hfutpress@163. com	发　行	全国新华书店

ISBN 978 - 7 - 5650 - 6653 - 5　　　　　　　　　　定价:30.00 元

如果有影响阅读的印装质量问题,请与出版社营销与储运管理中心联系调换。

编 委 会

前　　言

本书是本科高等教育专业学员必修课程《机械工程基础》的教学辅导书，是依据新修订教学大纲和人才培养方案要求，结合军队人才培养特点，以及编者多年教学经验和体会编写而成的。

在教材的编写过程中，贯彻了以下原则：

一是章节结构严谨、层次分明、条理清晰，能完整表达课程应包含的知识点，且章节次序与课程主教材《机械工程基础》保持一致，方便学员使用。

二是每章均由教学基本内容、线上自学任务、章节内容提要、常见题型精解及学习效果测试五部分组成，以便实施课前导学和课后复习。

三是坚持"管用、够用、适用"的教学指导思想，以必需、够用为度，以讲清概念、强化知识应用为教学重点，教学难易度满足教学需求。

四是重难点知识适当拓展，锻炼学员对基本知识的运用能力和创新实践能力，也为学有余力的学员提供学习研究空间。

《机械工程基础课程指导》编写工作由陆军炮兵防空兵学院张登霞、余凯平担任主编，并负责统稿。参与本书编写工作的有余凯平（第 1 章），张扬、李坤（第 2 章），严军、胡新亮（第 3 章），胡立明、朱世凡（第 4 章），张登霞、刘洲（第 5 章），沙琳、迟权德（第 6 章），汝艳、夏玲丽（第 7 章），胡玮、王涛（第 8 章），刘淑莉、肖桂凤（附录一），司东亚、罗天放（附录二）。陈刚教授精心审阅了全部书稿，并提出了宝贵的意见和建议。

本书可作为《机械工程基础》和《机械设计基础》的配套教材，也可作为其他高等院校相关专业学员学习机械工程知识的教学用书或读物，还可供相关工程技术人员学习参考或机械工程领域研究生入学考试复习参考。

书中不妥之处在所难免，恳望读者提出批评和改进意见，为后续编写修订提供参考。

《机械工程基础课程指导》编写组

2024 年 1 月

目　　录

第 1 章 绪 论

教学基本要求：

1. 了解机械的形成与发展、机械工程学科内涵。

2. 掌握机器、机构的特征，零件、构件、部件的概念及之间的关系。

3. 了解本课程主要学习内容、学习任务和学习方法。

线上自学任务：

明确课程研究对象。

学习目标：

1. 掌握机器、机构的特征，零件、构件、部件的概念。

2. 掌握机器、机构、零件、构件、部件之间的区别与联系。

知识要点：

机械、机器、机构、零件、构件、部件。

课前测试：

1. 机器和机构都有确定的运动，并可实现能量的转化。（　　　）

2. 下列哪一点是构件概念的正确表述？（　　　）

A. 构件是机器的制造单元　　　　　　B. 构件是机器的装配单元

C. 构件是由机器零件组合而成的　　　D. 构件是机器的运动单元

拓展课题：

军队机械化主要有哪些特征？如何理解军队机械化、信息化、智能化融合发展？

1.1 章节内容提要

1.1.1 机械的形成与发展

1. 在人类历史上，机械的进步是促进生产力发展的重要因素。

2. 各个工程领域的发展都要求机械工程有与之相适应的发展。

3. 机械始终伴随着高新技术的发展而发展。

1.1.2 机械与机械工程简介

1. 从广义角度讲,凡是能完成一定机械运动的装置都是机械。无论其结构和材料如何,只要是能实现一定的机械运动的装置就称之为机械。

2. 现代机械已成为一个包括机械运动执行系统、动力驱动系统、微机控制系统、传感系统相结合的非常复杂的机电一体化系统。

3. 机械工程学科是以有关的自然科学和技术科学为理论基础,结合在生产实践中积累的技术经验,研究和解决在开发设计、制造、安装、使用和维护各种机械中的理论和实际问题的一门应用学科。

4. 教育部颁布的"普通高等学校本科专业目录"中,机械工程本科专业有:机械设计制造及其自动化专业、材料成型及控制工程专业、工业设计专业、过程装备与控制工程专业和工业工程专业。

5. 教育部颁布的"授予博士、硕士学位和培养研究生的学科、专业目录"中,机械工程为一级学科,下设四个二级学科,分别为机械制造及其自动化、机械电子工程、机械设计及理论、车辆工程。

1.1.3 军队机械化与信息化概述

1. 机械化与信息化是两个不同的概念、不同的军事形态,是军队现代化的两个不同发展阶段。信息化是建立在机械化基础之上的,二者既有各自的规定性,又有相互间的密切联系。

2. 所谓机械化,是工业时代军队的基本形态。具体地说,它是在军事领域广泛利用动力技术、机械技术、材料技术,使军队具备快速机动力、高度防护力、超强打击力的武器系统、作战平台及作战体系的过程和目标。

3. 所谓信息化,是信息时代军队的基本形态。具体地说,它是在军事活动中,深入开发、广泛应用信息技术资源,实现各系统单元要素效能的综合集成,使己方实力得以最大发挥、敌方实力被最大抑制的过程和目标。

4. 机械化与信息化的辩证关系:机械化是信息化的基础和依托,信息化是机械化发展的必然趋势。

1.1.4 课程研究对象

1. 课程的研究对象是机械,机械是机器和机构的总称。

2. 机器是执行机械运动的装置,用来变换或传递能量、物料与信息。机器一般包含动力部分、传动部分、执行部分、控制系统四个基本组成部分。机器具有以下共同特征:

(1)它们都是由各制造单元(通常称为零件)经装配而成的组合体。

(2)组合体中各运动单元之间通常都具有确定的相对运动。

(3)工作时,组合体能代替或减轻体力劳动,去完成有效的机械功或进行能量转换、传递信息。

3. 机构、构件、零件和部件

(1)机构是指多个实物体的组合,能实现预期的运动和动力传递。凡具备机器前两个特征的称为机构。机构分为常用机构和专用机构。

机构与机器的区别在于:机构只是一个构件系统,而机器除构件系统外还包含电气、液压等其他装置;机构只用于传递运动和力,机器除传递运动和力之外,还应当具有变换或传递能量、物料、信息的功能。但是,在研究构件的运动和受力情况时,机器与机构之间并无区别。

(2)零件是指机器中不可拆的每一个最基本的制造单元体,分为通用零件和专用零件两大类。

(3)构件是由一个或几个零件所构成的刚性单元体。它可以是单一的零件,也可以是由几个零件组成的刚性结构。

(4)通常将一套协同工作且完成共同任务的零件组合称为部件。部件也有通用部件和专用部件之分,通常把一台机器划分为若干个部件。

1.1.5　课程主要学习内容

1. 学习工程力学知识,了解静力学的基本概念,理解力矩和力偶的概念,掌握物体受力分析、受力图及力系的平衡条件;理解平面应力状态下的胡克定律及欧拉公式的适用范围,掌握轴向拉伸和压缩、扭转、梁的对称弯曲的强度计算。

2. 学习工程材料知识,能辨认常用工程材料的种类及牌号,识别常用金属材料的主要性能,解释铁碳合金状态图的含义,了解金属材料改性与成形的方法。

3. 学习机械原理与设计知识,能绘制机构运动简图,计算机构自由度和轮系传动比,判断常用机构类型、拟定常用机械传动装置方案、设计常用机械零件、描述液压与气动装置的组成,举出机构、传动和零件在军事装备中应用的典型实例。

4. 学习机械制造知识,能描述金属切削基本原理,阐述常用切削加工方法及设备,说出机械加工工艺规程的一般设计方法。

1.1.6　课程地位、学习任务和方法

1. 机械工程基础是面向全院学员开设的一门专业背景课程。通过课程学习使学员系统地掌握机械工程基础知识和基本技能,具备将通用机械知识运用到装备实践中的能力,为后续课程,特别是为武器装备构造原理、操作使用等课程的学习奠定坚实的基础。

2. 课程教学以掌握概念、强化应用、培养技能为重点,注重分析和解决工程或武器装备中实际问题能力的培养。课程学习任务是掌握一般工况条件下军事机械中的常用机构和通用零部件的工作原理、运动特点、结构特点、基本设计计算方法和使用维护的知识。

3. 要学好本课程,首先要给予必要的重视,提高学习本课程的兴趣;其次要勤于观察各种机构和零件,结合课程内容多思考,主动地理论联系实际,增加感性知识,以有助于本课程的学习;最后要适当做些练习和简单设计,加深对所学内容的理解。

1.2 常见习题精解

例1 试说明机器、机构的特征,并举例。

分析 机械是机器和机构的总称。机器是执行机械运动的装置,用来变换或传递能量、物料与信息。机构是指多个实物体的组合,能实现预期的运动和动力传递。

解 根据上述分析,常见机器有汽车、火车、拖拉机、起重机、火炮、舰船、飞机、车床、铣床、刨床、机器人、打印机等,一般具有以下特征:

(1)它们都是由各制造单元(通常称为零件)经装配而成的组合体。

(2)组合体中各运动单元之间通常都具有确定的相对运动。

(3)工作时,组合体能代替或减轻体力劳动,去完成有效的机械功或进行能量转换、传递信息。

机构具备机器前两个特征,常用机构如连杆机构、凸轮机构、步进运动机构、齿轮机构等,专用机构如导弹上的陀螺机构等。

【评注】机构与机器的区别在于:机构只是一个构件系统,而机器除构件系统外还包含电气、液压等其他装置;机构只用于传递运动和力,机器除传递运动和力之外,还应当具有变换或传递能量、物料、信息的功能。但在研究构件的运动和受力情况时,机器与机构之间并无明显区别。

例2 试说明构件与零件的关系。

分析 零件是指机器中不可拆的每一个最基本的制造单元体,分为通用零件和专用零件两大类。构件是由一个或几个零件所构成的刚性运动单元体。

解 根据上述分析,构件可以是单一的零件,也可以是由几个零件组成的刚性结构。

【评注】零件是制造单元,构件是运动单元,通常将一套协同工作且完成共同任务的零件组合称为部件,部件也有通用部件和专用部件之分,通常把一台机器划分为若干个部件。

1.3 学习效果测试

1.3.1 判断题

1. 机器的传动部分都是机构。(　　)

2. 连杆是一个构件,也是一个零件。(　　)

3. 整体式连杆是最小的制造单元,所以它是零件而不是构件。(　　)

4. 减速器中的轴、齿轮、箱体都是通用零件。(　　)

5. 机构的主动件和从动件都是构件。(　　)

6. 机器是构件之间具有确定的相对运动,并能完成有用的机械功或实现能量转换的构

件的组合。(　　)

7. 构件可以由一个零件组成,也可以由几个零件组成。(　　)

1.3.2　选择题

1. 组成机器的运动单元体是(　　)。

A. 机构　　　　　　B. 构件　　　　　　C. 部件　　　　　　D. 零件

2. 机器与机构的本质区别是(　　)。

A. 是否能完成有用的机械功或转换机械能

B. 是否由许多构件组合而成

C. 各构件间能否产生相对运动

D. 两者没有区别

3. 下列实物中,哪一种属于专用零件(　　)。

A. 螺钉　　　　　　B. 起重吊钩　　　　　C. 螺母　　　　　　D. 键

4. 以下不属于机器的执行部分的是(　　)。

A. 数控机床的刀架　　　　　　B. 工业机器人的手臂

C. 汽车的轮子　　　　　　　　D. 空气压缩机

1.3.3　填空题

1. 由多个构件组成,具有确定的相对运动,能够实现预定的机械运动的构件组合体称为_____。

2. 机构和机器合称为_____。

3. 执行机械运动的装置,用来变换或传递能量、物料与信息称为_____。

4. 机器中不可拆的每一个最基本的制造单元体称为_____,由一个或几个零件所构成的刚性单元体称为_____。

5. 在各种机械中普遍使用的机构称为_____,仅在一定类型的机械中使用的特殊机构称为_____。

1.3.4　简答题

1. 近代三次技术革命与机械有何联系?

2. 何谓机械? 何谓机械工程?

3. 本课程的研究对象是什么?

4. 机械按功用如何分类?

5. 机械工程的主要研究方向有哪些?

6. 如何理解机械化水平是影响现代战争胜负的重要因素?

7. 军队机械化、信息化主要有哪些特征?

8. 指出下列机器的动力部分、传动部分、控制部分和执行部分:

(1)汽车;(2)自行车;(3)车床;(4)缝纫机;(5)电风扇;(6)磁带式录音机。

1.4　课后作业

1. 机器的特征有哪三个？
2. 对具有下述功用的机器各举出两个实例：
(1)原动机。
(2)将机械能变换为其他形式能量的机器。
(3)变换或传递信息的机器。
(4)传递物料的机器。
(5)传递机械能的机器。

附页:随堂笔记与知识梳理

附页:随堂笔记与知识梳理

第 2 章　静力学基础

教学基本要求：

1. 了解静力学的基本概念，掌握平衡、力矩、力偶等概念，熟悉平面力偶系的合成，掌握静力学公理。

2. 掌握常见的约束类型，掌握物体的受力分析与受力图，并能对实际中的问题进行受力分析和画受力图。

3. 理解力线平移定理和分布载荷，熟悉平面任意力系向一点简化的计算，掌握平面任意力系和平行力系的平衡条件。

线上自学任务：

任务一：静力学的基本概念和力学规律。

学习目标：

1. 了解静力学的基本概念。

2. 掌握力矩和力偶理论。

3. 熟练掌握静力学公理。

知识要点：

静力学公理。

课前测试：

1. 作用于刚体上的力是滑动矢量。（　　）

2. 物体受到二力作用下保持平衡，则该物体为二力构件。（　　）

3. 只要两个力大小相等、方向相反，该两力就组成一力偶。（　　）

4. 力偶只能使刚体转动，而不能使刚体移动。（　　）

5. 受二力作用而平衡的物体上所受的两个力一定是等值、反向、共线的。（　　）

拓展课题：

1. 静力学有哪四大公理？

2. 什么是二力构件？

任务二：受力分析。

学习目标：

1. 掌握常见的约束类型。

2. 掌握物体的受力分析与受力图，并能对实际中的问题进行受力分析和画受力图。

知识要点：

约束、受力分析。

课前测试：

1. 平面问题固定端约束有（　　）个未知量。

2. 约束反力的方向总是与非自由体被约束所限制的运动方向（　　）。

3. 柔性体约束只能限制物体沿柔性约束（　　）位移。

4. 固定铰链支座其约束反力一般用（　　）分量来表示。

5. 光滑接触面约束反力的方向沿着接触面在该点公法线（　　）被约束物体。

拓展课题：

1. 分析图 2-1 所示结构受力，并作整体和 AB、BC 构件受力图。（AB 构件自重不计）

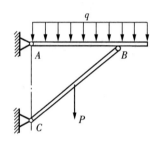

图 2-1

2. 绘出图 2-2 所示每个构件及整体的受力图。

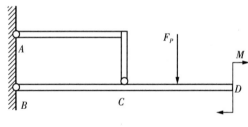

图 2-2

任务三：力系平衡方程及其应用。

学习目标：

1. 了解力线平移定理和分布载荷。

2. 熟悉平面任意力系向一点简化的计算。

3. 掌握平面任意力系和平行力系的平衡条件。

知识要点：

力线平移定理、平面力系的平衡计算。

课前测试：

1. 平面汇交力系向平面外一点简化，其结果只能是一个力。（　　）

2. 力系平衡的条件是＿＿＿＿＿＿＿＿。

3. 平面任意力系平衡方程有＿＿＿＿种形式。

4. 平面一般力系简化的结果：主矢不等于零，主矩等于零，则力系简化为一个＿＿＿＿。

拓展课题:

1. 已知结构尺寸和受力如图 2 - 3 所示,分别求 A、C 两处的约束反力。

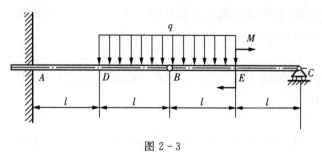

图 2 - 3

2.1 章节内容提要

2.1.1 基本概念

1. 力

力是物体间的相互作用。力对物件的作用效应使物体的机械运动发生了变化,同时也发生变形。前者称为力的外效应(又称运动效应);后者称为力的内效应(又称变形效应)。

2. 力系

力系是指作用于同一物体的一群力。

3. 刚体

任何情况下均不变形的物体称为刚体。

4. 平衡

所谓平衡,是指物体相对于地球处于静止或作匀速直线运动的状态。显然,平衡是机械运动的特殊形式。

5. 力矩

作用于物体的力,一般不仅可使物体移动,而且还可使物体转动。由物理学知,力使物体转动的效应是用力矩来度量的。

6. 力偶

在生活和生产实践中,我们常常同时施加大小相等、方向相反、作用线不在同一条直线上的两个力来使物体转动,在力学中,把这样的两个力称为力偶。

2.1.2 力学规律

1. 公理一

二力平衡公理:作用于刚体上的两个力,使刚体保持平衡的必要和充分条件是:两个力大小相等、方向相反、作用在同一条直线上。

2. 公理二

力的平行四边形法则:作用在物体上同一点的两个力,可以合成为一个也作用于该点的合力,合力的大小和方向由以这两个力为邻边所构成的平行四边形的对角线确定。

3. 公理三

加减平衡力系公理:在作用于刚体上的任何一个力系中,增加或减去任一个平衡力系,不改变原力系对刚体的作用。

(1)推论 1

力的可传性:作用于刚体上的力可以沿其作用线移动到刚体内的任意一点,而不改变该力对刚体的作用效应。

(2)推论 2

三力平衡汇交定理:刚体受三个力作用而处于平衡,其中两个力的作用线相交于一点,则此三力必在同一平面内,且汇交于同一点。

4. 公理四

作用与反作用定律:任何两个物体间相互作用的一对力总是大小相等,方向相反,沿同一直线,并同时分别作用在这两个物体上。这两个力互为作用和反作用力。

2.1.3 约束和约束反力

1. 柔性体约束

绳子、链条、皮带、钢丝等柔性物体,特点是只能受拉,不能受压。所以柔性体约束(图2-4)只能限制物体沿柔性体伸长方向的运动,其约束反力必沿柔性体而背离被约束的物体。

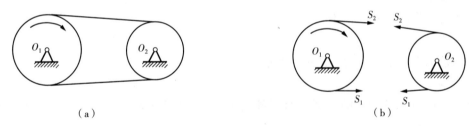

图 2-4 柔性体约束

2. 光滑接触面约束

两物体间的接触是光滑的,则被约束物体可沿接触面运动,或沿接触面在接触点的公法线方向脱离接触,但不能沿接触面的公法线方向压入接触面内(图2-5)。因此,其约束反力必通过接触点,沿接触面在该处的公法线,指向被约束物体。

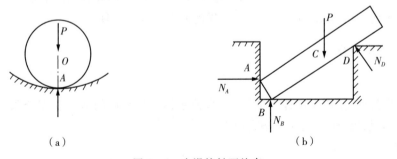

图 2-5 光滑接触面约束

3. 光滑铰链约束

这类约束包括圆柱形铰链约束、球形铰链约束和活动铰链约束。

(1)光滑圆柱形铰链约束

这类约束是由销钉连接两带孔的构件组成。工程中常见的有中间铰链约束和固定铰链约束两种形式。

销钉把具有相同孔径的两物体连接起来,便构成了中间铰链约束(图 2-6)。当忽略摩擦时,销钉对两物体的约束相当于光滑面约束,因此其约束反力必沿接触面的公法线而指向物体。但物体与销钉的接触点的位置与其受力有关,预先不能确定,所以约束反力的方向亦不能确定,通常用两正交分量来代替。

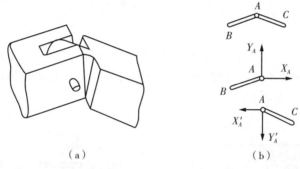

（a） （b）

图 2-6 中间铰链约束

如果销钉连接的两物体中有一个固联于地面,这类约束称为固定铰链约束(图 2-7),其约束反力的表示方法与中间铰链约束相同。

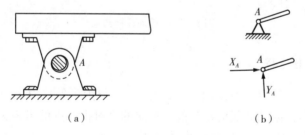

（a） （b）

图 2-7 固定铰链约束

径向轴承是工程中常见的一种约束(图 2-8),其约束反力的表示方法与光滑圆柱形铰链相同。

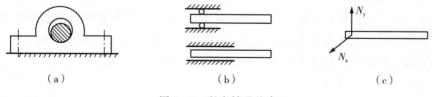

（a） （b） （c）

图 2-8 径向轴承约束

(2)球形铰链约束

这是一种空间约束形式。杆端的球体放在球窝内便构成了球形铰链约束(图 2-9)。球体可在球窝内任意转动,但不能沿径向移动,因此其约束反力作用于接触点且通过球心。但由于接触点的位置与其受力有关,不能预先确定,故约束反力亦不能预先确定,可用三个正交分量来代替。

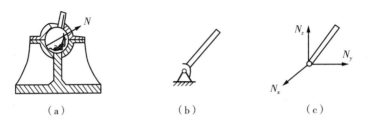

（a）　　　　　　（b）　　　　　　（c）

图 2 - 9　球形铰链约束

（3）活动铰链约束

根据工程需要,在铰链支座和支承面之间装上一排滚轮,便构成了活动铰链约束（图 2 - 10）,简称活动支座或辊座。显然,这种支座的约束性质与光滑接触面相同,其约束反力垂直于支承面,且作用线过铰链中心。

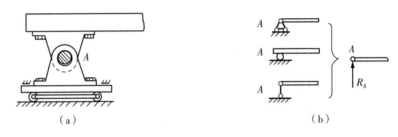

（a）　　　　　　　　　　　（b）

图 2 - 10　活动铰链约束

2.1.4　力线平移定理

作用于刚体上的力可以平移到刚体内的任一点,但为了保持原力对刚体的作用效应不变,必须附加一力偶,该附加力偶的矩矢等于原来的力对指定点的力矩矢。这就是力的平移定理,也称力线平移定理。

2.1.5　力系的简化

1. 平面力系的简化

若力系中各力的作用线在同一平面内任意分布,则该力系称为平面任意力系,简称为平面力系。显然平面力系是空间力系的特例,故空间力系简化的方法和结果对平面力系同样有效。平面力系的最终简化结果只有下列三种可能:平衡、合力偶、合力。

2. 空间力系简化结果的讨论

（1）$R' = 0$,$M_O = 0$,此时共点力系、力偶系都平衡;物体静止或匀速移动或匀速转动或匀速移动和匀速转动的合成。

（2）$R' = 0$,$M_O \neq 0$,此时共点力系平衡,但力偶系不平衡;物体转动呈变速状态,角加速度不为零。

（3）$\boldsymbol{R}' \neq 0, \boldsymbol{M}_O = 0$，此时力偶系平衡，但共点力系不平衡；物体移动呈变速状态，线加速度不为零。

（4）$\boldsymbol{R}' \neq 0, \boldsymbol{M}_O \neq 0$，此时共点力系、力偶系都不平衡；物体移动和转动都呈变速状态，线加速度和角加速度都不为零。

2.1.6　力系的平衡

1. 平面力系的平衡方程

平面力系是空间力系的特殊情形。因此，平面任意力系的平衡方程为

$$\sum F_x = 0, \quad \sum F_y = 0, \quad \sum M_O(\boldsymbol{F}) = 0 \qquad (2-1)$$

式（2-1）是平面任意力系平衡方程的基本形式，它包含三个独立的方程，可求解三个未知量。平面任意力系平衡方程还有如下两种形式：

$$\sum F_x = 0, \quad \sum M_A(\boldsymbol{F}) = 0, \quad \sum M_B(\boldsymbol{F}) = 0 \qquad (2-2)$$

其中，x 轴与 A、B 两点的连线不垂直。

$$\sum M_A(\boldsymbol{F}) = 0, \quad \sum M_B(\boldsymbol{F}) = 0, \quad \sum M_C(\boldsymbol{F}) = 0 \qquad (2-3)$$

其中，A、B、C 三点不共线。

2.2　常见习题精解

例 1　图 2-11 中已知 $F_P = 10\text{kN}, F_{P1} = 20\text{kN}, q = 20\text{kN/m}, d = 0.8\text{m}$。试求外伸梁的约束反力。

分析　该题考查平面任意力系的平衡问题及应用，均布荷载的简化。要明确 A、B 两处约束的类型分别为固定铰支座和活动铰支座。计算时，左边均布荷载可等效为一个集中力。根据平衡方程列算式计算。

解　首先进行受力分析，如图 2-12 所示。

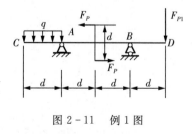

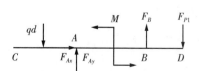

图 2-11　例 1 图　　　　　　　　　图 2-12　外伸梁受力分析图

列平衡方程：

$$\sum F_x = F_{Ax} = 0$$

$$\sum F_y = -qd + F_{Ay} + F_B - F_{P1} = 0$$

$$\sum M_A(\boldsymbol{F}) = qd \cdot \frac{d}{2} + F_P \cdot d + F_B \cdot 2d - F_{P1} \cdot 3d = 0$$

解得：$F_{Ax} = 0, F_{Ay} = 15\text{kN}, F_B = 21\text{kN}$。

【评注】 解决平衡问题的关键是，首先进行受力分析，正确画出受力图，然后列平衡方程，代入数据进行求解。

例 2 图 2-13 中已知 d、q，求 A、C 处的约束反力。

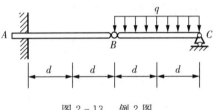

图 2-13 例 2 图

分析 该题考查平面力系的平衡问题及应用，均布荷载的简化以及约束类型的判断。其中 A 处为固定端约束，B 处为中间铰，C 处为活动铰支座，要明确不同约束的受力分析，这是解题的关键。右边均布荷载可等效为一个集中力。根据平衡方程列算式计算。

解 首先进行受力分析。

(1)BC 段受力分析图（图 2-14）

$$\sum M_B(\boldsymbol{F}) = -q \cdot 2d \cdot d + F_C \cdot 2d = 0$$

$$F_C = qd$$

(2) 整体受力分析图（图 2-15）

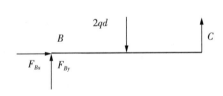

图 2-14 BC 段受力分析图

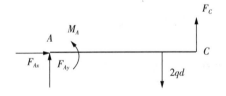

图 2-15 整体受力分析图

解得：$F_{Ax} = 0, F_{Ay} = qd, M_A = 2qd^2$

$$\sum F_x = F_{Ax} = 0$$

$$\sum F_y = F_{Ay} + F_C - 2qd = 0$$

$$\sum M_A(\boldsymbol{F}) = M_A - 2qd \cdot 3d + F_C \cdot 4d = 0$$

【评注】 解决平衡问题的关键是，首先进行受力分析，正确画出受力图，然后列平衡方程，代入数据进行求解。

　　例 3　平面刚架尺寸和受力如图 2-16 所示,图中各物理量均为已知,并作用于刚架平面内。求 A 处约束反力。

　　分析　该题考查平面任意力系的平衡问题及应用,刚架受一个外力偶、一个集中力和均布荷载。其中 A 处为固定端约束,受力分析如图 2-17 所示。右边均布荷载可等效为一个集中力。根据平衡方程列算式计算。

　　解　首先进行受力分析,如图 2-17 所示

$$\sum F_x = F_{Ax} - ql = 0, F_{Ax} = ql$$

$$\sum F_y = F_{Ay} - F_P = 0, F_{Ay} = F_P$$

$$\sum M_A(\boldsymbol{F}) = \frac{3}{2}ql^2 - F_P \cdot l - M + M_A = 0$$

$$M_A = M + F_P \cdot l - \frac{3}{2}ql^2$$

　　【评注】对物体进行受力分析,正确画出受力图,明确 A 处固定端约束的受力分析,右边均布荷载可以等效为一个集中力。

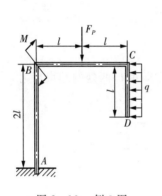

图 2-16　例 3 图

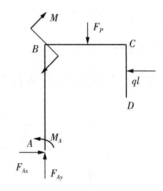

图 2-17　平面刚架受力分析图

2.3　学习效果测试

2.3.1　是非题

1. 作用于刚体上的力是滑动矢量。(　　)
2. 物体受到二力作用下保持平衡,则该物体为二力构件。(　　)
3. 平面汇交力系向平面外一点简化,其结果只能是一个力。(　　)
4. 作用于物体上的力系是一平衡力系,则该物体保持平衡。(　　)
5. 当轴向力的指向背离横截面时为正方向,指向朝向横截面时为负方向。(　　)

2.3.2 填空题

1. 物体变形很小时,可以忽略不计,这时物体可以抽象为_____。

2. 力系是指作用在物体上的_____。

3. 二力平衡原理是指_____。

4. 三力平衡汇交定理:作用在刚体上的三个力,如果平衡而且其中两个力汇交于一点,则三个力必_____。

5. 作用在物体上的力大致可分为两大类:主动力和_____。

6. 柔索约束的特点是:其产生的约束反力_____。

7. 光滑面约束的特点是:其产生的约束反力_____。

8. 对于刚体,力的三要素为:力的大小、方向和_____。

9. 力系中所有力对于同一点之矩的矢量和称为_____。

10. 一般力系的所有力的矢量和称为_____。

11. 力系平衡的条件是:_____。

12. 平面问题固定端约束有_____个未知量。

13. 静力学中的平衡是指:物体_____。

14. 平面任意力系平衡方程有_____个。

15. 平面任意力系平衡方程有_____种形式。

2.3.3 分析计算题

1. 已知结构尺寸和受力如图 2-18 所示。试求 A、C 两处的约束反力。

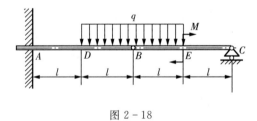

图 2-18

2. 如图 2-19 所示,已知 $M=60\text{kN}\cdot\text{m}$,$F_P=20\text{kN}$,试求外伸梁的约束反力。

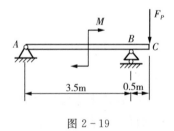

图 2-19

3. 如图 2-20 所示,已知 d、M,求 A、B 和 C 处的约束反力。

4. 如图 2-21 所示,结构尺寸和受力均已知,求 A 处全部约束反力。

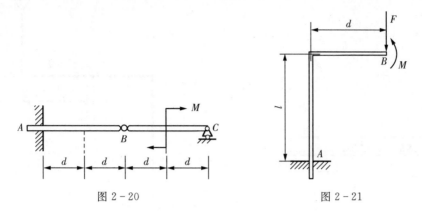

图 2-20

图 2-21

2.4　课后作业

1. 画出图 2-22 中每个标注字符物体的受力图,各题的整体受力图未画出重力,物体的重量均不计,所有接触处均为光滑接触。

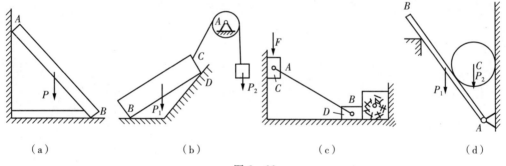

（a）　　　　　　　　　（b）　　　　　　　　　（c）　　　　　　　　　（d）

图 2-22

2. 曲柄连杆活塞机构的活塞上受力 $P = 400$N。如不计所有杆件的重量,试问在曲柄上加多大的力偶矩 M 方能使机构在图示位置平衡。尺寸如图 2-23 所示,单位为 mm。

3. 如图 2-24 所示的水平横梁 AB,A 端为固定铰链支座,B 端为一滚动支座。梁的长为 $4a$,梁重为 P,作用在梁的中点 C。在梁的 AC 段上受均布载荷 q,在梁的 BC 段上受力偶作用,力偶矩 $M = Pa$。试求 A 和 B 处的支座反力。

4. 如图 2-25 所示构架,由直杆 BC、CD 及直弯杆 AB 组成,各杆自重不计,杆 BC 受弯矩 M 作用,销钉 B 穿透 AB 及 BC 两构件。求固定端 A 的约束反力。

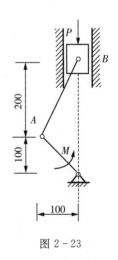

图 2-23

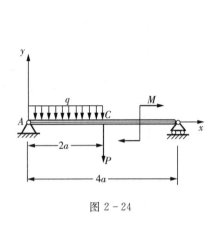

图 2 - 24

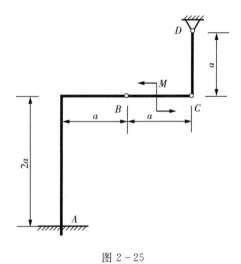

图 2 - 25

附页:随堂笔记与知识梳理

附页:随堂笔记与知识梳理

第3章　材料力学

教学基本要求：

1. 了解强度、刚度与稳定性的概念。

2. 了解构件受力和变形的种类。

3. 掌握低碳钢和铸铁受拉伸和压缩时的力学性能。

4. 掌握轴力、扭矩、弯矩的计算方法。

5. 会画轴力图、扭矩图和弯矩图。

6. 掌握轴向拉压、扭转、梁的纯弯曲的强度计算方法。

线上自学任务：

任务一：轴向拉伸和压缩。

学习目标：

1. 了解材料力学的基本概念。

2. 了解构件的变形种类。

3. 掌握截面法分析内力。

4. 熟练掌握轴力图的画法。

5. 掌握轴向拉伸压缩时应力的计算方法。

6. 了解胡克定律。

7. 掌握低碳钢和铸铁受拉伸和压缩时的力学性能。

8. 熟练掌握轴向拉伸和压缩时的强度计算方法。

知识要点：

截面法、轴力图、强度校核。

课前测试：

1. 材料力学研究的对象是（　　　）。

A. 刚体　　　　　B. 变形固体　　　　　C. 流体　　　　　D. 气体

2. （　　　）是指构件或零部件在确定的外力作用下，不发生破坏或过量塑性变形的能力。

A. 强度　　　　　B. 刚度　　　　　C. 稳定性　　　　　D. 弹性

3. 工程中以伸长和缩短为主要变形的构件称为（　　　）。

A. 杆　　　　　B. 轴　　　　　C. 梁　　　　　D. 柱

4. 用截面法求一水平杆某截面的内力时，是对（　　　）建立平衡方程求解的。

A. 该截面左段　　　　　　　　B. 该截面右段

C. 该截面左段或右段　　　　　　　　D. 整个杆

5. 设一阶梯形杆的轴力沿杆轴是变化的,则发生破坏的截面上(　　)。

A. 外力一定最大,且面积一定最小

B. 轴力一定最大,且面积一定最小

C. 轴力不一定最大,但面积一定最小

D. 轴力与面积之比一定最大

拓展课题:

1. 图 3 - 1 所示桁架,受铅垂载荷 $P = 50 \mathrm{kN}$ 作用,杆 1、2 的横截面均为圆形,其直径分别为 $d_1 = 15 \mathrm{mm}$, $d_2 = 20 \mathrm{mm}$, $\alpha = 15°$, $\beta = 45°$,材料的许用应力均为 $[\sigma] = 150 \mathrm{MPa}$。试校核桁架的强度。

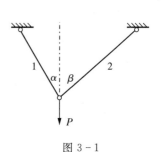

图 3 - 1

任务二:圆轴的扭转。

学习目标:

1. 掌握外力偶矩的计算。

2. 掌握扭矩的计算。

3. 熟练掌握扭矩图的画法。

4. 了解剪切胡克定律。

5. 了解截面剪应力分布规律。

6. 掌握剪应力计算公式。

7. 熟练掌握圆轴扭转时强度计算方法。

知识要点:

外力偶矩、扭矩图、强度校核。

课前测试:

1. 工程中以扭转为主要变形的构件称为(　　)。

A. 杆　　　　　　B. 轴　　　　　　C. 梁　　　　　　D. 柱

2. 电动机传动轴横截面上扭矩与传动轴的(　　)成正比。

A. 传递功率 P 　　　　　　　　　　B. 转速 n

C. 直径 D 　　　　　　　　　　　　D. 剪切弹性模量 G

3. 根据圆轴扭转时的平面假设,可以认为圆轴扭转时横截面(　　)。

A. 形状尺寸不变,直径线仍为直线

B. 形状尺寸改变,直径线仍为直线

C. 形状尺寸不变,直径线不保持直线

D. 形状尺寸改变,直径线不保持直线

4. 用同一材料制成的实心圆轴和空心圆轴,若长度和横截面面积均相同,则抗扭刚度较大的是(　　)。

A. 实心圆轴　　　　　　　　　　　B. 空心圆轴

C. 两者一样　　　　　　　　　　　D. 无法判断

5. 实心圆轴受扭,当其直径增加一倍时,则最大剪应力是原来的(　　)。

A. $\frac{1}{2}$倍　　　　　B. $\frac{1}{4}$倍　　　　　C. $\frac{1}{8}$倍　　　　　D. $\frac{1}{16}$倍

拓展课题:

1. 实心圆轴的直径 $d=100mm$,长 $l=1m$,其两端所受外力偶矩 $m=14kN\cdot m$,材料的剪切弹性模量 $G=80GPa$。试求:最大切应力及两端截面间的相对扭转角。

任务三:梁的弯曲。

学习目标:

1. 了解弯曲的概念。

2. 了解梁的三种常见的形式。

3. 掌握剪力和弯矩的计算。

4. 熟练掌握剪力图和弯矩图的画法。

5. 了解剪力、弯矩和载荷集度间的微分关系。

6. 熟练掌握梁弯曲时正应力的计算方法。

7. 熟练掌握梁弯曲时正应力的强度计算方法。

知识要点:

简支梁、剪力图、弯矩图、强度校核。

课前测试:

1. 在弯曲和扭转变形中,外力矩的矢量方向分别与杆的轴线(　　)。

A. 垂直、平行　　　　　　　　B. 垂直

C. 平行、垂直　　　　　　　　D. 平行

2. 在下列四种情况中,(　　)称为纯弯曲。

A. 载荷作用在梁的纵向对称面内

B. 载荷仅有集中力偶,无集中力和分布载荷

C. 梁只发生弯曲,不发生扭转和拉压变形

D. 梁的各个截面上均无剪力,且弯矩为常量

3. 对于图 3-2 中的弯矩,下列描述中(　　)是正确的。

A. 弯矩为正

B. 弯矩为负

C. 弯矩为零

D. 无法判断

图 3-2

4. 中性轴是梁的(　　)的交线。

A. 纵向对称面与横截面

B. 纵向对称面与中性面

C. 横截面与中性层

D. 横截面与顶面或底面

5. 矩形截面梁,若截面高度和宽度都增加一倍,则其强度将提高到原来的(　　)。

A. 2 倍　　　　　B. 4 倍　　　　　C. 8 倍　　　　　D. 16 倍

拓展课题：

1. 图 3 - 3(a)所示矩形截面简支梁，承受均布载荷 q 作用。若已知 $q=2\text{kN/m}$，$l=3\text{m}$，$h=2b=240\text{mm}$。试求截面横放[图 3 - 3(b)]和竖放[图 3 - 3(c)]时梁内的最大正应力，并加以比较。

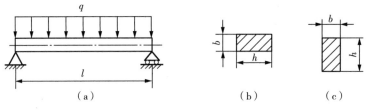

图 3 - 3

3.1 重点内容提要

3.1.1 基本概念

1. **强度**　构件抵抗破坏的能力。

2. **刚度**　构件抵抗变形的能力。

3. **稳定**　构件保持原有平衡状态的能力。

4. **材料力学的主要任务**　保证构件既安全又尽可能经济合理的前提下，为构件选择适当的材料、合适的截面形状和尺寸；为合理设计构件提供必要的理论基础和计算方法。

5. **三个基本假设**　均匀连续性假设、各向同性假设、小变形假设。

6. **杆件变形的基本形式**　轴向拉伸或压缩、剪切、扭转、弯曲和组合变形。

3.1.2 轴向拉伸和压缩

1. **轴向拉伸和压缩的概念**　作用在直杆上的外力或外力合力的作用线与杆轴线重合，其变形特征是杆将发生纵向伸长或缩短。

2. **内力**　由外力作用而引起的物体相邻部分质点之间相互作用力的改变量，即为材料力学中所研究的内力。

3. **截面法**　分析内力的一般方法是截面法。其步骤为：

(1)截开　在需求内力的地方，用一个平面假想地将杆件截分为两部分。

(2)代替　用作用于截面上的内力分量代替弃去部分对留下部分的作用。

(3)平衡　用静平衡方程求出各内力分量。

4. **轴力及轴力图**　杆件受外力轴向拉伸或压缩时，其横截面上的内力为沿构件轴线方向的力 N，称为轴力。以引起杆件纵向伸长的轴力为正，称为拉力；以引起杆件纵向缩短的轴力为负，称为压力。表明横截面上轴力沿截面位置变化情况的图线称为轴力图。

5. 拉(压)杆内的应力　应力是内力分布的集度。拉(压)杆横截面上只有正应力,其计算公式为:$\sigma = \dfrac{N}{A}$。

6. 拉(压)杆的应变和胡克定律　杆件受到轴向拉力时,轴向伸长,横向缩短;受到轴向压力时,轴向缩短,横向伸长。轴向变形:$\Delta l = l_1 - l$,轴向线应变:$\varepsilon = \dfrac{\Delta l}{l}$,胡克定律:$\Delta l = \dfrac{Nl}{EA}$。

7. 材料在拉伸和压缩时的力学性能

(1) 试验过程的四个阶段　弹性阶段、屈服阶段、强化阶段、局部变形阶段。

(2) 低碳钢在拉伸时的三个现象　屈服现象、颈缩现象、冷作硬化现象。

(3) 低碳钢拉伸时的特性参数　比例极限、弹性极限、屈服极限、强度极限、弹性模量。

(4) 低碳钢在拉伸时的两个塑性指标　延伸率和断面收缩率。

8. 拉(压)杆的强度条件　构件工作时的最大工作应力不得超过材料的许用应力。其计算公式为:$\sigma = \dfrac{N}{A} \leqslant [\sigma]$。

3.1.3　圆轴的扭转

1. 扭转的概念　直杆发生扭转变形的受力特征是杆受其作用面垂直于杆件轴线的外力偶系作用,变形特征是杆的相邻横截面将绕杆轴线发生相对转动。

2. 外力偶矩　工程中的传动轴、电机等,如已知其功率 $P(\text{kW})$ 和转速 $n(\text{r}/\text{min})$,则外力偶矩为:$M = 9549 \dfrac{P}{n}$。

3. 扭矩及扭矩图　扭转时横截面上的分布内力系的合力偶矩,称为扭矩,用 M_T 表示。其矢量方向垂直于横截面。通常规定当其矢量方向与截面外法线方向一致时为正值。扭矩图反映了扭矩沿杆轴线的变化情况。

4. 剪切胡克定律　在材料的比例极限范围内,切应力与切应变成正比,即 $\tau = G\gamma$。

5. 圆轴扭转的应力　横截面上某一点切应力大小为 $\tau_\rho = \dfrac{M_T}{I_P}\rho$;圆截面周边上的切应力为:$\tau_{max} = \dfrac{M_T}{I_P} \cdot \dfrac{D}{2} = \dfrac{M_T}{W_P}$,式中:$W_P = \dfrac{I_P}{D/2}$ 称为扭转截面系数,D 为圆截面直径。

6. 扭转的强度条件　圆轴扭转时,全轴中最大切应力不得超过材料允许极限值,否则将发生破坏。因此,强度条件为 $\tau_{max} = \dfrac{M_{Tmax}}{W_P} \leqslant [\tau]$。

7. 圆轴扭转的刚度条件　轴单位长度的扭转角 θ 不得超过许用值 $[\theta]$,即 $\theta = \dfrac{M_T}{GI_P} \leqslant [\theta]$。

3.1.4　梁的弯曲

1. 梁的基本形式　简支梁、外伸梁、悬臂梁。

2. 梁的剪力和弯矩、剪力图与弯矩图

（1）用截面法分析内力，横截面上的内力向形心简化后，在横截面内的内力元素称为剪力，用 Q 表示。平面弯曲时横截面内只有一个方向剪力作用。剪力的正负号规定为，使梁段顺时针旋转的剪力为正，反之为负。

（2）作用面垂直于横截面的内力偶矩称为弯矩，用 M 表示。平面弯曲时横截面内只有一个方向的弯矩作用。对于横梁，弯矩的正负号规定为，使得梁段下侧拉伸的弯矩为正，反之为负。

（3）剪力和弯矩随截面位置而变化的函数关系，即分别为梁的剪力方程和弯矩方程，即 $Q=Q(x)$，$M=M(x)$。剪力方程和弯矩方程的函数图形即为梁的剪力图和弯矩图。

3. 纯弯曲时梁横截面上的正应力　某梁段内各横截面上的剪力为零，只有常量弯矩作用时的弯曲，称为纯弯曲。其横截面上任意一点的正应力计算公式为：$\sigma=\dfrac{My}{I}$，最大正应力的计算公式为：$\sigma_{\max}=\dfrac{My_{\max}}{I}=\dfrac{M}{W}$。

4. 梁的正应力强度条件　为保证梁能正常工作，必须使其最大工作应力 $\sigma_{\max}$ 不超过材料的许用弯曲应力 $[\sigma]$。所以梁弯曲的强度条件为：$\sigma_{\max}=\dfrac{M_{\max}}{W}\leqslant[\sigma]$。

3.2　常见习题精解

例 1　试求图 3-4 所示各杆 1—1 和 2—2 横截面上的轴力，并作轴力图。

分析　使用截面法求内力，分别在 1—1 和 2—2 处截断，用内力 N_1 和 N_2 替代外力，列平衡方程求解，画出轴力图。

解　分别对各截取部分建立平衡方程 $\sum F=0$，求得截面 1 和截面 2 上的轴力分别为

$$N_1=2F,\quad N_2=F$$

轴力图如图 3-5 所示。

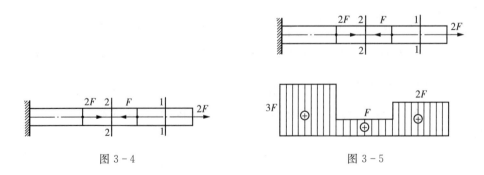

图 3-4　　　　　　　　　　　　　　图 3-5

【评注】悬臂杆可直接画图，其他情况一般应先求出约束力。

例 2　有一三角架如图 3-6 所示，其斜杆横截面积 $A_1=21.7\text{cm}^2$，横杆横截面积 $A_2=$

$25.5cm^2$，材料均为 Q235 钢，许用应力 $[\sigma]=120MPa$。求许用荷载 $[F]$。

分析　通过平衡方程可以求出斜杆和横杆受到的载荷,通过强度条件分别求出两杆的许用轴力,要想两杆都安全,受力取较小值。

解　(1)求斜杆和横杆的轴力与荷载的关系,见图 3-7。

$$\sum F_y = 0$$

$$F_1 = \frac{F}{\sin30°} = 2F$$

截面法得:$N_1 = F_1 = 2F$

$$\sum F_x = 0$$

$$F_2 = F_1\cos30° = 2F\cos30° = 1.732F$$

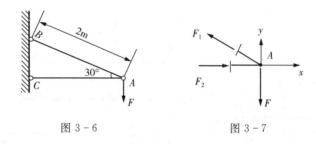

图 3-6　　　　　　　　　图 3-7

截面法得:$N_2 = F_2 = 1.732F$

(2)计算许可轴力。

由强度条件

$$\sigma = \frac{N}{A} \leqslant [\sigma]$$

知许用轴力为:

$$[N_1] = 21.7 \times 10^{-4}\,m^2 \times 120 \times 10^6\,N/m^2$$

$$= 260 \times 10^3\,N$$

$$= 260kN$$

$$[N_2] = 25.5 \times 10^{-4}\,m^2 \times 120 \times 10^6\,N/m^2$$

$$= 306 \times 10^3\,N$$

$$= 306kN$$

(3)计算许用荷载。

$$[F] = \frac{F_1}{2} = \frac{N_1}{2} = \frac{260kN}{2} = 130kN$$

$$[F_2] = \frac{F_2}{1.732} = \frac{N_2}{1.732} = \frac{306\text{kN}}{1.732} = 177\text{kN}$$

故斜杆和横杆都能安全工作的许用荷载应取

$$[F] = 130\text{kN}$$

【评注】拉压正应力强度条件可以校核强度、计算最大力和最小截面积。

例 3 传动轴的计算简图如图 3-8 所示,作用于其上的外力偶矩之大小分别是:$M_A = 2\text{kN} \cdot \text{m}$,$M_B = 3.5\text{kN} \cdot \text{m}$,$M_C = 1\text{kN} \cdot \text{m}$,$M_D = 0.5\text{kN} \cdot \text{m}$,转向如图。试作该传动轴之扭矩图。

分析 使用截面法求内力,分别在 AB、BC、CD 段截取,用内力 M_{T1}、M_{T2}、M_{T3} 替代,平衡方程计算内力,画出扭矩图。

解分别作截面 1—1、2—2、3—3,如图 3-9 所示。

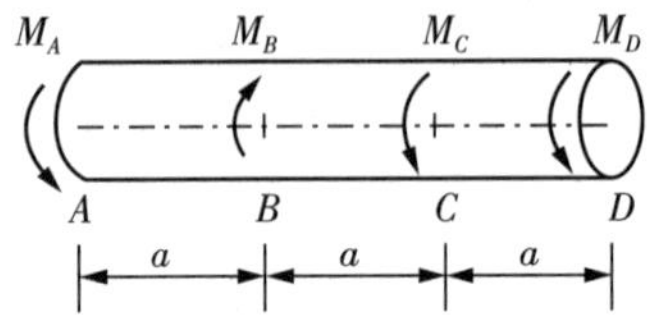

图 3-8

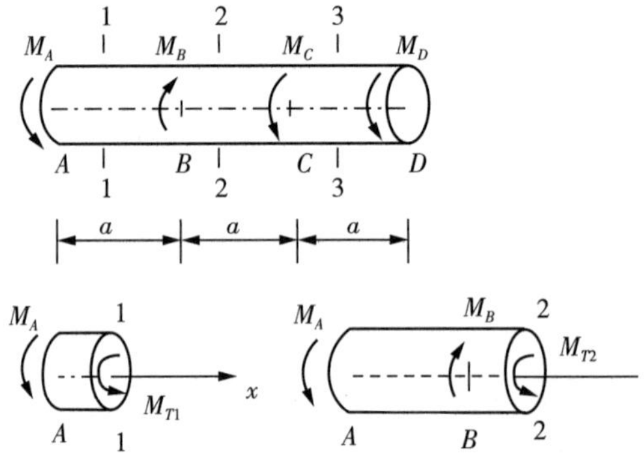

图 3-9

1—1 截面:

$$\sum M_x(F) = 0$$

$$M_{T1} + M_A = 0$$

$$M_{T1} = M_A = -2\text{kN} \cdot \text{m}$$

2—2 截面:

$$\sum M_x(F) = 0$$

$$M_{T2} - M_B + M_A = 0$$

$$M_{T2} = M_B - M_A = 3.5 - 2 = 1.5(\text{kN} \cdot \text{m})$$

同理得 $\qquad\qquad\qquad\qquad M_{T3} = 0.5\text{kN} \cdot \text{m}$

由此,可作扭矩图(图 3 - 10):

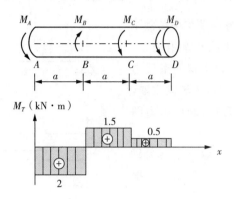

图 3 - 10

【评注】可通过扭矩图得到该传动轴横截面上的最大扭矩,为强度校核做准备。

例 4　阶梯形圆柱直径分别为 $d_1 = 4\mathrm{cm}$, $d_2 = 7\mathrm{cm}$,轴上装有 3 个皮带轮如图 3 - 11 所示。已知由轮 3 输入的功率为 $P_3 = 30\mathrm{kW}$,轮 1 输出的功率为 $P_1 = 13\mathrm{kW}$,轴作匀速转动,转速 $n = 200$ 转 / 分,材料的剪切许用应力 $[\tau] = 60\mathrm{MPa}$,$G = 80\mathrm{GPa}$。试校核轴的强度。

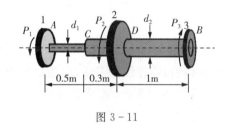

图 3 - 11

分析　依据公式 $M = 9549 \dfrac{P}{n}$ 计算外力偶矩,依据受力和截面积分别在 AC、CD、DB 段截取,使用截面法求内力扭矩,分段进行强度校核。

解　计算扭矩:

$$M_{T1} = 9.55 P_1 / n = 9.55 \times 13/200 = 0.612(\mathrm{kN \cdot m})$$

$$M_{T3} = 9.55 P_3 / n = 9.55 \times 30/200 = 1.432(\mathrm{kN \cdot m})$$

$$M_{T2} = M_{T3} - M_{T1} = 0.811\mathrm{kN \cdot m}$$

强度校核:

$$AC \text{ 段}: \tau_{\max} = \frac{16 M_{T1}}{\pi \cdot d_1^3} = \frac{16 \times 0.621 \times 10^3}{\pi \times 4^3 \times 10^{-6}} = 49.4(\mathrm{MPa}) < [\tau]$$

$$DB \text{ 段}: \tau_{\max} = \frac{16 M_{T3}}{\pi \cdot d_2^3} = \frac{16 \times 1.432 \times 10^3}{\pi \times 7^3 \times 10^{-6}} = 21.3(\mathrm{MPa}) < [\tau]$$

强度符合要求。

【评注】扭转切应力强度条件可以校核强度、计算最大扭矩和最小截面积,同时也要掌握截面积上扭转切应力的计算方法 $\tau_\rho = \dfrac{T \cdot \rho}{I_P}$，最大应力在离中心最远处。

例5 图 3-12 所示为一受集中荷载 F 作用的简支梁。试作其剪力图和弯矩图。

分析 先根据平衡受力求得约束反力 F_A 和 F_B，依据受力分别在 AC、CB 段截取，使用截面法求内力剪力和弯矩，画出剪力图和弯矩图。

解 (1) 求支座反力 取整个梁为研究对象，其受力图如图 3-12(a) 所示。根据静力平衡方程式 $\sum M_A = 0$，$\sum M_B = 0$，求得

$$F_A = \frac{Fb}{l}, F_B = \frac{Fa}{l}$$

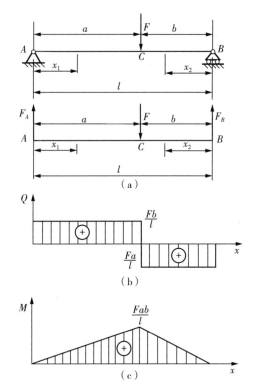

图 3-12

(2) 分段列剪力、弯矩方程 梁受集中力作用时载荷不连续。因此，必须以集中力的作用点 C 为分界点，将全梁分成两段，分段写出各段的剪力、弯矩方程。

在 AC 段内取距原点 A 为 x_1 的任意横截面，该截面以左有向上的力 F_A，其剪力方程和弯矩方程分别为

$$Q(x_1) = F_A = \frac{Fb}{l}(0 < x_1 < a) \tag{a}$$

$$M(x_1) = F_A x_1 = \frac{Fb}{l}x_1 (0 \leqslant x_1 \leqslant a) \tag{b}$$

对于 C 点右边梁段 CB，取距右端 B 为 x_2 的任意横截面，该截面以右有向上的力 F_B，其剪力方程和弯矩方程分别为

$$Q(x_2) = -FB = -\frac{Fa}{l}(0 < x_2 < b) \tag{c}$$

$$M(x_2) = FB x_2 = \frac{Fa}{l}x_2 (0 \leqslant x_2 \leqslant b) \tag{d}$$

(3) 绘制剪力图和弯矩图 由式(a) 和式(c) 可知，AC 和 CB 两段梁内各截面上剪力为常量，剪力图是两条平行于 x 轴的水平线，如图 3-12(b) 所示。若 $a > b$，则 CB 段的剪力值最大，即

$$|Q|_{max} = \frac{Fa}{l}$$

由式(b)和式(d)可知，AC 和 CB 两段内弯矩均是 x 的一次函数，弯矩图为斜直线，已知斜直线上两点即可确定这条直线。

AC 段：$x_1 = 0$ 时，$M = 0$；$x_1 = a$ 时，$M = \dfrac{Fab}{l}$

CB 段：$x_2 = 0$ 时，$M = 0$；$x_2 = b$ 时，$M = \dfrac{Fab}{l}$

用直线连接各点就得到两段梁的弯矩图，见图 3 - 12(c)。

【评注】由图可见，最大弯矩在截面 C 上，为

$$M_{max} = \frac{Fab}{l}$$

可见，在集中力 F 作用的 C 截面处，剪力图发生突变，突变量等于集中力 F 之值，弯矩图有一折角。

例 6 如图 3 - 13(a)所示由 45a 工字钢制成的吊车梁，其跨度 $l = 10.5\text{mm}$，材料的许用应力 $[\sigma] = 140\text{MPa}$，小车自重 $G = 15\text{kN}$，起重量为 F，梁的自重不计，求许用载荷 F。

分析 首先受力分析，计算出内力，画出弯矩图，依据梁的弯曲时正应力的强度计算公式，最大应力处要小于等于许用应力，计算得到梁的许用载荷。

解 (1)绘弯矩图并求最大弯矩。吊车梁可简化为简支梁，见图 3 - 13(b)。

当小车行驶到梁中点 C 时引起的弯矩最大，这时的弯矩图如图 3 - 13(c) 所示，最大弯矩为

$$M_{max} = \frac{(G + F)l}{4}$$

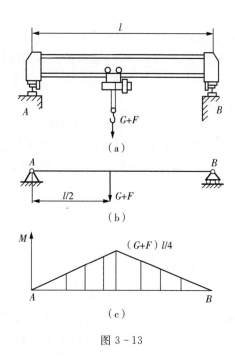

图 3 - 13

(2)确定许可载荷 F。查型钢表，45a 工字钢的抗弯截面模量 $W = 1430\text{cm}^2$。得梁允许的最大弯矩为

$$M_{max} \leqslant [\sigma]W = 140 \times 1430 \times 10^3 \approx 2 \times 10^8 (\text{N} \cdot \text{mm}) = 200\text{kN} \cdot \text{m}$$

故 $$F \leqslant \frac{4M_{max}}{l} - G = \frac{4 \times 200}{10.5} - 15 = 61.3(\text{kN})$$

【评注】梁的强度计算公式可以进行强度校核、截面尺寸设计和确定梁的许可载荷三个方面的强度计算问题。

3.3 学习效果测试

3.3.1 是非题

1. 材料力学研究的主要问题是微小弹性变形问题,因此在研究构件的平衡与运动时,可不计构件的变形。(   )

2. 在载荷作用下,构件截面上某点处分布内力的集度,称为该点的应力。(   )

3. 杆件两端受到等值,反向和共线的外力作用时,一定产生轴向拉伸或压缩变形。(   )

4. 轴力图可显示出杆件各段内横截面上轴力的大小但并不能反映杆件各段变形是伸长还是缩短。(   )

5. 轴向拉伸或压缩杆件横截面上正应力的正负号规定:正应力方向与横截面外法线方向一致为正,相反时为负,这样的规定和按杆件变形的规定是一致的。(   )

6. 在强度计算中,塑性材料的极限应力是指比例极限 σ_P,而脆性材料的极限应力是指强度极限。(   )

7. 用剪刀剪的纸张和用刀切的菜,均受到了剪切破坏。(   )

8. 圆轴扭转时,各横截面绕其轴线发生相对转动。(   )

9. 扭矩就是受扭杆件某一横截面左、右两部分在该横截面上相互作用的分布内力系合力偶矩。(   )

10. 用截面法确定梁横截面的剪力或弯矩时,若分别取截面以左或以右为研究对象,则所得到的剪力或弯矩的符号通常是相反的。(   )

3.3.2 填空题

1. 为了保证机器正常地工作,要求每个构件都有足够的抵抗破坏的能力,即要求它们有足够的_____;同时要求它们有足够的抵抗变形的能力,即要求它们有足够的_____;另外,对于受压的细长直杆,还要求它们工作时能保持原有的平衡状态,即要求其足够的_____。

2. 轴向拉伸与压缩时直杆横截面上的内力,称为_____。

3. 应力与应变保持线性关系时的最大应力,称为_____。

4. 常温下把材料冷拉到强化阶段,然后卸载,当再次加载时,材料的比例极限_____,而塑性_____,这种现象称为_____。

5. 在国际单位制中,弹性模量 E 的单位为_____。

6. 为了保证构件安全,可靠地工作,在工程设计时通常把_____应力作为构件实际工作应力的最高限度。

7. 材料力学中研究的杆件基本变形的形式有_____或_____、_____、_____和_____。

8. 凡以扭转变形为主要变形的构件称为_____。

9. 试观察圆轴的扭转变形,位于同一截面上不同点的变形大小与到圆轴轴线的距离有关,横截面上任意点的切应变与该点到圆心的距离成_____,截面边缘上各点的变形为最_____,而圆心的变形为_____;距圆心等距离的各点其切应变必然_____。

10. 若在梁的横截面上,只有弯矩而无剪力,则称此情况为_____。

3.3.3　分析计算题

1. 如图 3-14 所示轴向拉压杆,AB 段横截面面积为 $A_2 = 800\,\text{mm}^2$,BC 段横截面面积为 $A_1 = 600\,\text{mm}^2$。试求各段的工作应力。

2. 如图 3-15 所示三角形托架,AC 杆为圆截面杆,直径 $d = 20\,\text{mm}$,BD 杆为刚性杆,D 端受力为 15kN。试求 AC 杆的正应力。

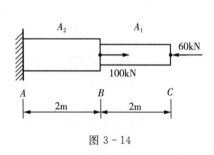

图 3-14

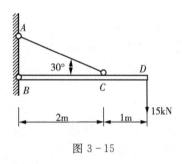

图 3-15

3. 图 3-16 所示圆轴受外力偶作用,其外力偶矩分别为:$m_A = 3342\text{N} \cdot \text{m}$,$m_B = 1432\,\text{N} \cdot \text{m}$,$m_C = m_D = 955\text{N} \cdot \text{m}$,试绘出该圆轴的扭矩图。

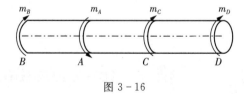

图 3-16

4. 求图 3-17 所示梁的支座反力及 C 截面的弯矩和剪力。

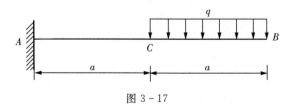

图 3-17

3.4 课后作业

1. 求图 3-18 所示各杆 1—1、2—2、3—3 截面上的轴力,并作轴力图。

2. 阶梯杆受载荷如图 3-19 所示。杆左端及中段是铜的,其许用力 $[\sigma]=20$MPa,横截面积 $A_1=20$cm^2,$E_1=100$GPa;右段是钢的,横截面积 $A_2=10$cm^2,$E_2=200$GPa。(9)试画出轴力图;(2)计算杆长的改变量;(3)核轴的强度。

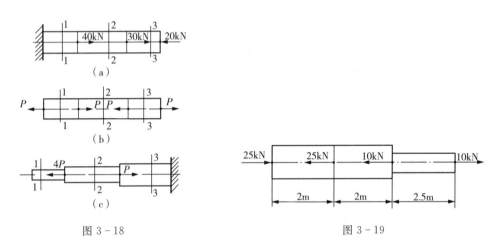

图 3-18   图 3-19

3. 直径 $D=50$mm 的圆轴受扭矩 $T=2.15$kN·m 的作用。试求距轴心 10mm 处的切应力,并求横截面上的最大切应力。

4. 图 3-20 所示矩形截面简支梁,材料容许应力 $[\sigma]=10$MPa,已知 $b=12$cm,若采用截面高宽比为 $h/b=5/3$,试求梁能承受的最大荷载。

5. 矩形截面悬臂梁如图 3-21 所示,已知 $l=4$m,$b/h=2/3$,$q=10$kN/m,$[\sigma]=10$MPa。确定此梁横截面的尺寸。

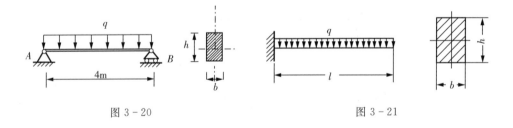

图 3-20   图 3-21

附页:随堂笔记与知识梳理

附页:随堂笔记与知识梳理

第4章　工程材料

教学基本要求：

1. 掌握工程材料的分类方法、力学性能、金属和合金的晶体结构、同素异构转变、相、组织等基本概念。

2. 能绘制简化的铁碳合金状态图。

3. 掌握钢的常用热处理工艺方法、组织转变和性能特点。

4. 掌握钢和铸铁的分类、牌号、性能特点和应用。

5. 了解非铁金属以及非金属材料的分类、牌号、性能特点和应用。

线上自学任务：

任务一：工程材料的种类、性能与晶体结构。

学习目标：

1. 掌握工程材料的分类方法、金属材料的力学性能指标。

2. 了解金属材料的物理性能、化学性能和工艺性能。

3. 掌握金属中常见晶体结构的类型、性能特点。

4. 了解纯金属的结晶过程。

5. 掌握过冷度、细晶强化、同素异构转变、相、组织等基本概念。

知识要点：

金属和合金的晶体结构。

课前测试：

1. 硬度适合于成品零件力学性能的测试。（　　）

2. $\alpha-Fe$ 具有的晶体结构是（　　）。

A. 体心立方　　　B. 面心立方　　　　　C. 密排六方

3. 金属的过冷度越大，晶粒越粗。（　　）

4. 铁在结晶完成之后其晶格类型不再变化。（　　）

5. 固溶体会造成材料力学性能变差。（　　）

拓展课题：

1. 分析合金的力学性能优于纯金属的原因。

任务二：铁碳合金状态图。

学习目标：

1. 掌握铁碳合金的基本组织及其性能。

2. 掌握铁碳合金状态图各点、线的含义。

3. 掌握碳钢和铸铁的分类。

4. 掌握钢在缓慢冷却过程中的组织转变过程。

5. 了解铸铁在缓慢冷却过程中的组织转变过程。

知识要点：

铁碳合金状态图。

课前测试：

1. 以下不属于铁碳合金基本组织的是（　　　）。

A. F　　　　　　　　B. A　　　　　　　　C. Ld　　　　　　　　D. C

2. 以下不属于铁碳合金基本相的是（　　　）。

A. L　　　　　　　　B. A　　　　　　　　C. P　　　　　　　　D. F

3. 只有含碳量为 0.77% 的铁碳合金才可能发生共析反应。（　　　）

4. 过共析钢的室温组织由珠光体和二次渗碳体组成。（　　　）

5. 铁素体含量越多，钢的强度越高。（　　　）

拓展课题：

1. 分析铁碳合金中渗碳体的不同形态和分布对合金性能的影响，总结铁碳合金的成分、组织、性能三者之间的关系。

任务三：钢的热处理及常用工程材料。

学习目标：

1. 掌握钢的热处理基本概念和分类。

2. 了解钢在加热和冷却时的组织变化规律。

3. 掌握常用的热处理工艺及其应用。

4. 掌握工业用钢的成分、性能、牌号和用途。

5. 掌握铸铁的成分、性能、牌号和用途。

6. 了解非铁金属及非金属材料的成分、性能、牌号和用途。

知识要点：

钢的热处理、材料的牌号。

课前测试：

1. 钢的热处理可以改变其组织和性能。（　　　）

2. 回火温度越高，钢的强度越高。（　　　）

3. 化学热处理是仅对钢的表面进行热处理的工艺。（　　　）

4. 以下属于合金钢的是（　　　）。

A. 45 钢　　　　　　　　　　　　B. T10 钢

C. 炮钢　　　　　　　　　　　　D. 硬铝合金

5. 可锻铸铁可以进行锻压加工。（　　　）

拓展课题：

1. 分析火炮身管性能要求、采用的钢种及热处理工艺。

4.1 章节内容提要

4.1.1 工程材料的种类与性能

1. 工程材料的种类

工程材料分为金属材料、高分子材料、陶瓷材料和复合材料四大类,通常也统称除金属材料以外的一切工程材料为非金属材料。

2. 金属材料的性能

(1)强度 在外力作用下,材料抵抗塑性变形和断裂的能力称为强度,是材料最重要、最基本的力学性能指标之一,主要包括:弹性极限 σ_e、屈服强度(屈服点)σ_s 或 $\sigma_{0.2}$、抗拉强度 σ_b 等。

(2)塑性 材料在外力作用下产生塑性变形而不断裂的能力称为塑性。塑性指标用断后伸长率(又称延伸率)δ 或断面收缩率 ψ 表示。

(3)刚度 材料在外力作用下,抵抗弹性变形的能力称为刚度。刚度的大小用弹性模量 E 衡量。

(4)硬度 硬度是指金属材料抵抗更硬物体压入的能力,它是衡量材料软硬程度的指标,它表征了材料抵抗表面局部弹性变形、塑性变形及破坏的能力。可用布氏硬度(HB),洛氏硬度(HR)和维氏硬度(HV)等多种硬度指标来表示材料的硬度。

(5)冲击韧性 在冲击载荷作用下,金属材料抵抗破坏的能力称为冲击韧性,其值以冲击韧度 α_K 来表征。

(6)疲劳强度 疲劳强度是指材料经无数次的应力循环仍不断裂的最大应力,用以表征材料抵抗疲劳断裂的能力。材料的疲劳极限用 σ_{-1} 表示。

4.1.2 金属和合金的晶体结构

1. 金属的晶体结构

(1)体心立方晶格 体心立方晶格的晶胞是一个立方体,在立方体的八个顶角上各有一个原子,在立方体的中心还有一个原子。具有体心立方晶格的金属有铬、钨、钼、钒及 α-Fe 等。

(2)面心立方晶格 面心立方晶格的晶胞也是一个立方体,在立方体的八个顶角上各有一个原子,同时在立方体的六个面的中心又各有一个原子。具有这种晶格的金属有铜、铝、银、金、镍及 γ-Fe 等。

(3)密排六方晶格 密排六方晶格的晶胞是一个正六棱柱体,在柱体的十二个顶角上各有一个原子,上下底面的中心也各有一个原子;晶胞内部还有三个呈品字形排列的原子。具有这种晶格的金属有铍、镁、锌和钛等。

2. 纯金属的结晶

(1)过冷度 金属材料通常经过熔炼和铸造,经历从液态到固态的凝固过程,这个过程称为结晶。实际上液态金属往往在低于 T_0 的 T_1 温度时开始结晶,这一现象称为过冷现象。理论结晶温度与实际结晶温度之差($\Delta T = T_0 - T_1$)称为过冷度,过冷度与冷却速度有关,冷却速度越快,过冷度越大。

(2)细晶强化 金属的晶粒大小对金属材料的力学性能、化学性能和物理性能影响很大。在一般情况下,晶粒越细小,则金属材料的强度和硬度越高,塑性和韧性越好。在工业生产过程中,常用细化晶粒的方法来提高金属材料的力学性能,这种方法称为细晶强化。

3. 金属的同素异构转变

金属在固态下随温度的改变,由一种晶格类型转变为另一种晶格类型的变化,称为金属的同素异构转变。式(4-1)为纯铁在不同温度下的结晶和同素异构转变过程。

$$\delta - Fe \quad \rightleftharpoons \quad \gamma - Fe \quad \rightleftharpoons \quad \alpha - Fe$$
$$\text{(体心立方晶格)} \qquad \text{(面心立方晶格)} \qquad \text{(体心立方晶格)} \tag{4-1}$$

4. 合金的结构

一种金属元素与其他金属或非金属元素通过熔化或其他方法结合成的具有金属特性的物质称为合金。组成合金的最基本的、独立的单元称为组元。合金中具有同一化学成分,同一晶格形式,并以界面的形式分开的各个均匀组成部分称为相。所谓组织,是指用肉眼或借助显微镜观察到的具有某种形态特征的微观形貌。

(1)固溶体 固溶体是溶质的原子溶入溶剂晶格中,但仍保持溶剂晶格类型的金属晶体。由于溶质原子的溶入,使溶剂晶格发生畸变,从而使合金对塑性变形的抗力增加,使材料的强度、硬度提高。这种由于溶入溶质元素形成固溶体,使材料力学性能变好的现象,称为固溶强化。固溶强化是提高金属材料力学性能的重要途径之一。

(2)金属化合物 金属化合物是指合金组元之间,按一定的原子数量比相互化合生成的一种具有金属特性的新相,一般可用分子式表示。金属化合物存在于合金中,可以使合金的强度、硬度、耐磨性提高,但塑性、韧性有所下降。金属化合物是合金的重要组成相。

(3)混合物 混合物是由两种以上的相机械地混合在一起而组成的一种多相组织。在混合物中,它的各组成相仍保持各自的晶格类型和性能。

4.1.3 铁碳合金

1. 铁碳合金的基本组织及性能

(1)铁素体(F) 碳溶入 $\alpha - Fe$ 中的间隙固溶体称为铁素体,用 F 表示。它保持 $\alpha - Fe$ 的体心立方晶格。铁素体室温时的力学性能与工业纯铁接近,其强度和硬度较低,塑性、韧性良好。

(2)奥氏体(A) 碳溶入 $\gamma - Fe$ 中的间隙固溶体称为奥氏体,用 A 表示。它仍保持 $\gamma - Fe$ 的面心立方晶格。奥氏体具有良好的塑性和低的变形抗力,易于承受压力加工,生产中常将钢材加热到奥氏体状态进行压力加工。

(3)渗碳体(Fe_3C) 渗碳体是铁与碳的化合物,碳的质量分数为 6.69%,它的晶体是复杂的斜方晶格,与铁和碳的晶体结构完全不同。渗碳体硬度很高,塑性几乎为零。钢中含碳量越高,渗碳体越多,硬度越高,而塑性、韧性越低。

(4)珠光体(P)　珠光体是铁素体和渗碳体的混合物,碳的质量分数为 0.77%,显微形态一般是一片铁素体与一片渗碳体相间呈片状存在。由于珠光体是由硬的渗碳体片与软的铁素体片相间组成的混合物,故其力学性能介于两者之间。

(5)莱氏体(Ld)　奥氏体和渗碳体组成的机械混合物称为莱氏体。莱氏体的力学性能和渗碳体相似,硬度很高,塑性、韧性很差。

2. 铁碳合金状态图

状态图是表示在平衡状态(极其缓慢冷却或加热状态)下,合金的成分、温度与组织之间关系的简明图表。利用状态图,可以方便地掌握合金的结晶过程和组织变化规律。铁碳合金状态图表述了在平衡状态下合金的成分、温度与组织之间的关系。铁碳合金状态图又称为 Fe－Fe$_3$C 状态图。

(1)铁碳合金状态图的分析

铁碳合金状态图中有四个基本相,即液相(L)、奥氏体相(A)、铁素体相(F)和渗碳体相(Fe$_3$C),各有其相应的单相区。状态图中各条线都表示铁碳合金发生组织转变的界限,所以这些线就是组织转变线,又称特性线。

液态合金只有在 C 点(1148℃、碳质量分数为 4.3%),通过共晶反应将同时结晶出奥氏体和渗碳体的机械混合物——莱氏体。其反应式为

$$L_C \xrightleftharpoons{1148℃} Ld(A+Fe_3C) \qquad\qquad (4-2)$$

当 S 点成分的奥氏体冷却到 PSK 线温度时,将同时析出铁素体和渗碳体的机械混合物——珠光体,此反应称为共析反应,其反应式为

$$A_S \xrightleftharpoons{727℃} P(F+Fe_3C) \qquad\qquad (4-3)$$

根据碳质量分数的不同,可将铁碳合金分为钢和铸铁两大类。

① 钢　指碳质量分数小于 2.11% 的铁碳合金。依照室温组织的不同,可将钢分为如下三类:

亚共析钢——碳质量分数<0.77%;

共析钢——碳质量分数=0.77%;

过共析钢——碳质量分数>0.77%。

② 铸铁　即生铁,它是指碳质量分数为 2.11%～6.69% 的铁碳合金。依照室温组织的不同,可将铸铁分为如下三类:

亚共晶铸铁——碳质量分数<4.3%;

共晶铸铁——碳质量分数=4.3%;

过共晶铸铁——碳质量分数>4.3%。

(2)钢在缓慢冷却过程中的组织转变

在铁碳合金状态图的实际应用中,常需分析具体成分合金在加热或冷却过程中的组织

转变。下面以图4-1所示的典型成分的碳素钢为例，分析其在缓慢冷却过程中的组织转变规律。

① 共析钢　是指 S 点成分合金，如图 4-1 中的合金 I 所示。其结晶过程为：液态→液态＋奥氏体→奥氏体→珠光体。共析钢的室温组织全部为珠光体。

② 亚共析钢　是指 S 点成分以左的合金，如图 4-1中的合金 II 所示。其结晶过程为：液态→液态＋奥氏体→奥氏体→奥氏体＋铁素体→珠光体＋铁素体不再发生变化。亚共析钢的室温组织由铁素体和珠光体构成。

③ 过共析钢　是指碳质量分数超过 S 点成分的钢，如图 4-1 中的合金 III 所示。其结晶过程为：液态→液态＋奥氏体→奥氏体→奥氏体＋ Fe_3C_{II} →珠光体＋ Fe_3C_{II}。过共析钢的室温组织由珠光体和二次渗碳体组成。

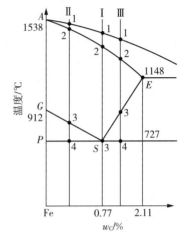

图 4-1　铁碳合金状态图的典型合金

4.1.4　钢的热处理

钢的热处理是将钢在固态下，通过加热、保温和冷却，以获得预期组织和性能的工艺。热处理与其他加工方法（如铸造、锻压、焊接和切削加工等）不同，只改变金属材料的组织和性能，而不以改变形状和尺寸为目的。热处理的工艺方法大致可分为普通热处理（退火、正火、淬火、回火等）和表面热处理（表面淬火和化学热处理）。

1. 钢在加热和冷却时的组织转变

加热是热处理工艺的首要步骤。将钢加热到临界温度以上，使原有的组织转变成奥氏体后，再以不同的冷却方式或速度转变成所需的组织，以获得预期的性能。欲使共析钢完全转变成奥氏体，必须加热到 Ac_1 以上；对于亚共析钢，必须加热到 Ac_3 以上，否则难以达到应有的热处理效果。钢经过加热、保温实现奥氏体化后，接着便需进行冷却。依据冷却方式及冷却速度的不同，过冷奥氏体（A_1 线以下不稳定状态的奥氏体）可形成多种组织。如珠光体（P）、索氏体（S）、托氏体（T）、贝氏体（B）、马氏体（M）等。

2. 钢的退火和正火

（1）退火　退火是将钢加热、保温，然后随炉或埋入灰中使其缓慢冷却的热处理工艺。常用的有完全退火、球化退火和去应力退火。

（2）正火　正火是将钢加热到 Ac_3 以上 30～50℃（亚共析钢）或 Accm 以上 30～50℃（过共析钢），保温后在空气中冷却的热处理工艺。正火和完全退火的作用相似，也是将钢加热到奥氏体区，使钢进行重结晶，从而解决铸钢件、锻件的粗大晶粒和组织不均问题。但正火比退火的冷却速度稍快，形成了索氏体组织。

3. 淬火和回火

淬火和回火是强化钢最常用的工艺。通过淬火、再配以不同温度的回火，可使钢获得所需的力学性能。

（1）淬火　将钢加热到 Ac_3 或 Ac_1 以上 30～50℃，保温后在淬火介质中快速冷却，以获得马氏体组织的热处理工艺。

（2）回火　将淬火的钢重新加热到 Ac_1 以下某温度，保温后冷却到室温的热处理工艺，称为回火。回火的主要目的是消除淬火内应力，以降低钢的脆性，防止产生裂纹，同时也使钢获得所需的力学性能。总的趋势是回火温度愈高、析出的碳化物愈多，钢的强度、硬度下降，而塑性、韧性升高。

根据回火温度的不同，可将钢的回火分为低温回火（250℃以下）、中温回火（250～500℃）和高温回火（500℃以上）。淬火并高温回火的复合热处理工艺称为调质处理。广泛用于承受循环应力的中碳钢重要件，如连杆、曲轴、主轴、齿轮、重要螺钉等。调质后的硬度为 20～35HRC。

4. 表面淬火和化学热处理

表面淬火和化学热处理都是为改变钢件表面的组织和性能，仅对其表面进行热处理的工艺。表面淬火是通过快速加热，使钢的表层很快达到淬火温度，在热量来不及传到钢件心部时就立即淬火，从而使表层获得马氏体组织，而心部仍保持原始组织。表面淬火的目的是使钢件表层获得高硬度和高耐磨性，而心部仍保持原有的良好韧性，常用于机床主轴、发动机曲轴、齿轮等。化学热处理是将钢件置于适合的化学介质中加热和保温，使介质中的活性原子渗入钢件表层，以改变钢件表层的化学成分和组织，从而获得所需的力学性能或理化性能。

4.1.5　常用工程材料

1. 工业用钢

钢主要由生铁冶炼而成，是机械制造中应用最广的金属材料。

（1）碳素钢

碳素钢，简称碳钢。碳素钢的碳质量分数在 1.5％ 以下，除碳之外，还含有硅、锰、磷、硫等杂质。碳对钢的组织和性能影响很大。钢中杂质含量对其性能也有一定影响。磷和硫是钢中的有害杂质。磷可使钢的塑性、韧性下降，特别是在低温时脆性急剧增加，这种现象称为冷脆性。硫在钢的晶界处可形成低熔点的共晶体，致使含硫较高的钢在高温下进行热加工时容易产生裂纹，这种现象称为热脆性。由于磷、硫的有害作用，必须严格限制钢中的磷、硫含量，并以磷、硫含量的高低作为衡量钢的质量的重要依据。

碳素钢通常分如下三类：

① 碳素结构钢　以低碳钢为主，其牌号以代表屈服强度的"屈"字汉语拼音首字母 Q 和后面三位数字来表示，每个牌号中的数字表示该钢种厚度小于 16mm 时的最低屈服强度（MPa）。在钢号尾部可用 A、B、C、D 表示钢的质量等级，在牌号的最后还可用符号标志其冶炼时的脱氧程度，如 Q215A 表示屈服强度大于 215MPa 的 A 级碳素结构钢。

② 优质碳素结构钢　其硫、磷质量分数较小（<0.035％），主要用于制造机器零件。其牌号用两位数字表示，这两位数字即是钢中平均含碳量的万分数。如 20 钢表示平均碳质量

分数为 0.20% 的优质碳素结构钢。

③ 碳素工具钢　碳素工具钢的含碳量高达 0.7%～1.3%，淬火、回火后有高的硬度和耐磨性，常用于制造锻工、钳工工具和小型模具。牌号以符号"T"（"碳"的汉语拼音首字母）开始，其后面的一位或两位数字表示钢中平均碳质量分数的千分数。碳素工具钢一般均为优质钢。对于硫、磷含量更低的高级优质碳素工具钢，则在数字后面增加"A"表示，例如 T10A 表示平均碳质量分数为 1.0% 的高级优质碳素工具钢。

（2）低合金钢

低合金钢是指合金总含量较低（小于 3%）、碳质量分数也较低的合金结构钢。这类钢通常在退火或正火状态下使用，成形后不再进行淬火、调质等热处理。低合金高强钢的牌号表示方法与碳素结构钢相同，即以字母"Q"开始，后面以三位数字表示其最低屈服强度，最后以符号表示其质量等级。如 Q345A 表示屈服强度不小于 345MPa 的 A 级低合金高强钢。

（3）合金钢

当钢中合金元素超过低合金钢的限度时，即为合金钢。合金钢不仅合金元素含量高，且严格控制硫、磷等有害杂质的含量，属于优质钢或高级优质钢。常分为合金结构钢和合金工具钢。

合金结构钢指常用于制造机器零件用的合金钢。牌号通常以"数字＋元素符号＋数字"来表示。牌号中开始的两位数字表示钢的平均含碳量的万分数，元素符号及其后的数字表示所含合金元素及其平均含量的百分数。当合金元素含量小于 1.5% 时，则不标其含量。高级优质合金钢则在牌号尾部增加符号"A"。滚动轴承钢的牌号表示方法与前述不同，在牌号前面加符号"G"表示"滚动轴承钢"，而合金元素含量用千分数表示。

合金工具钢主要用于制造刀具、量具、模具等，含碳量甚高。合金工具钢分为量具、刃具用钢、耐冲击工具用钢、冷作模具钢、热作模具钢等。牌号与合金结构钢相似，不同的是以一位数字表示平均碳质量分数的千分数，若碳质量分数超过 1%，则不标出。例外的是，高速钢的碳质量分数尽管未超过 1%，牌号中也不标出。

2. 铸铁

铸铁是 C 含量大于 2.11% 的铁碳合金，常用为 2.5%～4.0%。根据碳在铸铁中存在形式的不同，常用铸铁有灰铸铁、球墨铸铁、可锻铸铁、蠕墨铸铁和合金铸铁等。

灰铸铁牌号冠以 HT（灰铁），后面数字表示抗拉强度（σ_b）。如 HT300 表示抗拉强度 300MPa 的灰铸铁。球墨铸铁牌号由 QT（球铁）和两组数字组成，前一组数字表示抗拉强度（σ_b），后一组数字表示延伸率（δ）。如 QT400－18 表示抗拉强度为 400MPa，延伸率为 18% 的球墨铸铁。蠕墨铸铁的牌号用 RuT（蠕铁）加一组数字表示，数字表示抗拉强度值。例如 RuT420 表示抗拉强度不低于 420MPa 的蠕墨铸铁。可锻铸铁的牌号用 KT（可铁）及其后的 H（表示黑心可锻铸铁）或 Z（表示珠光体可锻铸铁），再加上分别表示其最小抗拉强度和伸长率的两组数字组成。如 KTH300－06 即抗拉强度为 300MPa、伸长率为 6% 的黑心可锻铸铁。

3. 非铁金属及其合金

在工程上通常将钢铁材料以外的金属或合金，称为非铁金属或非铁合金，或统称为非铁金属材料。

（1）铝及其合金纯铝的特点是密度小、强度低、导电性和导热性好、抗大气腐蚀性好。工业纯铝牌号有 L1、L2、L3、L4、L5 等，序号越大，纯度越低。为提高铝的强度、硬度，使其能作为受力的结构件，采取在铝中加入一定的合金元素使之合金化，从而得到一系列性能优异的铝合金。目前用于制造铝合金的合金元素主要有 Si、Cu、Mg、Mn、Zn、Li 等。

（2）铜及其合金纯铜又称紫铜，具有优良的导电、导热、耐蚀和焊接性能，又有一定的强度，广泛用于导电、导热和耐蚀器件。工业纯铜牌号有 T1、T2、T3 和 T4 四种。序号越大，纯度越低。铜合金按加入元素可分为黄铜、白铜和青铜。

4. 非金属材料

非金属材料通常是指除金属材料以外的一切工程材料，主要指高分子材料、陶瓷和复合材料等。

（1）高分子材料　高分子材料由大量低分子化合物聚合而成，因相对分子质量很大，故也称为高分子化合物或高聚物。常用高分子材料有塑料、橡胶、纤维和黏结剂等。

（2）陶瓷材料　陶瓷是指用各种粉状原料做成一定形状后，在高温窑炉中烧制而成的一种无机非金属固体材料。陶瓷泛指无机非金属材料。

（3）复合材料　复合材料是指两种或两种以上性能不同的材料组成的性能优异的多相材料。复合材料中至少由两大相组成：一类是基体相，起黏结、保护纤维并把外加载荷造成的应力传递到纤维上去的作用，基体相可以由金属、树脂、陶瓷等构成；另一类为增强相，是主要承载相，并起着提高强度（或韧性）的作用，增强相的形态各异，有细粒状、短纤维、连续纤维、片状等。工程上开发应用比较多的是用纤维增强的复合材料。

4.2　常见习题精解

例 1　在设计拖拉机缸盖螺钉时应选用的强度指标是（　　　）.

A. σ_b　　　　　B. σ_s　　　　　C. $\sigma_{0.2}$　　　　　D. σ_e

分析　对于绝大多数机械零件，在工作中都不允许产生明显的塑性变形。因此，屈服强度是选择和设计塑性材料的最主要依据。

解　答案 B

【评注】在外力作用下，材料抵抗塑性变形和断裂的能力称为强度，是材料最重要、最基本的力学性能指标之一，主要包括弹性极限 σ_e、屈服强度（屈服点）σ_s 或 $\sigma_{0.2}$、抗拉强度 σ_b 等。

例 2　在室温下，45 钢的相组成物是_____，组织组成物是_____。

分析　合金中具有同一化学成分、同一晶格形式，并以界面的形式分开的各个均匀组成部分称为相。所谓组织，是指用肉眼或借助显微镜观察到的具有某种形态特征的微观形貌。实质上它是一种或多种相按一定的方式相互结合所构成的整体的总称。在铁碳合金中，在结晶和随后的冷却过程中，由于铁和碳的相互作用，可以形成固溶体、金属化合物及由固溶体和金属化合物组成的混合物。其中，铁素体、奥氏体和渗碳体为铁碳合金的基本相，珠光体和莱氏体为铁碳合金的基本组织。根据铁碳合金相图，可看出不同成分钢的相组成物和组织组成物。

解 45钢的相组成物是铁素体＋渗碳体,组织组成物是铁素体＋珠光体。

【评注】注意区分相与组织,相组成物与组织组成物的关系。"相"实质上是晶体结构相同状态。相是指材料中结构相同、化学成分及性能均一的组成部分,相与相之间有界面分开。从结构上讲,"相"是合金中具有同一原子聚集状态,而固相即指具有一定的晶体结构和性质。

组织一般系指用肉眼或在显微镜下所观察到的材料内部所具有的某种形态特征或形貌图像,实质上它是一种或多种相按一定方式相互结合所构成的整体的总称。因此,"相"构成了"组织"。正是由于相的形态、尺寸、相对数量和分布的不同,才形成各式各样的组织,即组织可由单相组成,也可由多相组成。组织是材料性能的决定性因素。在相同条件下,不同的组织对应着不同的性能。常把在合金相图分析中出现的"相"称为相组成物,出现的"显微组织"称为组织组成物。

例3 比较退火状态下的45钢,T8钢,T12钢的硬度、强度和塑性的高低,并简述其原因。

分析 碳对钢的组织和性能影响很大。45钢,T8钢,T12钢分别为亚共析钢、共析钢和过共析钢,可根据教材图4-23对其力学性能进行分析。

解 退火状态下,45钢、T8钢、T12钢的硬度上升,塑性、韧性下降。T8钢强度最高,T12钢次之,45钢强度最低。因为退火状态下,亚共析钢随碳质量分数的增加,珠光体增多,铁素体减少,因而钢的强度σ_b、硬度上升,而塑性、韧性下降。碳质量分数ω_C超过共析成分时,因出现网状二次渗碳体,随着碳质量分数ω_C的增加,尽管硬度直线上升,但由于脆性加大,强度σ_b反而下降。

【评注】该题解答时注意明确钢的成分(含碳量)—组织组成物—力学性能间的关系,即成分决定组织,而组织决定性能。简述原因时要围绕这个主线,说清钢的类型,具有何种组织,以及该组织具有什么样的性能特点。

例4 某汽车齿轮选用20CrMnTi材料制作,其工艺路线如下:

下料→锻造→正火①→切削加工→渗碳②淬火③低温回火④→喷丸→磨削加工。

请分别说明上述①、②、③和④四项热处理工艺的目的及工艺。

分析 热处理可提高零件的强度、硬度、韧性、弹性等,同时还可改善毛坯或原材料的切削加工性能,使之易于加工。正火是将钢加热到奥氏体区,使钢进行重结晶,从而解决铸钢件、锻件的粗大晶粒和组织不均问题。淬火是将钢加热、保温后在淬火介质中快速冷却,以获得马氏体组织从而提高零件强度和硬度的热处理工艺。回火的主要目的是消除淬火内应力,以降低钢的脆性,防止产生裂纹,同时也使钢获得所需的力学性能。渗碳是将钢件置于渗碳介质中加热、保温,使分解出来的活性炭原子渗入钢的表层,使钢件表层增碳,经淬火和低温回火后,表层硬度高,因而耐磨,而心部因仍是低碳钢,保持其良好的塑性和韧性。

解 ①正火目的:使组织均匀化、细化、改善加工性能。

正火工艺:加热至Ac_3以上30～50℃,空气中冷却。

②渗碳目的:提高齿轮表面的含碳量,为淬火作准备。

渗碳工艺:900～950℃进行。

③淬火目的:使渗碳层获得最好的性能,即获得高的齿面硬度,保持心部的强度及韧性。

淬火工艺:渗碳后,油冷。

④低温回火目的:减少或消除淬火后应力,并提高韧性。

低温回火工艺:加热至150～200℃进行。

【评注】此题应注意以下几个问题:(1)20CrMnTi为低碳合金钢,选择正火温度应为加热至 Ac₃ 以上30～50℃;(2)汽车齿轮承受强烈摩擦,又承受冲击或循环应力,应进行渗碳处理,以得到表硬内韧的性能;(3)为减小钢件裂纹和变形,合金钢因淬透性较好,以在油中淬火为宜。

例5　合金钢与碳钢相比,为什么它的力学性能好,热处理变形小,而且合金工具钢的耐磨性也比碳素工具钢好?

分析　合金钢中的合金元素所起的作用,可概括为:

(1)溶入碳钢的固溶体(F或A)中,产生固溶强化,从而提高合金钢的强度、硬度。

(2)溶入碳钢的渗碳体中,形成合金渗碳体,从而提高合金钢的强度、硬度。

(3)可以形成熔点、硬度高的碳化物、氮化物等,产生弥散强化的效果,用以提高合金钢的强度、硬度。

解　由于合金钢中的合金元素能溶入基体起固溶强化作用,只要加入适量并不降低韧性;除了Co、Al以外的大多数合金元素只要能溶入奥氏体中,均使临界冷速变小,提高钢的淬透性,从而使力学性能在整个截面上均匀一致,因此合金钢的力学性能好。

又因合金钢的淬透性较高,可用较小的冷却速度进行淬火,使热应力大大降低,从而使其热处理变形小。

合金工具钢中存在着比渗碳体熔点、硬度都高得多的合金渗碳体及特殊类型碳化物、氮化物等,因而合金工具钢的硬度、热稳定性及耐磨性等均比碳素工具钢高。

【评注】合金钢力学性能及热处理性能优于碳钢,是由材料的成分决定的。在解答此类问题时,应把握住成分—组织—性能这条主线,从材料的成分、合金元素的作用、强化的机理等方面阐述。

4.3　学习效果测试

4.3.1　填空题

1. 金属材料的使用性能包括_____、_____、_____等。

2. A在等温冷却转变时,按过冷度的不同可以获得的组织有_____、_____、
_____、_____、_____。

3. 珠光体是_____和_____组成的机械混合物。

4. 工程材料包括_____、_____、_____、_____四大类。

5. 冷变形后金属的强度 _____、塑性_____。

6. 铁素体是_____在_____中的固溶体。

7. _____是材料抵抗变形和断裂的能力。

8. 含碳量处于 0.0218%～2.11% 的铁碳合金称为_____。

9. 钢的热处理工艺一般由_____、_____、_____三个阶段组成。

10. 金属材料的性能包括_____性能、_____性能、_____性能和_____性能。

11. 原子规则排列的物质叫_____,一般固态金属都属于_____。

12. 固态合金的相结构可分为_____和_____两大类。

13. 奥氏体转变为马氏体,需要很大过冷度,其冷却速度应_____,而且必须过冷到_____温度以下。

14. 1148℃碳在 $\gamma-Fe$ 中的最大固溶度_____。

15. 当碳的含量达到_____时,在_____温度发生共析反应。

16. 45 钢表示碳的含量是_____。

17. Q235 的含义_____。

18. T12A 的含义_____。

19. 按应用范围分类,塑料可以分为_____、_____、_____。

20. 共析钢奥氏体化过程包括_____、_____、_____和_____。

4.3.2 选择题

1. 在拉伸试验中,试样拉断前能承受的最大应力称为材料的(   )。

A. 屈服极限   B. 抗拉强度   C. 弹性极限

2. 纯铁在 700℃ 时称为(   )。

A. 铁素体   B. 奥氏体   C. 珠光体   D. 渗碳体

3. 铁素体为(   )晶格。

A. 面心立方   B. 体心立方   C. 密排立方   D. 复杂的六面体

4. 铁碳合金状态图上的共析线是(   )。

A. ECF 线   B. ACD 线   C. PSK 线

5. 从奥氏体中析出的渗碳体为(   )。

A. 一次渗碳体   B. 二次渗碳体   C. 芜晶渗碳体

6. 在下列三种钢中,(   )钢弹性最好。

A. T10   B. 20   C. 65Mn

7. 选择齿轮的材料为(   )。

A. 08F   B. 45 钢   C. 65Mn

8. 过共析钢的淬火加热温度应选择在(   )。

A. $Ac_1+30～50℃$

B. $Ac_3+30～50℃$

C. Accm 以上

9. 调质处理就是（　　　）。

A. 淬火＋低温回火　　　　　　　　　B. 淬火＋中温回火

D. 淬火＋高温回火

10. 为提高低碳钢的切削加工性,通常采用（　　　）处理。

A. 完全退火　　　　B. 正火　　　　　　C. 球化退火

11. 机床床身一般选用（　　　）材料。

A. HT200　　　　B. KTH350－10　　　C. QT500－05

12. 共析碳钢加热为奥氏体后,冷却时所形成的组织主要决定于（　　　）。

A. 奥氏体加热时的温度

B. 奥氏体在加热时的均匀化程度

C. 奥氏体冷却时的转变温度

13. 冷变形的金属,随着变形量的增加（　　　）。

A. 强度增加,塑性增加　　　　　　　　B. 强度增加,塑性降低

C. 强度降低,塑性降低　　　　　　　　D. 强度降低,塑性增加

14. 坦克履带受到严重摩擦磨损及承受强烈冲击作用,应选用（　　　）。

A. 20Cr 钢渗碳＋淬火、低温回火　　　B. ZGMn13 钢经水韧处理

C. W18Cr4V 钢淬火＋三次回火　　　　D. GCr15 钢经淬火、低温回火

4.3.3　简答题

1. 什么是金属的力学性能? 它包括哪些主要力学指标?

2. 简述金属三种典型结构的特点。

3. 合金元素在金属中存在的形式有哪几种? 各具备什么特性?

4. 什么是固溶强化? 造成固溶强化的原因是什么?

5. 过冷度与冷却速度有何关系? 它对金属结晶过程有何影响? 对铸件晶粒大小有何影响?

6. 钢的热处理的基本原理是什么? 其目的和作用是什么?

7. 淬火的目的是什么? 常用的淬火方法有哪几种?

8. 什么是调质? 调质的主要目的是什么? 钢在调质后是什么组织?

9. 优质碳素结构钢中,为什么碳的质量分数的差异会造成较大的性能差异?

10. 合金钢中经常加入的合金元素有哪些? 这些合金元素对钢的力学性能和热处理工艺有何影响?

11. 碳素工具钢的牌号是如何规定的? 碳素工具钢的主要用途是什么?

12. 灰口铸铁可分哪几类? 影响其组织和性能的因素有哪些?

13. 铝合金是如何分类的?

14. 正火与退火的主要区别是什么? 如何选用?

15. 灰铸铁中石墨是以什么形态存在于钢的基体上? 对铸铁的使用性能有何影响?

4.3.4 分析题

1. 画简化铁碳合金相图,并分析碳含量为 0.45％的铁碳合金结晶过程。

2. 根据 Fe‑Fe₃C 相图,说明产生下列现象的原因。

(1)碳的质量分数为 1.0％的钢比碳的质量分数为 0.5％的钢硬度高。

(2)低温莱氏体的塑性比珠光体的塑性差。

(3)捆扎物体一般用铁丝,而起重机起吊重物却用钢丝绳。

(4)一般要把钢材加热到高温下(1000～1250℃)进行热轧或锻造。

(5)钢适宜于通过压力成形,而铸铁适宜于通过铸造成形。

3. 指出下列合金钢的类别、用途和各合金元素的质量分数及主要作用。

(1)40CrNiMo   (2)60Si2Mn   (3)9SiCr   (4)Cr12MoV

(5)37CrNi3

4. 分析碳的质量分数分别为 0.20％、0.60％、0.80％、1.0％的铁碳合金从液态缓慢冷至室温时的结晶过程和室温组织。指出这四种成分组织与性能的区别。

5. 有一个 45 钢制的变速箱齿轮,其加工工序为:下料—锻造—正火—粗机加工—调质—精机加工—高频表面淬火＋低温回火—磨加工—成品。试说明其中各热处理工序的目的及使用状态下的组织。

4.4 课后作业

1. 碳钢中常存杂质有哪些? 各自影响如何?

2. 铁碳合金有哪些基本组织? 各自性能如何?

3. 试绘简化的铁碳合金状态图钢的部分,标出各特性点和符号,填写各区组织名称。

4. 说明下列金属材料牌号含义:

Q235,15,45,65,Tl2A,14MnMoV,20CrMn,40Cr,60Si2Mn,GCrl5,9SiCr,Wl8Cr4V,Cr12,5CrNiMo,2Cr13,0Cr18Ni9,ZGMn13,PCrW,ZG270‑500,HT150,RuT420,KTH300‑06,L4,LF11,LYl1,LC4,LD5,ZL101,Tl,Tul,H62,HPb60‑1,B5,BMn40‑1.5,QSn4‑3,QAl9‑4。

附页:随堂笔记与知识梳理

附页：随堂笔记与知识梳理

第 5 章　常用机构

教学基本要求：

1. 能阅读机构运动简图。

2. 熟练掌握平面机构的自由度的计算，并能判断其是否具有确定的运动。

3. 了解平面四杆机构的类型和应用，掌握平面四杆机构的基本特性，即存在曲柄的条件、急回特性和行程速比系数、传动角和死点位置。

4. 了解凸轮机构的组成、应用和特点，学会根据工作要求和使用场合选择凸轮机构类型，掌握从动件几种常用运动规律的特点和适用场合。

5. 了解棘轮机构、槽轮机构、不完全齿轮机构的组成、工作原理、应用和特点。

线上自学任务：

任务一：平面机构的结构分析。

学习目标：

1. 了解构件概念及其分类。

2. 了解运动副及其分类。

3. 了解机构运动简图的定义。

4. 了解不同运动副引入的约束数目。

5. 掌握机构自由度计算公式。

6. 熟练掌握机构自由度计算注意事项。

7. 掌握机构具有确定运动条件。

知识要点：

自由度计算。

课前测试：

1. 构件按其运动性质可分为机架、原动件和从动件。（　　　）

2. 机构运动简图必须按一定比例绘制。（　　　）

3. 在平面机构中一个低副引入两个约束。（　　　）

4. 图 5-1 所示构件系统的自由度为（　　　）。

A. 0　　　　　　　　　　　　　　B. 1

C. 2　　　　　　　　　　　　　　D. 3

5. 机构具有确定运动的条件是（　　　）。

A. 机构自由度数小于原动件数

B. 机构自由度数大于原动件数

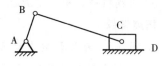

图 5-1

C. 机构自由度数等于原动件数

D. 机构自由度数与原动件数无关

拓展课题：

1. 图 5-2 所示为一机构的初拟设计方案。(1)计算其自由度,并分析其设计是否合理。(2)若此初拟方案不合理,请修改并用简图表示。

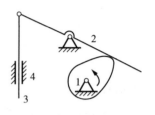

图 5-2

任务二：平面连杆机构。

学习目标：

1. 了解铰链四杆机构的类型和应用。

2. 了解其他形式的四杆机构和应用。

3. 熟练掌握铰链四杆机构的曲柄存在条件。

4. 掌握平面四杆机构的急回特性。

5. 了解平面四杆机构压力角和传动角的概念。

6. 掌握平面四杆机构死点位置。

7. 了解平面多杆机构。

知识要点：

平面四杆机构的类型、平面四杆机构基本特性(存在曲柄的条件、急回特性、传动角和死点位置)

课前测试：

1. 常把曲柄摇杆机构的曲柄和连杆称为连架杆。(　　)

2. 家用缝纫机踏板机构属于(　　)。

A. 曲柄摇杆机构

B. 双曲柄机构

C. 双摇杆机构

3. 图 5-3 为(　　)。

A. 曲柄滑块机构

B. 导杆机构

C. 摇块机构

D. 定块机构

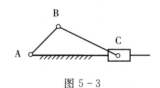

图 5-3

4. 以最短构件相对的构件为机架的铰链四杆机构必是双曲柄机构。(　　)

5. 曲柄摇杆机构一定存在急回特性。(　　)

拓展课题：

1. 图 5-4 为某火炮手动开闩机构运动简图,其工作过程为:曲臂 1 逆时针转动,使曲臂上的滑轮 2 在闩体 3 定形槽内运动,从而带动闩体产生开闩动作,试分析该机构是不是平面四杆机构,其有什么运动特点?

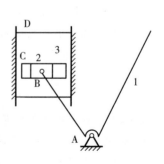

图 5-4

任务三：凸轮机构、棘轮机构、槽轮机构、不完全齿轮机构。

学习目标：

1. 了解凸轮机构的组成、应用和特点。

2. 了解凸轮机构不同角度的分类。

3. 掌握从动件几种常用运动规律的特点和适用场合。

4. 了解凸轮轮廓的设计方法。

5. 了解棘轮机构的组成、工作原理、应用和特点。

6. 了解槽轮机构的组成、工作原理、应用和特点。

7. 了解不完全齿轮机构的组成、工作原理、应用和特点。

知识要点：

从动件几种常用运动规律的特点和适用场合。

课前测试：

1. 在凸轮机构中从动件的运动规律取决于凸轮轮廓的形状。（　　　）

2. 在凸轮机构中，（　　　）从动件是最常用的一种型式。

A. 尖顶　　　　　B. 滚子　　　　　C. 平底　　　　　D. 摆动

3. 凸轮从动件按（　　　）规律运动时,会产生刚性冲击。

A. 等速运动　　　　　　　　　B. 等加速等减速运动

C. 简谐运动　　　　　　　　　D. 摆线运动规律

4. 在棘轮机构中,设置止回棘爪的目的是（　　　）。

A. 分度　　　　　B. 定位　　　　　C. 换向　　　　　D. 固定

5. 电影机中的卷片机构采用的是（　　　）。

A. 棘轮机构　　　　　　　　　B. 槽轮机构

C. 凸轮　　　　　　　　　　　D. 不完全齿轮机构

拓展课题：

设计一对心直动尖顶从动件盘形凸轮机构,并在绘制出的盘形凸轮上标出 δ_0、δ_1、δ_2、δ_3 和量出最大压力角。已知凸轮沿逆时针作等角速度转动,从动件的行程 $h＝32\text{mm}$,凸轮的基圆半径 $r_0＝40\text{mm}$,从动件的位移曲线如图 5-5 所示。

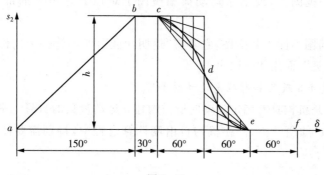

图 5-5

5.1 章节内容提要

5.1.1 平面机构的结构分析

1. 机构的组成

（1）构件及其分类　构件是组成机构的基本要素，是机构中独立运动的最小单元体。按其运动性质可分为机架、原动件和从动件。机架（固定件）是用来支承活动构件的构件，原动件是为机构提供运动和动力的，在一个机构中必须有一个或几个原动件，从动件是随着原动件的运动而运动的其余构件。

（2）运动副及分类　运动副是两个构件组成的可动连接，是组成机构的又一基本要素。运动副是约束运动的，因而一个运动副至少引入一个约束，也至少保留一个自由度。至于两构件组成运动副后还能产生哪些相对运动，则与运动副的类型有关。运动副按其接触方式分为高副（点线接触）和低副（面接触），也可按相对运动形式分为转动副、移动副、螺旋副和球面副等。

2. 机构运动简图

根据机构的运动尺寸，按一定的比例尺定出各运动副的位置，再用规定的符号和简单的线条或几何图形将机构的运动情况表示出来，即为机构运动简图。由于机构的运动仅与运动副的类型和机构的运动尺寸（确定各运动副相对位置的尺寸）有关，而与构件的外形尺寸等无关，因而机构运动简图可以表示机构的组成和运动情况，进行运动分析，而且有时也可用来进行动力分析。

绘制机构运动简图的注意事项：

（1）首先搞清机械的实际构造和运动情况，确定机架、原动件和从动件，顺着运动传递的路线，看看运动是怎么从原动件传到从动件的，从而搞清该机械由多少个构件组成，各构件之间构成何种运动副。

（2）选择机械多数构件所在的运动平面为视图平面，必要时对把机械不同部分的不同视图展开在同一视图上，或把主运动简图视图上难以表达清楚的部分另绘一张局部简图。

（3）机构运动简图不同于装配图，它具有"透明功能"，即不管一个构件是否被其他构件挡住，均可视为"可见"，而用实线画出。

3. 机构自由度计算及其具有确定运动的条件

机构的自由度是机构具有确定运动时所需的独立运动参数的数目。平面机构自由度的计算公式为：$F = 3n - 2P_L - P_H$。在机构自由度计算过程中，特别需要注意以下三类特殊情况。

（1）复合铰链

两个以上的构件同在一处以转动副相连接，就构成了所谓的复合铰链。杆状构件构成的复合铰链比较明显,而由齿轮、凸轮及机架等构件构成的复合铰链则容易忽略,计算时应特别注意。由 m 个构件组成的复合铰链,共有 $(m-1)$ 个转动副。

(2)除去局部自由度

某些构件所产生的局部运动,并不影响机构中其他构件的相对运动,这种自由度称为局部自由度,计算时应除去。

(3)除去虚约束

在机构中起重复作用的约束称为虚约束。平面机构的虚约束常出现于下列情况中:

① 用一个构件及两个转动副将两个构件上距离始终不变的两个动点相连时,引入一个虚约束。

② 在机构中如果有两构件用铰链相连接,当将此两构件在连接处拆开时,若两构件上原连接点的轨迹是重合的,则该连接引入一个虚约束。

③ 对机构运动不起作用的对称部分引入虚约束。

机构中的虚约束都是在某些特定的几何条件下产生的。如果不满足这些几何条件,虚约束将变成实际的有效约束,而影响到机构运动的可能性或灵活性。而为了满足这些特定的条件,就要求较高的加工精度和装配精度,这就意味着有较高的制造成本,所以从保证机构的运动、便于加工装配和减少成本等方面考虑,应尽量减少机构中的虚约束。

平面机构具有确定运动的条件:$F>0$,且机构自由度数等于原动件数。

5.1.2 平面连杆机构

1. 平面四杆机构的类型和应用

(1)铰链四杆机构的类型和应用

所有运动副均为转动副的平面四杆机构称为铰链四杆机构,它是平面四杆机构最基本的形式。在此机构中,与机架相连的构件称为连架杆,与机架不相连的构件称为连杆;能作整周回转的连架杆称为曲柄,不能作整周回转的连架杆称为摇杆;组成转动副的两构件若能作整周相对转动,则该转动副称为周转副,否则则称为摆转副。

平面铰链四杆机构根据两连架杆运动形式不同分为曲柄摇杆机构(连架杆为曲柄,另一为摇杆)、双曲柄机构(两连架杆均为曲柄)和双摇杆机构(两连架杆均为摇杆)三种基本形式。

(2)其他形式的四杆机构及其应用

其他四杆机构都可看成在铰链四杆机构的基础上演化而来的。

① 改变构件的形状及运动尺寸。改变构件的尺寸和形状,可将曲柄摇杆机构演化成曲柄滑块机构。

② 取不同构件为机架。在曲柄滑块机构的基础上取不同构件为机架,可得到导杆机构、摇块机构和定块机构(又称直动导杆机构)

③ 改变运动副尺寸。曲柄滑块机构中,当曲柄尺寸较小时,由于结构的需要,常将其改为偏心轮,其回转中心至几何中心的偏心距等于曲柄的长度,这种机构称为偏心轮机构。

2. 平面四杆机构的基本知识

(1)铰链四杆机构有曲柄的条件

① 最短杆与最长杆的长度之和小于或等于其他两杆长度之和,此条件称为杆长条件。

② 连架杆与机架中必有一杆是最短杆。

以此为依据可判别机构类型。

若满足杆长条件:

① 取最短构件相邻的构件为机架时,最短构件为曲柄,则此机构为曲柄摇杆机构。

② 取最短构件为机架,连架杆均为曲柄,则此机构为双曲柄机构。

③ 取和最短构件相对的构件为机架,连架杆都不能整周转动,则此机构为双摇杆机构。

若不满足杆长条件:

则该机构中不可能存在曲柄,所以无论取哪个构件为机架,都只能得到双摇杆机构。

(2)急回运动和行程速比系数

机构急回运动的程度用行程速比系数 K 来衡量,用从动件空回行程的平均速度 v_2 与工作行程的平均速度 v_1 的比值来表示,即

$$K = v_2 / v_1 = (180° + \theta) / (180° - \theta)$$

急回运动和行程速比系数是一对重要的概念,它们之间的关系应记住。此时要注意两点:一是急回运动有方向性,一般机械大多利用慢进快退的特性,以节约辅助时间;但在破碎矿石、焦炭等的破碎机中,利用其快近慢退特性,使矿石有充足的时间下落,以避免矿石因多次破碎而过粉碎,由此可见机械工程要求的多样性。二是两个不具有急回特性的四杆机构经适当组合后,也可能产生急回特性,且往往可获得较大的行程比系数。

(3)传动角及死点

在不计摩擦时,主动杆曲柄通过连杆作用于从动上的力 F 的作用线与其作用点速度方向所夹的锐角,称为机构在此位置的压力角 α,而把压力角的余角 γ(即连杆与从动摇杆所夹的锐角)称为机构在此位置的传动角。

常用传动角来衡量机构的传动性能,传动角 γ 愈大,压力角 α 就愈小,F 力的有效分力愈大,机构的传动效率就愈高。多数机构在运动中传动角是变化的,为了使机构传动性能良好,一般规定机构的最小传动角 $\gamma_{min} \geqslant 35° \sim 50°$。

当机构出现传动角 $\gamma = 0°$ 时候,其压力角 $\alpha = 90°$ 时,原动件通过连杆作用于从动件上的力恰好通过从动件的两个转动副中心,这时不论驱动力多大,都不能使从动件转动,机构的这种位置称为死点位置。如曲柄摇杆机构中,当摇杆为主动件时,连杆与从动曲柄共线的两个位置上 $\gamma = 0°$,机构处于死点位置。注意:死点与"自锁"本质是不同的,机构之所以发生自锁,是由于机构中存在摩擦的关系,而当连杆机构处于死点时,即使不存在摩擦,机构也不能运动。为使机构能顺利通过死点位置而正常运转,可借助于机构惯性或采用相同机构错位排列的方法。工程上也常利用死点来实现特定的工作要求。

需要说明:机构的极位和死点实际上是机构的同一位置,所不同的仅是机构的原动件不同。当原动件与连杆共线时为极位;而从动件与连杆共线时为死点,所以机构分析时一定要分清原动件。

5.1.3 凸轮机构

1. 凸轮机构的应用和类型

凸轮机构是由凸轮、推杆和机架三个主要构件所组成的高副机构。它广泛地应用于机械、仪器、操纵控制装置和自动生产线中,是实现生产机械化和自动化的一种主要驱动和控制机构。当工作要求机械中某些从动件需要按照复杂的运动规律运动时,通常多选用凸轮机构。但由于凸轮与推杆之间是高副接触,比压较大,易磨损,故一般用于传递动力不太大的场合。

凸轮机构的类型很多,按不同分类标准得到凸轮的主要类型如下:

(1)按凸轮的形状分为盘形凸轮机构、移动凸轮机构和圆柱凸轮机构;

(2)按推杆的形状分为尖顶推杆凸轮机构、滚子推杆凸轮机构、平底推杆凸轮机构;

(3)按推杆运动形式分为直动推杆凸轮机构、摆动推杆凸轮机构,而直动推杆凸轮机构又可根据其轴线与凸轮回转轴线的相互位置分为对心直动推杆凸轮机构和偏置直动推杆凸轮机构。

凸轮机构的名称一般综合上述分类方法得出,以表明凸轮与推杆的形状、推杆的运动形式、推杆轴线相对凸轮回转中心的位置及凸轮机构的特点,如内燃机的燃气凸轮机构就称为摆动滚子推杆盘形凸轮机构。

2. 从动件的常用运动规律

在凸轮机构中,常选用推杆为从动件,确定推杆的运动规律是凸轮设计的前提。推杆的运动规律是指推杆在运动时,其位移 s、速度 v 和加速度 a 随时间 t 变化的规律。又因凸轮一般为等速运动,即其转角 δ 与时间 t 成正比,所以推杆的运动规律更常表示为推杆的运动参数随凸轮转角 δ 变化的规律。以直动推杆为例,推杆常用的运动规律及其特性与使用场合见表 5-1。

除了表 5-1 所介绍的推杆常用的几种运动规律外,根据工作需要,还可以选择其他类型的运动规律,或者将上述常用的运动规律组合使用,以改善推杆的运动特性,满足生产上的要求。

表 5-1 推杆常用运动规律及其特性比较

运动规律	$v_{max}(h\omega/\varphi_0) \times$	$a_{max}(h\omega^2/\varphi_0^2) \times$	冲击	应用场合
等速	1.00	∞	刚性	低速轻负荷
等加速等减速	2.00	4.00	柔性	中速轻负荷
余弦加速度	1.57	4.93	柔性	中低速中负
正弦加速度	2.00	6.28	—	中高速轻负
3-4-5 多项式	1.88	5.77	—	高速中负荷

5.1.4 间歇运动机构

1. 棘轮机构

（1）棘轮机构的分类

① 按结构形式，棘轮机构可分为：外啮合棘轮机构和内啮合棘轮机构。

② 根据棘轮机构的运动情况，棘轮机构可分为：单动式棘轮机构、双动式棘轮机构、可变向棘轮机构、摩擦式棘轮机构。

（2）棘轮机构的工作原理及特点

对于棘轮机构，当主动件朝某一方向摆动时，连于其上的驱动棘爪便插入棘轮齿槽推动棘轮转动；当主动件反向摆动时，驱动棘爪便与棘齿脱离啮合，此时棘轮不能转动。

棘轮机构具有结构简单、制造方便、运动可靠等特点，并且棘轮的转角可以根据工作需要进行调节。此外，棘轮机构还能实现送进、制动和超越运动。但棘轮机构传递动力较小，起动时有冲击和噪声。

2. 槽轮机构

（1）槽轮机构的分类

① 外槽轮机构　在外槽轮机构中，主动拨盘的转向与槽轮的转向相反。

② 内槽轮机构　在内槽轮机构中，主动拨盘的转向与槽轮的转向相同，而槽轮的停歇时间较短。

③ 空间槽轮机构　传递相交轴间的运动。

（2）槽轮机构的工作原理及特点

当主动件等速连续转动时，连于其上的圆销进入槽轮的径向槽中，就驱使槽轮运动；脱离槽轮的径向槽则槽轮就不动。槽轮机构具有结构简单、工作可靠、槽轮起动和停止时运动比较平稳等特点，但槽轮的转角大小不能随工作需要而调节。

3. 棘轮机构与槽轮机构的主要区别

棘轮机构和槽轮机构都是典型的间歇运动机构，一般都用于实现间歇送进和分度等运动，它们的共同特点是：结构简单、制造方便和工作可靠。但学习时还应注意两者各自的特点和应用的场合。它们的区别主要体现在以下六个方面：

（1）运动变换

棘轮机构是将主动件的往复运动变换为从动件的间歇转动，而槽轮机构是将主动件的连续转动变换为从动件的间歇转动。

（2）传动的平稳性

在棘轮机构中，棘爪和棘轮齿开始接触的瞬间有刚性冲击产生，因而传动平稳性较差。在槽轮机构中，其主动圆销在进入与退出啮合时的速度与槽轮径向槽中心线方向一致，运动较平稳；但槽轮运动时的转动角速度变化很大，因而有较大的惯性力。

（3）转角的大小及其调整性

在棘轮机构中，只要选择较多的棘轮齿数，便可以得到较小的间歇转角；可根据工作要求，在较大的范围内随时调整棘轮的转角。而槽轮的转角大小与槽数有关，除非更换槽轮，否则其转角不会改变。为避免槽轮运动时产生过大的冲击与振动,或避免因槽轮结构尺寸过大时产生较大的惯性力矩,它的槽数不能太多或太少。因而,槽轮的转角只能在 $\frac{2\pi}{z}$(一般 $z=4\sim8$)的条件下作有限选择。

(4)机械效率

棘轮机构中的棘爪在棘轮齿顶上滑过时,棘爪齿尖与棘轮齿顶会产生磨损,机械效率较低。而槽轮机构的构件较少,运动副之间较容易实现润滑,因此它的机构效率比棘轮机构高。

(5)定位措施

在棘轮机构中,为使棘轮在停歇时间里不会逆转,设置了止退棘爪(还可起单向定位作用);在槽轮机构中,采用了凸凹锁止弧实现双向定位。两者的定位精度都较低,而前者的定位可靠性较差。

(6)应用范围

棘轮机构适用于低速、转角较小且需要调整的场合,常用来实现间歇送进、分度、转位、制动和超越等功能。槽轮机构适用于中速、低速、转角较大且不需要调整的场合,主要用来实现间歇分度和转位等功能。

4. 不完全齿轮机构

(1)工作原理:不完全齿轮机构的主动轮有齿部分作用时,从动轮就转动;当主动轮的无齿圆弧部分作用时,从动轮停止不动,因而,当主动轮连续转动时,从动轮获得时转时停的间歇运动。为了防止从动轮在停歇期间游动,两轮轮缘上各装有锁止弧。

(2)特点:当主动轮匀速转动时,这种机构的从动轮在运动期间也保持匀速转动,但是当从动轮由停歇而突然到达某一转速,以及由其一转速突然停止时,都会像等速运动规律的凸轮机构那样产生刚性冲击。因此,它不宜用于主动轮转速很高的场合。

5.2 常见习题精解

例 1 试计算图 5-6 所示构件系统的机构自由度,并判定它们是否具有确定的运动(图中画箭头的构件为主动件)。

分析 C 处为复合铰链,该机构具有 7 个活动构件、6 个转动副和 4 个移动副,没有高副。

解 $F=3n-2P_L-P_H=3\times7-2\times10=1$

$$原动件数=1=F$$

所以该构件系统具有确定的运动。

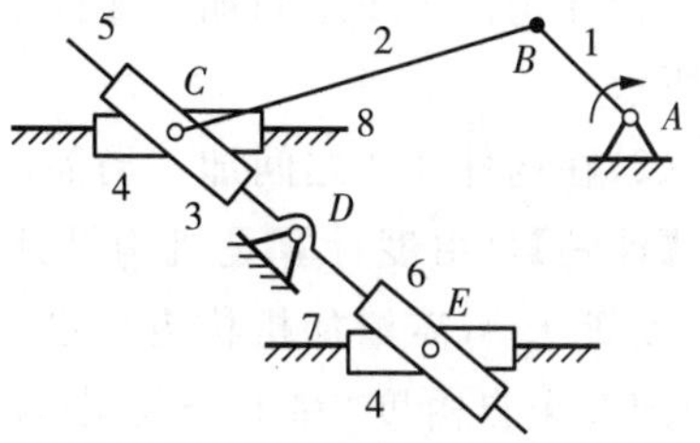

【评注】计算自由度时需正确计算活动构件数、低副数和高副数,然后再代入公式进行计算,若构件

图 5-6

系统自由度数大于 0,且等于原动件数时,则具有确定运动。

例 2　计算图 5 - 7 所示机构的自由度,已知 $HG=IJ$,且相互平行;$GL=JK$,且相互平行,若存在局部自由度、复合铰链、虚约束请标出。

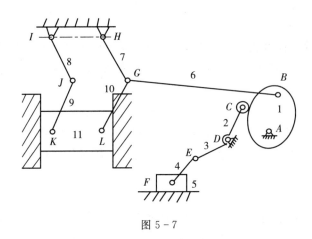

图 5 - 7

分析　C 处滚子转动副为局部自由度,G 处为复合铰链;IJK 处对构件 11 为重复约束,为虚约束。

解
$$F=3n-2P_{\mathrm{L}}-P_{\mathrm{H}}=3\times8-2\times11-1=1$$

【评注】计算自由度时需先仔细分析是否存在复合铰链、局部自由度、虚约束三种特殊情况,然后再进行计算。

例 3　图 5 - 8 为牛头刨床设计方案草图。(1)计算其自由度,并分析其设计是否合理。(2)若此拟方案不合理,请修改并用简图表示。

分析　要分析其设计是否合理,就要计算机构自由度,不难求出该机构自由度为零,即机构不能动。要使该机构具有确定的运动,就要设法使其再增加一个自由度。

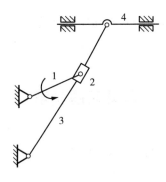

图 5 - 8

解　$F=3n-2P_{\mathrm{L}}-P_{\mathrm{H}}=3\times4-2\times6=0$
该机构不能运动,说明设计不合理。

修改措施:

(1)在构件 3、4 之间加一连杆及一个转动副[图 5 - 9(a)所示];

(2)在构件 3、4 之间加一局部自由度滚子及一个平面高副[图 5 - 9(b)所示]。

【评注】自由度计算是机构设计或改进的理论基础,必须保证自由度数大于 0,若机构自由度等于 0,需增加机构自由度,方法一般是在机构的恰当位置上添加一个构件(相当于增加 3 个自由度)和 1 个低副(相当于引入 2 个约束),如图 5 - 9(a)所示,这样就相当于给机构增加了一个自由度;或用一个高副代替一个低副也可以增加机构的自由度,如图 5 - 9(b)所示。

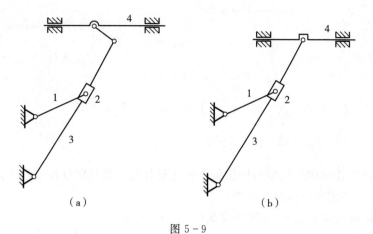

（a） （b）

图 5 - 9

例 4 图 5 - 10 所示铰链四杆机构中，已知 $l_{BC} = 50\text{mm}$，$l_{CD} = 35\text{mm}$，$l\,AD = 30\text{mm}$，AD 为机架。试问：

（1）若此机构为曲柄摇杆机构，且 AB 为曲柄，求 l_{AB} 的取值范围。

（2）若此机构为双曲柄机构，求 l_{AB} 的取值范围。

（3）若此机构为双摇杆机构，求 l_{AB} 的取值范围。

分析 本题已知 AD 为机架，则在满足杆长条件下，曲柄摇杆机构，曲柄为最短杆；双曲柄机构机架为最短杆；双摇杆机构，尺寸不满足杆长条件。

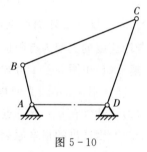

图 5 - 10

解 （1）AB 为最短杆

$$\begin{cases} l_{AB} \leqslant 30 \\ l_{AB} + l_{BC} \leqslant l_{CD} + l_{AD} \end{cases}$$

则有 $l_{AB} \leqslant 15$

$$l_{AB\max} = 15\text{mm}$$

（2）AD 为最短杆

$$\begin{cases} l_{AD} \leqslant l_{AB} \leqslant l_{BC} \\ l_{AD} + l_{BC} \leqslant l_{AB} + l_{CD} \end{cases} \quad \text{或} \quad \begin{cases} l_{AB} \geqslant l_{BC} \\ l_{AD} + l_{AB} \leqslant l_{BC} + l_{CD} \end{cases}$$

则有 $45 \leqslant l_{AB} \leqslant 50$ 或 $50 \leqslant l_{AB} \leqslant 55$

即： $45 \leqslant l_{AB} \leqslant 55$

（3）若此机构为双摇杆机构，求 l_{AB} 的取值范围。

$$\begin{cases} l_{AB} \leqslant l_{AD} \\ l_{AB} + l_{BC} > l_{AD} + l_{CD} \end{cases} \quad 或 \quad \begin{cases} l_{AB} \geqslant l_{BC} \\ l_{AD} + l_{AB} > l_{BC} + l_{CD} \\ l_{AB} < l_{BC} + l_{CD} + l_{AD} \end{cases} \quad 或 \quad \begin{cases} l_{AD} \leqslant l_{AB} \leqslant l_{BC} \\ l_{AD} + l_{BC} > l_{AB} + l_{CD} \end{cases}$$

则： $15 < l_{AB} \leqslant 30$ 或 $55 < l_{AB} < 115$ 或 $30 \leqslant l_{AB} < 45$

综合有： $15 < l_{AB} < 45$ 或 $55 < l_{AB} < 115$

【评注】铰链四杆机构的类型与杆长条件和机架有关。在判别过程中首先需要考虑是否满足杆长条件,再考虑哪个构件为机架。

例 5 凸轮机构从动件的位移曲线如图 5-11 所示。试说明凸轮在转动一圈中:(1)从动件的运动规律;(2)从动件在何处产生何种冲击? (3)产生冲击的根本原因。

分析 必须对常见推杆的运动规律熟悉。至于判断有无冲击以及冲击的类型,关键要看速度变化处加速度有无突变。若速度突变处加速度的突变为无穷大,则有刚性冲击;若加速度的突变为有限值,则为柔性冲击。

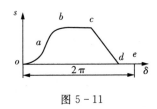

图 5-11

解 (1)由图 5-11 可知,ob 段为推程,从动件作等加速等减速运动;bc 段,从动件在最高位置静止不动;cd 段为回程,从动件作等速运动;de 段,从动件在最低位置静止不动。

(2)从动件在 o、a、b 三点产生柔性冲击,在 c、d 两点产生刚性冲击。

(3)产生冲击的根本原因在于从动件在运动过程中加速度变化不连续。

【评注】本例是针对推杆常用的运动规律的典型题,解题的关键是要了解常用运动规律,进而确定它们的运动特性。

5.3 学习效果测试

5.3.1 是非题

1. 在一个机构中,必有一个构件为机架。( )
2. 两个构件直接接触形成的连接称为运动副。( )
3. 要成为机构,必须使构件系统中原动件数目大于或等于自由度数。( )
4. 港口起重机中的吊运机构为双摇杆机构。( )
5. 导杆机构存在急回特性。( )
6. 压力角越大对传动越有利。( )
7. 在四杆机构中,可利用加飞轮的方法来克服它的死点。( )
8. 内燃机中的曲柄滑块机构不存在死点位置。( )

9. 滚子从动件凸轮机构中,从动件与凸轮之间的滚动摩擦阻力小,适于高速传动场合。(　　)

10. 槽轮机构在传递运动中可实现变向。(　　)

5.3.2　填空题

1. 根据机构的组成原理,任何机构都可以看作是由_____、_____和_____组成的。

2. 平面运动副按构件之间接触的形式不同可分为_____和_____。

3. 用简单线条和符号来代表构件和运动副,并按一定比例确定表示各运动副的相对位置,这种表明机构各构件间相对运动关系的简化图形称为_____。

4. 一个平面高副引入_____个约束,保留了_____个自由度。平面低副的约束数是_____,保留了_____个自由度。

5. 平面机构自由度的计算公式是:_____。

6. 机构处于死点位置时,其压力角为_____,传动角为_____。

7. 曲柄摇杆机构由机架、曲柄、_____、_____四个构件组成。

8. 铰链四杆机构的三种基本形式是_____、_____和_____。

9. 凸轮机构主要有_____、_____、机架三个基本构件组成。

10. 凸轮机构按从动件的形式来分可分为_____从动件、_____从动件、平底从动件从动件。

11. 在凸轮机构中,_____从动件与凸轮轮廓之间形成滚动摩擦,耐磨损,可承受较大载荷。

12. 常用的凸轮从动件运动规律有_____、_____、简谐运动规律。

13. 将连续回转运动转换为单向间歇转动的机构有_____、_____、_____等。

14. 棘轮机构组成部分有_____、棘爪、_____及机架。

15. 槽轮机构组成部分分为_____、_____、机架。

16. 自行车中棘轮机构的作用为_____、_____。

5.3.3　选择题

1. 下列关于急回特性的描述,错误的是(　　)。

A. 机构有无急回特性取决于行程速度比系数

B. 急回特性可使空回行程的时间缩短,有利于提高生产率

C. 只有曲柄摇杆机构具有急回特性

D. 急回特性具有方向性

2. 摆转导杆机构,当导杆处于极限位置时,导杆(　　)与曲柄垂直。

A. 一定　　　　　　B. 不一定　　　　　　C. 一定不

3. 曲柄摇杆机构中,曲柄的长度为(　　)。

A. 最长　　　　　　　　　　B. 最短

C. 大于连杆长度 　　　　　　　　　D. 大于摇杆长度

4. 在下列平面四杆机构中,一定无急回特性的机构是(　　)。

A. 曲柄摇杆机构 　　　　　　　　　B. 摆动导杆机构

C. 对心曲柄滑块机构 　　　　　　　D. 偏置曲柄滑块机构

5. 在凸轮机构中,(　　)从动件与凸轮是点接触,磨损快,只宜于受力不大的低速凸轮机构。

A. 尖顶 　　　　B. 滚子 　　　　C. 平底 　　　　D. 摆动

6. 下述几种规律中,(　　)既不会产生柔性冲击也不会产生刚性冲击,可用于高速场合。

A. 等速运动规律 　　　　　　　　　B. 正弦加速运动规律

C. 等加速等减速运动规律 　　　　　D. 余弦加速运动规律

7. 当凸轮机构的推杆推程按等加速等减速规律运动时,推程开始和结束位置(　　)。

A. 存在刚性冲击 　　　　　　　　　B. 存在柔性冲击

C. 不存在冲击

8. 与连杆机构相比,凸轮机构的最大缺点是(　　)。

A. 惯性力难以平衡 　　　　　　　　B. 点、线接触,易磨损

C. 设计较为复杂 　　　　　　　　　D. 不能实现间歇运动

9. 在单向间歇运动机构中,棘轮机构常用于(　　)的场合。

A. 低速轻载 　　　　　　　　　　　B. 高速轻载

C. 低速重载 　　　　　　　　　　　D. 高速重载

※10. 在其他条件完全相同的情况下,减少槽轮的槽数,则在拨盘转动一周情况下,可以(　　)(※表示选做)

A. 增加运动平稳性 　　　　　　　　B. 增加槽轮运动时间

C. 增加槽轮停歇时间 　　　　　　　D. 只改变槽轮的转角,和上述因素无关

5.3.4　分析计算题

1. 计算图 5-12(a),(b)所示机构自由度。

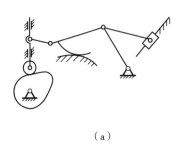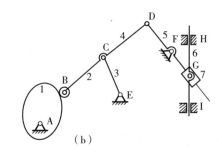

(a)　　　　　　　　　　　　　(b)

图 5-12

2. 如图 5-13 所示,已知:$L_2＝70\text{mm}$,$L_3＝60\text{mm}$,$L_4＝40\text{mm}$,杆 4 为机架。

求：(1)若此机构为曲柄摇杆机构，且杆 1 为曲柄，L_1 的取值范围；

(2)若此机构为双曲柄机构，L_1 的取值范围；

(3)若此机构为双摇杆机构，L_1 的数值范围。

3. 分析如图 5 - 14 所示的凸轮机构从动件推程运动线图是由哪两种常用的基本运动规律组成的？并指出有无冲击。如果有冲击，哪些位置上有何种冲击？

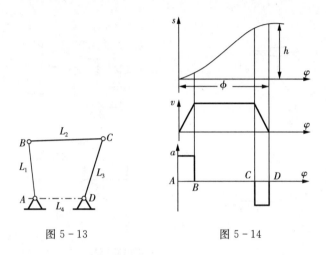

图 5 - 13　　　　　　　　图 5 - 14

5.4　课后作业

1. 试计算下列构件系统(图 5 - 15)的机构自由度，并判定它们是否具有确定的运动。(图中画箭头的构件为主动件)

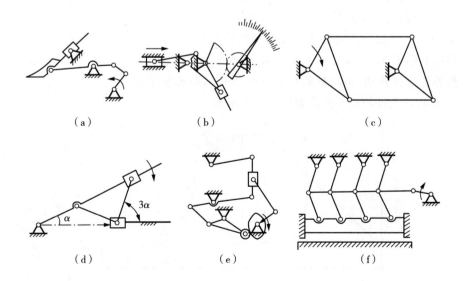

（a）　　　　　　　（b）　　　　　　　（c）

（d）　　　　　　　（e）　　　　　　　（f）

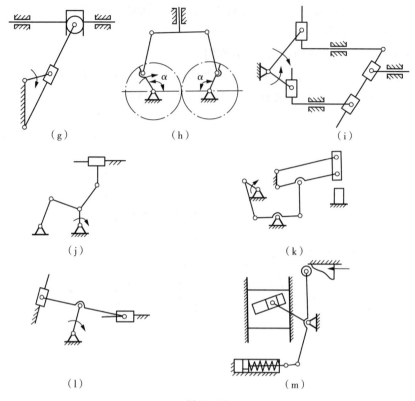

（g）　　　　　　（h）　　　　　　（i）

（j）　　　　　　　　　　（k）

（l）　　　　　　（m）

图 5 - 15

2. 如图 5 - 16 所示，已知铰链四杆机构中 $L_2 = 60\mathrm{mm}$，$L_3 = 50\mathrm{mm}$，$L_4 = 40\mathrm{mm}$，杆 4 为机架。

　（1）若此机构为曲柄摇杆机构且杆 1 为曲柄，求 L_1 的最大值；

　（2）若此机构为双曲柄机构，求 L_1 的最小值；

　（3）若此机构为双摇杆机构，求 L_1 的数值范围。

3. 试设计一对心直动尖顶从动件盘形凸轮机构，并在绘制出的盘形凸轮上标出 δ_0、δ_1、δ_2、δ_3 和量出最大压力角。已知凸轮沿逆时针作等角速度转动，从动件的行程 $h = 32\mathrm{mm}$，凸轮的基圆半径 $r_0 = 40\mathrm{mm}$，从动件的位移曲线如图 5 - 17 所示。

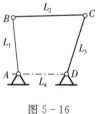

图 5 - 16

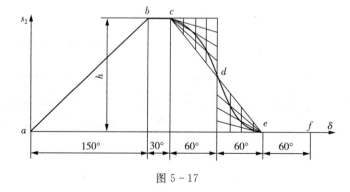

图 5 - 17

附页:随堂笔记与知识梳理

附页:随堂笔记与知识梳理

第6章　机械传动

教学基本要求：

1. 掌握带传动的工作原理、受力情况，掌握弹性滑动和打滑的基本理论。

2. 掌握链传动的运动特性和受力分析。

3. 掌握渐开线齿轮传动的正确啮合条件与连续传动条件，直齿圆柱齿轮的设计计算。

4. 掌握蜗杆传动的受力分析及其强度计算。

5. 了解齿轮系的分类，掌握齿轮系传动比的计算。

6. 了解液压传动的基本工作原理、液压传动系统的组成、气压传动的组成和特点。

线上自学任务：

任务一：带传动和链传动。

学习目标：

1. 了解带传动的类型。

2. 了解V带的类型与结构。

3. 熟练掌握带传动的工作原理、受力情况。

4. 掌握弹性滑动和打滑的基本理论。

5. 了解带传动的张紧方法和装置。

6. 了解链传动的特点和应用场合。

7. 了解滚子链、齿形链的结构特点。

8. 掌握链传动的运动特性和受力分析。

9. 了解链传动的布置、张紧和润滑。

知识要点：

带传动工作情况分析和链传动工作特性。

课前测试：

1. 带传动主要依靠（　　）来传递运动和功率。

A. 带与带轮接触面之间的正压力　　　　B. 带的紧边拉力

C. 带与带轮接触面之间摩擦力　　　　　D. 带的初拉力

2. 带的打滑是因为带和从动轮无法正常转动，所以带的打滑无法避免。（　　）

3. 带传动产生弹性滑动的原因是（　　）。

A. 带与带轮间的摩擦系数较小　　　　　B. 带绕过带轮产生了离心力

C. 带的紧边和松边存在拉力差

4. 链传动属于（　　）传动。

A. 摩擦传动　　　B. 啮合传动　　　　　C. 两者均不是

5. 链节距越大,链传动的多边形效应越严重。(　　)

拓展课题:

1. 一带传动,传递的最大功率 $P=5\mathrm{kW}$,主动轮 $n_1=350\mathrm{r/min}$,$D_1=450\mathrm{mm}$,传动中心距 $a=800\mathrm{mm}$,从动轮 $D_2=650\mathrm{mm}$,带与带轮的当量摩擦系数 $f=0.2$,求带速,小带轮包角 α_1 及即将打滑的临界状态时紧边拉力 F_1 与松边拉力 F_2 的关系。

任务二:齿轮传动。

学习目标:

1. 了解齿轮传动特点、分类及应用。

2. 掌握齿廓啮合基本定律与渐开线齿廓。

3. 掌握一对渐开线标准直齿圆柱齿轮及其啮合传动。

4. 熟练掌握渐开线标准齿轮的基本参数及几何尺寸计算。

5. 了解渐开线齿廓的切制原理。

知识要点:

一对渐开线齿轮的啮合传动,即正确啮合条件、标准中心距、连续传动条件;渐开线标准齿轮的几何尺寸计算。

课前测试:

1. 渐开线的形状取决于基圆的大小。(　　)

2. 渐开线齿轮传动中心距增加时,传动比略有增加。(　　)

3. 一对标准齿轮在标准中心距情况下啮台传动时,啮合角等于分度圆压力角。(　　　)

4. 能保证瞬时传动比恒定、工作可靠性高、传递运动准确的是(　　)。

A. 带传动　　　B. 链传动　　　　　C. 齿轮传动

5. 渐开线齿轮的齿廓曲线的形状取决于(　　)。

A. 分度圆　　　B. 齿顶圆　　　　　C. 基圆

拓展课题:

1. 已知一对标准直齿圆柱齿轮的中心距 $a=160\mathrm{mm}$,传动比 $i_{12}=3$,小齿轮齿数 $z_1=20$。试求:

(1)模数 m 和分度圆直径 d_1,d_2;

(2)齿顶圆直径 d_{a1},d_{a2} 和齿距 p 及基圆直径 d_{b1},d_{b2};

(3)重合度 ε_a,并绘出单齿及双齿啮合区;

(4)如果将其中心距加大到 $162\mathrm{mm}$,则此时的啮合角 α' 将加大、减小,还是保持不变?传动比 i_{12} 将加大、减小,还是保持不变?

任务三:斜齿圆柱齿轮、直齿圆锥齿轮、蜗杆传动。

学习目标:

1. 了解斜齿圆柱齿轮的形成及特点。

2. 了解斜齿圆柱齿轮的基本参数及几何尺寸计算。

3. 掌握斜齿圆柱齿轮的正确啮合条件。

4. 了解直齿圆锥齿轮的传动特点及主要参数。

5. 了解齿轮传动的失效形式以及设计准则。

6. 掌握蜗杆传动的原理、类型及特点。

7. 了解蜗杆传动的基本参数及几何尺寸。

8. 了解蜗杆传动的使用与维护。

知识要点：

斜齿圆柱齿轮的正确啮合条件、蜗杆传动的特点。

课前测试：

1. 锥齿轮的标准参数取在轮齿中部。（　　）

2. 在闭式齿轮传动中，高速重载齿轮传动的主要失效形式为（　　）。

A. 轮齿疲劳折断　　　　　　　　B. 齿面磨损

C. 齿面疲劳点蚀　　　　　　　　D. 齿面胶合

3. 在其他条件相同时，斜齿圆柱齿轮传动比直齿圆柱齿轮传动重合度（　　）。

A. 小　　　　　　B. 相等　　　　　　C. 大

4. 在蜗杆传动中，通常（　　）为主动件。

A. 蜗杆　　　　　　B. 蜗轮　　　　　　C. 蜗杆或蜗轮都可以

※5. 在蜗杆传动中，引进特性系数 q 的目的是（　　）。

A. 便于蜗杆尺寸的计算　　　　　　B. 容易实现蜗杆传动中心距的标准化

C. 提高蜗杆传动的效率　　　　　　D. 减少蜗轮滚刀的数量，利于刀具标准化

拓展课题：

1. 如图 6-1 所示，斜齿轮 1 为主动件。

（1）画出 Ⅱ 轴的转向，斜齿轮 2 的旋向；标出斜齿轮啮合点 B 处的圆周力 F_t，轴向力 F_a 及径向力 F_r 的方向。

（2）要求画出斜齿轮 2 和蜗杆 3 的轴向力能抵消一部分时蜗轮 4 的转向和蜗轮、蜗杆的旋向。

（3）标出蜗轮蜗杆啮合点 C 处的圆周力 F_t，轴向力 F_a 及径向力 F_r 的方向。

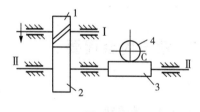

图 6-1

任务四：轮系传动。

学习目标：

1. 了解齿轮系的分类及功用。

2. 熟练掌握定轴轮系传动比的计算。

3. 了解周转轮系传动比的计算。

知识要点：

定轴轮系传动比的计算。

课前测试：

1. 齿轮系的应用可以实现大的传动比。（　　）

2. 差动轮系可以实现运动的合成和分解。(　　　)

3. 汽车后桥差速器是差动轮系，其作用是运动的分解。(　　　)

4. 下面不是齿轮系的功用的是(　　　)。

A. 改变运动形式 　　　　　　　　　　B. 实现大传动比

C. 实现变速和换向传动 　　　　　　　D. 实现分路传动

5. 确定平面定轴轮系传动比符号的方法为(　　　)。

A. 只可用$(-1)^m$确定 　　　　　　　B. 只可用画箭头方法确定

C. 既可用$(-1)^m$确定也可用画箭头方法确定

D. 用画箭头方法确定

拓展课题：

1. 在图 6-2 所示的轮系中，已知 $z_1=z_2=z_3=z_4=20$，$z_{3'}=z_{2'}=40$，$z_5=60$，$z_6=z_7=z_{7'}=30$，$z_{5'}=z_8=15$。各轮均为标准齿轮。求 i_{1H} 并计算轮系的自由度。

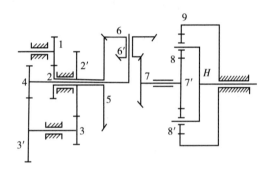

图 6-2

6.1　章节内容提要

6.1.1　带传动

带传动一般是由固联于主动轴上的带轮（主动轮）、固联于从动轴上的带轮（从动轮）和紧套在两轮上的传动带组成。

带传动按照带型可分为：平带、V 带、圆形带、多楔带和同步齿形带等，其中应用最广的是 V 带传动，主要是因为在同样张紧力下，V 带传动较平带传动能产生更大摩擦力。V 带又可分为普通 V 带，窄 V 带、宽 V 带、大楔角 V 带等多种类型，其中普通 V 带应用最广。

带传动具有结构简单、运行平稳、噪声小，能够缓冲吸振、制造安装方便、造价低廉等优点；同时也存在弹性滑动现象、传动比不准确、寿命较短、需要有张紧装置等缺点。

1. 带传动的受力分析

正常工作时，初拉力 F_0、紧边拉力 F_1、松边拉力 F_2 以及有效拉力 F 满足

$$F_1 + F_2 = 2F_0$$
$$F_1 - F_2 = F \tag{6-1}$$

圆周力 $F(\mathrm{N})$、带速 $v(\mathrm{m/s})$ 和传递功率 $P(\mathrm{kW})$ 之间的关系为

$$P = \frac{Fv}{1000} \tag{6-2}$$

将式(6-1)代入(6-2)可得

$$F_1 = F_0 + F/2$$
$$F_2 = F_0 - F/2 \tag{6-3}$$

2. 带传动的弹性滑动和打滑

带在传动过程中,存在弹性滑动或打滑,其原因、现象、后果、属性、防治措施见表 6-1 所列。

表 6-1　带传动的弹性滑动与打滑

	弹性滑动	打滑
原因	由于带的弹性,在传动中产生拉力差,引起带与轮面的相对滑动	过载时,需要传递的有效拉力超过最大摩擦力所引起
现象	局部带在局部轮面上发生微小的相对滑动	整个带在整个轮面上发生显著的相对滑动,由于带在大带轮上的包角总是大于在小带轮上的包角,所以打滑总是在小带轮上先开始。
后果	从动轮圆周速度低于主动轮;效率下降;引起带磨损;温度上升;传动比不稳定	带的磨损严重,严重时无法继续工作
属性	不可避免	必须避免
防治措施	选用大弹性模量的材料	保证 $F \leqslant F_{max}$

6.1.2　链传动

1. 链传动的速比

链传动由主、从动链轮和闭合的挠性环形链条组成(图 6-3),通过链与链轮轮齿的啮合来传递运动和动力。因此,链传动属于有中间挠性件的啮合传动。

设某链传动,主动链轮的齿数为 z_1,从动链轮的齿数为 z_2。当主动链轮转过 n_1 周,即转过 $n_1 z_1$ 个齿时,从动链轮就转过 n_2 周,即转过 $n_2 z_2$ 个齿。显然,主动轮与从动轮所转过的齿数相等,即

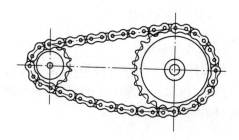

图 6-3　链传动简图

$$n_1 z_1 = n_2 z_2$$

由此可得一对链传动的速比为

$$i_{12} = \frac{n_1}{n_2} = \frac{z_2}{z_1} \tag{6-4}$$

式(6-4)表明,链传动中的两轮转速和链轮齿数成反比。

2. 链传动的运动不均匀性

链传动中,具有刚性链节的链条与链轮相啮合时,链节在链轮上呈多边形分布,当链条每转过一个链节时,链条前进的瞬时速度周期性地由小变大,再由大变小。同时,链条沿垂直于运动方向的分速度也在作周期性变化,从而导致链条在此方向上产生有规律的上下抖动。链传动的瞬时传动比为

$$i = \frac{\omega_1}{\omega_2} = \frac{d_2 \cos\gamma}{d_1 \cos\beta} \tag{6-5}$$

式(6-5)中,β 和 γ 分别为每一链节与主、从动链轮啮合过程中链节铰链在主、从动链轮上的相位角。

在传动中,随着角 β 和 γ 的变化,链传动的瞬时传动比也在不断变化。只有在 $z_1 = z_2$,中心距恰好是节距整数倍时(角 β 和 γ 才会时时相等),瞬时传动比为常数,即恒为1。这种由链条围绕在链轮上形成正多边形而引起链传动的运动不均匀性,称为链传动的多边形效应。

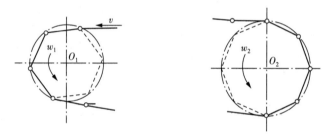

图6-4 多边形传动

6.1.3 齿轮传动

1. 齿轮传动速比

齿轮传动是一种啮合传动,设主动齿轮的转速为 n_1,齿数为 z_1,从动齿轮的转速为 n_2,齿数为 z_2,因此主动齿轮每分钟转过的齿数为 $n_1 z_1$,从动齿轮每分钟转过的齿数为 $n_2 z_2$。两轮转过的齿数应该相等,即

$$n_1 z_1 = n_2 z_2$$

由此可得一对齿轮传动的速比为

$$i_{12} = \frac{n_1}{n_2} = \frac{z_2}{z_1} \tag{6-6}$$

2. 渐开线齿轮正确啮合的条件

渐开线齿轮正确啮合的条件是两轮的模数和压力角必须分别相等。

3. 标准直齿圆柱齿轮各部分的几何尺寸

标准直齿圆柱齿轮各部分的几何尺寸计算公式见表 6-2 所示。

表 6-2　标准直齿圆柱齿轮各部分的几何尺寸

名称	符号	计算公式
分度圆直径	d	$d_i = mz_i$
基圆直径	d_b	$d_{bi} = mz_i \cos\alpha$
齿顶圆直径	d_a	$d_{ai} = m(z_i + 2h_a^*)$
齿根圆直径	d_f	$F_{fi} = mz_i - 2m(h_a^* + c^*)$
齿顶高	h_a	$h_{ai} = h_a^* m$
齿高	h	$h = h_a + h_f = m(2h_a^* + c^*)$
齿距	p	$p = \pi m$
齿厚	s	$s = \pi m/2$
齿槽宽	e	$e = \pi m/2$
法节和基节	P_b	$P_b = p\cos\alpha$
标准中心距	a	$a = m(z_1 + z_2)/2$

注：表中的 m、α、h^*、a、c^* 均为标准参数，$i = 1, 2$

6.1.4　蜗杆传动

蜗杆传动用于传递两交错轴之间的运动和动力，两轴的交错角通常为 90°。蜗杆传动由蜗杆和蜗轮组成。常用的普通蜗杆是一个具有梯形螺纹的螺杆，其螺纹有左旋、右旋和单头、多头之分。常用蜗轮是在一个齿宽方向具有弧形轮缘的斜齿轮。蜗杆和螺纹一样，也有左、右旋之分，无特殊要求不用左旋，旋向的判断同螺纹。一对相啮合的蜗杆传动，其蜗杆、蜗轮轮齿的旋向相同，且螺旋角之和为 90°，即 $\beta_1 + \beta_2 = 90°$（β_1 为蜗杆螺旋角，β_2 为蜗轮螺旋角）。

蜗轮的转动方向决定于蜗杆的轮齿旋向和蜗杆转向，通常用右（左）手定则的方法来判断。具体方法是：对于右（左）旋蜗杆用右（左）手定则，用四指弯曲表示蜗杆的转动方向，大拇指伸直代表蜗杆轴线，则蜗轮啮合点的线速度方向与大拇指所指示的方向相反，根据啮合点的线速度方向即可确定蜗轮转向。

蜗杆传动的传动比 i_{12} 为蜗杆（或蜗轮）的角速度 ω_1 与蜗轮（或蜗杆）的角速度 ω_2 之比值，通常蜗杆为主动件，故

$$i_{12} = \frac{\omega_1}{\omega_2} = \frac{n_1}{n_2} = \frac{z_2}{z_1} \tag{6-7}$$

6.1.5 轮系传动

1. 轮系的分类

根据轮系运转时各齿轮轴线相对于机架是否固定,可将轮系分为以下三大类。

(1)定轴轮系

轮系运转时,各齿轮的轴线相对于机架的位置都是固定的轮系为定轴轮系,定轴轮系又可细分为:

① 平面定轴轮系——由直齿圆柱齿轮和斜齿圆柱齿轮组成的轮系。

② 空间定轴轮系——含有蜗轮蜗杆、锥齿轮、螺旋齿轮等空间齿轮机构的定轴轮系。

(2)周转轮系

轮系运转时,若有一个或几个齿轮的轴线绕其他齿轮的固定轴线旋转,则称该轮系为周转轮系,太阳轮和系杆的公共轴线称为周转轮系的主轴线。凡是轴线与轮系的主轴线重合,且在轮系运转中承受力矩的构件称为基本构件。

按轮系自由度的不同,轮系可分为:

① 差动轮系——自由度为 2 的周转轮系;

② 行星轮系——自由度为 1 的周转轮系。

(3)复合轮系

由定轴轮系和周转轮系或由几个周转轮系共同组成的复杂轮系称为复合轮系。由定轴轮系和周转轮系组成的复合轮系又称混合轮系,而把由几部分周转轮系组成的轮系又称复合周转轮系。

2. 定轴轮系传动比的计算

(1)平面定轴轮系传动比的计算

平面定轴轮系的传动比等于组成该轮系各对啮合齿轮传动比的连乘之积。其大小等于各对啮合齿轮中所有从动齿轮齿数的连乘积与所有主动齿轮齿数的连乘积之比,而输入输出齿轮转向之间的关系用 $(-1)^m$ 表示,m 为外啮合的次数,即

$$i_{1n} = \frac{\omega_1}{\omega_n} = (-1)^m \frac{\text{所有从动轮齿数连乘积}}{\text{所有主动轮齿数连乘积}} = (-1)^m \frac{z_2 z_4 \cdots z_n}{z_1 z_3 \cdots z_{n-1}} \qquad (6-8)$$

(2)空间定轴轮系传动比的计算

空间定轴轮系传动比的大小仍可按平面定轴轮系的公式计算,即

$$i_{1n} = \left| \frac{\omega_1}{\omega_n} \right| = \frac{\text{所有从动轮齿数连乘积}}{\text{所有主动轮齿数连乘积}}$$

首末轮转向之间的关系用画箭头确定,而不能用 $(-1)^m$ 确定。即从已知(或假定)的首轮的转向开始,沿着传动路线,对每对齿轮逐一进行方向判断,直至确定出最后一个齿轮的转向。每对齿轮主从动齿轮的转向可按下述方法确定:对于直齿圆柱齿轮和斜齿轮,外啮合时,表示转向的箭头方向相反,内啮合时,表示转向的箭头方向相同;对于圆锥齿轮,表示转向的箭头或同时指向节点或同时背离节点;对于螺旋齿轮或蜗轮蜗杆传动,其转向可根据在

节点处的重合点间的速度关系来判别。

对于空间定轴轮系,如果首轮和末轮的轴线平行,在齿数比之前仍可加以正负号来表示首轮与最后齿轮之间的转向关系,若首轮和最后齿轮的轴线不平行,则在齿数比前不能加正负号,因为此时正负号已无意义,只能用箭头表示各轮的转向。

(3) 周转轮系传动比的计算

在周转轮系中,由于行星轮既绕自己的轴线作自转,又随同系杆绕轮系的主轴线作公转,故其转动不是简单的定轴转动,因此它的传动比不能直接按定轴轮系的公式计算。为此,首先将整个周转轮系,以与系杆 H 的角速度 ω_H 相同的转速反转,从而使系杆固定不动,得到原周转轮系的转化机构。借助于该转化机构就可求周转轮系的传动比了。

(1)差动轮系传动比的计算

差动轮系中太阳轮 m 和 n 及系杆 H 之间的转速关系可通过其转化机构的传动比给出

$$i_{mn}^H = \frac{\omega_m^H}{\omega_n^H} = \frac{\omega_m - \omega_H}{\omega_n - \omega_H} = \pm \frac{\text{转化机构中由 m 至 n 各从动轮齿数积}}{\text{转化机构中由 m 至 n 各主动轮齿数积}} \qquad (6-9)$$

正负号的判别视转化机构为平面定轴轮系和空间定轴轮系而分别采用平面定轴轮系和空间定轴轮系的相应判别方法确定。若给定 ω_m,ω_n 及 ω_H 三者中的任意两个,则可求得第三个量。故借助于上式可求解太阳轮及系杆的绝对速度及三者中任意两个之间的传动比。

(2)行星轮系传动比的计算

若将差动轮系中的一个太阳轮 m 或 n 固定,则该轮系变成自由度为 1 的周转轮系,即行星轮系。

① 轮 n 固定时轮系的传动比为 $i_{mH} = 1 - i_{mn}^H$

② 轮 m 固定时轮系的传动比为 $i_{nH} = 1 - i_{nm}^H$

利用以上两式可直接求得太阳轮 m 与系杆 H 或太阳轮 n 与系杆 H 之间的传动比的大小和转向关系,若给定主动件的转速,则可求得输出构件角速度的大小。

6.1.6　液气传动

1. 液压传动系统组成

液压传动系统由以下五个部分组成:(1)动力元件即液压泵。(2)执行元件,指液压缸或液压马达。(3)控制元件包括各种阀类,如溢流阀、节流阀、换向阀等。(4)辅助元件包括油箱、油管、滤油器以及各种指示器和控制仪表等。(5)工作介质即传动液体,通常称液压油(常用油有 32 号、64 号液压油)。

2. 液压传动系统的特点

液压传动与机械传动、电气传动方式相比较,有如下主要优点:

(1)液压传动能方便地在较大范围内实现无级调速。

(2)在相同功率情况下,液压传动能量转换元件的体积较小,重量较轻。

(3)工作平稳,换向冲击小,便于实现频繁换向和自动过载保护。

(4)机件在油中工作,润滑好,寿命长。

(5)操纵简单,便于采用电液联合控制以实现自动化。

（6）液压元件易于实现系列化、标准化和通用化。

液压传动的主要缺点是：

（1）由于泄漏不可避免，并且油有一定的可压缩性，因而无法保证严格的传动速比。

（2）液压传动有较多的能量损失（泄漏损失、摩擦损失等），故传动效率不高，不宜作远距离传动。

（3）液压系统对油温的变化比较敏感，不宜在很高和很低的温度下工作。

（4）液压系统出现故障时，不易找出原因。

3. 气压传动系统的组成

（1）动力元件。（2）执行元件包括各种气缸和气马达。（3）控制元件包括各种阀类。（4）辅助元件是使压缩空气净化、润滑、消声以及用于元件间连接等所需的装置。（5）工作介质即传动气体，为压缩空气。

6.2 常见题型精解

例 1 已知：V 带传递的实际功率 $P=7.5\mathrm{kW}$，带速 $v=10\mathrm{m/s}$，紧边拉力是松边拉力的两倍，试求有效圆周力 F、紧边拉力 F_1 和初拉力 F_0。

分析 这是正常工作条件下的受力计算。

解 根据：
$$P=\frac{Fv}{1000}$$

$$F=\frac{P\cdot 1000}{v}=\frac{7500}{10}=750(\mathrm{N})$$

$$F_1=F_0+F/2$$

得到：
$$F_2=F_0-F/2$$

$$F_1=2F_2$$

解得：
$$F_1=1500\mathrm{N},F_2=750\mathrm{N},F_0=1125\mathrm{N}$$

【评注】本题考查了带传动的受力分析以及打滑临界状态的概念。

例 2 在一定转速下，要减轻链传动的运动不均匀性，设计时为什么要选择较小节距的链条？

答：链节距越大，链条和链轮各部分的尺寸也愈大，链传动的承载能也越大，但传动的多边形效应也加剧，所以在满足承载能力的条件下，应选取较小的节距。

【评注】本题的知识点：传动参数链节距 p 对链传动运动性能的影响。链节距 p 是链传动设计中一个重要的参数，直接影响运动性能及动力性能的好坏。链节距对运动不均匀性的影响在各类考题中常以填空、问答、判断或选择题的形式出现。

例 3　链传动中链节数取偶数,链轮齿数取与链节数互为质数的奇数,为什么?

答:链轮的齿数取与链节数互为质数的奇数时,在传动过程中每个链节与链轮齿都有机会啮合,这样可以使磨损均匀;反之,若两链轮的齿数为偶数,则链节与齿数之间存在公约数,由于传动具有周期性,只有少数的几个齿和链节经常啮合,造成受力磨损不均匀,有些部位提早失效,降低链传动的使用寿命。

【评注】本题的知识点:传动中参数选择对失效的影响。与齿轮传动中两齿轮齿数取互质数的道理相同。

例 4　旧自行车上链条容易脱落的主要原因是什么?

答:链传动的主要失效形式之一是磨损,由于磨损会使链条上的链节增大,从而增加了链条的长度,链条与链轮之间的配合连接变松容易产生脱落。

【评注】本题考查了链传动的磨损失效机理,恰好是发生在日常生活的典型事例,所以成为考试中常见的题目。

例 5　设计一对渐开线外啮合标准直齿圆柱齿轮机构。已知 $z_1 = 18, z_2 = 37, m = 5\text{mm}$, $\alpha = 20°, h_a^* = 1$,试求:两轮几何尺寸及中心距。

分析　本题是基础题,主要是训练对标准直齿圆柱齿轮几何尺寸的计算公式的应用和掌握。

解　两轮几何尺寸及中心距

$$r_1 = \frac{1}{2}mz_1 = \frac{1}{2} \times 5 \times 18 = 45(\text{mm})$$

$$r_{a1} = r_1 + h_a^* m = 45 + 5 = 50(\text{mm})$$

$$r_{f1} = r_1 - (h_a^* + c^*)m = 45 - 1.25 \times 5 = 38.75(\text{mm})$$

$$r_{b1} = r_1\cos\alpha = 45\cos 20° = 42.286(\text{mm})$$

$$s_1 = s_2 = \frac{\pi m}{2} = \frac{5\pi}{2} = 7.854(\text{mm})$$

$$r_2 = \frac{1}{2}mz_2 = \frac{1}{2} \times 5 \times 37 = 92.5(\text{mm})$$

$$r_{a2} = r_2 + h_a^* m = 92.5 + 5 = 97.5(\text{mm})$$

$$r_{f2} = r_2 - (h_a^* + c^*)m = 92.5 - 1.25 \times 5 = 86.25(\text{mm})$$

$$r_{b2} = r_2\cos\alpha = 92.5\cos 20° = 86.922(\text{mm})$$

$$a = \frac{m}{2}(z_1 + z_2) = \frac{5}{2} \times (18 + 37) = 137.5(\text{mm})$$

【评注】希望初学者熟练掌握基本公式,并能灵活应用。

例 6　某传动装置中有一对渐开线标准直齿圆柱齿轮(正常齿)。大齿轮已损坏,小齿轮的齿数 $z_1 = 24$,齿顶圆直径 $d_{a1} = 78\text{mm}$,传动中心距 $a = 135\text{mm}$,试计算大齿轮的主要几何尺寸及这对齿轮的传动比。

分析 本题是基础题,主要是训练对标准直齿圆柱齿轮几何尺寸的计算公式的应用和掌握。

解 (1)模数 $m = \dfrac{d_{a1}}{z_1 + 2h_a^*} = \dfrac{78}{24 + 2 \times 1} = 3$ (mm)

(2)大齿轮齿数 $z_2 = \dfrac{2a}{m} - z_1 = \dfrac{2 \times 135}{3} - 24 = 66$

(3)分度圆直径 $d_2 = m z_2 = 3 \times 66 = 198$ (mm)

(4)齿顶圆直径 $d_{a2} = m(z_2 + 2h_a^*) = 3 \times (66 + 2 \times 1) = 204$ (mm)

(5)齿根圆直径 $d_{f2} = m(z_2 - 2h_a^* - 2c^*) = 3 \times (66 - 2 \times 1.25) = 190.5$ (mm)

(6)齿顶高 $h_a = h_a^* m = 1 \times 3 = 3$ (mm)

(7)齿根高 $h_f = (h_a^* + c^*)m = (1 + 0.25) \times 3 = 3.75$ (mm)

(8)全齿高 $h = h_a + h_f = 3 + 3.75 = 6.75$ (mm)

(9)齿距 $p = \pi m = 3.14 \times 3 = 9.42$ (mm)

(10)齿厚和齿槽宽 $s = e = \dfrac{1}{2}p = \dfrac{9.42}{2} = 4.71$ (mm)

(11)传动比 $i = \dfrac{\omega_1}{\omega_2} = \dfrac{z_2}{z_1} = \dfrac{66}{24} = 2.75$

【评注】希望初学者熟练掌握基本公式,并能灵活应用。

※**例7** 在蜗杆传动中,蜗杆主动,模数 $m = 4$mm,蜗杆 $z_1 = 2$, $d_1 = 50$mm,传动比 $i = 25$,试确定:

(1)蜗轮的齿数 Z_2;

(2)蜗杆的直径系数 q 和导程角 γ;

(3)标准中心距 a。

分析 本题是基础题,主要是训练对标准阿基米德蜗杆传动的部分主要几何尺寸的计算公式的应用和掌握。

解 (1)求蜗轮的齿数 z_2

$$z_2 = z_1 \cdot i = 2 \times 25 = 50$$

(2)求蜗杆的直径系数 q 和导程角 γ

$$d_1 = mq$$

$$q = \frac{d_1}{m} = \frac{50}{4} = 12.5$$

$$\tan\gamma = \frac{z_1}{q} = \frac{2}{12.5} = 0.16$$

$$\gamma = \arctan 0.16 = 9.09°$$

(3)标准中心距 a

$$a = \frac{m}{2}(q + Z_2) = \frac{4}{2}(12.5 + 50) = 125 \text{(mm)}$$

【评注】希望初学者熟练掌握蜗轮蜗杆的基本公式,并能灵活应用。

例 8　如图 6-5 所示的轮系中,已知双头右旋蜗杆的转速 $n_1 = 900 \text{r/min}$,转向如图所示,$z_2 = 60$,$z_{2'} = 25$,$z_3 = 20$,$z_{3'} = 25$,$z_4 = 20$。求 n_4 的大小与方向。

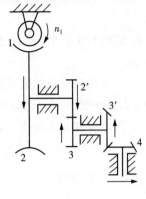

分析　本题轮系是定轴轮系,而且是轴线不平行的空间定轴轮系。

解
$$i_{14} = \frac{z_4 z_3 z_2}{z_1 z_{2'} z_{3'}}$$

$$= \frac{20 \times 20 \times 60}{2 \times 25 \times 25} = 19.2$$

图 6-5

$$n_4 = \frac{900}{19.2} = 46.875 (\text{r/min})$$

方向如图 6-5 所示。

【评注】先判断轮系类型,然后应用轮系传动比的公式计算大小并判断方向。

6.3　学习效果测试

6.3.1　是非题

1. 渐开线的形状取决于基圆的大小。(　　)
2. m,α,h_a^*,c^* 都是标准值的齿轮一定是标准齿轮。(　　)
3. 在蜗杆蜗轮机构中,传动比 $i_{12} = z_2/z_1 = d_2/d_1$。(　　)
4. 定轴轮系是指各个齿轮的轴是固定不动的。(　　)
5. 轮系可分为定轴轮系和周转轮系两种。(　　)
6. 轮系传动比的计算,不但要确定其数值,还要确定输入输出轴之间的运动关系,表示出它们的转向关系。(　　)

6.3.2　填空题

1. 带传动中,打滑是指_____,多发生在_____轮上。刚开始打滑时紧边拉力 F_1 与松边拉力 F_2 的关系为_____。
2. 当带传动中心距水平布置时,宜将松边安置在_____方。
3. 普通 V 带传动中,已知预紧力 $F_0 = 2500 \text{N}$,传递圆周力为 800N,若不计带的离心力,则工作时的紧边拉力 F_2 为_____,松边拉力 F_1 为_____。
4. 链传动的动载荷是随着链条节距 p _____和链轮齿数_____而增加。
5. 开式链传动的主要失效形式是_____。

6. 滚子链最主要参数是链的_____,为提高链速的均匀性,应选用齿数为_____的链轮。

7. 链传动工作时,其转速越高,其运动不均匀性越_____,故链传动多用于_____速传动。

8. 对于高速重载的套筒滚子链传动,应选用节距_____的_____排链;对于低速重载的套筒滚子链传动,应选用节距_____的链传动。

9. 直齿圆柱齿轮机构的正确啮合条件是_____ 、_____。

10. 平行轴外啮合斜齿圆柱齿轮机构的正确啮合条件是_____。

6.3.3 选择题

1. 带传动主要依靠(   )来传递运动和功率。

A. 带与带轮接触面之间的正压力　　　　　B. 带的紧边拉力

C. 带与带轮接触面之间摩擦力　　　　　　D. 带的初拉力

2. 带传动不能保证精确的传动比,其原因是(   )。

A. 带容易变形和磨损　　　　　　　　　　B. 带在带轮上打滑

C. 带的弹性滑动　　　　　　　　　　　　D. 带的材料不遵守虎克定律

3. 带传动采用张紧轮的目的是(   )。

A. 减轻带的弹性滑动　　　　　　　　　　B. 提高带的寿命

C. 改变带的运动方向　　　　　　　　　　D. 调节带的初拉力

4. 带传动在工作时产生弹性滑动,是由于(   )。

A. 带不是纯对挠性体　　　　　　　　　　B. 带绕过带轮时产生离心力

C. 带的松边与紧边拉力不等

5. 在一定转速时,要减小链条传动的不均匀性和动载荷,应(   )。

A. 增大链条节距和链轮齿数　　　　　　　B. 增大链条节距和减少链轮齿数

C. 减小链条节距,增大链轮齿数　　　　　D. 减小链条节距和链轮齿数

6. 在蜗杆传动中,通常(   )为主动件。

A. 蜗杆　　　　　　　B. 蜗轮　　　　　　C. 蜗杆或蜗轮都可以

7. 与齿轮传动相比,(   )不能作为蜗杆传动的优点。

A. 传动平稳,噪声小　　　　　　　　　　B. 传动效率高

C. 可产生自锁　　　　　　　　　　　　　D. 传动比大

8. 对空间定轴轮系,其始末两齿轮转向关系可(   )来判断。

A. $(-1)^m$　　　　　　B. 箭头法　　　　　　C. 箭头法 和$(-1)^m$均可以

9. 惰轮在轮系中,不影响传动比大小,只影响从动轮(   )。

A. 旋转方向　　　　　B. 转速　　　　　　C. 传动比　　　　　　D. 齿数

10. 定轴轮系的传动比等于所有(   )齿数的连乘积与所有主动轮齿数的连乘积之比。

A. 从动轮　　　　　　B. 主动轮　　　　　　C. 惰轮　　　　　　D. 齿轮

6.3.4　问答题

1. 带传动如何组成？带可分为哪些类型？为什么 V 带传动承载能力比平带大得多？

2. 带传动打滑在什么情况下发生？刚开始打滑时，紧边拉力与松边拉力有什么关系？

3. 什么是弹性滑动？为什么说弹性滑动是带传动中的固有现象？

5. 链传动的主要特点是什么？链传动适用于什么场合？

6. 为什么带传动的紧边在下，而链传动的紧边在上？

7. 蜗杆传动中为何常以蜗杆为主动件？蜗轮能否作为主动件？为什么？

6.3.5　分析计算题

1. 某液体搅拌器的 V 带传动，传递功率 $P = 2.2\text{kW}$，带的速度 $v = 7.48\text{m/s}$，带的根数 $z = 3$，安装时测得初拉力 $F_0 = 110\text{N}$，试计算有效拉力 F、紧边拉力 F_1、松边拉力 F_2。

2. 已知一对标准直齿圆柱齿轮的中心距 $a = 160\text{mm}$，传动比 $i_{12} = 3$，小齿轮齿数 $z_1 = 20$。试求：

(1) 模数 m 和分度圆直径 d_1，d_2；

(2) 齿顶圆直径 d_{a1}，d_{a2} 和齿距 p 及基圆直径 d_{b1}，d_{b2}。

3. 为修配一已经损坏的标准齿轮。实测得齿高为 8.98mm，齿顶圆直径为 211.7mm，试确定该齿轮的主要尺寸。

4. 已知一对标准外啮合圆柱齿轮传动的模数 $m = 5\text{mm}$，压力角 $\alpha = 20°$、中心距 $a = 350\text{mm}$、传动比 $i_{12} = 9/5$，试求两轮的齿数、分度圆直径、齿顶圆直径、基圆直径，以及分度圆上的齿厚和齿槽宽。

5. 一对正确安装的外啮合标准直齿圆柱齿轮传动，其参数为：$z_1 = 32$，$z_2 = 64$，$m = 3\text{mm}$，$a = 20°$，$h_a^* = 1$，$c^* = 0.25$。试计算传动比 i 和大齿轮四个圆的尺寸。

6. 如图 6-6 所示轮系中，已知 $z_1 = z_2 = 20$，$z_{3'} = 26$，$z_4 = 30$，$z_{4'} = 22$，$z_5 = 78$，求齿轮 3 的齿数及传动比 i_{15}。

7. 如图 6-7 所示为一手摇提升装置，其中各轮齿数均已知，试求传动比 i_{15}，并指出当提升重物时手柄的转向。

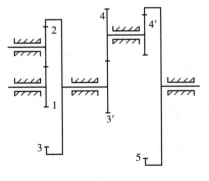

图 6-6

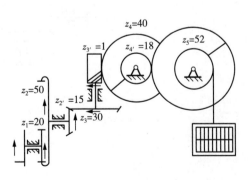

图 6-7

8. 如图 6-8 所示轮系，已知 $z_1=20, z_2=42, z_{2'}=21, z_3=46, z_4=32, z_{4'}=20, z_5=46$，$O_1$ 为主动轴。试计算轮系的传动比 i_{15} 并确定齿轮 5 的转动方向。

9. 在图 6-9 所示的轮系中，已知 $z_1=1$（右旋），$z_2=50, z_3=20, z_4=35, z_5=18, z_6=40$，求：（1）该轮系的传动比 $i_{16}=?$

（2）若 $n_1=1500 \mathrm{r/min}$，求轮 6 的转速大小。

（3）确定各轮方向。

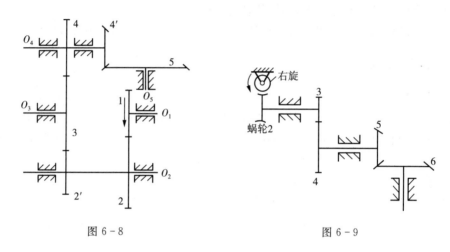

图 6-8   图 6-9

6.4 课后作业

1. 普通 V 带传动传递的功率 $P=10\mathrm{kW}$，带速 $v=12.5\mathrm{m/s}$，紧边拉力 F_1 是松边拉力 F_2 的两倍。求紧边拉力 F_1 及有效拉力 F。

2. 一对正确安装的外啮合标准直齿圆柱齿轮传动，其参数为：$z_1=20, z_2=80, m=2\mathrm{mm}, \alpha=20°, h_a^*=1, c^*=0.25$。试计算传动比 i，两轮的主要几何尺寸。

3. 在图 6-10 所示的轮系中，$z_1=16, z_2=32, z_3=20, z_4=40, z_5=2$（右旋蜗杆），$z_6=40$，若 $n_1=800\mathrm{r/min}$，求蜗轮的转速 n_6 并确定各轮的转向。

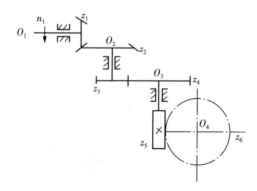

图 6-10

4. 图 6-11 所示为某高炮高低机的手动传动机构。已知各轮齿数 $z_1=35$,$z_2=17$,$z_{2'}=35$,$z_3=17$,$z_{3'}=1$(右旋),$z_4=27$,$z_{4'}=20$,$z_5=224$(将高低机齿弧补齐成圆柱齿轮时的齿数)。设锥齿轮 1 按图示方向转动,试求:

(1)传动比 i_{15};

(2)当锥齿轮 1 转过一圈时,高低齿弧的转角为多少度?

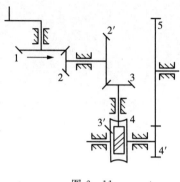

图 6-11

附页:随堂笔记与知识梳理

附页：随堂笔记与知识梳理

第7章 常用零部件

教学基本要求：

1. 了解常用螺纹、螺纹连接件的基本类型、特点及其应用。

2. 掌握预紧和防松的目的，理解防松的原理，掌握控制预紧力的方法。

3. 了解螺旋传动的应用、特点以及分类。

4. 了解轴的分类及特点，了解轴的材料及选用。

5. 掌握零件在轴上固定方法，轴毂连接类型和应用。

6. 了解键连接的类型、工作原理、特点和应用。

7. 了解滑动轴承的特点、典型结构和应用场合。

8. 熟悉滚动轴承的主要类型、特点和代号，能正确选择滚动轴承的类型。

9. 掌握联轴器、离合器、制动器的功用和分类。

10. 掌握弹簧的功用、分类等基本常识。

本章的重点内容是螺纹连接件的类型及特点、滚动轴承的代号。

线上自学任务：

任务一：螺纹连接、螺旋传动、轴。

学习目标：

1. 了解常用螺纹、螺纹连接件的基本类型、特点及其应用。

2. 掌握预紧和防松的目的，理解防松的原理，掌握控制预紧力的方法。

3. 了解螺旋传动的应用、特点以及分类。

4. 了解轴的分类及特点，了解轴的材料及选用。

5. 掌握零件在轴上固定方法，轴毂连接类型和应用。

知识要点：

螺纹连接、螺旋传动、轴毂连接。

课前测试：

1. 重要螺栓连接应使用活动扳手预紧。（　　　）

2. 双头螺柱连接适于常拆卸而被连接件之一较厚的情况下使用。（　　　）

3. 心轴主要用来承受转矩。（　　　）

4. 在下列连接方式中，（　　　）可以同时起将轴上零件在轴上作周向和轴向固定的作用。

A. 平键　　　　　　　　B. 花键　　　　　　　　C. 过盈配合

5. 采用螺纹连接时，若被连接件之一厚度较大，且材料较软，强度较低，需要经常装拆，则一般宜采用（　　　）。

A. 螺栓连接 　　　　 B. 双头螺柱连接 　　　 C. 螺钉连接

拓展课题：

自行车的中轴和后轴是什么类型的轴？为什么？

任务二：轴承、联轴器、离合器、制动器、弹簧。

学习目标：

1. 了解滑动轴承的特点、典型结构和应用场合。

2. 熟练掌握滚动轴承的主要类型、特点和代号，能正确选择滚动轴承的类型。

3. 掌握联轴器、离合器、制动器的功用和分类。

4. 掌握弹簧的功用、分类等基本常识。

知识要点：

滑动轴承、滚动轴承、联轴器、离合器、制动器、弹簧。

课前测试：

1. 滚动轴承由内圈、外圈、（　　　）组成。

A. 循环器、滚珠 　　　 B. 保持架、滚动体 　　　 C. 反向器、滚珠

2. 公称接触角 α 越大，轴承承受轴向载荷的能力（　　　）。

A. 越大 　　　　 B. 越小 　　　　 C. 无关

3. 主要承受径向载荷和少量双向轴向载荷时，宜选用（　　　）。

A. 深沟球轴承 　　　 B. 调心轴承 　　　　 C. 角接触球轴承

4. 离合器连接的两轴分离必须停车。（　　　）

5. 弹簧可控制运动。（　　　）

拓展课题：

1. 如图 7-1 为某型自行加榴炮高低机主轴总成结构图，主要实现高低机蜗杆动力的传递。试说明高低机主轴总成结构中采用了什么类型的轴承、联轴器、弹簧，并分析其应用特点。

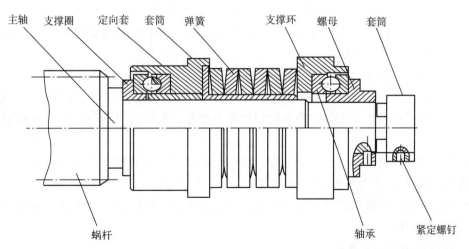

图 7-1　某型自行加榴炮高低机主轴总成结构图

7.1 重点内容提要

7.1.1 螺纹连接与螺旋传动

1. 螺纹类型和应用

螺纹分为外螺纹和内螺纹,两者共同组成螺旋副。其中,起连接作用的称为连接螺纹,起传动作用的称为传动螺纹。

通过螺纹轴线的剖面上,螺纹的轮廓形状称为螺纹牙形,有三角形、矩形、梯形、锯齿形、圆形等。三角形多用于连接;矩形、梯形、锯齿形多用于传动。

根据螺旋线绕行方向,螺纹分为左旋和右旋。常用右旋螺纹,必要时才用左旋螺纹。

2. 螺纹连接的类型和应用

螺纹连接的类型有螺栓连接、双头螺柱连接、螺钉连接及紧定螺钉连接,其中螺栓连接又分为普通螺栓连接、铰制孔用螺栓连接。

螺栓连接用于被连接件不太厚的场合。普通螺栓连接,其螺栓与孔之间有间隙,铰制孔用螺栓连接,其螺栓与孔之间采用过渡或过盈配合。

双头螺柱连接用于被连接件之一较厚且需经常拆装的场合。

螺钉连接与双头螺柱连接相似,但不宜用于经常拆装的场合。

紧定螺钉连接多用于轴上零件的连接。

螺纹连接中,常用的紧固件:螺栓、螺柱、螺钉、螺母、垫圈及防松零件等。

3. 螺纹连接的预紧

大多数的螺纹连接在装配时均需拧紧,使螺栓在承受载荷之前,先受到预紧力的作用。预紧的目的是增强连接刚度、紧密性和提高防松能力。

为避免连接件过载,装配时要控制预紧力。控制预紧力的方法有:使用呆扳手、测力矩扳手、定力矩扳手等,前者操作方便,但拧紧力矩凭人工经验;后两者相对精确,常用于装配时要求精确控制预紧力的场合。

4. 螺纹连接的防松

防松的实质在于防止螺旋副的相对转动。防松的方法按工作原理可分为以下三类:

(1)摩擦防松,利用螺纹副中产生附加摩擦力防松。常见的有:双螺母、弹簧垫圈、自锁螺母等。

(2)机械防松,利用专门的防松元件直接约束螺纹副的相对转动的可能性。常见的有:开口销与开槽螺母、止退垫圈、串金属丝等。

(3)永久防松,是指把螺纹副变为非运动副,以排除相对运动的可能性。常见的有:冲点、焊铆和胶接等。

5. 螺旋机构的特点和应用

螺旋机构可以把回转运动变为直线移动。主要优点是结构简单,制造方便,能将较小回转力矩变成较大的轴向力,能达到较高传动精度,工作平稳,易于自锁。缺点是摩擦损失大,传动效率低,因此一般不用来传递大的功率。

6. 螺旋机构的类型

(1)根据螺杆和螺母的相对运动关系,将螺旋机构的运动形式分为以下四种类型:

① 螺母不动,螺杆转动并作直线运动,如台虎钳、千分尺等;

② 螺杆不动,螺母转动并作直线运动,如螺旋千斤顶;

③ 螺杆原位转动,螺母直线运动,如摇臂钻床中摇臂的升降机构;

④ 螺母原位转动,螺杆直线运动,如应力试验机上的观察镜螺旋调整装置。

(2)按两螺旋副的旋向不同,双螺旋机构又可分为差动螺旋机构和复式螺旋机构两种。

① 差动螺旋机构,两螺旋副中螺纹旋向相同的双螺旋机构,称为差动螺旋机构;

② 复式螺旋机构,两螺旋副中螺纹旋向相反时,该双螺旋机构称为复式螺旋机构。

(3)螺旋传动按其螺旋副的摩擦性质不同分为滑动螺旋、滚动螺旋和静压螺旋。

7.1.2　轴和轴毂连接

1. 轴的用途及分类

轴的主要功用是支承回转零件及传递运动和动力。

按承受载荷的不同,轴可分为转轴、心轴和传动轴三类。工作中既承受弯矩又承受转矩的轴称为转轴。只承受弯矩而不承受转矩的轴称为心轴,心轴又分为转动心轴和固定心轴两种。只承受转矩而不承受弯矩(或弯矩很小)的轴称为传动轴。

按轴线形状的不同,轴还可分为直轴和曲轴两大类。直轴根据外形的不同分为光轴和阶梯轴两种,光轴主要用于心轴和传动轴,阶梯轴则常用于转轴。

2. 轴的结构设计

(1)零件在轴上的轴向固定

轴上零件的轴向固定方法很多,常用的结构有轴肩、轴环、套筒、圆螺母等,各有其应用场合和优缺点。

轴肩和轴环简单可靠,可承受较大的轴向力,应用较多;当轴上两个零件相隔距离不大时,常采用套筒作轴向固定,能承受较大轴向力,且定位可靠,结构简单,拆卸方便,可减少轴的阶梯数量和应力集中;当轴端允许车制螺纹时,可采用圆螺母和止动垫圈作轴向定位,圆螺母可承受较大轴向力,止动垫圈能可靠地防松,都用于滚动轴承的轴向固定。

(2)周向定位

零件的周向固定是为了限制轴上零件与轴发生相对转动,可靠地传递运动和动力。连接的形式很多,常用的有键或花键连接、销连接、过盈配合等。

3. 键连接的类型、结构、特点和应用

键主要用来实现轴与轮毂之间的周向固定以传递扭矩,有的能实现轴上零件的轴向固定或轴向滑动的导向。键连接的主要类型有:平键连接、半圆键连接、楔键连接和切向键连接。

平键连接的键与轮毂键槽底部有间隙,轴与轮毂的对中性较好,工作面为两侧面,靠轴和轮毂与键的挤压和键的剪切传递转矩。平键分为普通平键、薄型平键、导向平键和滑键。普通平键和薄型平键用于静连接。导向平键和滑键用于动连接,导向平键与轴固连,滑移距离不大;滑键与轮毂固连,滑移距离较大。

半圆键的工作面为两侧面,靠轴和轮毂与轴的挤压和键的剪切传递转矩,主要用于轻载静连接。半圆键具有自定位功能,适用于锥形轴端与轮毂的连接。但轴上键槽较深,对轴的强度削弱较大。

楔键的类型有普通楔键(圆头、平头、半圆头)和钩头楔键。其工作原理为:键的上表面和与它相配合的轮毂键槽有1:100的斜度,工作面为上下两面,靠上、下两面楔紧的摩擦力传递转矩。楔键连接可承受单向轴向载荷,可对轮毂单向轴向固定,但对中性差,轴和轮毂有偏心和偏斜。楔键连接用于轴毂零件的定心精度要求不高、转矩不大、转速较低的场合。

4. 平键选择方法

普通平键主要尺寸为键宽 b、键高 h、键长 l。根据轴径从标准中选取键的剖面尺寸 $b \times h$。键的长度一般可按轮毂长度选取,即键长等于或短于轮毂长度。

5. 花键连接特点

(1)承载能力高;(2)强度削弱较小;(3)对中性和导向性好,具有互换性。

7.1.3 轴承

1. 滑动轴承

(1)分类

滑动轴承按其滑动表面间摩擦状态不同,可分为液体滑动轴承和非液体滑动轴承。在液体滑动轴承中,根据其相对运动的两表面间油膜形成原理的不同,又可分为液体动压滑动轴承和液体静压滑动轴承。

此外,按照承受载荷的方向不同,滑动轴承也可分为径向滑动轴承、推力滑动轴承和向心推力滑动轴承。

(2)特点及应用

滑动轴承的主要优点:承载能力大、噪声小、工作平稳、回转精度高、高速性能好。

因此,滑动轴承适用于下列一些场合:①转速特别高时;②承受巨大冲击和振动载荷;③必须采用剖分结构等场合。

(3)轴承材料和轴瓦结构

轴瓦和轴承衬的材料统称为轴承材料。滑动轴承的主要失效形式是磨损和胶合(或称烧瓦),由于强度不足而出现的疲劳损坏和由于工艺原因而出现的轴承衬脱落等现象也时有发生。因此,对轴承材料性能的要求是:①足够的强度。②良好的减摩性、耐磨性、耐蚀性和抗胶合性。③良好的适应性,包括顺应性、嵌入性和磨合性。④良好的导热性,热膨胀系数小。⑤良好的加工工艺性。

常用的轴承材料有金属材料、粉末冶金材料和非金属材料三大类。

轴瓦是滑动轴承中直接与轴颈接触的部分。轴承体上采用轴瓦是为了节约贵重的轴承材料和便于维修。轴瓦结构有整体式(又称轴套)和对开式两种。

整体式轴瓦通常称为轴套。

对开轴瓦由上、下两半轴瓦组成。通常,下轴瓦承受载荷,上轴瓦不承受载荷。但上轴瓦开有油沟和油孔,润滑油由油孔输入后,经油沟分布到整个轴瓦表面上。

在轴瓦设计中,为了防止轴瓦在轴承座中发生轴向移动和周向转动,轴瓦必须有可靠的定位和固定。

为了润滑轴承的工作表面,一般都在轴瓦上非承载区或压力较小的区域开设油孔和油沟(槽)。油孔用来供油,油沟用来输送和分布润滑油。

2. 滚动轴承

滚动轴承是标准件,它依靠主要元件间的滚动接触来支承转动零件,由内圈、外圈、滚动体和保持架组成。其中,内圈与轴颈配合,外圈与轴承座孔装配在一起,滚动体的大小和数量对轴承的承载能力有很大的影响。滚动轴承与滑动轴承相比,具有摩擦阻力小、功率消耗小、启动容易等优点;缺点是寿命较低、噪声大、承受冲击载荷能力大、径向尺寸大。

(1)滚动轴承的结构、材料、特点和应用

滚动轴承的类型繁多,按不同分类标准得到滚动轴承的主要类型如图 7 - 2 所示。

滚动轴承的滚动体与外圈滚道接触点(线)处的法线与径向平面之间的夹角 α,称为轴承的接触角。α 越大,轴承所承受轴向载荷的能力越大。

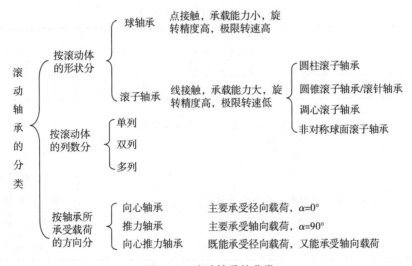

图 7 - 2　滚动轴承的分类

滚动轴承一般由内圈、外圈、滚动体和保持架四部分组成。滚动体是滚动轴承的核心零件。保持架是用来隔开相邻滚动体,以减少其间的摩擦和磨损。

(2)滚动轴承的代号

由于滚动轴承的类型繁多,为了便于设计、制造和选用,在国家标准 GB/T 272—1993 中规定了滚动轴承代号的表示方法。代号用字母加数字来表示轴承的结构、尺寸公差等级、技术性能等特征。代号由前置代号、基本代号和后置代号三部分构成,其排列见表 7 - 1。

表 7-1 滚动轴承代号组成

前置代号	基本代号					后置代号							
	五	四	三	二	一								
	类型代号	尺寸系列代号		内径代号		内部结构代号	密封与防尘结构代号	保持架及其材料代号	特殊轴承材料代号	公差等级代号	游隙代号	多轴承配置代号	其他代号
轴承的分部件代号		宽度系列代号	直径系列代号										

基本代号是滚动轴承代号的基础,共五位,分别表示轴承的类型、尺寸系列和内径。内径在 10～480mm 范围内代号的表示方法见表 7-2,内径小于 10mm 和大于 480mm 时另有规定。尺寸系列代号所表示的意义见表 7-3。常用轴承类型代号见表 7-4。

表 7-2 滚动轴承内径代号

内径代号	00	01	02	03	04～96(22,28,32mm 的内径除外)
轴承内径 d/mm	10	12	15	17	内径代号×5

表 7-3 滚动尺寸系列代号

代号	7	8	9	0	1	2	3	4	5	6
宽度系列		特窄		窄	正常	宽	特宽			
直径系列	超特轻	超轻		特轻		轻	中	重		

表 7-4 常用滚动轴承类型代号

代号	轴承类型	代号	轴承类型
1	调心球轴承	6	深沟球轴承
2	调心滚子轴承和推力调心滚子轴承	7	角接触球轴承
3	圆锥滚子轴承	N	圆柱滚子轴承
5	推力球轴承	NA	滚针轴承

轴承的后置代号是用字母和数字等表示轴承的结构、公差及材料的特殊要求等。

常用的代号有内部结构代号、公差等级代号和游隙组别代号。内部结构代号中常见的如接触角为 15°,25°和 40°的角接触轴承,其相应的内部结构代号分别为 C,AC 和 B。公差等级代号/P2、P4、P5、P6(P6x)和 P0 则由高到低表示轴承的 2 级、4 级、5 级、6 级(6x)和 0 级公差。游隙组别代号/C1,/C2,/C3,/C4,/C5 由小到大分别表示轴承的 1 组、2 组、0 组、3 组、4 组和 5 组径向游隙。其中的 0 级公差和 0 组游隙在代号中不标出来。

前置代号表示成套轴承的分部件,一般用 1～3 个字母表示。

（3）滚动轴承类型的选择

选择滚动轴承时先选择类型，再选择尺寸。正确选择滚动轴承类型时应考虑的主要因素有：

① 轴承所受的载荷。载荷较大时，应选用线接触的滚子轴承；载荷较小时，应选用点接触的球轴承；轴承承受纯轴向载荷时，选用推力轴承；承受纯径向载荷时，选用向心轴承；当轴承在承受径向载荷的同时，还承受不大的轴向载荷时，可选用深沟球轴承，或接触角不大的角接触球轴承或圆锥滚子轴承，当轴向载荷较大时，可选用接触角较大的角接触球轴承或圆锥滚子轴承，或者选用向心轴承和推力轴承组合在一起的结构，分别承担径向载荷和轴向载荷。

② 轴承的转速。当轴承的转速较高时，宜选用球轴承；当轴承的转速较低时，可用推力球轴承、滚子轴承。

③ 轴承的调心性能。轴的中心线与轴承座中心线不重合、支点跨距大、轴的弯曲变形大或多支点轴，可选用调心轴承。圆柱滚子轴承，滚针轴承以及圆锥滚子轴承对角度偏差敏感，宜用于轴承与座孔能保证同心、轴的刚度较高的地方。

④ 轴承的安装和拆卸。当轴承座没有剖分面而必须沿轴向安装和拆卸轴承部件时，应优先选用内外圈可分离的轴承（如圆柱滚子轴承、滚针轴承、圆锥滚子轴承等）。当轴承在长轴上安装时，为了便于装拆，可以选用其内圈孔为 1∶12 的圆锥孔的轴承。

由于设计问题的复杂性，轴承的选择不应指望一次成功，必须在选择、校核乃至结构设计的全过程中，反复分析、比较和修改，才能选择出符合设计要求的较好的轴承方案。

7.1.4　联轴器、离合器、制动器

1. 概述

联轴器、离合器和制动器是机械中常用的传动部件。它们主要用来连接两轴，以传递运动和转矩，有时也可用作安全装置。由联轴器连接的两轴，只有在机器停车后，经过拆卸才能把它们分离开来。而用离合器连接的两轴，在机器工作时就能方便地使它们分离或结合。

联轴器连接的两轴常属于两个不同的机器或部件，由于制造和安装的误差，运转时零件的受载变形、温度的变化等原因，都可使被连接的两轴存在一定程度的轴向位移 x、径向位移 y、角位移 α 以及由它们所组成的综合位移，因此在设计联轴器时要从结构上采用各种不同的措施，使之具有一定范围的相对位移的性能。

联轴器、离合器和制动器大多已标准化和系列化，设计时一般可参考有关手册选用，必要时对其中个别关键零件进行验算，甚至进行系统的动力学计算。

2. 联轴器的组成与分类

联轴器一般由两个半联轴器及联接件组成。半联轴器与主、从动轴通常采用键联接。

根据对各种相对位移有无补偿能力，联轴器分为刚性联轴器和挠性联轴器两大类。挠性联轴器又可按是否具有弹性元件分为无弹性元件的挠性联轴器和有弹性元件的挠性联轴器两个类别。几种常见的联轴器特点及使用场合见表 7-5。

表 7-5　几种常见的联轴器特点及使用场合

类别	联轴器型式		特点	使用场合
刚性联轴器	凸缘联轴器		对两轴的相对位移缺乏补偿能力,对中性要求高。结构简单,成本低、传递转矩大	适用于低转速、无冲击、轴的刚性大、对中性较好的场合
弹性联轴器	无弹性元件的弹性联轴器	十字滑块联轴器	可补偿两轴间的相对位移。由于滑块偏心回转时会产生离心力,故不宜用于高速场合。需要定期润滑	用于转速 $n<250$r/min,轴的刚度较大且无剧烈冲击处
		滑块联轴器	中间滑块的质量较小,又具有弹性,故允许较高的极限转速。中间滑块可以自行润滑	适用于小功率、高转速而无剧烈冲击的场合
		十字轴万向联轴器	结构紧凑,维护方便,能补偿较大的综合位移,传递转矩较大,但有速度波动	广泛应用于汽车、多头钻床等机器传动系统中
		齿式联轴器	能传递很大的转矩,并允许有较大的偏移量,安装精度要求不高,但质量较大,成本较高	常用于高速重载机械,以及起动次数多,正反转频繁的大功率传动中
		滚子链联轴器	结构简单,尺寸紧凑,质量小,装拆方便,维护容易,价廉并具有一定的位移补偿性能和缓冲性能	不宜用于逆向传动和起动频繁或立轴传动。不宜用于高速传动
	有弹性元件的弹性联轴器	弹性套柱销联轴器	制造容易,装拆方便,成本较低,但弹性套易磨损,寿命较短	适用于连接载荷平稳、需正反转或起动频繁的传递中小转矩的轴
		弹性柱销联轴器	传递转矩的能力很大,结构简单,安装、制造方便,耐久性好,有一定的缓冲和吸振能力,有一定的位移补偿能力,但要限制使用温度	适用于轴向传动较大、正反转变化较多和起动频繁的场合
		轮胎式联轴器	缓冲性和位移补偿能力都较好,绝缘性好,运转无噪声,但径向尺寸较大	适用于潮湿、多尘、冲击大以及相对位移较大的场合
		膜片联轴器	结构比较简单,弹性元件的连接没有间隙,不需要润滑,维护方便,平衡容易,质量小,对环境适应性强,发展前途广阔,但扭转弹性较低,缓冲减振性能差	主要用于载荷比较平稳的高速传动

3. 离合器的分类及工作要求

离合器在机器运转中可将传动系统随时分离或接合。对离合器的要求有:接合平稳,分离迅速而彻底;调节和修理方便;外廓尺寸小;质量小;耐磨性好和有足够的散热能力;操纵方便省力。离合器的类型很多,按实现离、合动作的过程可分为操纵式和自动式离合器;按离合器的操纵方式,可分为机械式、气压式、液压式和电磁式等离合器。

(1)牙嵌离合器

牙嵌离合器由两个端面上有牙的半离合器组成,借助牙的相互嵌合来传递运动和转矩。与摩擦离合器相比,牙嵌离合器结构简单、尺寸紧凑,多用于转矩不大,低速接合处。

(2)圆盘摩擦离合器

圆盘摩擦离合器是在主动摩擦盘转动时,由主、从动盘的接触间产生的摩擦力矩来传递转矩,有单盘式和多盘式两种。

(3)安全联轴器和安全离合器

安全联轴器及安全离合器的作用是:当工作转矩超过机器允许的极限转矩时,联接件将发生折断、脱开或打滑,从而使联轴器或离合器自动停止传动,以保护机器中的重要零件不致损坏。

安全离合器与安全联轴器的主要区别在于:当机器所受载荷恢复正常后,前者自动接合,继续进行动力的传递;而后者则无法自动接合,须重新更换剪切销。

4. 制动器的类型和特点

常用的制动器有片式制动器、带式制动器和块式制动器等结构形式。它们都是利用零件接触表面所产生的摩擦力来实现制动的。

7.1.5　弹簧

1. 弹簧的功用

弹簧是一种弹性元件,它可以在载荷作用下产生较大的弹性变形。其主要功用有:①缓冲吸震;②控制运动;③储能及输能;④测量力和力矩的大小。

2. 弹簧的类型

按照弹簧所承受的载荷即弹簧的形状对弹簧进行分类见表7-6。

表 7-6　弹簧的基本类型

按载荷分 按形状分	拉伸	压缩	扭转	弯曲
螺旋形	圆柱螺旋 拉伸弹簧	圆柱螺旋压缩弹簧 圆锥螺旋压缩弹簧	圆柱螺旋扭转弹簧	
其他形		环形弹簧 蝶形弹簧	盘簧	板簧

3. 弹簧的制造及材料

(1)圆柱螺旋弹簧的制造

圆柱螺旋弹簧的制造,一般需经过卷制、挂钩的制作或端面圈的加工、热处理、工艺试验及强压处理等过程。

卷制分冷卷和热卷两种。当簧丝直径 $\phi<8\sim10mm$ 时,采用冷卷法,卷成后需低温回火;对于簧丝直径较大的,宜采用热卷法,卷成后再进行淬火和回火处理。为了提高弹簧的承载能力,还可以在弹簧制成后进行强压处理或喷丸处理。

（2）弹簧的材料

弹簧材料必须具有高的弹性极限和疲劳极限，同时应具有足够的韧性和塑性，以及良好的可热处理性。常用的材料有碳素弹簧钢丝、合金钢丝、不锈钢丝和铜合金丝等。碳素弹簧钢价格低，多用于尺寸小和一般用途的弹簧；合金钢多用于在变载荷和冲击载荷作用下的场合；在要求防腐蚀、防磁等场合，应选用不锈钢和铜合金作弹簧材料。弹簧常用材料及其许用应力和弹簧钢丝的抗拉强度可参看有关教材或手册。

7.2　常见习题精解

例 1　自行车的前轴根据受力特点，称为_____。

A. 心轴　　　　　　B. 转轴　　　　　　C. 传动轴

分析　心轴只承受弯矩作用；传动轴主要承受转矩而不承受弯矩；转轴既受弯矩又受转矩作用。自行车的前轴和后轴只承受重力的作用，因而只承受弯矩的作用，属于心轴。而中轴既承受重力的作用，还要承受骑行者两脚踩动踏板时带来的弯矩，所以同时受弯矩和转矩的作用。

解　A

【评注】首先需要熟记心轴、转轴、传动轴的分类根据，也就是轴承受的是弯矩还是转矩作用，然后需要分析具体题目中的实例，通过简单的受力分析，得出轴的受力情况，进而得出最后的结论。综合性较强。

例 2　采用螺纹连接时，若被连接件之一厚度较大，需要经常装拆，则一般宜采用_____。

A. 螺栓连接　　　　B. 双头螺柱连接　　　C. 螺钉连接

分析　螺纹连接的类型有螺栓连接、双头螺柱连接、螺钉连接及紧定螺钉连接，其中螺栓连接又分为普通螺栓连接、铰制孔用螺栓连接。

螺栓连接用于被连接件不太厚的场合。普通螺栓连接，其螺栓与孔之间有间隙，铰制孔用螺栓连接，其螺栓与孔之间才用过渡或过盈配合。

双头螺柱连接用于被连接件之一较厚，且需经常拆装的场合。

螺钉连接与双头螺柱连接相似，但不宜用于经常拆装的场合。

紧定螺钉连接多用于轴上零件的连接。

螺纹连接中，常用的紧固件：螺栓、螺柱、螺钉、螺母、垫圈及防松零件等。

解　B

【评注】解答该题需要牢记螺纹连接的分类，以及每种类型的应用场合，可以结合实际螺纹连接的结构特点进而推导出其应用场合，加深印象，方便记忆。

例 3　螺纹连接常用的防松原理有_____，_____，_____。

分析　防松的实质在于防止螺旋副的相对转动。防松的方法按工作原理可分为以下三类：

(1)摩擦防松,利用螺纹副中产生附加摩擦力防松。常见的有:双螺母、弹簧垫圈、自锁螺母等。

(2)机械防松,利用专门的防松元件直接约束螺纹副的相对转动的可能性。常见的有:开口销与开槽螺母、止退垫圈、串金属丝等。

(3)永久防松,是指把螺纹副变为非运动副,以排除相对运动的可能性。常见的有:冲点、焊铆和胶接等。

解　摩擦防松;机械防松;永久防松。

【评注】需要牢记螺纹副按工作原理分类的三种类型,每种类型下具体还有多种应用,可作为了解学习。

例 4　滚动轴承代号 7212C/P5 的含义为_____。

分析　滚动轴承代号先看基本代号,7212,第一位是轴承类型,本课程常用几种有,1:调心球轴承,3:圆锥滚子轴承,5:推力球轴承,6:深沟球轴承,7:角接触球轴承。因此题目中轴承是角接触球轴承。

基本代号最后两位是内径尺寸,而且不是 $00\sim03$,所以是数字$\times5$。因此题目轴承内径为 $12\times5=60(mm)$。

基本代号由于只有 4 位,因此宽度系列代号是 0,代号的第二位就是直径系列代号 2。

后置代号还有 C 和/P5 两部分,C 代表接触角为 $15°$(A 是 $25°$,AC 是 $40°$),/P5 代表公差等级为 5。

解　表示 5 级公差,公称接触角为 $15°$,内径为 60mm,直径系列代号为 2,宽度系列代号为 0,角接触球轴承。

【评注】滚动轴承代号看似复杂,实际需要掌握内容不多,基本代号:轴承类型、宽度系列、直径系列、内径。后置代号:接触角角度、公差等级。

例 5　油孔和油沟一般应开在_____区域。

分析　滑动轴承因为依靠滑动摩擦,多用于重载、高速场合,绝大部分情况都需要添加润滑油。通常在轴瓦上开设油孔用以供应润滑油,油沟用来输送和分布润滑油。润滑油一般应开在非承载区或压力较小的区域,以利供油。为了减少润滑油的泄漏,油沟长度应稍短于轴瓦。

解　非承载

【评注】滑动轴承考点较少,主要有滑动轴承的分类、特点、应用,轴承材料的几种典型类型,油孔和油沟的相关知识等。

例 6　凸缘联轴器是一种_____联轴器。

分析　按照结构特点,联轴器可分为刚性联轴器和弹性联轴器两大类。其中刚性联轴器是通过若干刚性零件将轴连接在一起的,常见的有凸缘联轴器、套筒联轴器、万向联轴器等。弹性联轴器包含有弹性零件的组成部分,因而在工作中有较好的缓冲吸震能力,常见的有弹性圈柱销联轴器、尼龙柱销联轴器等。

A. 刚性　　　　　　　　　　　B. 无弹性元件挠性

C. 金属弹性元件挠性　　　　　D. 非金属弹性元件挠性

解 刚性

【评注】联轴器类型这个知识点需要记忆两个大类型,以及每种大类下几种常见的,具有代表性的联轴器。

例7 枪栓弹簧的作用是_____。

A. 缓冲吸振   B. 储存能量   C. 测量   D. 控制运动

分析 弹簧的功用有以下几种:(1)缓冲吸振,如车辆中的缓冲弹簧、各种缓冲器及弹性联轴器中的弹簧等;(2)控制运动,如内燃机中的阀门弹簧、离合器中的控制弹簧等能使凸轮副或离合器保持接触,控制机构的运动;(3)储能及输能,如某型自行加榴炮中的关闩机构弹簧,机械钟表、仪器、玩具等使用的发条,枪栓弹簧等,利用释放储存在弹簧中的能量来提供动力;(4)测量力和力矩的大小,如弹簧秤、测力器等利用弹簧变形大小来测量力或力矩。

解 B

【评注】弹簧的四种功用需要熟记,而且每种功用下典型应用实例也需要掌握。

例8 联轴器连接的两根轴可以在机器不停车情况下拆卸分离。(判断)

分析 联轴器和离合器主要用来连接不同机器(或部件)的两根轴,使它们一起回转并传递转矩。联轴器连接的两根轴只有在机器停车时拆卸的方法才能使它们分离。而用离合器连接的两根轴在机器运转中才能方便地分离或结合。制动器主要用来使机器上某根轴在机器停车(动力源切断)后能立即停止转动(制动)。

解 错

【评注】联轴器、离合器、制动器的部分知识点较少,重点掌握它们各自不同特点、类型和典型应用实例。

7.3 学习效果测试

7.3.1 判断题

1. 一般螺栓连接应使用活动扳手预紧或呆扳手预紧。(　　)

2. 三角螺纹多用于传动。(　　)

3. 传动轴主要用来承受弯矩。(　　)

4. 滚动轴承 6413 比 6313 的承载能力大。(　　)

5. 滚动轴承基本代号中,最右边的两位数字表示轴承的内径。(　　)

6. 联轴器连接的两根轴可以在机器不停车情况下拆卸分离。(　　)

7. 弹簧不能缓冲减振。(　　)

8. 螺旋机构不能实现自锁。(　　)

9. 螺旋传动可以把回转运动变为直线移动。(　　)

10. 油孔和油沟一般开在承载区域。(　　)

7.3.2 填空题

1. 按旋向,螺纹可分为_____、_____。

2. 螺纹连接基本类型有_____、_____、_____、_____。

3. 螺纹连接防松方法有_____、_____和永久防松

4. 按照轴线形状的不同,轴可分为_____和_____两类。

5. 滚动轴承代号 7312AC/P6 的含义是_____。

6. 联轴器按照结构特点,可分为_____、_____两大类。

7. 弹簧主要功用有_____、_____、储能及输能、测量力和力矩的大小。

8. 普通平键连接中,键的_____面是工作面;楔键连接中,楔键的_____、_____面是工作面。

9. 将轴设计成两端细、中间粗的阶梯状,原因是_____。

7.3.3 单选题

1. 当两个被连接件之一太厚不宜制成通孔,且连接不需要经常拆装时,宜采用( )。

A. 螺栓连接   B. 螺钉连接   C. 双头螺柱连接

2. 双头螺柱连接和螺钉连接均用于被连接件较厚而不宜钻通孔的场合,其中螺钉连接用于( )的场合。

A. 容易拆卸   B. 经常拆卸   C. 不经常拆卸

3. 普通平键连接的主要用途是使轴与轮毂之间( )。

A. 沿轴向固定并传递轴向力   B. 安装与拆卸方便

C. 沿周向固定并传递转矩

4. 自行车的中轴属于( )。

A. 传动轴   B. 转轴   C. 心轴

5. 主要承受径向载荷和少量双向轴向载荷时,宜选用( )。

A. 深沟球轴承   B. 调心轴承   C. 角接球轴承

6. 差动螺旋机构指的是两螺旋副中螺纹旋向( )的双螺旋机构。

A. 相同   B. 不同   C. 没有关系

7. 在下列联轴器中,不属于刚性联轴器的是( )。

A. 万向联轴器   B. 套筒联轴器   C. 弹性柱销联轴器

8. 普通平键的长度应( )。

A. 稍长于轮毂的长度   B. 略短于轮毂的长度

C. 是轮毂长度的三倍

9. 自行车后座弹簧的作用是( )。

A. 缓冲吸振   B. 储存能量   C. 测量

10. 一般螺纹连接预紧目的是增加( ),紧密性和提高防松能力。

A. 连接弹性   B. 连接刚度   C. 稳定性

7.4 课后作业

1. 按承载情况，轴有哪些类型？

2. 零件在轴的轴向和周向常用固定方法有哪几种？

3. 滚动轴承由哪些基本元件组成？各有何作用？与滑动轴承比较，滚动轴承有哪些优缺点？

4. 说明一下各滚动轴承代号含义。6205　7315AC/P6　7207AC/P5　30209

5. 联轴器、离合器、制动器的作用是什么？

6. 弹簧的主要功用是什么？每种功用至少举两个实例。

附页：随堂笔记与知识梳理

附页:随堂笔记与知识梳理

第 8 章　机械制造技术

教学基本要求：

1. 掌握合金的铸造性能、铸造的特点、砂型铸造的概念，会选择合适的造型方法。

2. 掌握金属的锻造性能、锻造成形方法。

3. 掌握焊接的概念、种类及特点，了解电弧焊。

4. 理解零件表面的形成及切削运动、切削用量、切削层几何参数；了解刀具材料、刀具结构、刀具角度。

5. 理解常用切削加工方法及设备。

6. 拓宽知识面，了解特种加工及先进制造技术。

线上自学任务：

任务一：材料成形技术。

学习目标：

1. 掌握合金的铸造性能、铸造的特点及砂型铸造的概念。

2. 掌握砂型铸造造型方法的选择。

3. 了解常用特种铸造方法。

4. 掌握金属的锻造性能、锻造成形方法。

5. 掌握焊接的概念、种类及特点。

6. 了解电弧焊。

知识要点：

砂型铸造造型方法、锻造成形方法、焊接的种类。

课前测试：

1. 各种造型方法中，最基本的造型方法是（　　　）。

A. 金属型铸造 　　　　　　　　　　B. 熔模铸造

C. 砂型铸造 　　　　　　　　　　　D. 压力铸造

2. 下列钢中锻造性较好的是（　　　）。

A. 中碳钢 　　　　　　　　　　　　B. 高碳钢

C. 低碳钢 　　　　　　　　　　　　D. 合金钢

3. 手工电弧焊属于（　　　）。

A. 熔化焊 　　　　　　　　　　　　B. 压力焊

C. 钎焊 　　　　　　　　　　　　　D. 都不是

4. 铸造生产的显著特点是适合于制造形状复杂、特别是具有复杂内腔的铸件。（　　　）

5. 铸造生产中,模样形状就是零件形状。(　　)

拓展课题:

改进图 8-1、图 8-2 零件结构。

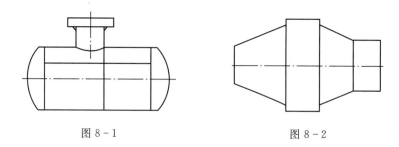

图 8-1　　　　　　　　　　　　图 8-2

任务二:切削加工

学习目标:

1. 掌握零件表面的形成及切削运动;

2. 掌握切削用量三要素;

3. 熟练掌握刀具切削部分组成要素及刀具角度;

4. 了解常用切削加工方法及设备;

5. 掌握典型表面加工方法。

知识要点:

切削运动、切削用量三要素、刀具角度。

课前测试:

1. 车削运动中速度较高、消耗功率较大的运动是(　　)。

A. 进给运动　　　　　　　　　　　　B. 走刀运动

C. 主运动　　　　　　　　　　　　D. 吃刀运动

2. 切削用量是指(　　)。

A. 切削速度　　　　B. 进给量　　　　C. 背吃刀量　　　　D. 三者都是

3. 影响刀具的锋利程度、减小切削变形、减小切削力的刀具角度是(　　)。

A. 主偏角　　　　　B. 前角　　　　　C. 副偏角　　　　　D. 刃倾角

4. 铸铁箱体上 $\phi 120H7$ 孔常采用的加工路线是(　　)。

A. 粗镗—半精镗—精镗

B. 粗镗—半精镗—粗磨

C. 粗镗—半精镗—铰

D. 粗镗—半精镗—粗磨—精磨

※5. 在切削用量中,对切削热影响最大的是背吃刀量,其次是进给量。(　　)

拓展课题:

1. 图 8-3 所示的机床传动轴,在小批量生产时:(1)试选择合适的材料;(2)试确定毛坯加工方法;(3)试确定热处理工艺。(要说明理由)

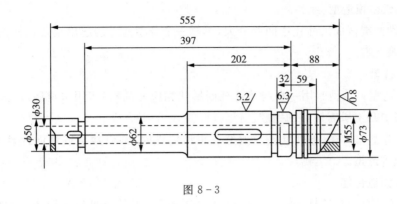

图 8 - 3

8.1　章节内容提要

8.1.1　材料成形技术

1. 铸造

(1)将液态金属浇注到铸型中,待其冷却凝固后,获得一定形状、尺寸和性能的毛坯或零件的成形方法,称为铸造。

(2)铸造的特点:可制成形状复杂,特别是具有复杂内腔的毛坯;适应范围广。如工业上常用的金属材料(碳素钢、合金钢、铸铁、铜合金、铝合金等)件都可铸造成形;铸造不仅可直接利用成本低廉的废机件和切屑,而且设备费用较低。同时,铸件毛坯上要求的机械加工余量小,节省金属,减少机械加工量,从而降低制造成本。

(3)砂型铸造就是将熔化的金属浇入砂型型腔中,经冷却、凝固后,获得铸件的方法。当从砂型中取出铸件时,砂型便被破坏,故又称一次型铸造,俗称翻砂。砂型铸造是应用最广的铸造方法。

(4)造型方法的选择

① 整模造型　对于形状简单,端部为平面且又是最大截面的铸件应采用整模造型。

② 分模造型　在模样的最大截面处把模样分为两半,这样模样就分别位于上、下砂箱内,这种造型方法称为分模造型。

③ 挖砂造型　当铸件的外部轮廓为曲面,其最大截面不在端部,且模样又不宜分成两个时,应将模样做成整体,造型时挖掉妨碍取出模样的那部分型砂,这种造型法称为挖砂造型。挖砂造型模样为整体模,分型面为曲面,造型麻烦,生产率低。挖砂造型只适用于生产单件小批、模样薄、分模后易损坏或变形的铸件。

④ 活块造型　将铸件上阻碍起模的部分(如凸台、筋条等)做成活块,用销子或燕尾结构使活块与模样主体形成可拆连接,起模时先取出模样主体,起模后再从侧面取出活块的造型方法称为活块造型。

⑤ 三箱或多箱造型

如果铸件两端截面尺寸比中间部分大,单靠一个分型面无法起出全部模样的铸件,可采用三箱或多箱造型。

⑥ 假箱造型

⑦ 刮板造型 造型时用一块与铸件截面形状相应的刮板(多用木材制成)来代替模样,在上、下砂箱中刮出所需铸件的型腔。

⑧ 地坑造型 单件、小批量生产大型或重型铸件时,常以地坑或地面代替下砂箱进行造型,称为地坑造型。

(5)合金铸造性能

常用的铸造合金有铸铁、碳钢、铜合金和铝合金等。其铸造性能主要指流动性、收缩性、偏析等,它们对获得合格铸件是非常重要的。

合金流动性即液态合金充填铸型的能力,它对铸件质量有很大影响。影响流动性的因素很多,主要是合金的化学成分、浇注温度和铸造工艺。

液态合金从浇注温度逐渐冷却、凝固,再到室温的过程中伴随有体积和尺寸的缩小,这种现象,称为合金收缩性。影响收缩的因素是其化学成分、浇注温度、铸型工艺及铸件结构。

常用合金的铸造性能:灰口铸铁收缩小、流动性好。铸钢的铸造性能差,易产生粘砂、浇不足、冷隔、缩孔、裂纹、气孔等缺陷。铜合金熔点低,流动性好。

(6)常用特种铸造方法

① 熔模铸造 熔模铸造是指用易熔材料制成模样,在模样表面包覆若干层耐火涂料制成型壳,再将模样熔化排出型壳,从而获得无分型面的铸型,经高温焙烧后即可填砂浇注的铸造方法。由于模样广泛采用蜡质材料来制造,故常将熔模铸造称为"失蜡铸造"。

熔模铸造的特点如下:铸件的精度高,表面光洁;可制造砂型铸造难以成形或机械加工的形状很复杂的薄壁铸件;适用于各种合金铸件;生产批量不受限制;铸件成本高;由于受熔模及型壳强度限制,铸件不宜过大(或过长)。

② 消失模铸造 消失模铸造又称气化模铸造或实型铸造,是用泡沫塑料制成的模样制造铸型,之后模样并不取出,浇注时模样气化消失而获得铸件的方法。

消失模铸造特点:铸件尺寸精度高,接近熔模铸造水平;工艺过程简化;铸件清理简单,机械加工量减少;适应性强;对合金种类、铸件尺寸及生产数量几乎没有限制。

③ 金属型铸造 金属型铸造是将液态金属浇入金属的铸型中,并在重力作用下凝固成形以获得铸件的方法。由于金属铸型可反复使用多次(几百次到几千次),故有永久型铸造之称。

④ 压力铸造 压力铸造简称压铸。它是在高压下(比压为 $5 \sim 150MPa$)将液态或半液态合金快速(充填速度可达 $5\sim50m/s$)地压入金属铸型中,并在压力下凝固以获得铸件的方法。

压力铸造优点:铸件的精度及表面质量较其他铸造方法均高;可压铸形状复杂的薄壁件,或直接铸出小孔、螺纹、齿轮等;铸件的强度和硬度都较高;压铸的生产率较其他铸造方法均高。

⑤ 离心铸造　将液态合金浇入高速旋转的铸型,使其在离心力作用下充填铸型并结晶,这种铸造方法称为离心铸造。

离心铸造特点:省工、省料,降低铸件成本;铸件内部极少有缩孔、缩松、气孔、夹渣等缺陷;便于制造双金属铸件。

2. 金属塑性加工

(1)利用金属的塑性,使其改变形状、尺寸和改善性能,获得型材、棒材、板材、线材或锻压件的加工方法,称金属塑性变形。它包括锻造、冲压、挤压、轧制、拉拔等。

(2)金属常用其塑性和变形抗力来综合衡量其锻造性能。塑性好,变形抗力小,金属的锻造性能就好,反之则差。

在碳钢中,低碳钢的锻造性能最好,中碳钢的锻造性能次之,高碳钢的锻造性能较差,铸铁中因有莱氏体组织或石墨,极脆,不能进行锻造生产。

合金钢的锻造性能不如碳钢,低合金钢的锻造性能接近于中碳钢,高合金钢的变形抗力大,锻造性能较差,特别是某些含有大块合金碳化物的合金钢,锻造性能更差。

铜合金的锻造性能很好。铝合金虽能锻造成各种形状,但它的塑性较差,锻造温度范围窄,锻造性能并不好。

(3)锻造成形方法

① 自由锻

只用简单的通用性工具,或在锻造设备的上、下砧间直接使坯料变形而获得所需的几何形状及内部质量锻件的方法。

自由锻的工序可分为基本工序、辅助工序和精整工序三大类。

② 模锻

模锻是利用锻模使坯料变形而获得锻件的锻造方法。

按使用设备的不同,模锻可分为锤上模锻、曲柄压力机上模锻、胎模锻、摩擦螺旋压力机上模锻等。

③ 板料冲压

冲压是使板料经分离或成形而获得制件的工艺统称。

冲压生产的基本工序有分离工序和变形工序两大类。

3. 焊接

焊接是一种永久性连接金属材料的工艺方法,其实质是通过加热或加压,依靠金属原子的结合与扩散作用,使分离金属材料牢固地连接起来。按照焊接过程的特点可分为三类:

(1)熔化焊　利用某种热源,将被焊金属结合处局部加热到熔化状态,并与熔化的焊条金属混合组成熔池,冷却时在自由状态下凝固结晶,使之焊合在一起。电弧焊是利用电弧的热能使金属局部熔化而进行焊接的一种方法,属于熔化焊。它包括手工电弧焊、埋弧焊和气体保护焊三类。

(2)压力焊　利用加压力(或同时加热),使金属产生一定的塑性变形,实现原子间的接近和相互结合,组成新的晶粒,达到焊接的目的。电阻焊与摩擦焊均属于压力焊方法。

(3)钎焊　被焊金属不熔化,只是作为填充金属的钎料熔化,并通过钎料与被焊金属表面间的相互扩散和溶解作用而形成焊接接头。

8.1.2 切削加工

1. 金属切削运动和切削要素

（1）切削运动

① 主运动

从毛坯上把多余的金属层切下来所必需的基本运动称为主运动。一般来说，主运动的速度最高，消耗的功率最大。

② 进给运动

进给运动是使金属层不断投入切削的运动。

（2）切削用量

切削速度 v、进给量 f 和背吃刀量 a_p 称为切削用量三要素。

① 切削速度 v

切削速度是指切削加工时，刀刃上选定点相对于工件的主运动速度。刀刃上各点的切削速度可能是不同的。

② 进给速度 v_f 与进给量 f

进给速度 v_f(mm/s)是刀刃上选定点相对于工件的进给运动的速度。进给量 f 是主运动每转一周或一个行程时，工件和刀具两者在进给运动方向上的相对位移量。

③ 背吃刀量 a_p

背吃刀量 a_p 指主切削刃与工件切削表面接触长度在主运动方向和进给运动方向所组成平面的法线方向上测量的值。

2. 金属切削刀具

（1）刀具材料的性能

刀具材料必须具备下面的基本性能：①高的硬度和耐磨性；②足够的强度和冲击韧度；③高的热硬性；④良好的工艺性。

（2）刀具切削部分的几何角度

① 刀具切削部分的组成要素

如图 8-4 外圆车刀由刀杆和刀头（切削部分）组成。刀头直接担负切削工作，它由下列要素组成：

前刀面(A_r)——切屑被切下后，从刀具切削部分流出所经过的表面。

主后刀面(A_a)——与工件上切削表面相互作用和相对的表面。

副后刀面(A_a')——与工件上已加工表面相互作用和相对的表面。

主切削刃(S)——前刀面与主后刀面相交而得到的边锋。主切削刃担负着主要的金属切除工作，以形成工件的切削表面。

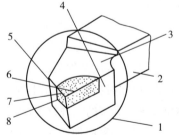

图 8-4　外圆车刀的组成

1—刀头；2—刀杆；3—前刀面；4—后刀面；

5—副后刀面；6—主切削刃；7—副切削刃；8—刀尖

副切削刃(S')——前刀面与副后刀面相交而得到的边锋。

过渡刃——主切削刃和副切削刃连接处的一段切削刃。

② 刀具切削部分的几何角度

A. 辅助平面

基面 P_r——通过主切削刃某选定点,垂直于该点合成切削速度向量的平面。

切削平面 P_s——通过主切削刃某选定点,并与加工表面相切的平面,即包含切削速度方向和过该点的主切削刃切线的平面。

正交平面 P_o——通过主切削刃某选定点,垂直于主切削刃在基面上的投影的平面。

上述三个平面在空间是互相垂直的。

B. 车刀的主要几何角度(图 8-5)

a. 在正交平面内测量的角度有前角、后角和楔角

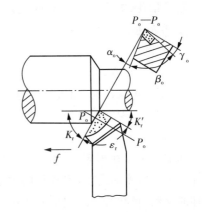

图 8-5 车刀的主要几何角度

前角 γ_0——前刀面与基面之间的夹角。它表示前刀面的倾斜程度,前角越大,刀越锋利,切削时越省力。但前角过大,使刀刃强度降低,影响刀具寿命。前角的选择取决于工件材料、刀具材料和加工性质。

后角 α_0——后刀面与切削平面之间的夹角。它表示后刀面的倾斜程度。后角的作用主要是减少后刀面与工件切削表面之间的摩擦,后角越大,摩擦越小。但后角过大会使刀刃强度降低,影响刀具寿命。

楔角 β_0——前刀面与后刀面之间的夹角。其大小直接反映刀刃的强度。

b. 在基面内测量的角度有主偏角、副偏角和刀尖角

主偏角 K_r——主切削刃在基面上的投影与进给方向之间的夹角。主偏角能影响主刀刃和刀头受力及散热情况。在加工强度、硬度较高的材料时,应选择较小的主偏角,以提高刀具的寿命。加工细长工件时,应选较大的主偏角,以减少径向切削力引起的工件变形和振动。

副偏角 K_r'——副切削刃在基面上的投影与进给运动反方向之间的夹角。副偏角的作用是减少副切削刃与工件已加工表面之间的摩擦,它影响已加工表面的粗糙度。

刀尖角 ε_r——主、副切削刃在基面上投影之间的夹角。它影响刀尖强度和散热条件,其大小决定于主偏角和副偏角的大小。

c. 在切削平面内测量的角度主要有刃倾角

刃倾角 λ_s——在切削平面内主切削刃与基面的夹角。它影响刀尖强度并控制切屑流出的方向。

8.2.2 典型加工方法

1. 典型加工设备

(1)车床

在一般机器制造厂中,车床主要用于加工内外圆柱面、圆锥面、端面、成形回转表面以及

内外螺纹面等。车床的种类很多,按用途和结构的不同有卧式车床、立式车床、转塔车床、自动和半自动车床以及各种专门化车床等。

（2）磨床

磨床是用磨料磨具(如砂轮、砂带、油石、研磨料)为工具进行切削加工的机床。磨床适合加工硬度很高的材料,易使工件达到较高的尺寸精度和较小的表面粗糙度值要求。

（3）钻床

钻床和镗床都是孔加工用机床,主要加工外形复杂、没有对称放置轴线的工件,如杠杆、盖板、箱体、机架等零件上的单孔或孔系。钻床一般用于加工直径不大、精度要求较低的孔,可以完成钻孔、扩孔、铰孔、平面以及攻螺纹等工作。

2.典型表面加工方法

（1）外圆面加工

对于钢铁零件,外圆面加工的主要方法是车削和磨削。要求精度高、表面粗糙度值小时,往往还要进行研磨、超级光磨等加工。对于某些精度要求不高,仅要求光亮的表面,可以通过抛光获得,但在抛光前要达到较小的表面粗糙度值。

（2）孔的加工

孔加工可以在车床、钻床、镗床、拉床或磨床上进行,大孔和孔系则常在镗床上加工。拟订孔的加工方案时,应考虑孔径的大小和孔的深度、精度和表面粗糙度等的要求,还要考虑工件的材料、形状、尺寸、重量和批量,以及车间的具体生产条件(如现有加工设备等)。

若在实体材料上加工孔(多属中、小尺寸的孔),必须先采用钻孔。若是对已经铸出或锻出的孔(多为中、大型孔)进行加工,则可直接采用扩孔或镗孔。

至于孔的精加工,铰孔和拉孔适于加工未淬硬的中小直径的孔;中等直径以上的孔,可以采用精镗或精磨;淬硬的孔只能采用磨削。

在孔的精整加工方法中,珩磨多用于直径稍大的孔,研磨则对大孔和小孔都适用。

（3）平面的加工

平面可分别采用车、铣、刨、磨、拉等方法加工。要求更高的精密平面,可以用刮研、研磨等进行精整加工。回转体零件的端面,多采用车削和磨削加工;其他类型的平面,以铣削或刨削加工为主。拉削仅适于在大批大量生产中加工技术要求较高且面积不太大的平面,淬硬的平面则必须用磨削加工。

8.2 常见习题精解

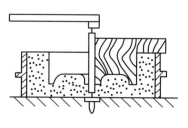

图 8-6

例1 如图8-6示造型方法是( )。

A．两箱造型 　　B．三箱造型

C．刮板造型 　　D．地坑造型

分析用一块与铸件形状相应的刮板来代替模样,在上、下砂箱中刮出所需铸件的型腔。刮板造型只需要用刮板而不用模样,节省制模材料和工时。缺点是对工人技术要求高,生产效率低。一般仅用于大、中型回转体铸件的单件、小批量生产。

　　解　选 C。

　　【评注】理解记忆铸造成形中手工造型的各种方法以及常用特种铸造方法,会分析何种零件结构适合哪种成型方法,会根据工艺过程的图示判断铸造成型方法。

　　例 2　图 8－7 铲土机零件的两种结构方案,试分析哪种更合理。

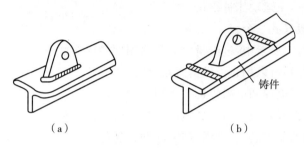

　　（a）　　　　　　　　　　　　　　　（b）

图 8－7

　　分析　焊缝的布置:(1)焊缝布置应尽量分散;(2)焊缝的位置应尽可能对称布置;(3)焊缝应尽量避开最大应力断面和应力集中位置;(4)焊缝应尽量避开机械加工表面;(5)焊接位置应便于焊接操作。

　　解　图(b)结构更合理。焊缝避开应力集中处。

　　【评注】焊缝布置时要注意以上五个基本要求,本题考察的就是焊缝要避开应力集中的位置。要能根据零件的具体结构,灵活运用,判断焊缝的位置。

　　例 3　在火炮身管制造工艺过程中,应选择( )毛坯成形方法。

　　A. 铸造成形　　　　　B. 锻造成形　　　　　C. 焊接成形　　　　　D. 型材成形

　　分析　铸造成形的方法适用于形状复杂、特别是内腔复杂的毛坯,适应范围广,批量不受限制,成本低。锻造是利用锻压机械对金属坯料施加压力,使其产生塑性变形以获得一定机械性能、一定形状和尺寸锻件的加工方法。锻件的机械性能一般优于同样材料的铸件。机械中负载高、工作条件严峻的重要零件,除形状较简单的可用轧制的板材、型材或焊接件外,多采用锻件。

　　解　应选择 B 锻造成形。

　　【评注】熟练掌握各种成形方法的适用条件,会根据零件的结构和使用条件选择合适的成形方法。

　　例 4　影响刀尖强度和切屑流动方向的刀具角度是( )。

　　A. 主偏角　　　　　B. 前角　　　　　C. 副偏角　　　　　D. 刃倾角

　　分析　刃倾角 λ_s 在切削平面内主切削刃与基面的夹角。它影响刀尖强度并控制切屑流出的方向。

　　解　应选择 D 刃倾角。

　　【评注】熟练掌握刀具角度的概念及角度对切削过程的影响。

8.3 学习效果测试

8.3.1 是非题

1. 所消耗的功率，主运动比进给运动大。(　　)

2. 进给运动一般只有一个。(　　)

※3. 在切削用量三要素中，进给量对刀具耐用度的影响最小。(　　)

4. 可锻铸铁零件不可以用自由锻的方法生产。(　　)

5. 埋弧自动焊、氩弧焊和电阻焊都属于熔化焊。(　　)

6. 在常用金属材料的焊接中，低碳钢的焊接性较好。(　　)

7. 室温下，金属的晶粒越细，则强度越高，塑性越低。(　　)

※8. 加工塑性材料与加工脆性材料相比，应选用较小的前角和后角。(　　)

※9. 浇注温度过低，则金属的流动性差，铸件易产生气孔、缩孔、粘砂等缺陷。(　　)

10. 铸造生产的显著优点是适合于制造形状复杂、特别是具有复杂内腔的铸件。(　　)

8.3.2 填空题

1. 切削运动包括_____、_____两种运动。

2. 车刀中(从材料考虑)应用最广泛是_____车刀。

3. 外圆车削时工件的旋转运动为_____，车刀的纵向运动为_____。

4. 常用的特种铸造方法有_____、_____、压力铸造、低压铸造和离心铸造。

5. 金属的锻造性能决定于金属的_____和变形的变形抗力。

6. 20钢的锻造性能比T10钢_____，原因是_____。

※7. 工件的强度和硬度_____，产生的切削热_____，切削温度_____。

8. _____是外圆表面粗加工、半精加工的主要方法。

9. 孔加工常用的加工方法有_____、_____、_____、_____、_____、珩磨和研磨等。

10. 确定刀具标注角度的参考系的三个主要基准平面(坐标平面)是指_____、_____和_____。

8.3.3 选择题

1. 下列材料中哪种钢的锻造性能最好(　　)。

A. T12A　　　　　　　　B. 45　　　　　　　　C. 20　　　　　　　　D. 9SiCr

※2. 在焊接性估算中，(　　)钢材的焊接性比较好。

A. 碳含量高、合金元素含量低

B. 碳含量中、合金元素含量中

C. 碳含量低、合金元素含量高

D. 碳含量低、合金元素含量低

3. 增大(　　)对降低表面粗糙度是有利。

A. 进给量　　　　　　B. 刃倾角　　　　　　C. 副偏角　　　　　　D. 主偏角

4. 金属塑性加工不是指(　　)。

A. 自由锻　　　　　　B. 板料冲压　　　　　C. 压力铸造　　　　　D. 弯曲

5. 加工 100mm 以上的大孔常采用的加工方法是(　　)。

A. 钻孔　　　　　　　B. 铰孔　　　　　　　C. 镗孔　　　　　　　D. 拉孔

※6. 对于刀具主偏角的作用,正确的说法有(　　)。

A. 影响刀尖强度及散热情况　　　　　　B. 减小刀具与加工表面的摩擦

C. 控制切屑的流动方向　　　　　　　　D. 使切削刃锋利,减小切削变形

※7. 刀具上能减小工件已加工表面粗糙度值的几何要素是(　　)。

A. 增大前角　　　　　　　　　　　　　B. 减小后角

C. 减小主偏角　　　　　　　　　　　　D. 增大刃倾角

※8. 下列锻造方法中,锻件精度最高的是(　　)。

A. 空气锤自由锻　　　　　　　　　　　B. 胎模锻

C. 锤上模锻　　　　　　　　　　　　　D. 液压机自由锻

9. 下列零件适合于铸造生产的有(　　)。

A. 车床上进刀手轮　　　　　　　　　　B. 螺栓

C. 自行车中轴　　　　　　　　　　　　D. 齿轮

10. 利用电弧作为热源的焊接方法是(　　)。

A. 熔焊　　　　　　　B. 气焊　　　　　　　C. 压焊　　　　　　　D. 钎焊

8.3.4　分析题

※1. 如图 8-8 分别用符号标出车刀的主偏角、副偏角和刀尖角。

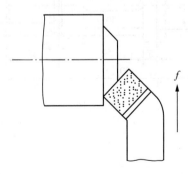

图 8-8

2. 如图 8-9 所示小轴 30 件,毛坯为 $\phi32\times104$ 的圆钢料,若用两种方案加工:

（1）先整体车出大端和外圆,随后仍在该机床上整批车出小端的端面和外圆；

（2）在一台车床上逐件进行加工,即每个工件车好大端后,立即掉头车小端。

试问:这两种方案分别是哪几道工序？哪种方案较好？为什么？

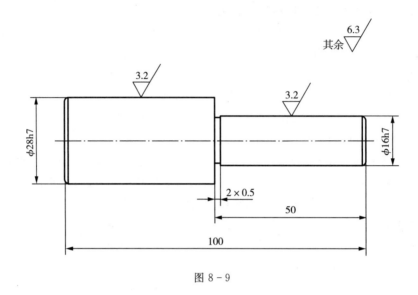

图 8 - 9

※3. 编制如图 8 - 10 阶梯轴零件的工艺规程,零件材料 45 钢,毛坯为棒料,生产批量 10 件。

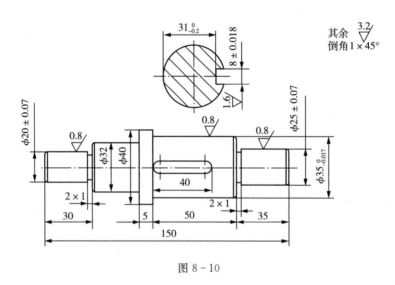

图 8 - 10

8.4 课后作业

1. 为什么铸造是毛坯生产中的重要方法？试从铸造的特点并结合实例分析之。

2. 何谓塑性变形? 塑性变形的实质是什么?

3. 为什么巨型锻件必须采用自由锻的方法制造?

4. 下列零件上的孔,用何种方案加工比较合理?

(1)单件小批生产中,铸铁齿轮的孔,$\phi20H7$,Ra 值为 1.6。

(2)高速钢三面刃铣刀的孔,$\phi27H6$,Ra 值为 0.2。

附页:随堂笔记与知识梳理

附页:随堂笔记与知识梳理

附录一:综合练习

综合练习一

一、填空题

1. V带传动所传递的功率 $P=7.5\mathrm{kW}$,带速 $v=10\mathrm{m/s}$,现测得张紧力 $F_0=1125\mathrm{N}$,则紧边拉力是_____ N 和松边拉力是_____ 。

2. 金属材料牌号 KTH300－06 含义为_____。

3. 常见晶格有_____、_____和密排六方晶格。

4. 齿轮切削法有_____、_____两种。

5. 切削用量三要素是_____、进给量、_____

6. 切削运动主要有_____、_____。

7. 滚动轴承由内圈、外圈、_____、_____基本元件组成。

8. 从动件上的驱动力 F 与该力作用点的绝对速度 v_c 之间所夹的锐角称为_____,_____称为机构传动角。

9. 一般螺纹联接预紧目的是_____。

10. 滚动轴承代号 7212C/P5 的含义为_____。

二、选择题

11. 曲柄滑块机构的死点只能发生在(　　)。

A. 曲柄主动,连杆与曲柄共线时　　　　B. 滑块主动,连杆与曲柄共线时

C. 曲柄主动时　　　　　　　　　　　　D. 滑块主动时

12. 采用螺纹连接时,若被连接件之一厚度较大,且材料较软,强度较低,需要经常装拆,则一般宜采用(　　)。

A. 螺栓连接　　　　　　　　　　　　　B. 双头螺柱连接

C. 螺钉连接　　　　　　　　　　　　　D. 销连接

13. 工作时只承受弯矩,不传递转矩的轴,称为(　　)。

A. 心轴　　　　　　B. 转轴　　　　　　C. 传动轴　　　　　　D. 扭力轴

14. 枪栓弹簧的作用是(　　)。

A. 缓冲吸振　　　　B. 储存能量　　　　C. 控制运动　　　　D. 测量载荷

15. 在其他条件相同时,斜齿圆柱齿轮传动比直齿圆柱齿轮传动重合度( )。

A. 小　　　　　　　　B. 相等　　　　　　　　C. 大　　　　　　　　D. 相近

16. 加热是钢进行热处理的第一步,其目的是使钢获得( )。

A. 奥氏体 A　　　　　B. 马氏体 M　　　　　C. 珠光体 P　　　　　D. 铁素体

17. 普通平键连接的主要用途是使轴与轮毂之间( )。

A. 沿轴向固定并传递轴向力　　　　　　B. 安装与拆卸方便

C. 沿周向固定并传递转矩　　　　　　　D. 沿轴向固定并传递转矩

18. 能实现间歇运动的机构是( )。

A. 曲柄摇杆机构　　B. 双摇杆机构　　　C. 槽轮机构　　　D. 双曲柄机构

19. 车削加工中工件的旋转运动是( )。

A. 切深运动　　　　B. 主运动　　　　　C. 进给运动　　　D. 辅助运动

20. 带传动产生弹性滑动的原因是( )。

A. 带与带轮间的摩擦系数较小　　　　　B. 带绕过带轮产生了离心力

C. 带的紧边和松边存在拉力差　　　　　D. 过载

三、是非题

21. 调质处理也就是淬火＋中温回火。( )

22. 凸轮机构从动件瞬时加速度趋于无穷大时将产生刚性冲击。( )

23. 带传动的紧边通常安排在上方。( )

24. 渐开线齿轮传动中心距增加时,传动比略有增加。( )

25. 滚动轴承固游式支承适用于工作温度低的轴。( )

26. 制动器通常安装高速级位置,可减少制动器尺寸。( )

27. 弹簧是弹性元件,能产生较大的弹性变形,所以采用低碳钢丝制造。( )

28. 链节距越大,链传动的多边形效应越严重。( )

29. 金属晶粒越细,其强度越高。( )

30. 零件是机械中的运动单元。( )

四、计算题

31. 如附图 1-1 所示,已知 $d=0.5\text{m}$、$M=60\text{kN}\cdot\text{m}$,求 A、C 处的约束反力。

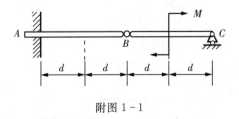

附图 1-1

32. 矩形截面悬臂梁如附图 1-2 所示,已知 $l=4\text{m}$,$b/h=2/3$,$q=10\text{kN/m}$,$[\sigma]=10\text{MPa}$。确定此梁横截面的尺寸。

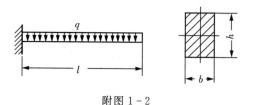

附图 1-2

33. 何谓铁碳合金状态图？试默写简化后的铁碳合金状态图。并结合铁碳合金状态图说明含碳量为 1.5% 的铁碳合金从液态到常温下的变化过程。

34. 试计算附图 1-3 所示机构自由度。

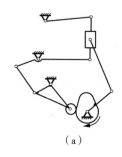　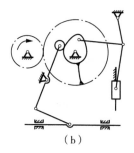

（a）　　　　　　　　　　　　　　（b）

附图 1-3

35. 附图 1-4 所示铰链四杆机构，AD 为机架，已知 $L_{AB}=40\text{mm}$，$L_{BC}=95\text{mm}$，$L_{CD}=90\text{mm}$，若要形成曲柄摇杆机构，试确定 AD 的取值范围。

36. 一对标准直齿圆柱齿轮传动，已知两齿轮齿数分别为 40 和 80，并且测得小齿轮的齿顶圆直径为 420mm，求两齿轮的主要几何尺寸。

37. 在附图 1-5 所示轮系中，已知：蜗杆为单头且右旋，转速 $n_1=1440\text{r/min}$，转动方向如图所示，其余各轮齿轮为：

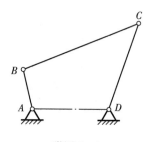

附图 1-4

$z_1=1,z_2=40,Z_{2'}=20,z_3=30,z_{3'}=18,z_4=54$，计算齿轮 4 的转速 n_4 并在图中标出各齿轮的转动方向。

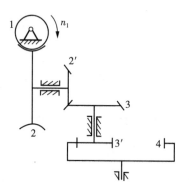

附图 1-5

综合练习二

一、填空题

1. 强度是指构件抵抗_____的能力;刚度是指构件抵抗_____的能力;稳定性是指构件维持其原有的_____的能力。

2. 将连续回转运动转换为单向间歇转动的机构有_____、_____、_____。

3. 钢的热处理由加热、保温和冷却三个阶段构成,加热目的是获得_____组织。

4. 轮系中的惰轮只改变从动轮的_____,而不改变主动轮与从动轮的_____大小。

5. 普通 V 带传动中,已知预紧力 $F_0 = 2500N$,传递圆周力为 $800N$,若不计带的离心力,则工作时的紧边拉力 F_1 为_____ N,松边拉力 F_2 为_____ N。

6. 满足铰链四杆机构中最短构件与最长构件的长度之和大于其余两构件长度之和条件时,铰链四杆机构为_____机构。

7. 金属材料牌号 65 含义为_____。

8. 由于带的变形引起的带与带轮间的滑动,称为_____。这是带传动的固有特性,无法避免。

9. 凸轮机构一般以为_____主动件。

10. 滚动轴承代号 7211C/P5 的含义为_____。

二、选择题

11. 在机构中,某些不影响机构运动传递的重复部分所带入的约束为( )。

A. 虚约束   B. 复合铰链

C. 局部自由度   D. 重复铰链

12. 塑性材料的伸长率 $\delta >$ ( )%。

A. 3   B. 5   C. 8   D. 10

13. 在由一对外啮合直齿圆柱齿轮组成的传动中,若增加( )个惰轮,则使其主、从动轮的转向相反。

A. 偶数   B. 奇数   C. 二者都是   D. 二者都不是

14. 当凸轮机构的推杆推程按等加速等减速规律运动时,推程开始和结束位置( )冲击。

A. 存在刚性   B. 存在柔性

C. 不存在   D. 存在刚性和柔性

15. 曲柄滑块机构的死点只能发生在( )。

A. 曲柄主动时   B. 滑块主动,连杆与曲柄共线时

C. 滑块主动时   D. 曲柄主动,连杆与曲柄垂直时

16. 在一定转速时,要减小链条传动的不均匀性和动载荷,应(　　)。

　　A. 增大链条节距和链轮齿数 　　　　　B. 增大链条节距和减少链轮齿数

　　C. 减少链条节距,增大链轮齿数 　　　　D. 减少链条节距和链轮齿数

17. 作用与反作用力定律的适用范围是(　　)。

　　A. 只适用于刚体 　　　　　　　　　　B. 只适用于变形体

　　C. 对任何物体均适用 　　　　　　　　D. 不适用于流体

18. 若某刚体受力 F_1、F_2 的共同作用,且 F_1、F_2 的大小相等、方向相反,则该刚体(　　)。

　　A. 处于平衡状态 　　　　　　　　　　B. 受到一个力偶的作用

　　C. 一定处于不平衡状态 　　　　　　　D. 处于平衡状态或受到一个力偶的作用

19. 表示金属材料屈服点的符号是(　　)。

　　A. σ_e 　　　　　B. σ_S 　　　　　C. σ_b 　　　　　D. σ_p

20. 当定轴轮系中各传动轴(　　)时,只能用标注箭头的方法确定各轮的转向。

　　A. 平行 　　　　B. 不平行 　　　　C. 交错 　　　　D. 共线

三、是非题

21. 受扭杆件横截面上扭矩的大小,不仅与杆件所受外力偶的力偶矩大小有关,而且与杆件横截面的形状、尺寸也有关。(　　)

22. 带的打滑仅在过载时产生,将造成传动失效,是可避免的。(　　)

23. 只要两个力大小相等、方向相反,该两力就组成一力偶。(　　)

24. 渐开线齿轮传动中心距增加时,传动比略有增加。(　　)

25. 珠光体是铁素体和渗碳体组成的机械混合物。(　　)

26. 联轴器连接的两根轴可以在机器不停车情况下拆卸分离。(　　)

27. 在常用的金属材料中,低碳钢的焊接性较好。(　　)

28. 构件是运动的单元体,它可以是单一的整体,也可以是由几个零件组成的刚性结构。(　　)

29. 可锻铸铁塑性好,但不适用于锻造。(　　)

四、计算题

30. 如附图 1-6 所示,已知 $M=60\text{kN}\cdot\text{m}$,$F_P=40\text{kN}$,试求外伸梁的约束反力。

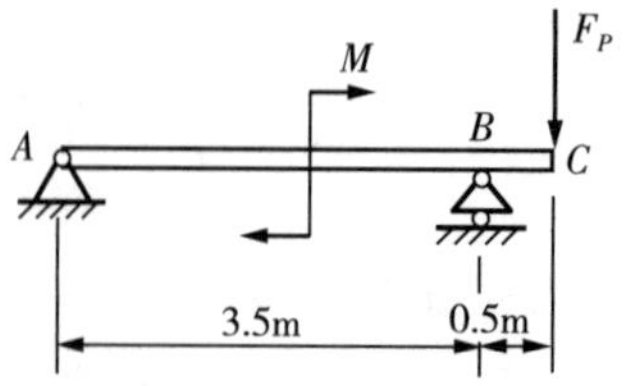

附图 1-6

31. 如附图 1-7 所示圆截面杆,已知载荷 $F_1=200\text{kN}$, $F_2=100\text{kN}$, AB 段的直径 $d_1=40\text{mm}$, CD 段的直径 $d_2=100\text{mm}$, $[\sigma]=200\text{MPa}$,试画出轴力图,并校核杆的强度。

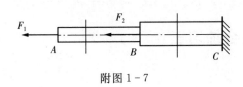

附图 1-7

32. 计算下列机构的自由度。如有复合铰链、局部自由度和虚约束应指出。

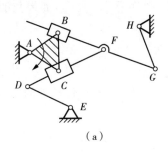 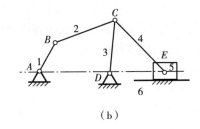

(a)　　　　　　　　(b)

附图 1-8

33. 附图 1-9 所示铰链四杆机构,AD 为机架,已知 $L_{BC}=60\text{mm}$, $L_{CD}=50\text{mm}$, $L_{AD}=40\text{mm}$。

(1)若此机构形成曲柄摇杆机构,且 AB 为曲柄,试确定 L_{AB} 的取值范围。

(2)若此机构形成双曲柄机构,试确定 L_{AB} 的取值范围。

34. 在附图 1-10 所示的轮系中,$z_1=16$、$z_2=32$、$z_3=20$、$z_4=40$、$z_5=2$(右)、$z_6=40$,若 $n_1=800\text{r/min}$,求蜗轮的转速 n_6,并在图中画出每个齿轮的转向。

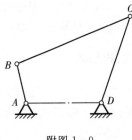

附图 1-9

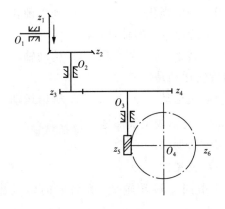

附图 1-10

35. 两个标准直齿圆柱齿轮,已测得齿数 $z_1=22$、$z_2=98$,小齿轮齿顶圆直径 $d_{a1}=240\text{mm}$,大齿轮全齿高 $h=22.5\text{mm}$,压力角 α 均为 $20°$,试判断这两个齿轮能否正确啮合传动? 如果能,试计算标准中心距 a。

综合练习三

一、填空题

1. 连架杆如能绕某转动副的轴线作整周转动,则称为_____,如果只能作往复摆动,则称为_____。

2. 应力变化不大,而应变显著增加的现象,称为_____。

3. 直齿圆柱齿轮的正确啮合条件是 _____、_____。

4. 吊车起吊重物时,钢丝绳的变形是_____;汽车行驶时,传动轴的变形是_____。

5. 常见晶格有体心立方晶格、_____和_____。

6. 周转轮系可分为_____和_____两大类。

7. 螺纹联接防松实质是防止螺纹副的_____。

8. 常温下的铁碳合金基本组织有_____、渗碳体、_____、莱氏体。

9. 当带传递的功率超过极限值时,带与带轮将发生显著的滑动,这种现象称为_____。

10. 金属材料牌号 ZG270 - 500 含义为_____。

二、选择题

11. 已知 V 带传递的实际功率7kW,带速 $v=10$m/s,紧边拉力是松边拉力的 2 倍,则圆周力是( )N,紧边拉力是( )N。

A. 700,2100   B. 600,2100   C. 700,1200   D. 700,1400

12. 下列选项中,( )不是金属材料的强化方式

A. 细晶强化   B. 固溶强化   C. 加工硬化   D. 热处理

13. 工作时只承受弯矩,不传递转矩的轴,称为( )。

A. 心轴   B. 转轴   C. 传动轴

14. 车削加工中工件的旋转运动是( )。

A. 切深运动   B. 主运动   C. 进给运动

15. 定轴轮系中各齿轮的几何轴线位置都是( )。

A. 固定的   B. 活动的
C. 相交的   D. 交错的

16. 两个以上的构件共用同一转动轴线,所构成的转动副称为( )。

A. 复合铰链   B. 局部自由度
C. 虚约束   D. 单一铰链

17. 如附图 1 - 11 所示的冲压成形工艺是( )。

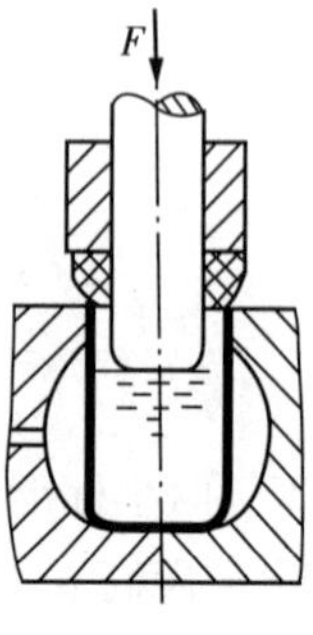

A. 缩口   B. 起伏

附图 1 - 11

C. 翻孔   D. 胀形

18. 不同金属材料的焊接性是不同的,下列铁碳合金中,焊接性最好的是(　　)。

A. 灰口铸铁   B. 可锻铸铁   C. 球墨铸铁   D. 低碳钢

19. 用双头螺柱连接的两个被连接件的孔(　　)。

A. 全为螺纹孔   B. 全是通孔

C. 一个是通孔,另一个是螺纹孔

D. 一是一半通孔,一半螺纹孔;另一个是螺纹孔

20. 家用缝纫机踏板机构属于(　　)。

A. 曲柄摇杆机构   B. 双曲柄机构   C. 双摇杆机构   D. 以上都不是

三、是非题

21. 若一个物体仅受三个力作用而平衡,则此三力一定汇交于一点且共面。(　　)

22. 轴力图可显示出杆件各段内横截面上轴力的大小但并不能反映杆件各段变形是伸长还是缩短。(　　)

23. 调质处理是淬火＋高温回火。(　　)

24. 铁碳合金含碳量越高,硬度和强度越高。(　　)

25. 和最短构件相邻的构件为机架的铰链四杆机构,有可能是曲柄摇杆机构。(　　)

26. 心轴既用来承受扭矩,又用来承受弯矩。(　　)

27. 埋弧自动焊具有生产率高,焊接质量好,劳动条件好等优点。适于薄板和短的不规则焊缝的焊接。(　　)

28. 蜗杆传动中,蜗轮与蜗杆的旋向一个为左旋,另一个为右旋。(　　)

四、计算题

29. 如附图 1-12 所示,已知 $d=1\text{m}$、$M=80\text{kN·m}$,求 A、B 和 C 处的约束反力。

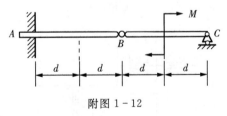

附图 1-12

30. 已知某实心圆轴受力情况如图所示,其许用切应力 $[\tau]=40\text{MPa}$,试画出附图 1-13 所示轴的扭矩图,并根据强度条件设计轴的直径。

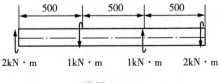

附图 1-13

31. 计算附图 1-14 机构的自由度。如有复合铰链、局部自由度和虚约束应指出。

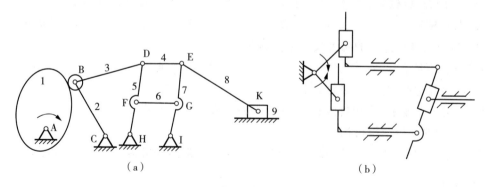

（a）　　　　　　　　　　　（b）

附图 1-14

32. 附图 1-15 所示铰链四杆机构，AD 为机架，已知 $L_{BC}=60\text{mm}$，$L_{CD}=50\text{mm}$，$L_{AD}=40\text{mm}$。若此机构形成曲柄摇杆机构，试确 L_{AB} 的取值范围。

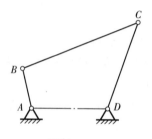

附图 1-15

33. 已知标准直齿圆柱齿轮，齿顶圆直径为 110mm，齿数为 20，求模数、分度圆直径、齿根圆直径、基圆直径、全齿高、齿顶高、齿根高、齿距、齿厚、齿槽宽。

34. 在附图 1-16 所示的轮系中，$z_1=24$，$z_2=46$，$z_{2'}=23$，$z_3=48$，$z_4=35$，$z_{4'}=20$，$z_5=48$，求轮系的传动比 i_{15}，并在图中画出每个齿轮的转向。

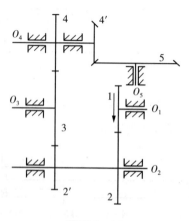

附图 1-16

附录二:机械工程实验指导

实验一　机械零件认知实验

一、实验目的

(1)初步了解机械工程基础课程所研究的各种常用零件的结构、类型、特点及应用。

(2)了解各种标准件的结构形式及相关的国家标准。

(3)了解各种传动的特点及应用。

(4)增强对各种零部件的结构及机器的感性认识。

二、实验设备及仪器

机械零件陈列柜和各种机构模型。

三、实验原理与内容

1. 螺纹连接

螺纹连接是利用螺纹零件工作的,主要用于紧固零件。基本要求是保证连接强度及连接可靠性。

(1)螺纹的种类　常用的螺纹主要有普通螺纹、梯形螺纹、矩形螺纹和锯齿螺纹。前者主要用于连接,后三种主要用于传动。除矩形螺纹外,其他的螺纹都已标准化。除管螺纹保留寸制外,其余螺纹都采用米制。

(2)螺纹连接的基本类型　常用的有普通螺栓连接、双头螺柱连接、螺钉连接及紧定螺钉连接。除此之外,还有一些特殊的螺纹连接。如专门用于将机座或机架固定在地基上的地脚螺栓连接,装在大型零部件的顶盖或机器外壳上便于起吊用的吊环螺钉连接及应用在设备中的T形槽螺栓连接等。

(3)螺纹连接的防松　防松的根本问题在于防止螺旋副在受载时发生相对转动。防松的方法,按其工作原理可分为摩擦防松、机械防松及铆冲防松等。摩擦防松简单、方便,但没有机械防松可靠。对重要连接,特别是在机器内部的不易检查的连接,应采用机械防松。常见的摩擦防松方法有对顶螺母防松、弹簧垫圈防松及自锁螺母防松等;机械防松方法有开口销与六角开槽螺母防松、止动垫圈防松及串联钢丝防松等;铆冲防松主要是将螺母拧紧后把螺栓末端伸出部分铆死,或利用冲头在螺栓末端与螺母的旋合处打冲,利用冲点防松。

(4)提高螺纹连接强度的措施　通过参观螺纹连接陈列柜,应区分出:①什么是普通螺纹、管螺纹、梯形螺纹和锯齿螺纹;②什么是普通螺纹、双头螺纹、螺钉及紧定螺钉连接;③摩擦防松与机械防松的零件。

标准连接零件一般是由专业企业按国标(GB)成批生产、供应市场的零件,这类零件的结构形式和尺寸都已标准化,设计时可根据有关标准选用。通过实验学员要能区分螺栓与螺钉,能了解各种标准化零件的结构特点、使用情况,了解各类零件有哪些标准代号,以提高学员的标准化意识。

① 螺栓:一般是与螺母配合使用以连接被连接零件,不需在被连接的零件上加工螺纹。螺栓连接结构简单,装拆方便,种类较多,应用最广泛。

② 螺钉:螺钉连接不用螺母,而是紧定在被连接件之一的螺纹孔中。其结构与螺栓相同,但头部形状较多,以适应不同装配要求。常用于结构紧凑场合。

③ 螺母:螺母形式很多,按形状可分为六角螺母、四方螺母及圆螺母,按连接用途可分为普通螺母、锁紧螺母及悬置螺母等。应用最广泛的是六角螺母及普通螺母。

④ 垫圈:垫圈有平垫圈、弹簧垫圈及锁紧垫圈等种类。平垫圈主要用于保护被连接件的支承面,弹簧垫圈及锁紧垫圈主要用于摩擦和机械防松。

⑤ 挡圈:常用于轴端零件固定之用。

以上零件的国家标准可参考有关设计手册或教科书。

2. 键、花键及销连接

(1)键连接　键是一种标准零件,通常用来实现轴与轮毂之间的周向固定以传递转矩,有的还能实现轴上零件的轴向固定或轴向滑动的导向。其主要类型有:平键连接、楔键连接和切向键连接。各类键使用的场合不同,键槽的加工工艺也不同。可根据键连接的结构特点、使用要求和工作条件来选择,键的尺寸则应符合标准规格和强度要求。

(2)花键连接　花键连接由外花键和内花键组成,可用于静连接或动连接,适用于定心精度要求高、载荷大或经常滑移的场合。花键连接的齿数、尺寸、配合等均按标准选取。按其齿形可分为矩形花键和渐开线形花键,前一种由于是多齿工作,具有承载能力高、对中性好、导向性好、齿根较浅、应力集中程度较轻、轴与毂强度削弱小等优点,广泛应用在飞机、汽车、拖拉机、机床及农业机械传动装置中;渐开线形花键连接,受载时齿上有径向力,能起到定心作用,使各齿受力均匀,有承载强度大、寿命长等特点,主要用于载荷较大、定心精度要求较高及尺寸较大的连接。

(3)销连接　销用来固定零件之间的相对位置时,称为定位销,它是组合加工和装配时的重要辅助零件;用于连接时,称为连接销,可传递不大的载荷;作为安全装置中的过载剪断元件时,称为安全销。

销有多种类型,如圆锥销、槽销、销轴和开口销等,均已标准化。各种销都有各自的特点,如:圆柱销多次拆装会降低定位精度和可靠性;锥销在受横向力时可以自锁,安装方便,定位精度高,多次拆装不影响定位精度等。

参观陈列柜时,学员要仔细观察以上几种连接的结构、使用场合,并能分清和认识以上各类零件。

3. 铆接、焊接、胶接和过盈配合连接

(1)铆接　通过铆钉实现的连接称为铆接。它是一种使用方法简单的机械连接,主要由铆钉和被连接件组成。铆缝结构形式通常包括搭接、单盖板对接和双盖板对接。铆接具有工艺设备简单、抗震、耐冲击和牢固可靠等优点,在桥梁、建筑、造船等工业部门广泛使用。

(2)焊接　通过焊条与热熔合的方式将被连接件连接在一起的操作称为焊接。焊接的方法如电焊、气焊和电渣等。按焊缝形式区分,焊接有正接填角焊、搭接填角焊、对接焊和塞焊等形式。

(3)胶接　通过胶黏剂实现的连接称为胶接。它是利用胶黏剂在一定条件下把预制元件连接在一起,具有一定的连接强度。如陈列的板件接头、圆柱形接头、锥形及盲孔接头、角接头等均采用了胶接的方法。胶接的承载能力、耐久性相对焊接低一些,胶接在常温作业时不改变被连接件的局部性能,焊接因高温作业会改变被连接件的局部性能。

(4)过盈配合连接　采用过盈配合而实现的连接称为过盈配合连接。它是利用零件间的配合过盈来达到连接的目的的。如陈列的圆柱面过盈配合连接。

4. 机械传动机构

机械传动机构有螺旋传动、带传动、链传动、齿轮传动及蜗杆传动机构等。各种传动机构都有不同的特点和使用范围。

(1)螺旋传动机构　螺旋传动机构是利用螺纹零件工作的,传动件要求保证螺旋副的传动精度、效率和磨损寿命等。其螺纹种类有矩形螺纹、梯形螺纹、锯齿螺纹等。螺旋传动按其用途可分传力螺旋、传导螺旋及调整螺旋三种,按摩擦性质不同可分为滑动螺旋、滚动螺旋及静压螺旋等。

(2)带传动机构　带被张紧(预紧力)而压在两个带轮上,主动带轮通过摩擦带动带以后,再通过摩擦带动从动带轮转动。它具有传动中心距大、结构简单、超载打滑(减速)等特点。常有平带传动、V带传动、多楔带传动及同步带传动机构等。

(3)链传动机构　主动链轮带动链以后,又通过链带动从动链轮。链传动属于带有中间挠性件的啮合传动。与属于摩擦传动的带传动相比,链传动无弹性滑动和打滑现象,能保持准确的平均传动比,传动效率高。按用途不同可分为传动链传动、输送链传动和起重链传动。输送链和起重链主要用在运输和起重机械中,而在一般机械传动中常用传动链。传动链有短节距精密滚子链(简称滚子链)、套筒滚子链、齿形链等。齿形链又称无声链,齿形链传动平稳、无噪声、承受冲击性能好、工作可靠。链轮是链传动的主要零件,链轮齿形已标准化,链轮设计主要是确定其结构尺寸,选择材料及热处理方法等。

(4)齿轮传动机构　齿轮传动是机械传动中最重要的传动形式之一。齿轮传动机构结构形式多、应用广泛。其主要特点是:效率高、结构紧凑、工作可靠、传动稳定等。可做成开式、半开式及封闭式传动机构。常用的渐开线齿轮传动机构有直齿圆柱齿轮传动机构、斜齿圆柱齿轮传动机构、标准锥齿轮传动机构、圆弧齿圆柱齿轮传动机构等。齿轮的啮合方式有内啮合、外啮合、齿轮与齿条啮合等。参观时一定要了解各种齿轮特征,主要参数的名称及几种失效形式的主要特征,使实验在真正意义上与理论教学产生互补作用。

(5)蜗杆传动机构　蜗杆传动机构是在空间交错的两轴间传递运动和动力的一种传动机构,蜗轮蜗杆轴线交错的夹角可为任意角,常用的为 90°。

蜗杆传动有下述特点:当使用单头蜗杆(相当于单线螺纹)时,蜗杆旋转一周,蜗轮只转过一个齿距,因此能实现大传动比。在动力传动中,一般传动比 $i=5\sim80$;在分度机构或手动机构的传动中,传动比可达 300;若只传递运动,传动比可达 1000。由于传动比大,零件数目又少,因而结构很紧凑。蜗杆齿是连续不断的螺旋齿,与蜗轮啮合时是逐渐进入与逐渐退出的,放在传动中冲击载荷小,传动平衡,噪声低。

根据蜗杆形状不同,分为圆柱蜗杆传动、环面蜗杆传动和锥面蜗杆传动。通过实验学员应了解蜗杆传动结构及蜗杆减速器种类和形式。

5. 轴系零、部件

(1)轴承　轴承是现代机器中广泛应用的部件之一。根据摩擦性质不同,轴承分为滚动轴承和滑动轴承两大类。滚动轴承由于摩擦因数小,启动阻力小,而且它已标准化,选用、润滑、维护都很方便,因此在机器中应用较广。滑动轴承按其承受载荷方向的不同分为径向滑动轴承和止推轴承;按润滑表面状态不同又可分为液体润滑轴承、不完全液体润滑轴承及无润滑轴承(指工作时不加润滑剂);根据液体润滑承载机理不同,又可分为液体动力润滑轴承(简称液体动压轴承)和液体静压润滑轴承(简称液体静压轴承)。学员通过实验主要应了解各类轴承的结构及特征。

(2)轴　轴是组成机器的主要零件之一。一切做回转运动的传动零件(如齿轮、蜗轮等),都必须安装在轴上才能进行运动及动力的传递。轴的主要功用是支承回转零件及传递运动和动力。

按承受载荷的不同,可分为转轴、心轴和传动轴三类;按轴线形状不同,可分为曲轴和直轴两大类,直轴又可分为光轴和阶梯轴。光轴形状简单,加工容易,应力集中源少,但轴上的零件不易装配及定位;阶梯轴正好与光轴相反。所以光轴主要用作心轴和传动轴,阶梯轴则常用作转输。此外,还有一种钢丝软轴(挠性轴),它可以把回转运动灵活地传到不开敞的空间位置。

轴看似简单,但关于轴的知识内容比较丰富,可通过理论学习及实践知识的积累(多看、多观察)逐步掌握。

6. 弹簧

(1)弹簧是一种弹性元件,它可以在载荷下作用产生较大的弹性变形,在各类机械中应用十分广泛。其主要应用如下:

① 控制机构的运动,如制动器、离合器中的控制弹簧,内燃机气缸的阀门弹簧等。

② 减振和缓冲,如汽车、火车车厢下的减振弹簧,及各种缓冲器用的弹簧等。

③ 储存及输出能量,如钟表弹簧、枪内弹簧等。

④ 测量力的大小,如测力器和弹簧秤中的弹簧等。

(2)弹簧的种类比较多,按承受的载荷不同可分为拉伸弹簧、压缩弹簧、扭转弹簧及弯曲弹簧四种,按形状不同又可分为螺旋弹簧、环形弹簧、碟形弹簧、板簧和平面盘簧等。观看时要注意各种弹簧的结构、材料,并能与名称对应起来。

7．减速器

减速器是指原动机与工作机之间的传动装置，用来增大转矩和降低转速。减速器的种类有单级圆柱齿轮减速器、二级展开式圆柱齿轮减速器、圆锥齿轮减速器、圆锥－圆柱齿轮减速器、蜗杆齿轮减速器。无论哪种减速器都是由箱体、传动件、轴系零件及附件组成的。箱体用于支承和固定轴系、轴承部件并提供润滑密封条件，箱体一般由铸铁制造。窥视孔用于检查箱体内部情况，游标用于检查箱内油面高度，油塞用于更换污油，通气器用于平衡箱体内外气压，定位销用于保证箱体轴承座孔加工精度，启盖螺钉用于拆分箱体。

8．密封件

机器在运转过程中及气动、液压传动中需要润滑(气、油润滑)、冷却、传力保压等，在零件的接合面、轴的伸出端等处容易产生油、脂、水、气等的渗漏。为了防止这些渗漏，在这些地方常要采用一些密封措施。密封方法和类型很多，有填料密封、机械密封、O型圈密封，以及迷宫式密封、离心密封、螺旋密封等。

密封广泛应用在泵、水轮机、阀、压气机、轴承、活塞等部件中，学员在参观时应认清各类密封件及其应用场合。

四、实验方法与步骤

(1)认真阅读和掌握教材中相关部分的理论知识。

(2)按照机械零件陈列柜所展示的零部件顺序，由浅入深、由简单到复杂进行参观认知，实验教员简要讲解。

(3)仔细观察和讨论各种机械零部件的结构、类型、特点及应用范围。

(4)认真完成实验报告。

五、注意事项

(1)注意人身安全。不要在实验室内跑动或打闹，以免被设备碰伤；特别应注意摇动设备时不要轧到自己或别人的手。

(2)爱护设备。摇动设备动作要轻，以免损坏设备；一般不要从设备或展台上拿下零件；若拿出零件，看完后应按原样复原，避免零件丢失。

(3)不要随便移动设备，以免受伤或损坏设备。

(4)注意卫生。禁止随地吐痰和乱扔杂物，禁止脚踩桌椅板凳。

(5)完成实验后，学员应将实验教室打扫干净，将桌椅物品摆放整齐。

六、思考题

(1)陈列柜中展示的螺纹连接的类型有哪几种？

(2)链轮是链传动的主要零件。柜中陈列有哪些不同结构的链轮？

(3)试说明齿轮传动的五种失效形式。

(4)试说明联轴器的基本类型。

七、实验报告式样

实验一 机械零件认知实验

_____大队_____队_____级_____专业
姓名_____学号_____日期_____

1. 实验目的

2. 实验设备及仪器

3. 填空题

   (1)过盈配合连接是利用_____来达到连接目的的。
   (2)柜中陈列的带轮有_____、_____、_____和_____等常用形式的带轮。
   (3)滚动轴承由_____、_____、_____和_____等四部分组成。
   (4)柜中陈列的离合器有_____、_____和_____等三大类型。
   (5)弹簧种类很多,但应用最多的是圆柱螺旋弹簧。按照载荷分,它有_____弹簧、_____弹簧、_____弹簧、_____弹簧四种基本类型。

4. 思考题

成绩评定:_____指导教员:_____

实验二 减速器结构分析及拆装实验

一、实验目的

(1)了解减速器的基本构造及工作要求;
(2)了解减速器的箱体零件、轴、齿轮等主要零件的结构、功用及装配关系;
(3)了解齿轮、轴承的润滑、冷却和密封;
(4)通过自己动手拆装,熟悉减速器的拆装和调整的方法和过程,了解轴承及轴上零件的调整、固定方法；

（5）测定减速器的主要参数和精度，培养和提高机械结构的设计能力。

二、实验设备及仪器

（1）圆锥齿轮减速器（附表 2－1）

附表 2－1

名　称	型号或规格	单　位	数　量	备　注
蜗轮蜗杆减速器		台	1	编号 1#
两级圆柱齿轮减速器	ZX、ZH－12	台	1	编号 2#

（2）拆装工具和测量工具（每组）（附表 2－2）

附表 2－2

名　称	型号或规格	单　位	数　量	备　注
机修类组合工具		套	1	
游标卡尺	测量范围 200mm	把	1	
螺丝刀		把	1	
固定扳手		把	2	
活动扳手		把	1	

（3）绘图工具

（自备）笔、绘图工具、草稿纸等。

三、实验原理与内容

（1）观察减速器外表，观察、了解减速器附属零件的用途、结构和安装位置的要求；判断减速器的装配形式。

（2）注意观察轴的结构及轴上零件的定位方式、固定方法。

（3）测量减速器的中心距、中心高、箱座上、下凸缘的宽度和厚度、筋板的厚度、齿轮端面与厢体内壁的距离、大齿轮顶圆与箱内壁和底面之间的距离、轴承内端面至箱内壁之间的距离等。

（4）绘制结构装配图：计数各齿轮齿数，计算各级齿轮的传动比和总传动比。

（5）了解轴承的润滑方式和密封位置，包括密封的形式。轴承内侧挡油环、封油环的作用原理及其结构和安装位置。

（6）了解轴承的组合结构以及轴承的拆装、固定和轴向间隙的调整；测绘输出轴系部件的结构图。

四、实验方法与步骤

（1）观察减速器的外形，它有哪些箱体附件，它们的安装位置及功用。

（2）观察轴承座的结构形状，了解轴承座两侧连接螺栓应如何布置，支承螺栓的凸台高度及空间尺寸应如何确定。

（3）拧下箱盖和底座连接螺栓，拧下端盖紧固螺钉，拔出定位销，拧动启盖螺钉，打开箱盖。

（4）看清轴承采用的是油还是润滑脂，若采用油润滑，了解润滑油是如何导入轴承内进行润滑的。若采用润滑脂，了解如何防止箱内飞溅的油及齿轮啮合区挤压出的热油冲刷轴承润滑脂。

（5）目测齿轮端面与箱体内壁的距离；大齿轮的顶圆与箱体内壁之间的距离；轴承内端面到箱体内壁之间的距离。

（6）测量各级啮合齿轮的中心距。

（7）取出轴系部件，观察轴上零件的定位、固定方式、结构。

（8）记录各齿轮齿数，计算各级齿轮的传动比。

（9）将减速器按原样装配好。按照先内部后外部的合理顺序进行；装配轴套和滚动轴承时候应该注意方向等。

五、注意事项

（1）切勿盲目拆装，拆卸前要仔细观察零、部件的结构及位置，考虑好拆装顺序，拆下的零、部件要统一放在盘中，以免丢失和损坏。

（2）爱护工具、仪器及设备，小心仔细拆装避免损坏。

（3）实验中搬运设备，注意自身安全。

六、思考题

（1）仔细观察减速器外面各部分的结构，思考以下问题：

① 如何保证厢体支撑具有足够的刚度？

② 轴承座两侧的上下厢体连接螺栓应如何布置？

③ 如何减轻厢体的重量和减少厢体的加工面积？

④ 减速器的附件如窥视孔、油标、油塞、吊环螺钉、定位销、启盖螺钉、通气器等附件起什么作用？其结构如何？应安排在什么位置？

（2）扳手空间应如何考虑，留多大为好？

（3）箱体剖分面采用什么方法密封？

七、实验报告式

实验二　减速器结构分析及拆装实验

_____大队_____队_____级_____专业

姓名_____学号_____日期_____

1. 实验目的

2. 实验设备及仪器

3. 实验结果

(1)画出减速器传动示意图。

(2)减速器各主要部分的尺寸与参数的测量结果。

表 1　减速器箱体尺寸测量结果

序号	名称	尺寸(mm)
1	地脚螺栓孔直径	
2	轴承旁连接螺栓直径	
3	箱盖与箱座连接螺栓直径	
4	观察孔螺钉直径	
5	箱座壁厚	
6	箱盖壁厚	
7	箱座凸缘厚度	
8	箱盖凸缘厚度	
9	轴承座连接螺栓间的距离	
7	地脚螺栓间距	

表 2　减速器的主要参数

	齿轮名称	小齿轮	大齿轮	
齿数	高速级	$Z_1 =$	$Z_2 =$	
	低速级	$Z_3 =$	$Z_4 =$	
传动比	高速级 i_1	低速级 i_2	总传动比 i	
中心距	高速级 a_1	低速级 a_2	总传动比 a	

成绩评定:_____　指导教员:_____

实验三　材料的拉伸实验

一、实验目的

(1)进行万能试验机的操作练习,学习操作规程;

(2)测定低碳钢的屈服极限 σ_s、强度极限 σ_b、延伸率 δ 和断面收缩率 φ;

(3)观察拉伸过程中的各种现象,并绘制拉伸图。

二、实验设备及仪器

(1)万能试验机

(2)游标卡尺

(3)试样

三、实验内容及原理

1. 拉伸试件

低碳钢和铸铁的拉伸试验均采用圆形截面试件(附图 2-1)。拉伸试件一般由三个部分组成:即工作部分、过渡部分和夹持部分。为了使试验数据具有可比性,国家对试件尺寸作了统一规定,即采用标准试件。按国家标准 GB 6397—86 规定金属材料拉伸试件的尺寸为: $d_0 = 10\text{mm}$, $l_0 = 10d_0$ 或, $l_0 = 5d_0$ 分别称为长试件(10 倍试件)和短试件(5 倍试件),它们的延伸率分别记为 δ_5 和 δ_{10} 。

如圆形截面时, $l_0 = 10d_0$;矩形截面时, $l_0 = 11.3\sqrt{S_0}$ 。

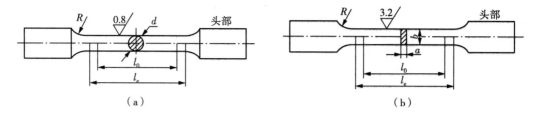

（a）　　　　　　　　　　　　（b）

附图 2-1　试件形式

2. 拉伸实验

常温下的拉伸实验可以测定材料的弹性模量 E 、屈服极限 σ_s 、强度极限 σ_b 、延伸率 δ 和断面收缩率 φ 等力学性能指标,这些参数都是工程设计的重要依据。

(1)低碳钢弹性模量 E 的测定

由材料力学可知,弹性模量 E 是材料在弹性变形范围内应力与应变的比值,即

$$E = \frac{\sigma}{\varepsilon} \tag{3-1}$$

因为 $\sigma = \dfrac{P}{A}$,所以弹性模量 E 又可表示为:

$$E = \frac{PL_0}{A \Delta L} \qquad\qquad (3-2)$$

式中:E—— 材料的弹性模量;

    σ—— 应力;

    ε—— 应变;

    P—— 实验时所施加的载荷;

    A—— 以试件直径的平均值计算的横截面面积;

    L_0—— 引伸仪标距;

    ΔL—— 试件在载荷 P 作用下,标距 L_0 段的伸长量。

    可见,在弹性变形范围内,已知对试件作用拉力 P,并量出拉力 P 引起的标距内伸长 ΔL,即可求得弹性模量 E。实验时,拉力 P 值由试验机读数盘示出,标距 $L_0 = 50\,\mathrm{mm}$(不同的引伸仪标距不同),试件横截面面积 A 可算出,只要测出标距段的伸长量 ΔL 就可得到弹性模量 E。

    在弹性变形阶段内试件的变形很小,标距段的变形(伸长量 ΔL)需用放大倍数为 200 倍的球铰式引伸仪来测量。为检验载荷与变形之间的关系是否符合胡克定律,并减少测量误差,实验时一般用等增量法加载,即把载荷分成若干个等级,每次增加相同的载荷 ΔP,逐级加载。为保证应力不超出弹性范围,以屈服载荷的 $70\% \sim 80\%$ 作为测定弹性模量的最高载荷 P_n。此外,为使试验机夹紧试件,消除试验机机构的间隙等因素的影响,对试件应施加一个初始载荷 P_0(本实验中 $P_0 = 2.0\,\mathrm{kN}$)。

    实验时,从 P_0 到 P_n 逐级加载,载荷的每级增量均为 ΔP。对应着每级载荷 P_i,记录相应的伸长 ΔL_i,ΔL_{i+1} 与 ΔL_i 之差即为变形增量 $\Delta(\Delta L)_i$,它是 ΔP 引起的变形(伸长)增量。在逐级加载中,如果得到的 $\Delta(\Delta L)_i$ 基本相等,则表明 ΔL 与 P 为线性关系,符合胡克定律。完成一次加载过程,将得到 P_i 和 ΔL_i 的一组数据,按平均法计算弹性模量,即

$$E = 200 \times \frac{\Delta P L_0}{A \overline{\Delta(\Delta L)}} \qquad\qquad (3-3)$$

式中:$\overline{\Delta(\Delta L)} = \dfrac{1}{n} \displaystyle\sum_{i=1}^{n} \Delta(\Delta L)_i$ 为变形增量的平均值;200 为测量变形时的放大倍数。

    (2)屈服极限 σ_s 和强度极限 σ_b 的测定

    测定弹性模量后继续加载使材料到达屈服阶段,进入屈服阶段时,载荷常有上、下波动,其中较大的载荷称为上屈服点,较小的载荷称为下屈服点。一般用第一个波峰的下屈服点表示材料的屈服载荷 P_s,它所对应的应力即为屈服极限 σ_s。

    屈服阶段过后,材料进入强化阶段,试件又恢复了承载能力。载荷达到最大值 P_b 时,试件某一局部的截面明显缩小,出现"颈缩"现象。这时示力盘的从动针停留在 P_b 位置,主动针则迅速倒退,表明载荷迅速下降,试件即将被拉断。这时从动针所示的载荷即为破坏载荷 P_b,所对应的应力称为强度极限 σ_b。

（3）延伸率 δ 和断面收缩率 φ 的测定

试件的原始标距为 l_0（本实验取 100 mm），拉断后将 2 段试件紧密地对接在一起，量出拉断后的标距长为 l_1 延伸率应为：

$$\delta = \frac{l_1 - l_0}{l_0} \times 100\% \qquad (3-4)$$

式中：l_0—— 试件原始标距，为 100 mm；

l_1—— 试件拉断后标距长度。

对于塑性材料，断裂前变形集中在颈缩处，该部分变形最大，距离断口位置越远，变形越小，即断裂位置对延伸率是有影响的。为了便于比较，规定断口在标距中央三分之一范围内测出的延伸率为测量标准。若断口不在此范围内，则需进行折算，也称断口移中。具体方法如下：以断口 O 为起点，在长度上取基本等于短段格数得到 B 点，当长段所剩格数为偶数时 [附图 2-2(a)]，则由所剩格数的一半得 C 点，取 BC 段长度将其移至短段边，则得断口移中的标距长，其计算式为：

$$l_1 = \overline{AB} + 2\,\overline{BC} \qquad (3-5)$$

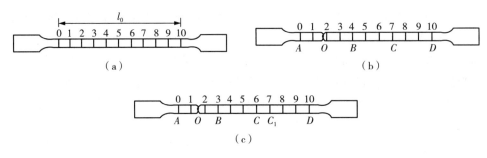

附图 2-2　断口移中示意图

如果长段取 B 点后所剩格数为奇数 [附图 2-2(b)]，则取所剩格数加一格之半得 C_1 点 [附图 2-2(c)] 和减一格之半得 C 点，移中后的标距长为：

$$l_1 = \overline{AB} + \overline{BC_1} + \overline{BC} \qquad (3-6)$$

将计算所得的 l_1 代入式中，可求得折算后的延伸率 φ。

为了测定低碳钢的断面收缩率，试件拉断后，在断口处两端沿两个互相垂直的方向各测量一次直径，取其平均值 d_1 计算断口处横截面面积，再按下式计算断面收缩率 φ：

$$\varphi = \frac{A_0 - A_1}{A_0} \times 100\% \qquad (3-7)$$

式中：A_0—— 试件原始横截面面积；

A_1—— 试件拉断后断口处最小面积。

四、实验步骤

在教员指导下，学员按材料试验机操作步骤操作。

1. 低碳钢拉伸实验

(1) 试件准备

① 测量直径 d_0。

因直径沿长度方向不均匀,所以为提高精度,应在标距及中间取三个截面,每处在相互垂直的两个方向各测一次,取其平均值作为该截面的直径,最后取一个最小的值作为计算直径 d_0。

② 标定标距

在试件工作部分,量取标距 l_0($l_0 = 100\,\mathrm{mm}$) 并用画线器每隔 $10\,\mathrm{mm}$ 画一圆周线,将标距 10 等分或 5 等分。

(2) 试验机准备

① 选用量程

为了选用量程,需先估算出最大载荷 P_b(取 $\sigma_\mathrm{b} = 400\,\mathrm{MPa}$),如 $d_0 = 10\,\mathrm{mm}$,则 $P_\mathrm{b} \approx 31\,\mathrm{kN}$。使 P_b 在量程的 70% ~ 90% 以内,并挂上相应的摆锤,为使试件拉断后,油压不突然降为 0,致使摆锤回摆造成冲击,机器上设置了回油缓冲器,以加大回油阻尼。因此,加载前要根据摆锤的大小,将回油缓冲器旋转至相应的位置。

② 试验机调零

调零分三步进行:活动台上升 1 ~ 2 cm;使摆锤铅直;指针调零。拨动从动指针与主动指针靠拢,调好自动绘图装置。

③ 安装试件

将试件安装在试验机的上夹头内,然后开动下夹头至适当高度,夹紧试件下端。注意,试件夹紧后,不得再开动升降电机,以免烧坏电机。

(3) 实验

经老师检查后方可加载试验,在比例极限内试加载至 5 ~ 6kN(其目的是保证试件夹紧,避免正式试验时打滑,如直接加载试验,将看到拉伸图最初一段是曲线),然后缓慢卸载接近零点,如试验机正常工作,则按下自动绘图器的笔,正式加载,绘图笔将自动绘出其拉伸图。为使试件缓慢而均匀产生变形,加载要平稳。

如果发现指针倒退,则说明材料进入了屈服阶段,目测主动针回摆的最低值作为屈服载荷 P_s。

进入强化阶段后,可用较快的速度加载,直至断裂为止(如果想观察冷作硬化现象,这时可缓慢卸载,接近零点,然后再加载)。过了最高点后,注意观察颈缩现象。

试件断裂后,立即停机,读出最大载荷,记为极限载荷 P_b,取下试件,试验机回油。

测量 l_1 和 d_1:将断后的试件两段拼紧,然后用游标卡尺测量断后的标距 l_1 与颈缩处的直径 d_1。

2. 铸铁的拉伸实验

实验步骤与低碳钢的拉伸实验基本相同,要求记录 P_b1。观察其破坏形式并与低碳钢的破坏形式进行比较。

铸铁是典型的脆性材料,拉伸时载荷-变形曲线无直线部分,变形小,无屈服和颈缩现象。载荷较小时试件便突然断裂,其强度极限远小于低碳钢的强度极限。断口平齐粗糙,并垂直于其轴线。

五、注意事项

(1)实验中听从试验教员的安排,未经教员同意,学员不得开动试验机器;

(2)试件安装必须正确,防止偏斜和夹入部分过短的现象;

(3)试验时听见异常声音或发生任何故障,及时按下急停按钮立即停车

(4)注意保持实验室卫生干净,实验结束后桌椅等物品摆放整齐,并将实验室打扫干净。

六、思考题

(1)实验现象和结果比较低碳钢与铸铁的力学性能有何不同?

(2)为什么拉伸试验必须采用标准比例的试样?材料和直径相同而长短不同的试样的伸长率是否相同?

(3)低碳钢拉伸曲线分几个阶段?每个阶段的力和变形之间有什么特征?

七、实验报告式样

实验三　材料拉伸实验报告

_____大队_____队_____级_____专业
姓名_____学号_____日期_____

1. **实验目的**

2. **实验设备及仪器**

3. **实验记录**

(1)测定灰铸铁拉伸时的力学性能

试样尺寸		试验数据	
实验前:		最大载荷 $F_b=$　kN	
直径 $d=$　mm		抗拉强度 $\sigma_b = \dfrac{F_b}{A} =$　MPa	
横截面面积 $A=$　mm²			
试样草图		拉伸图	

实验前:	F
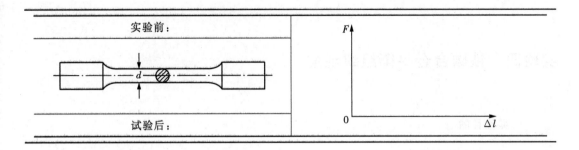	
试验后:	

(2)测定低碳钢拉伸时的力学试验

试样尺寸		实验数据	
实验前:		屈服载荷 $F_s=$	kN
标距 $l=$ mm		最大载荷 $F_b=$	kN
直径 $d=$ mm		屈服应力 $\sigma=\dfrac{F_s}{A}=$	MPa
横截面面积 $A=$ mm^2			
试验后:		抗拉强度 $\sigma_b=\dfrac{F_b}{A}=$	MPa
标距 $l_1=$ mm		伸长率 $\delta=\dfrac{l_1-l}{l}\times100\%=$	
直径 $d_1=$ mm			
横截面面积 $A_1=$ mm^2	断面收缩率	$\varphi=\dfrac{A_0-A_1}{A_0}\times100\%=$	
试样草图		拉伸图	
实验前:		F	
试验后:			
		0 Δl	

成绩评定:_____ 指导教员:_____

实验四　铁碳合金平衡组织观察

一、实验目的

(1)了解金相显微镜的构造与使用方法；

(2)识别各种铁碳合金在平衡状态下的显微组织；

(3)认识铁碳合金平衡组织的特征；

(4)分析化学成分(碳的质量分数)对铁探合金在平衡状态下的显微组织的影响，从而进一步加深对铁探合金的化学成分、组织与性能之间的相互关系的理解。

二、实验设备及仪器

(1)金相显微镜

(2)铁碳合金平衡状态金相试样一套

三、实验原理与内容

利用肉眼或放大镜观察分析金属材料的组织和缺陷的方法称为宏观分析。为了研究金属材料的细微组织和缺陷，可采用显微分析。显微分析是利用放大倍数较高的金相显微镜观察分析金属材料的细微组织和缺陷的方法。一般金相显微镜的放大倍数是 $10\sim2000$ 倍，金属颗粒的平均直径在 $0.001\sim0.1mm$，正是借助于金相显微镜可看其轮廓的范围，故显微分析是目前生产检验与科学研究的主要方法之一。

1. 金相显微镜的构造和使用方法

目前金相显微镜仍是研究金属显微组织的最基本的仪器之一。其中种类很多，但基本原理大致相同。现以国产 4X 型金相显微镜为例说明其结构和成像原理，如附图 2-3 所示。

附图 2-4 是上海光学仪器厂生产的台式金相显微镜的光学系统图。自灯泡 1 发出一束光线，经过聚光镜 2 的会聚及反光镜 7 的反射，将光线均匀地聚集在孔径光栏 8 上，随后经聚光镜 3 再度将光线聚焦在物镜 6 的后面，最后光线通过物镜而使物体表面得到照明。从物体反射回来的光线又通过物镜和补助透镜 5，由半反射镜 4 反射后，在经过辅助透镜 10 及棱镜 11、12 等一系列光学元件构成一个倒立放大的实像。但这一实像还必须经过目镜 13 的再度放大，这样观察者就能从目镜中看到物体表面被放大的像。

金相显微镜是一种精密的仪器，使用时必须严格按照操作注意事项进行，具体操作步骤如下：

(1)熟悉显微镜的原理和结构，了解各零件的性能和功用。

(2)按观察要求，选择适当的目镜和物镜，调节粗调螺丝，将载物台升高，装上物镜，取下目镜盖，装上目镜。

(3)将试样放在载物台上，抛光面对着物镜。

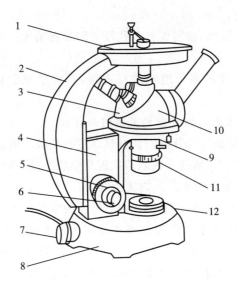

附图 2-3　4X 型金相显微镜机械结构

1—载物台;2—镜臂;3—目镜转换器;4—微动座;5—粗动调焦手轮;6—微动调焦手轮;

7—转动装置;8—基座;9—平台托;10—碗头组;11—视场光阑;12—孔径光阑

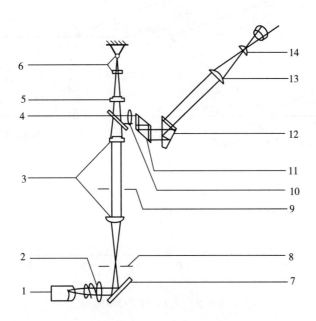

附图 2-4　4X 金相显微镜的光学系统

1—灯泡;2—聚光镜组(一);3—聚光镜组(二);4—半反射镜;5—辅助透镜(一);6—物镜组;7—反光镜;

8—孔径光组;9—视场光阀;10—辅助透镜(二);11—棱镜;12—棱镜;13—目镜;14—反射镜

(4)接通电源,若光源是 6V 低压钨丝灯泡,电源须经降压变压器再接入灯泡。

(5)调节粗调螺丝,使物镜渐渐与试样靠近,同时在目镜中观察视场由暗到明,直到看到显微组织为止,再调细调螺丝至看到清晰显微组织为止。注意调节时要缓慢些,切勿使镜头与试样相碰。

(6)根据观察到的组织情况,按需要调节孔径光阑和视场光阑到适当位置使获得清晰的图像。

(7)移动载物台,对试样各部分组织进行观察,观察结束后切断电源,将金相显微镜复原。

2.铁碳合金室温下基本组织组成物的显微组织特征

铁碳合金的显微组织是研究和分析钢铁材料性能的基础。所谓平衡状态的显微组织是合金在极为缓慢的冷却条件下(如退火状态即接近平衡状态)所得到的组织。可以根据 Fe-Fe₃C 相图来分析铁碳合金在平衡状态下的显微组织。

铁碳合金的平衡组织主要是指碳素钢和白口铸铁的室温组织。从附图 2-5 可见,碳素钢和白口铸铁的室温组织均由铁素体和渗碳体这两个基本相所组成。但是由于含碳量不同,铁素体和渗碳体的相对数量、析出条件以及分布情况均有所不同,因而呈现各种不同的组织形态。各种含碳合金在室温下的显微组织见表 2-3 所列。

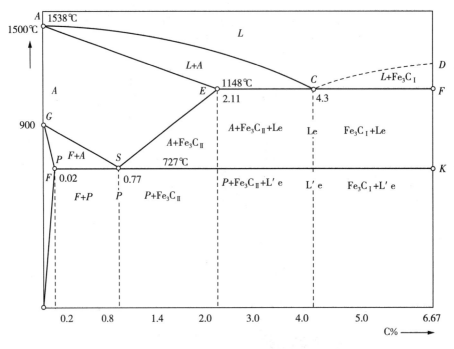

附图 2-5 Fe-Fe₃C 相图

附表 2-3 各种含碳合金在室温下的显微组织表

类型		含碳量/%	显微组织	侵蚀剂
工业纯铁		≤0.02	铁素体	4%硝酸酒精溶液
碳素钢	亚共析钢	0.02~0.77	铁素体+珠光体	4%硝酸酒精溶液
	共析钢	0.77	珠光体	4%硝酸酒精溶液
	过共析钢	0.77~2.11	珠光体+二次渗碳体	4%硝酸酒精溶液

（续表）

类型		含碳量/%	显微组织	侵蚀剂
白口铸铁	亚共晶白口铸铁	2.11～4.3	珠光体＋二次渗碳体＋低温莱氏体	4％硝酸酒精溶液
	共晶白口铸铁	4.3	低温莱氏体	4％硝酸酒精溶液
	过共晶白口铸铁	4.3～6.69	低温莱氏体＋一次渗碳体	4％硝酸酒精溶液

(1)室温下铁碳合金中的基本相和基本组织

用侵蚀剂显露的碳素钢和白口铸铁在金相显微镜下具有下面几种基本组织组成物。

① 铁素体

铁素体是碳在 $\alpha-Fe$ 中的固溶体。铁素体为体心立方晶格,具有磁性及良好的塑性,硬度较低,用3％～4％硝酸酒精溶液侵蚀后,在显微镜下呈现明亮的等轴晶粒;亚共析钢中铁素体呈块状分布;当含碳量接近于共析成分时,铁素体则呈断续的网状分布于珠光体周围。

② 渗碳体

渗碳体是铁和碳形成的一种化合物,其含碳量为6.69％,质硬而脆,耐腐蚀性强。经3％～4％硝酸酒精溶液侵蚀后,渗碳体呈亮白色,若用苦味酸钠溶液侵蚀,则渗碳体能被染成黑色或棕红色,而铁素体仍为白色,由此可区别铁素体与渗碳体。按照成分和形成条件的不同,渗碳体可以呈现不同的形态:一次渗碳体是直接由液体中结晶出来的,故在白口铸铁中呈粗大的条片状;二次渗碳体是从奥氏体中析出的,往往呈网络状沿奥氏体晶界分布;三次渗碳体是从铁素体中析出的,通常呈不连续薄片状存在于铁素体晶界处,数量极微可忽略不计。

③ 珠光体

珠光体是铁素体和渗碳体的机械混合物。在一般退火处理情况下,是由铁素体与渗碳体相互混合交替排列形成的层片状组织。经硝酸酒精溶液侵蚀后,在不同放大倍数的显微镜下可以看到具有不同特性的珠光体组织。

高碳工具钢经球化退火处理后还可从中获得球状珠光体。各类组织组成物的机械性能见附表2-4所列。

附表2-4　各类组织组成物的机械性能表

性能组成物	硬度HB	抗拉强度σ_b(MPa)	收缩率(％)	延伸率％	冲击韧性A_k
铁素体	60～90	120～230	60～75	40～50	160
渗碳体	750～820	30～35	—	—	≈0
片状珠光体	190～230	860～900	10～15	9～12	24～32
球状珠光体	160～190	650～750	18～25	18～25	32～27

④ 低温莱氏体

低温莱氏体是在室温时珠光体及二次渗碳体和渗碳体所组成的机械混合物。含碳量为4.3％的共晶白口铸铁在1148℃形成由奥氏体和渗碳体组成的共晶体,其中奥氏体冷却时析出二次渗碳体,并在727℃以下分解为珠光体。低温莱氏体的显微组织特征是在亮白色的渗碳体基底上相间地分布着暗黑色斑点及细条状的珠光体。二次渗碳体和共晶渗碳体连在一起,从形式上难以区分。

(2)室温下铁碳合金的平衡组织

① 工业纯铁

工业纯铁中碳的质量分数小于 0.0218%,其组织为单相铁素体,呈白亮色的多边形晶粒,晶界呈黑色的网络,晶界上有时分布着微量的三次渗碳体 Fe_3C_{III}。工业纯铁的显微组织如附图 2-6 所示。

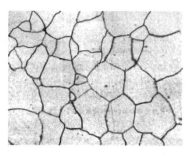

材料名称:工业纯铁

处理方法:退火

浸蚀剂:4%硝酸酒精溶液

放大倍数:500×

显微组织:全部为 F

附图 2-6 工业纯铁的显微组织

② 亚共析钢

亚共析钢中碳的质量分数为 0.0218%~0.77%,其组织为铁素体和珠光体。随着钢中含碳量的增加,珠光体的相对量逐渐增加,而铁素体的相对量逐渐减少。20 钢、45 钢、60 钢的显微组织如附图 2-7 所示。

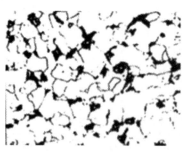

材料名称:20 钢

处理方法:退火

浸蚀剂:4%硝酸酒精溶液

放大倍数:200×

显微组织:F(白块)+C(黑块)

材料名称:45 钢

处理方法:退火

浸蚀剂:4%硝酸酒精溶液

放大倍数:200×

显微组织:F(白块)+C(黑块)

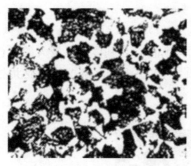

材料名称:60 钢
处理方法:退火
浸蚀剂:4%硝酸酒精溶液
放大倍数:200×
显微组织:F(白块)+C(黑块)

附图 2-7 亚共析钢的显微组织

③ 共析钢

共析钢中碳的质量分数为 0.77%,其室温组织为单一的珠光体。共析钢(T8 钢)的显微组织如附图 2-8 所示。

材料名称:T8 钢
处理方法:退火
浸蚀剂:4%硝酸酒精溶液
放大倍数:500×
显微组织:P(层片状)

附图 2-8 T8 钢的显微组织

④ 过共析钢

过共析钢中碳的质量分数为 0.77%~2.11%,在室温下的平衡组织为珠光体和二次渗碳体。其中,二次渗碳体呈网状分布在珠光体的边界上。T12 钢的显微组织如附图 2-9 所示。

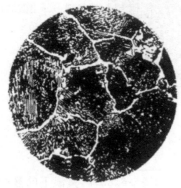

材料名称:T12 钢
处理方法:退火
浸蚀剂:4%硝酸酒精溶液
放大倍数:400×
显微组织:P(层片状)+Fe$_3$C$_{II}$(网状)

附图 2-9 T12 钢的显微组织

⑤ 亚共晶白口铸铁

亚共晶白口铸铁中碳的质量分数为 2.11%～4.3%,室温下的显微组织为珠光体、二次渗碳体和变态莱氏体。其中,变态莱氏体为基体,在基体上呈较大的黑色块状或树枝状分布的为珠光体,在珠光体枝晶边缘有一层白色组织为二次渗碳体。亚共晶白口铸铁的显微组织如附图 2-10 所示。

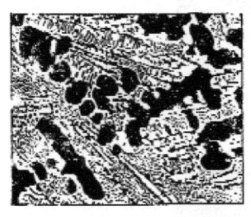

材料名称:亚共晶白口铸铁
处理方法:铸态
浸蚀剂:4%硝酸酒精溶液
放大倍数:400×
显微组织:$P+Fe_3C_{II}+Ld'$

附图 2-10　亚共晶白口铸铁的显微组织

⑥ 共晶白口铸铁

共晶白口铸铁中碳的质量分数为 4.3%,其室温下的显微组织为变态莱氏体,其中,渗碳体为白亮色基体,而珠光体呈黑色细条及斑点状分布在基体上。共晶白口铸铁的显微组织如附图 2-11 所示。

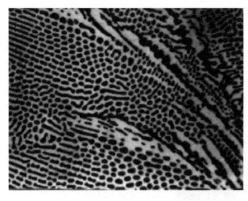

材料名称:共晶白口铸铁
处理方法:铸态
浸蚀剂:4%硝酸酒精溶液
放大倍数:400×
显微组织:Ld'

附图 2-11　共晶白口铸铁的显微组织

⑦ 过共晶白口铸铁

过共晶白口铸铁中碳的质量分数为 4.3%～6.69%,室温下的显微组织为变态莱氏体和一次渗碳体。一次渗碳体呈白亮色条状分布在变态莱氏体的基体上。过共晶白口铸铁的显微组织如附图 2-12 所示。

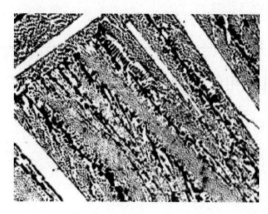

材料名称:过共晶白口铸铁

处理方法:铸态

浸蚀剂:4%硝酸酒精溶液

放大倍数:200×

显微组织:Fe_3C_1（白亮宽条状）+Ld'

附图2-12　过共晶白口铸铁的显微组织

四、实验方法与步骤

(1)了解金相显微镜的构造,熟悉正常操作步骤及注意事项。

(2)在教师指导下学习使用金相显微镜。

(3)认真观察各种材料的显微组织,识别各显微组织的特征。

(4)在显微镜下选择各种材料的显微组织的典型序列,并根据组织特征绘出其显微组织示意图。

(5)记录所观察的各种材料的牌号或名称、显微组织、放大倍数及侵蚀剂,并把显微组织示意图中组织组成物用箭头标出其名称。

五、注意事项

(1)在观察显微组织时,可先用低放大倍数全面地进行观察,找出典型组织,然后再用高放大倍数放大,对部分区域进行详细地观察。

(2)在移动金相试样时,不得用手指触摸试样表面或将试样重叠起来,以免引起显微组织模糊不清,影响观察效果。

(3)画组织图时,应抓住组织形态的特点,画出典型区域的组织,注意不要将磨痕或杂质画在图上。

(4)认真完成实验报告。

六、思考题

(1)根据实验结果,结合所学知识,分析碳钢和铸铁成分、组织和性能之间的关系。

(2)分析碳钢(任选一种成分)或白口铸铁(任选一种成分)凝固过程。

(3)简述显微样品的制备步骤。

(4)珠光体组织在低倍观察和高倍观察时有何不同？ 为什么？

七、实验报告式样

实验四　材料金相组织观察实验报告

_____大队_____队_____级_____专业

姓名_____学号_____日期_____

1. 实验目的

2. 实验设备及仪器

3. 实验记录

　　用铅笔画出铁碳合金样品的显微组织示意图,用引线和符号标出其组织组成物的名称,并填写出显微组织的有关说明信息。

4. 实验分析及思考题

材料名称:_____
金相组织:_____
处理方法:_____
放大倍数:_____
浸 蚀 剂:_____

材料名称:_____
金相组织:_____
处理方法:_____
放大倍数:_____
浸 蚀 剂:_____

5. 实验分析及思考题

成绩评定:_____指导教员:_____

合肥工业大学图书出版专项基金资助项目

基坑与边坡工程

主　编　朱亚林

副主编　汪亦显　钟　剑　马　驰

合肥工业大学出版社

前　言

在城市地下商业与工业空间、基础工程、地下铁道与管廊等项目建设中均需要深基坑开挖工程,同时在山区修建公路与铁路也会遇到大量的边坡开挖与回填工程。为防止滑坡或可能诱发的滑坡灾害,必然要对基坑与边坡工程进行支挡。近年来,随着我国土木工程建设的快速发展,基坑与边坡工程也取得了长足的进步。原有的一些设计理念已经不能完全适应当前社会发展的需要,迫切需要在传统设计、施工和监测的基础上,融入新的规范要求,将一些新型支挡结构、设计方法和设计理念进行梳理归纳,以促进基坑与边坡工程又快又好地发展。

基坑与边坡工程岩土工程地下方向或城市地下空间工程专业的专业基础课。为适应土木工程专业的教学要求,本书是参考土木工程专业教学指导委员会的教学大纲,并结合我国现行的各种规范编写而成的。本书除系统介绍基坑与边坡工程的基本概念、体系和基本设计理论外,还介绍了常见的工程实例,同时每章后面均附有思考与练习题。本书的内容具有涉及面广、理论充实和实践性强等特点。

编者在多年从事基坑与边坡工程的理论研究与工程实践的基础上,结合教学经验,吸收国内外基坑与边坡工程的研究成果和实践经验而编写了本书。本书全面系统地阐述了基坑与边坡工程的基本理论、设计方法和施工工艺等,并分析了工程实例,充分反映了基坑与边坡工程的技术现状和发展趋势。

本书共分 8 章,第 1 章介绍了基坑与边坡工程的现状、特点、设计原则、支护方法等;第 2 章重点阐述了土压力的计算方法;第 3 章论述了基坑与边坡工程的各种稳定性方法;第 4 章介绍了几种常见基坑支护设计的计算与设计;第 5 章介绍了基坑工程的降水与监测;第 6 章介绍了几种常见挡土墙支护结构的设计与计算;第 7 章介绍了边坡加固的抗滑桩的设计与计算;第 8 章主要介绍了锚固结构的设计与计算。

本书编写具体分工:第 1 章、第 4 章、第 8 章由朱亚林完成,第 2 章、第 3 章由钟剑完成,第 5 章、第 7 章由汪亦显完成,第 6 章由马驰完成,全书由朱亚林统稿。在编写本书过程中,檀昆、洪胤、谭婷、刘飞飞、汪志强、杨涛、倪明等做了大量工作,在此谨向他们致以衷心的感谢。同时,本书还参考了国内外众多单位、个人的研究成果和工作总结,在此一并表示感谢。

由于编者水平有限,书中不足之处在所难免,恳请读者批评指正,以便进一步修改和补充。

编　者

2021 年 8 月

目　　录

第1章 绪 论

1.1 概 述

随着经济的发展和城市化进程的加快,城市人口密度不断增大,城市建设向纵深方向飞速发展,地下空间的开发和利用成为必然,基坑工程的数量日益增多,规模不断扩大,基坑的复杂性和技术难度也随之增大。大规模的高层建筑地下室、地下商场的建设和大规模的市政工程如地下停车场、大型地铁车站、地下通道、地下仓库、大型排水及污水处理系统和地下民防工事等的施工都面临深基坑工程,且不断刷新着基坑工程的规模、深度和难度记录。基坑工程的发展反映在基坑工程本身的规模、支护体系设计理论的发展、施工技术和监测技术的进步等方面。随着土工试验技术的进步,以及先进监测技术的应用和计算机技术的普及,设计方法不断革新,施工工艺日益完善,深基坑工程出现的问题也越来越复杂,迫切要求深基坑工程的理论研究与施工方法进一步革新。

在土木工程生产实践活动中,随着铁路、公路、库区或场地等工程的建设和发展,涉及大量的边坡工程技术课题,工程技术人员积极应用有关工程地质学、岩体力学、岩土工程学和土力学等学科的知识和成果,积累了丰富的边坡工程经验,在理论和实践两方面都取得了长足的进步和发展。近年来,随着高速公路建设向山区延伸和发展,由于其技术等级较高,且我国山区地形条件复杂、地质结构多样、地质环境背景脆弱,深挖高填十分普遍,边坡工程问题日益突出。针对边坡问题,如果处置方案和方法不当,不仅造成建设投资成本的增加和工期的延误,而且给安全带来严重的威胁,给社会带来不良的影响。因此正确分析和评价边坡的稳定性和选择合理可靠的处治措施十分重要。

1.2 基 坑 工 程

1.2.1 基本概念

建筑基坑:为进行建筑物(包括构筑物)基础与地下室施工所开挖的地面以下的空间。

基坑工程:为保护基坑施工、地下结构的安全和周边环境不受损害而采取的支护、基坑土体加固、地下水控制、开挖等工程的总称,包括勘察、设计、施工、监测、试验等。

深基坑工程:一般指开挖深度超过 5 m(含 5 m)的基坑土方开挖、支护、降水工程;或开挖虽未超过 5 m,但地质条件、周围环境和地下管线复杂,影响毗邻建筑物(或构筑物)安全的基坑开挖、支护、降水工程。

基坑工程是一个古老而又有时代特点的岩土工程课题,同时又是一个综合性的岩土工程难题,既涉及土力学中强度与稳定问题,又包含了变形问题,同时还涉及土与支护结构的共同作用。基坑工程典型断面示意图如图1-1所示,常见的基坑工程施工图如图1-2～图1-7所示。

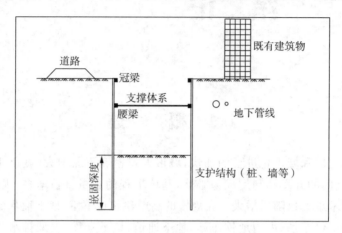

图1-1　基坑工程典型断面示意图

基坑与边坡及概念如下:

(1)基坑侧壁:构成基坑围护体的某一侧面。

(2)基坑支护:为保证地下结构施工及基坑周边环境的安全,对基坑侧壁及周边环境采用的支挡、加固、保护与地下水控制的措施。

(3)基坑周边环境:开挖影响范围内包括既有建(构)筑物、道路、地下管线及其他地下设施、岩土体及地下水体等的统称。

(4)支撑体系:由钢或钢筋混凝土构件组成的用以支撑基坑侧壁的结构体系。

(5)冠梁:支护结构顶部的连梁(钢或钢筋混凝土)。

(6)腰梁:支护结构顶部以下传递支护结构与支撑体系支点力的连梁。

(7)支点:支护结构与支撑体系的水平约束点。

(8)嵌固深度:桩墙结构在基坑开挖面以下的埋置深度。

图1-2　水泥土搅拌桩支护

图 1-3　悬臂式排桩支护

图 1-4　地下连续墙加钢支撑支护

图 1-5　排桩加锚杆支护

图 1-6　排桩加内支撑支护

图 1-7　土钉墙支护

1.2.2　基坑工程的特点

基坑工程有如下特点：

(1)基坑围护体系是临时结构,安全储备系数小,风险大

当支护结构仅作为地下主体工程施工所需要的临时支护措施时,其使用时间不长,一般不超过两年,属于临时工程。与永久结构相比,设计支护结构考虑的安全储备系数相对较小,加之岩土力学性质、荷载及环境的变化和不确定性,使支护结构存在着较大的风险。

(2)基坑工程具有很强的区域性

岩土工程区域性强,基坑支护工程则表现出更强的区域性。不同地区岩土的力学性质千差万别,即使同一个地区的岩土性质也有所区别,因此,基坑支护设计与施工应因地制宜,结合本地区情况和成功经验,不能简单照搬。

(3)基坑工程具有很强的个性

基坑工程与周围环境条件密切相关,在城区和空旷地区的基坑对支护体系的要求差别很大,几乎每个基坑都有其相应的独特性。

(4)基坑工程具有很强的综合性

基坑支护是岩土工程、结构工程及施工技术相互交叉的学科,同时基坑支护工程涉及土力学中的稳定、变形和渗流问题,影响基坑支护的因素也有很多,所以要求基坑支护工程的设计者应具备多方面的专业知识。

(5)基坑工程具有较强的时空效应

基坑工程空间形状对支护体系的受力具有较强的影响,同时土又具有较明显的蠕变性,从而导致基坑工程具有显著的时空效应。

(6)基坑工程的信息化要求高

基坑挖土顺序和挖土速度对基坑支护体系的受力具有很大的影响,基坑支护设计时应考虑施工条件,并应对施工组织提出要求,基坑工程需要加强监测,实行信息化施工。

(7)基坑工程的环境效应

基坑支护体系的变形和地下水位下降都可能对基坑周围的道路、地下管线和建筑物产生不良影响,严重的可能导致破坏,因此,基坑工程设计和施工一定要重视其环境效应。

1.2.3 基坑工程的安全等级

基坑侧壁安全等级划分难度较大,很难定量说明。《建筑基坑支护技术规程》(JGJ 120—2012)中采用综合考虑基坑周边环境和地质条件的复杂程度、基坑深度等因素来划分结构的安全等级。对于同一基坑的不同部位,可采用不同的安全系数。对应于基坑工程安全等级的重要性系数 γ_0:一级 $\gamma_0=1.1$;二级 $\gamma_0=1.0$;三级 $\gamma_0=0.9$。应根据每个工程的具体情况,侧重于破坏产生的后果,综合多种因素决定重要性等级及 γ_0 取值,具体见表1-1所列。

表1-1 支护结构的安全等级及重要性系数

安全等级	破坏后果	重要性系数 γ_0
一级	支护结构失效、土体过大变形对基坑周边环境或主体结构施工安全的影响很严重	1.1
二级	支护结构失效、土体过大变形对基坑周边环境或主体结构施工安全的影响严重	1.0
三级	支护结构失效、土体过大变形对基坑周边环境或主体结构施工安全的影响不严重	0.9

注:有特殊要求的建筑基坑侧壁安全等级可根据具体情况另行确定。

1.2.4 基坑工程的设计原则

基坑工程设计的主要内容包括基坑支护方案选择、支护参数确定、支护结构的强度和变形验算、基坑内外土体的稳定性验算、围护墙的抗渗验算、降水方案设计、基坑开挖方案设计和监测方案设计等。在进行基坑工程设计时,应遵循以下原则:

1. 安全可靠。保证基坑四周边坡的稳定,满足支护结构本身强度、稳定和变形的要求,确保基坑四周相邻建筑物、构筑物和地下管线的安全。

2. 经济合理。在支护结构安全可靠的前提下,要从工期、材料、设备、人工及环境保护等方面综合确定具有明显技术经济效益的设计方案。

3. 技术可行。基坑支护结构设计不仅要符合基本的力学原理,而且要能够经济、便利地实施,如设计方案应与施工机械相匹配、施工机械要具有足够的施工能力等。

4. 施工便利。在安全可靠、经济合理的原则下,最大限度地满足方便施工条件,以缩短工期。

5. 可持续发展。基坑工程设计要考虑可持续发展,考虑节能减耗,减少对环境的污染。在技术经济可行的条件下,尽可能地采用支护结构与主体结构相结合的方式;在设计中尽可能地少采用钢筋混凝土支撑,减少支撑拆除所产生的噪声和扬尘污染,以及废弃材料的处置难题等。

6. 采用以分项系数表示的极限状态设计方法进行设计。根据我国行业标准《建筑基坑支护技术规程》(JGJ 120—2012)中的规定,基坑支护结构应采用以分项系数表示的极限状态设计方法进行设计,基坑支护结构极限状态可分为以下两类:

(1)承载能力极限状态。①支护结构构件或连接因超过材料强度而破坏,或因过度变形而不适于继续承受荷载,或出现压屈、局部失稳;②支护结构及土体整体滑动;③坑底土体隆起而丧失稳定;④对支挡式结构,坑底土体丧失嵌固能力而使支护结构推移或倾覆;⑤对锚拉式支挡结构或土钉墙,土体丧失对锚杆或土钉的锚固能力;⑥重力式水泥土墙整体倾覆或滑移;⑦重力式水泥土墙、支挡式结构因其持力土层丧失承载能力而破坏;⑧地下水渗流引起的土体渗透破坏。

(2)正常使用极限状态。①造成基坑周边建(构)筑物、地下管线、道路等损坏或影响其正常使用的支护结构位移;②因地下水位下降、地下水渗流或施工因素而造成基坑周边建(构)筑物、地下管线、道路等损坏或影响其正常使用的土体变形;③影响主体地下结构正常施工的支护结构位移;④影响主体地下结构正常施工的地下水渗流。

对于承载力极限状态基坑支护设计要有足够的安全系数,不致使支护结构产生失稳。而在保证不出现失稳的条件下,还要控制位移量,不致影响周边建(构)筑物的安全。因此,作为设计的计算理论,不但要能计算支护结构的稳定问题,还应计算其变形,并根据周边环境条件,将变形控制在一定范围内。支护结构、基坑周边建(构)筑物和地面沉降、地下水控制的计算和验算应采用下列设计表达式:

(1)承载能力极限状态

① 支护结构构件或连接因超过材料强度或过度变形的承载能力极限状态设计,应符合下式要求:

$$\gamma_0 S_d \leqslant R_d \tag{1-1}$$

式中:γ_0——支护结构重要性系数,对于安全等级为一级、二级、三级的支护结构,γ_0 分别不小于 1.1、1.0、0.9;

S_d——作用基本组合的效应(轴力、弯矩等)设计值;

R_d——结构构件的抗力设计值。

对于临时性支护结构,作用基本组合的效应设计值应按下式确定:

$$S_k = \gamma_F R_d \qquad\qquad (1-2)$$

式中：S_k——作用标准组合的效应；

γ_F——作用基本组合的综合分项系数，不小于 1.25。

② 坑体滑动、坑底隆起、挡土构件嵌固段推移、锚杆与土钉拔动、支护结构倾覆与滑移、基坑土的渗透变形等稳定性计算和验算，均应符合下式要求：

$$\frac{R_k}{S_k} \geqslant K \qquad\qquad (1-3)$$

式中：R_k——抗滑力、抗滑力矩、抗倾覆力矩、锚杆和土钉的极限抗拔承载力等土的抗力标准值；

S_k——滑动力、滑动力矩、倾覆力矩、锚杆和土钉的拉力等作用标准值的效应；

K——稳定性安全系数。

（2）正常使用极限状态

由支护结构的位移、基坑周边建（构）筑物和地面的沉降等控制的正常使用极限状态设计，应符合下式要求：

$$S_d \leqslant C \qquad\qquad (1-4)$$

式中：S_d——作用标准组合的效应（位移、沉降等）设计值；

C——支护结构的位移、基坑周边建（构）筑物和地面的沉降的限值。

基坑支护设计应按下列要求设定支护结构的水平位移控制值和基坑周边环境的沉降控制值：① 当基坑开挖影响范围内有建筑物时，支护结构水平位移控制值、建筑物的沉降控制值应按不影响其正常使用的要求确定，并应符合现行国家标准《建筑地基基础设计规范》（GB 50007—2011）中对地基变形允许值的规定；当基坑开挖影响范围内有地下管线、地下构筑物、道路时，支护结构水平位移控制值、地面沉降控制值应按不影响其正常使用的要求确定，并应符合现行相关规范对其允许变形的规定；② 当支护结构构件同时用作主体地下结构构件时，支护结构水平位移控制值不应大于主体结构设计对其变形的限值；③ 当无以上①②的情况时，支护结构水平位移控制值应根据地区经验按工程的具体条件确定。

1.2.5 基坑工程的设计依据

基坑工程设计时，首先应掌握以下设计资料（设计依据）。

（1）岩土工程勘察报告。区别基坑工程的安全等级进行专门的岩土工程勘察，或与主体建筑勘察一并进行，但应满足基坑工程勘察的深度和要求。区别基坑工程的规模和地质环境条件复杂程度进行分阶段勘察和施工勘察。具体要求详见有关章节。

（2）建筑总平面图、工程用地红线图、地下工程的建筑、结构设计图。

（3）邻近建筑物的平面位置，基础类型及结构图、埋深及荷载，周围道路、地下设施、市政管道及通信工程管线图、基坑周围环境对基坑支护结构系统的设计要求。

在基坑工程的设计中，支护结构、降水井、观测井及止水帷幕、锚拉系统等构件，均不得超越工程用地红线范围。

1.2.6 基坑工程勘察

勘察是准确认识基坑的需要,是基坑工程设计的依据,也是基坑工程事故的多发点。

目前,很少单独进行基坑工程的勘察,大多数是与地基勘察一并完成的,但有时由于勘察人员对基坑工程的特点和要求不甚了解,所提供的勘察成果往往不能满足基坑支护设计的要求。

基坑工程勘察与地基勘察一样,一般可分为初步勘察、详细勘察和施工勘察三个阶段。在初步勘察阶段,应根据岩土工程条件,搜集工程地质和水文地质资料,并进行工程地质调查,初步判定基坑开挖可能发生的问题和需要采取的支护措施。在详细勘察阶段,应针对基坑工程设计的要求进行勘察。施工勘察是在施工阶段进行的补充勘察。

1. 在详细勘察阶段,应按下列要求进行勘察工作:

(1)应根据基坑开挖深度及场地的岩土工程条件确定勘察范围,并宜在开挖边界外$(2\sim3)h$(h为开挖深度)范围内布置勘探点,当开挖边界外无法布置勘探点时,应通过调查取得相应资料。对于软土地区,应适当扩大勘察范围。

(2)应根据基坑支护结构设计要求确定基坑周边勘探点的深度,不宜小于开挖深度,一般为基坑开挖深度的$2\sim3$倍,软土地区应穿越软土层。

(3)应视地层条件确定勘探点间距,可在$15\sim30$ m范围内选择,地层变化较大时,应增加勘探点,查明其分布规律。

2. 当场地水文地质条件复杂,在基坑开挖过程中需要对地下水进行治理时,应进行专门的水文地质勘察。场地水文地质勘察应达到以下要求:

(1)查明开挖范围及邻近场地地下水含水层和隔水层的层位、埋深和分布情况,查明各含水层(包括上层滞水、潜水和承压水)的补给条件和水力联系。

(2)测量场地各含水层的渗透系数和渗透影响半径。

(3)分析施工过程中水位变化对支护结构和基坑周边环境的影响,提出应采取的措施。

3. 基坑周边环境勘察应包括以下内容:

(1)查明影响范围内建(构)筑物的结构类型、层数、基础类型、埋深、基础荷载大小及上部结构现状。

(2)查明基坑周边的各类地下设施,包括水管、电缆、煤气、污水、雨水、热力等管线或管道的分布和性状。

(3)查明场地周围和邻近地区地表水汇流、排泄情况、地下水管渗漏情况以及对基坑开挖的影响程度。

(4)查明基坑四周道路的距离及车辆载重情况。

4. 基坑工程勘察应在岩土工程评价方面有一定的深度,只有通过比较全面的分析评价,才能使支护方案选择的建议更为确切,更有依据。因此,基坑工程勘察应针对以下内容进行分析,并提供有关计算参数和建议。

(1)分析场地的地层结构和岩土的物理力学性质。

(2)地下水的控制方法、计算参数,以及降水效果和降水对邻近建(构)筑物和地下设施等周边环境的影响。

(3)施工中应进行现场监测的项目。

（4）基坑开挖过程中应注意的问题及其防治措施。

5. 在岩土工程勘察报告中，与基坑工程有关的部分应包括以下内容：

（1）与基坑开挖有关的场地条件、土质条件和工程条件。

（2）提出处理方式、计算参数和支护结构选型的建议。

（3）提出地下水控制方法、计算参数和施工控制的建议。

（4）提出施工方法和施工中可能遇到的问题，并提出防治措施。

（5）对施工阶段的环境保护和监测工作提出建议。

1.3 边坡工程

1.3.1 基本概念

坡：当岩土体外表面与水平面的夹角不为零时，所形成外表面。

建筑边坡：在建（构）筑物场地或其周边，由于建（构）筑物和市政工程开挖或填筑施工所形成的人工边坡和对建（构）筑物安全或稳定有影响的自然边坡。

临时性边坡：设计使用年限不超过2年的边坡。

永久性边坡：设计使用年限超过2年的边坡。

挡土结构：用来支撑、加固填土或山坡土体，防止其塌滑以保持稳定的一种建筑物，主要用于承受土体侧向土压力。

边坡支护：为保证边坡稳定及其环境的安全，对边坡采取的结构性支挡、加固与防护行为。

土层锚杆：锚固于稳定土层中的锚杆。

系统锚杆：为保证边坡整体稳定，在坡体上按一定方式设置的锚杆群。

坡顶重要建（构）筑物：位于边坡坡顶上的破坏后果很严重、严重的建（构）筑物。

不同种类的边坡工程如图1-8所示。

（a）建筑边坡

（b）堤坝边坡

（c）露天边坡

（d）公路边坡

（e）大坝边坡　　　　　　　（f）高路基边坡

图 1-8　不同种类的边坡工程

1.3.2　边坡工程的安全等级

根据边坡工程损坏后可能造成的破坏后果(危及人的生命、造成经济损失、产生不良社会影响)的严重性、边坡类型和边坡高度等因素,按表 1-2 确定边坡工程安全等级。

表 1-2　边坡工程安全等级

边坡类型		边坡高度 H/m	破坏后果	安全等级
岩质边坡	岩体类型为Ⅰ类或Ⅱ类	H≤30	很严重	一级
			严重	二级
			不严重	三级
	岩体类型为Ⅲ类或Ⅳ类	15<H≤30	很严重	一级
			严重	二级
		H≤15	很严重	一级
			严重	二级
			不严重	三级
土质边坡		10<H≤15	很严重	一级
			严重	二级
		H≤10	很严重	一级
			严重	二级
			不严重	三级

注:① 一个边坡工程的各段,可根据实际情况采用不同的安全等级。
　　② 对危害性极严重且环境和地质条件复杂的边坡工程,其安全等级应根据工程情况适当提高。
　　③ 很严重:造成重大人员伤亡或财产损失;严重:可能造成人员伤亡或财产损失;不严重:可能造成财产损失。
　　④ 破坏后果很严重、严重的边坡工程,其安全等级应定为一级:由外倾软弱结构面控制的边坡工程;工程滑坡地段的边坡工程;边坡塌滑区有重要建(构)物的边坡工程。

1.3.3　边坡工程常用的支护方法

应综合考虑场地质和环境条件、边坡高度、边坡侧压力的大小和特点、对边坡变形控制的难易程度以及边坡工程安全等级等因素,按表1-3选定边坡支护结构形式。

表1-3　常用边坡支护结构形式

支护结构	边坡环境条件	边坡高度 H/m	边坡工程安全等级	备注
重力式挡墙	场地允许,坡顶无重要建(构)筑物	土质边坡,$H\leqslant10$;岩质边坡,$H\leqslant12$	一级、二级、三级	不利于控制边坡变形。土方开挖后,边坡稳定较差时不宜采用
悬臂式挡墙、扶壁式挡墙	填方区	悬臂式挡墙,$H\leqslant6$;扶壁式挡墙,$H\leqslant10$	一级、二级、三级	适用于土质边坡
桩板式挡墙		悬臂式,$H\leqslant15$;锚拉式,$H\leqslant25$	一级、二级、三级	桩嵌固段土质较差时不宜采用,当对挡墙变形要求较高时宜采用锚拉式桩板挡墙
板肋式或格构式锚杆挡墙		土质边坡,$H\leqslant15$,岩质边坡,$H\leqslant30$	一级、二级、三级	边坡高度较大或稳定性较差时宜采用逆作法施工。对挡墙变形有较高要求的边坡,宜采用预应力锚杆
排桩式锚杆挡墙	坡顶建(构)筑物需要保护,场地狭窄	土质边坡,$H\leqslant15$;岩质边坡,$H\leqslant30$	一级、二级、三级	有利于对边坡变形控制。适用于稳定性较差的土质边坡、有外倾软弱结构面的岩质边坡、垂直开挖施工尚不能保证稳定的边坡
岩石喷锚支护		Ⅰ类岩质边坡,$H\leqslant30$	一级、二级、三级	适用于岩质边坡
		Ⅱ类岩质边坡,$H\leqslant30$	二级、三级	
		Ⅲ类岩质边坡,$H\leqslant15$	二级、三级	
抗滑桩支护			一级、二级、三级	适用于岩质边坡

1.3.4　边坡工程的设计原则

1. 边坡工程设计要求

(1)支护结构达到最大承载能力、锚固系统失效、发生不适于继续承载的变形或坡体失稳时,应满足承载能力极限状态的设计要求。

(2)支护结构和边坡达到支护结构或邻近建(构)筑物的正常使用所规定的变形限值或达到耐久性的某项规定限值时,应满足正常使用极限状态的设计要求。

2. 边坡工程设计所采用作用效应组合与相应的抗力限值要求

(1)按地基承载力确定支护结构或构件的基础底面积及埋深,或者按单桩承载力确定桩数时,传至基础或桩上的作用效应采用荷载效应标准组合;相应的抗力应采用地基承载力特征值或单桩承载力特征值。

(2)计算边坡与支护结构的稳定性时,应采用荷载效应基本组合,但其分项系数均为1.0。

(3)计算锚杆面积、锚杆杆体与砂浆的锚固长度、锚杆锚固体与岩土层的锚固长度时,传至锚杆的作用效应应采用荷载效应标准组合。

(4)在确定支护结构截面、基础高度、计算基础或支护结构内力、确定配筋和验算材料强度时,应采用荷载效应基本组合,并应满足下式要求:

$$\gamma_0 S \leqslant R \tag{1-5}$$

式中:S——基本组合的效应设计值;

　　　R——结构构件抗力的设计值;

　　　γ_0——支护结构重要性系数,对安全等级为一级的边坡不应低于1.1,对安全等级为二级、三级的边坡不应低于1.0。

(5)计算支护结构变形、锚杆变形及地基沉降时,应采用荷载效应的准永久组合,不计风荷载和地震作用,相应的限值应为支护结构、锚杆或地基的变形允许值,并应满足下式要求:

$$S_c \leqslant C \tag{1-6}$$

式中:S_c——正常使用极限状态的荷载效应组合值;

　　　C——边坡、支护结构构件达到正常使用要求所规定的变形、裂缝宽度和地基沉降的限值。

(6)抗震设计时,地震作用效应和荷载效应的组合应按国家现行有关标准执行。

3. 边坡支护设计的计算和验算要求

(1)支护结构及其基础的抗压、抗弯、抗剪及局部抗压承载力的计算及支护结构基础的地基承载力计算。

(2)锚杆锚固体的抗拔承载力及锚杆杆体抗拉承载力的计算。

(3)支护结构整体及局部稳定性验算。

(4)地下水发育边坡的地下水控制计算。

(5)对变形有较高要求的边坡工程,还应结合当地经验进行变形验算。

1.3.5　边坡工程的设计依据

建筑边坡工程设计时应取得下列资料:

(1)工程用地红线图、建筑平面布置总图、相邻建筑物的平面图、立面图、剖面图和基础图等。

(2)场地和边坡勘察资料。

（3）边坡环境资料。

（4）施工条件、施工技术、设备性能和施工经验等资料。

（5）有条件时宜取得类似边坡工程的经验。

（6）对一级边坡工程应采用动态设计法，对二级边坡工程宜采用动态设计法。

（7）建筑边坡工程的设计使用年限不应低于被保护的建（构）筑物设计使用年限。

1.3.6 边坡工程勘察

建筑边坡的勘探范围应为不小于岩质边坡高度或不小于 1.5 倍土质边坡高度以及可能对建（构）筑物有潜在安全影响的区域。控制性勘探孔的深度应穿过最深潜在滑动面进入稳定层不小于 5 m，并应进入坡脚地质剖面最低点和支护结构基底下不小于 3 m。

1. 边坡工程勘察报告应包括下列内容：

（1）在查明边坡工程地质和水文地质条件的基础上，确定边坡类别和可能的破坏形式。

（2）提供验算边坡稳定性、变形和设计所需的计算参数值。

（3）评价边坡的稳定性，并提出潜在的不稳定边坡的整治措施和监测方案。

（4）对需进行抗震设防的边坡，应根据区划提供设防烈度或地震动参数。

（5）提出边坡整治设计、施工注意事项的建议。

（6）对所勘察的边坡工程是否存在滑坡（或潜在滑坡）等不良地质现象，以及开挖或构筑的适宜性做出结论。

（7）对安全等级为一级、二级的边坡工程应提出沿边坡开挖线的地质纵、横剖面图。

地质环境条件复杂、稳定性较差的边坡宜在勘察期间进行变形监测，并宜设置一定数量的水文长观孔。

2. 在边坡工程勘察前应取得以下资料：

（1）附有坐标和地形的拟建建（构）筑物的总平面布置图。

（2）拟建建（构）筑物的性质、结构特点及可能采取的基础形式、尺寸和埋置深度。

（3）边坡高度、坡底高程和边坡平面尺寸。

（4）拟建场地的整平标高和挖方、填方情况。

（5）场地及其附近已有的勘察资料和边坡支护形式与参数。

（6）边坡及其周边地区的场地等环境条件资料。

3. 边坡工程勘察应查明下列内容：

（1）地形地貌特征。

（2）岩土的类型、成因、性状、覆盖层厚度、基岩面的形态和坡度、岩石风化和完整程度。

（3）岩体、土体的物理力学性能。

（4）主要结构面（特别是软弱结构面）的类型和等级、产状、发育程度、延伸程度、闭合程度、风化程度、充填状况、充水状况、组合关系、力学属性及其与临空面的关系。

（5）气象、水文和水文地质条件。

（6）不良地质现象的范围和性质。

（7）坡顶邻近（含基坑周边）建（构）筑物的荷载、结构、基础形式和埋深，地下设施的分布和埋深。

1. 什么是建筑基坑？为什么说基坑支护是岩土工程的一个综合性难题？
2. 基坑工程的主要内容有哪些？
3. 基坑支护结构的形式有哪几种？其各自的适用条件有哪些？
4. 基坑支护结构方案的选型需要考虑哪些影响因素？
5. 边坡支护有哪些方法？各自的适用条件是什么？
6. 基坑工程和边坡工程勘察的要求有哪些？

第2章 土压力计算

2.1 概　述

在水利水电、铁路、公路、桥梁及工民建等工程建设中，常采用挡土墙来支撑土坡或挡土以免滑塌。例如，地下室侧墙[图 2 - 1(a)]、桥台[图 2 - 1(b)]、支撑建筑物周围填土的挡土墙[图 2 - 1(c)]等。土体作用在挡土墙上的压力称为土压力，这些结构物都会受到土压力的作用。作用于挡土墙上的土压力是设计挡土墙时要考虑的主要荷载。

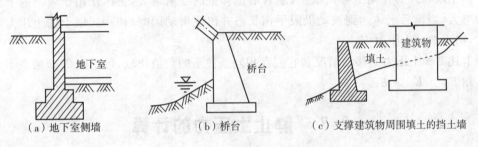

(a) 地下室侧墙　　　(b) 桥台　　　(c) 支撑建筑物周围填土的挡土墙

图 2 - 1　挡土墙的应用

挡土墙可用块石、条石、砖、混凝土与钢筋混凝土等材料建成。按其结构挡土墙可分为重力式、悬臂式、扶壁式等。

挡土墙的设计，一般按平面问题考虑取单位长度。对作用于挡土墙上的土压力的计算较为复杂，目前计算土压力的理论仍多采用古典的朗肯理论和库仑理论。对大型及特殊构筑物土压力的计算常采用有限元数值分析计算。本章主要介绍静止土压力的计算、主动土压力及被动土压力计算的朗肯理论和库仑理论及一些特殊情况下土压力的计算。对非极限土压力的计算请参阅有关书籍及参考文献。

2.2　挡土墙上的土压力

试验表明，土压力的大小主要与挡土墙的位移、挡土墙的形状、墙后填土的性质及填土的刚度等因素有关，但起决定的因素是墙的位移。根据墙身位移的情况，作用在墙背上的土压力可分为静止土压力、主动土压力和被动土压力，如图 2 - 2 所示。

1. 静止土压力

当挡土墙静止不动，即不能移动也不转动时，土体作用在挡土墙的压力称为静止土压力 E_0。

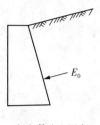
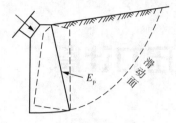
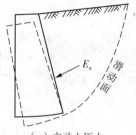

（a）静止土压力　　　　　（b）被动土压力　　　　　（c）主动土压力

图 2-2　挡土墙受到的三种土压力

2. 主动土压力

挡土墙向前移离填土，随着墙的位移量的逐渐增大，土体作用于墙上的土压力逐渐减小，当墙后土体达到主动极限平衡状态并出现滑动面时，作用于墙上的土压力减至最小，称为主动土压力 E_a。

3. 被动土压力

挡土墙在外力作用下移向填土，随着墙位移量的逐渐增大，土体作用于墙上的土压力逐渐增大，当墙后土体达到被动极限平衡状态并出现滑动面时，作用于墙上的土压力增至最大，称为被动土压力 E_p。

上述 3 种土压力的移动情况和它们在相同条件下的数值比较，可用图 2-2 来表示。由图可知 $E_p > E_0 > E_a$。

2.3　静止土压力的计算

当墙身不动时，墙后填土处于弹性平衡状态。在填土表面以下任意深度 z 处取一微小单元体，如图 2-3 所示，在微单元体的水平面上作用着竖向的自重应力 γz，该点的侧向应力即为静止土压力强度。

$$e_0 = K_0 \cdot \gamma z \tag{2-1}$$

式中：e_0——静止土压力（kPa）。

　　　K_0——静止土压力系数，一般应通过试验确定，无试验资料时，可按参考值选取；砂土的 K_0 值为 $0.35 \sim 0.45$；黏性土的 K_0 值为 $0.5 \sim 0.7$，也可利用半经验公式 $K_0 = 1 - \sin\varphi'$ 计算。

　　　φ'——土的有效内摩擦角。

　　　γ——填土的重度（kN/m^3）。

　　　z——计算点距离填土表面的深度（m）。

由式（2-1）可知，静止土压力沿墙高呈三角形分布，如图 2-3 所示。如果取单位墙长计算，则作用在墙背上的总静止土压力为

$$E_0 = \frac{1}{2}\gamma \cdot H^2 K_0 \tag{2-2}$$

式中：H——挡土墙的高度（m）。

合力方向垂直指向墙背,合力 E_0 的作用点在距离墙底 $\dfrac{H}{3}$ 处。

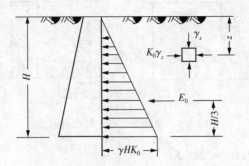

图 2 - 3   静止土压力计算

2.4   朗肯土压力理论

2.4.1   朗肯基本理论

朗肯土压力理论是英国学者朗肯(Rankine)于 1857 年根据均质的半无限土体的应力状态和土体处于极限平衡状态的应力条件提出的。在其理论推导中,首先作出以下基本假定。

(1)挡土墙是刚性的垂直墙背。

(2)挡土墙的墙后填土表面水平。

(3)挡土墙的墙背光滑,不考虑墙背与填土之间的摩擦力。

把土体当作半无限空间的弹性体,而墙背可假想为半无限土体内部的铅直平面,根据土体处于极限平衡状态的条件,求出挡土墙上的土压力。

2.4.2   朗肯主动土压力的计算

根据土的极限平衡条件方程式

$$\sigma_1 = \sigma_3 \tan^2\left(45° + \frac{\varphi}{2}\right) + 2c\tan\left(45° + \frac{\varphi}{2}\right) \tag{2-3}$$

$$\sigma_3 = \sigma_1 \tan^2\left(45° - \frac{\varphi}{2}\right) - 2c\tan\left(45° - \frac{\varphi}{2}\right) \tag{2-4}$$

土体处于主动极限平衡状态时,$\sigma_1 = \sigma_z = \gamma z$,$\sigma_3 = \sigma_x = e_a$,代入上式。

(1)填土为黏性土时

填土为黏性土时的朗肯主动土压力计算公式为

$$e_a = \gamma z \tan^2\left(45° - \frac{\varphi}{2}\right) - 2c\tan\left(45° - \frac{\varphi}{2}\right) = \gamma z K_a - 2c\sqrt{K_a} \tag{2-5}$$

式中:e_a——沿墙高分布的土压力强度(kPa);

K_a——主动土压力系数,$K_a = \tan\left(45° - \dfrac{\varphi}{2}\right)$。

由式(2-5)可知,主动土压力 e_a 沿深度 z 呈直线分布,如图 2-4 所示。

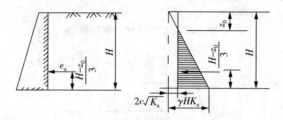

图 2-4 黏性土主动土压力分布图

当 $Z=H$ 时,$e_a=\gamma H K_a-2c\sqrt{K_a}$。

在图 2-4 中,压力为零的深度 z_0,可由 $e_a=0$ 的条件代入式(2-5)求得

$$z_0=\frac{2c}{\gamma\sqrt{K_a}} \tag{2-6}$$

在 z_0 深度范围内 e_a 为负值,但土与墙之间不可能产生拉应力,说明在 z_0 深度范围内,填土对挡土墙不产生土压力。

墙背所受总主动土压力为 E_a,其值为土压力分布图中的阴影部分面积,即

$$E_a=\frac{1}{2}\left(\gamma H K_a-2c\sqrt{K_a}\right)(H-z_0)=\frac{1}{2}\gamma H^2 K_a-2cH\sqrt{K_a}+\frac{2c^2}{\gamma} \tag{2-7}$$

(2)填土为无黏性土(砂土)时

根据极限平衡条件关系方程式,主动土压力为

$$e_a=\gamma z\tan^2\left(45°-\frac{\varphi}{2}\right)=\gamma z K_a \tag{2-8}$$

上式说明主动土压力 E_a 沿墙高呈直线分布,即土压力为三角形分布,如图 2-5 所示。墙背上所受的总主动土压力为三角形的面积,即

$$E_a=\frac{1}{2}\gamma H^2 K_a \tag{2-9}$$

E_a 的作用方向应垂直墙背,作用点在距墙底 $\frac{1}{3}H$ 处。

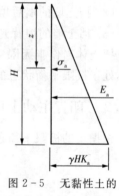

图 2-5 无黏性土的
主动土压力分布

2.4.3 朗肯被动土压力计算

从朗肯土压力理论的基本原理可知,当土体处于被动极限平衡状态时,根据土的极限平衡条件式可得被动土压力强度 $\sigma_1=e_p$,$\sigma_3=\sigma_z=\gamma z$。

填土为黏性土时

$$e_p=\gamma z\tan^2\left(45°+\frac{\varphi}{2}\right)+2c\cdot\tan\left(45°+\frac{\varphi}{2}\right)=\gamma z K_p+2c\sqrt{K_p} \tag{2-10}$$

填土为无黏性土时

$$e_p = \gamma z \tan^2\left(45° + \frac{\varphi}{2}\right) = \gamma z K_p \qquad (2-11)$$

式中：e_p —— 沿墙高分布的土压力强度（kPa）；

K_p —— 被动土压力系数，$K_p = \tan^2\left(45 + \frac{\varphi}{2}\right)$；

其余符号同前。

关于被动土压力的分布图形，分别如图 2-6 和图 2-7 所示。

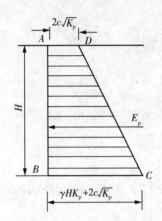 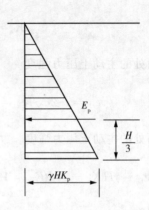

图 2-6 被动土压力分布（黏性土）   图 2-7 被动土压力分布（无黏性土）

填土为黏性土时的总被动土压力为

$$E_p = \frac{1}{2}\gamma H^2 K_p + 2cH\sqrt{K_p} \qquad (2-12)$$

填土为无黏土时的总被动土压力为

$$E_p = \frac{1}{2}\gamma H^2 K_p \qquad (2-13)$$

作用方向和作用点的位置分别如图 2-6、图 2-7 所标示的方向和作用点；计算单位为 kN/m。

例 2-1 已知某混凝土挡土墙，墙高 $H = 7.0$ m，墙背竖直、光滑，墙后填土表面水平，填土的重度 $\gamma = 18.0$ kN/m³，内摩擦角 $\varphi = 30°$，黏聚力 $c = 15$ kPa。计算作用于挡土墙上的静止土压力（静止土压力系数 $K_0 = 0.5$）、主动土压力和被动土压力，并绘制出土压力分布图。

解：（1）静止土压力。

墙底面处的静止土压力强度

$$e_0 = \gamma H K_0 = 18 \times 7 \times 0.5 = 63 \text{(kPa)}$$

则总的静止土压力

$$E_0 = \frac{1}{2}\gamma H^2 K_0 = \frac{1}{2} \times 18 \times 7^2 \times 0.5 = 220.5 \text{(kN/m)}$$

作用点距离墙底

$$\frac{H}{3} = \frac{7}{3} \approx 2.33(\text{m})$$

（2）主动土压力。

根据题意，挡土墙墙背竖直、光滑，墙后填土表面水平，符合朗肯土压力理论的假设，可应用朗肯土压力理论求解。

主动土压力系数

$$K_a = \tan^2\left(45° - \frac{\varphi}{2}\right) = \frac{1}{3}$$

墙顶面处的主动土压力强度

$$e_{a1} = -2c\sqrt{K_a} = -2 \times 15 \times \sqrt{\frac{1}{3}} \approx -17.32(\text{kPa})$$

墙底面处的主动土压力强度

$$e_{a2} = \gamma H K_a - 2c\sqrt{K_a} = 18 \times 7 \times \frac{1}{3} - 2 \times 15 \times \sqrt{\frac{1}{3}} \approx 24.68(\text{kPa})$$

临界深度

$$z_0 = \frac{2c}{\gamma\sqrt{K_a}} = \frac{2 \times 15}{18 \times \sqrt{\frac{1}{3}}} \approx 2.89(\text{m})$$

总的主动土压力

$$E_a = \frac{1}{2}(H - z_0)\left(\gamma H K_0 - 2c\sqrt{K_a}\right) = \frac{1}{2}\gamma H^2 K_a - 2cH\sqrt{K_a} + \frac{2c^2}{\gamma}$$

$$= \frac{1}{2} \times 18 \times 7^2 \times \frac{1}{3} - 2 \times 15 \times 7 \times \sqrt{\frac{1}{3}} + \frac{2 \times 15^2}{18}$$

$$\approx 147 - 121.2 + 25 = 50.8(\text{kN/m})$$

E_a 作用点距离墙底的距离为

$$\frac{1}{3}(H - z_0) = \frac{1}{3}(7 - 2.89) = 1.37(\text{m})$$

（3）被动土压力

被动土压力系数

$$K_p = \tan^2\left(45° + \frac{\varphi}{2}\right) = 3$$

墙顶面处的被动土压力强度

$$e_{p1} = 2c\sqrt{K_p} = 2 \times 15 \times \sqrt{3} \approx 51.96(\text{kPa})$$

墙底面处的被动土压力强度

$$e_{p2} = \gamma H K_p + 2c\sqrt{K_p} = 18 \times 7 \times 3 + 2 \times 15 \times \sqrt{3} \approx 378 + 51.96 = 429.96(\text{kPa})$$

总的被动土压力

$$E_p = \frac{1}{2}\gamma H^2 K_p + 2cH\sqrt{K_p} = \frac{1}{2} \times 18 \times 7^2 \times 3 + 2 \times 15 \times 7 \times \sqrt{3} \approx 1323 + 363.73$$

$$= 1686.73(\text{kPa})$$

总的被动土压力作用于梯形的形心处,设距离墙底为 x,则有

$$51.96 \times \frac{7}{2} + \frac{1}{2} \times 7 \times 378 \times \frac{7}{3} = 1686.73x$$

得到 $x = 2.58$ m,如图 2-8(c) 所示。

土压力分布图如图 2-8 所示。

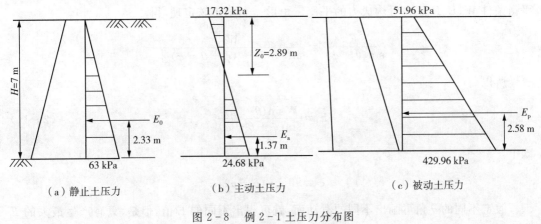

（a）静止土压力　　　（b）主动土压力　　　（c）被动土压力

图 2-8　例 2-1 土压力分布图

2.5　库仑土压力理论

2.5.1　基本原理

库仑(Coulomb)于 1776 年根据研究挡土墙墙后滑动土楔体的静力平衡条件,提出了计算土压力的理论。他假定挡土墙是刚性的,墙后填土是无黏性土。当墙背移离或移向填土,墙后土体达到极限平衡状态时,墙后填土是以一个三角形滑动土楔体的形式,沿墙背和填土土体中某一滑裂平面通过墙踵同时向下发生滑动。根据三角形土楔的力系平衡条件,求出挡土墙对滑动土楔的支承反力,从而解出挡土墙墙背所受的总土压力。

2.5.2　主动土压力的计算

如图 2-9 所示的挡土墙,已知墙背 AB 倾斜,与竖直线的夹角为 α,填土表面 AC 是一平面,与水平面的夹角为 β,若墙背受土推向前移动,当墙后土体达到主动极限平衡状态时,整

个土体沿着墙背 AB 和滑动面 BC 同时下滑,形成一个滑动的楔体 $\triangle ABC$。假设滑动面 BC 与水平面的夹角为 θ,不考虑楔体本身的压缩变形。

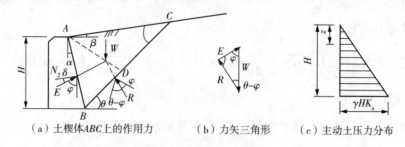

（a）土楔体 ABC 上的作用力　　　（b）力矢三角形　　　（c）主动土压力分布

图 2-9　库仑主动土压力计算

取土楔 ABC 为脱离体,作用于滑动土楔体上的力有:① 墙对土楔的反力 E,其作用方向与墙背面的法线成 δ 角(δ 角为墙与土之间的外摩擦角,称墙摩擦角);② 滑动面 BC 上的反力 R,其方向与 BC 面的法线 φ 角(φ 为土的内摩擦角);③ 土楔 ABC 的重力 W。根据静力平衡条件 W、E、R 三力可构成力的平衡三角形。利用正弦定理,得

$$\frac{E}{\sin(\theta-\varphi)}=\frac{W}{\sin[180°-(\psi+\theta-\varphi)]}$$

所以

$$E=\frac{W\sin(\theta-\varphi)}{\sin(\psi+\theta-\varphi)} \tag{2-14}$$

式中,

$$\psi=90°-(\delta+\alpha)$$

假定不同的 θ 角可画出不同的滑动面,就可得出不同的 E 值,但是,只有产生最大的 E 值的滑动面才是最危险的假设滑动面,与 E 大小相等、方向相反的力,即作用于墙背的主动土压力,以 E_a 表之。

对于已确定的挡土墙和填土来说, φ、δ、α 和 β 均为已知,只有 θ 角是任意假定的,若 θ 发生变化,则 W 也随之变化, E 与 R 亦随之变化。E 是 θ 的函数,按 $\dfrac{\mathrm{d}E}{\mathrm{d}\theta}=0$ 的条件,用数解法可求出 E 最大值时的 θ 角,然后代入式(2-9)求得

$$E_a=\frac{1}{2}\gamma H^2\frac{\cos^2(\varphi-\alpha)}{\cos^2\alpha\cdot\cos(\alpha+\delta)\left[1+\sqrt{\dfrac{\sin(\varphi+\delta)\sin(\varphi-\beta)}{\cos(\delta+\alpha)\cos(\alpha-\beta)}}\right]^2}=\frac{1}{2}\gamma H^2 K_a \tag{2-15}$$

式中: γ、φ —— 分别为填土的重度与内摩擦角。

α —— 墙背与铅直线的夹角。以铅直线为准,顺时针为负,称仰斜;反时针为正,称俯斜。

δ —— 墙摩擦角,由试验或按规范确定,我国交通部重力式码头设计规范的规定是俯斜的混凝土或砌体墙采用 $\dfrac{\varphi}{2}\sim\dfrac{2}{3}\varphi$,阶梯形墙采用 $\dfrac{2}{3}\varphi$,垂直的混凝土或砌体采用 $\dfrac{\varphi}{3}\sim\dfrac{\varphi}{2}$。

β—— 填土表面与水平面所成坡角。

K_a—— 主动土压力系数,无量纲,为 φ、α、β、δ 的函数。可用下式计算:

$$K_a = \frac{\cos^2(\varphi - \alpha)}{\cos^2\alpha \cdot \cos(\alpha + \delta)\left[1 + \sqrt{\dfrac{\sin(\varphi + \delta)\sin(\varphi - \beta)}{\cos(\delta + \alpha)\cos(\alpha - \beta)}}\right]^2} \qquad (2-16)$$

若填土面水平,墙背铅直光滑。即 $\beta = 0$,$\alpha = 0$,$\varphi = 0$ 时,公式(2-15)即变为

$$E_a = \frac{1}{2}\gamma H^2 \tan^2\left(45° - \frac{\varphi}{2}\right) \qquad (2-17)$$

此式与填土为非黏性土(砂土)时的朗肯土压力公式相同。由此可见,在一定的条件,两种土压力理论得到的结果是相同的。

由式(2-17)可知,E_a 的大小与墙高的平方成正比,所以土压力强度是按三角形分布的。E_a 的作用点距墙底为墙高的 $\frac{1}{3}$。深度 z 处的土压力强度为

$$e_{az} = \frac{\mathrm{d}E_a}{\mathrm{d}z} = \frac{\mathrm{d}}{\mathrm{d}z}\left(\frac{1}{2}\gamma z^2 K_a\right) = \gamma z K_a \qquad (2-18)$$

注意,此式是 E_a 对铅直深度 z 微分得来的,E_{az} 只能代表作用在墙背的铅直投影高度上的某点处的土压力强度。

2.5.3 被动土压力的计算

被动土压力计算公式的推导,与主动土压力公式的推导相同,挡土墙在外力作用下移向填土,当填土达到被动极限平衡状态时,便可求得被动土压力计算公式为

$$E_p = \frac{1}{2}\gamma H^2 K_p \qquad (2-19)$$

式中:K_p—— 被动土压力系数,可用下式计算。

$$K_p = \frac{\cos^2(\varphi + \alpha)}{\cos^2\alpha \cdot \cos(\alpha - \delta)\left[1 - \sqrt{\dfrac{\sin(\varphi + \delta)\sin(\varphi + \beta)}{\cos(\alpha - \delta)\cos(\alpha - \beta)}}\right]^2} \qquad (2-20)$$

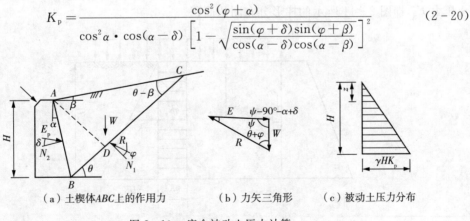

(a)土楔体 ABC 上的作用力 　　(b)力矢三角形 　　(c)被动土压力分布

图 2-10 库仑被动土压力计算

2.5.4 关于朗肯和库仑土压力理论的简单说明

（1）朗肯和库仑土压力理论都是由墙后填土处于极限平衡状态的条件得出的。但朗肯土压力理论求得是墙背各点土压力强度分布，而库仑土压力理论求得是墙背上的总土压力。

（2）朗肯土压力理论在其推导过程中忽视了墙背与填土之间的摩擦力，认为墙背是光滑的，计算的主动土压力误差偏大，被动土压力误差偏小，而库仑土压力理论兼顾了这一点，所以，计算出的主动土压力接近于实际值，但被动土压力因为假定滑动面是平面而导致误差较大，因此，一般不用库仑土压力理论计算被动土压力。

（3）朗肯土压力理论适用于填土表面为水平的无黏性土或黏性土的土压力计算，而库仑土压力理论只适用于填土表面为水平或倾斜的无黏性土，对黏性土只能用图解法计算。

2.6 常见情况的土压力计算

工程上所遇到的挡土墙与填土的条件，要比朗肯土压力理论所假设的条件复杂得多。例如，填土本身可能是性质不同的成层土，比所假定的条件复杂得多；墙后有地下水存在，墙背不是直线而是折线以及填土面上有荷载作用等。对于这些情况，只能在前述理论的基础上具体分析或做些近似处理。本节将介绍几种常见情况的主动土压力计算方法。

2.6.1 填土表面有荷载作用

（1）连续均布荷载作用

若挡土墙墙背垂直，在水平填土面上有连续均布荷载 q 作用时，如图 2-11 所示，也可用朗肯土压力理论计算主动土压力。此时，在填土面下，墙背面 z 深度处，土单元所受竖向应力 $\sigma_1 = q + \gamma z$，则 $\sigma_3 = e_a = \sigma_1 K_a$，即

$$e_a = qK_a + \gamma z K_a \qquad (2-21)$$

由式（2-21）可看出，作用在墙背面的主动土压力 e_a 由两部分组成：一部分由均布荷载 q 引起，是常数，其大小与深度 z 无关；另一部分由土的自重引起，大小与深度 z 成正比。总土压力 E_a，即图 2-11 所示的梯形分布图的面积。

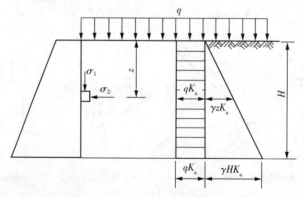

图 2-11　水平填土面上有连续均布荷载作用

若挡土墙墙背及填土面均为倾斜平面,如图2-12(a)所示,其中q为沿坡面单位长度上的荷载,为了求解作用在墙背上的总土压力可以采用库仑图。这时可认为滑动面位置不变,与没有q荷载作用时相同,只是在计算每一滑动楔体重力W时,应将该滑动楔体范围内的总荷载重$G=ql$考虑在内[图2-12(c)],然后即可按前述2.5节的方法求出总主动土压力E_a。此外,也可用数解法,直接由库仑理论在计入作用于滑动楔体上的荷载$G=ql$后推导出计算总土压力E_a的公式。在图2-12(c)中,设E_a'为填土表面没有荷载作用时的总土压力,E_a为计入填土表面均布荷载后的总土压力,根据三角形相似原理,应有

$$\frac{E_a}{E_a'} = \frac{W+G}{W}$$

故

$$E_a = E_a'\left(1 + \frac{G}{W}\right) \tag{2-22}$$

若令

$$\Delta E_a = E_a'\frac{G}{W} \tag{2-23}$$

则

$$E_a = E_a' + \Delta E_a \tag{2-24}$$

由式(2-24)可以看出,等号右边第一项E_a'为土重引起的总主动土压力,根据式(2-9)知$E_a' = \frac{1}{2}\gamma H^2 K_a$;第二项即为填土表面上均布荷载$q$引起的主动土压力增量$\Delta E_a$。下面推导求解$\Delta E_a$:

从图2-13(a)所示的几何关系可知:

$$W = \frac{l \cdot \overline{BD}}{2}\gamma \tag{2-25}$$

$$\overline{BD} = \overline{AB} \cdot \cos(\alpha - \beta) = \frac{H}{\cos\alpha} \cdot \cos(\alpha - \beta) \tag{2-26}$$

将式(2-15)、式(2-25)、式(2-26)代入式(2-23),并经化简即可得出

$$\Delta E_a = qHK_a \frac{\cos\alpha}{\cos(\alpha - \beta)} \tag{2-27}$$

于是,作用在挡土墙上的总土压力E_a的计算公式应为

$$E_a = E_a' + \Delta E_a = \frac{1}{2}\gamma H^2 K_a + qHK_a \frac{\cos\alpha}{\cos(\alpha - \beta)} \tag{2-28}$$

土压力沿墙高的分布如图2-12(b)所示。

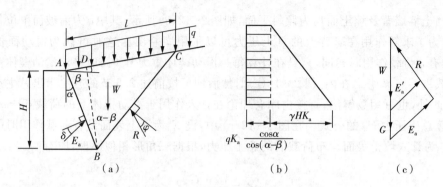

图 2-12　倾斜填土面上有连续均布荷载作用

（2）局部荷载作用

若填土表面有局部荷载 q 作用时[图 2-13(a)]，则 q 对墙背产生的附加土压力强度值仍可用朗肯公式计算，即 $e_{aq}=qK_a$，但其分布范围缺乏在理论上的严格分析，目前有不同的经验算法。其中一种近似方法认为，地面局部荷载产生的土压力是沿平行于滑动面的方向传递至墙背上的。在如图 2-13(a) 所示的条件下，荷载 q 仅在墙背 cd 范围内引起附加土压力 e_{aq}，c 点以上和 d 点以下，认为不受 q 的影响，c、d 两点分别为局部荷载 q 的两个端点 a、b 作与水平面成 $45°+\dfrac{\varphi}{2}$ 的斜线至墙背的交点。作用于墙背面的总土压力分布如图 2-13(b) 中所示的阴影面积。

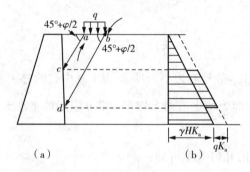

图 2-13　填土表面有局部荷载作用

2.6.2　填土为成层土的情况

当墙后填土由性质不同的土层组成时，土压力将受到不同填土性质的影响，当墙背竖直、填土面水平时，为简单起见，常用朗肯土压力理论计算。现以图 2-14(a) 所示的双层无黏性填土为例，按两种情况说明其计算方法。

（1）若 $\varphi_1=\varphi_2$，$\gamma_1<\gamma_2$

在这种情况下，两层填土的主动土压力系数 K_a 应相同，只是填土的重度 γ 不同，因而按照公式 $e_a=\gamma zK_a$，根据 $\mathrm{d}e_a/\mathrm{d}z=\gamma K_a$ 可知，两层填土的土压力分布线将表现为在土层分界面处斜率发生变化的折线分布，如图 2-14(b) 所示。

（2）若 $\gamma_1=\gamma_2$，$\varphi_1<\varphi_2$

按照朗肯土压力理论 $K_a=\tan^2\left(45°-\dfrac{\varphi}{2}\right)$ 可知，两层土的主动土压力系数不同，分别

为 K_{a1} 和 K_{a2}，并且 $K_{a1} > K_{a2}$。又根据 $e_a = \gamma z K_a$，在分界面的上下点主动土压力强度不等，分别为 $e_{a1} = \gamma_1 H_1 K_{a1}$[图 2-14(c) 中的 a、c] 和 $e_{a2} = \gamma_1 H_1 K_{a2}$[图 2-14(c) 中的 a、b]，亦即主动土压力强度在分界面发生了突变。因为 $\mathrm{d}e_a/\mathrm{d}z = \gamma K_a$，所以上下两层土的主动土压力分布斜率也发生变化，其下部分更陡一些，但其主动土压力分布的延长线应当过地面交点。

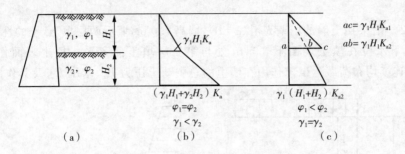

图 2-14　成层土的土压力计算

2.6.3　填土内有地下水的情况

当填土中存在地下水时，将对土压力产生 3 种影响：① 地下水位以下的填土容重减小为浮容重；② 水位以下的黏性填土的抗剪强度会明显降低；③ 地下水对墙背产生静水压力。

在一般工程中，可不计地下水对砂土抗剪强度的影响，但黏性土的黏聚力和内摩擦角会明显降低，使主动土压力增大。

图 2-15 中填土为砂土，设水位以下 $\varphi_1 = \varphi_2$，水位以下的容重为 γ_1，以下为浮容重，则水位以下的土压力强度为

$$e_{a1} = \gamma_1 h_1 K_{a1} \tag{2-29}$$

而在墙底处为

$$e_{a2} = (\gamma_1 h_1 + \gamma_2 h_2) K_{a2} \tag{2-30}$$

式中：$K_{a1} = \tan^2\left(45° - \dfrac{\varphi_1}{2}\right)$；$K_{a2} = \tan^2\left(45° - \dfrac{\varphi_2}{2}\right)$。

作用于墙背上的静水压力：

$$E_w = \frac{1}{2} \gamma_w h_2{}^2 \tag{2-31}$$

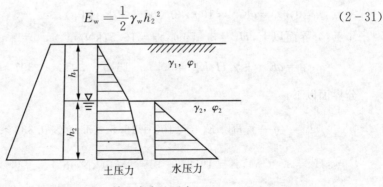

图 2-15　填土内有地下水

称以上方法为水土分算法,一般较透水的砂性土采用这种方法计算。对于不太透水的黏性土,有时采用水土合算法,水位以下按饱和重度计算,不另计地下水位以下的静水压力,即式(2-30)可写为 $e_{a2} = (\gamma_1 h_1 + \gamma_{2sat} h_2) K_{a2}$。一般情况下,即使是黏性土也宜按水土分算法进行计算。因为土水合算法的结果偏危险,在理论上也不尽合理,工程中很难合理使用。

例 2-2 沿某挡土墙的墙壁光滑($\delta = 0$),墙高 7.0 m,墙后两层填土,土的性质如图 2-16 所示,地下水位在填土表面下 3.5 m 处与第二层填土面齐平。填土表面作用有 $q = 100$ kPa 的连续均布荷载。试求作用在墙上的总主动土压力 E_a、水压 E_w 及其作用点。

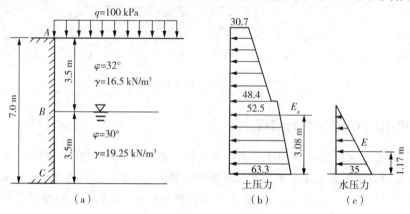

图 2-16 例 2-2 图

解:依本题所给条件,可按朗肯土压力理论计算。

(1)先求两层土的主动土压力系数 K_{a1} 和 K_{a2}。

$$K_{a1} = \tan^2 \left(45° - \frac{32°}{2} \right) \approx 0.307$$

$$K_{a2} = \tan^2 \left(45° - \frac{30°}{2} \right) \approx 0.333$$

(2)沿墙高求 A、B、C 三点的土压力强度。

根据式 $e_a = qK_a + \gamma z K_a = (q + \gamma z) K_a$ 可知:

A 点:$z = 0$,$e_{aA} = qK_{a1} = 100 \times 0.307 = 30.7$(kPa);

B 点:分界面以上,$H_1 = 3.5$(m),$\gamma_1 = 16.5$(kN/m³),

$$e_{aB} = qK_{a1} + \gamma_1 H_1 K_{a1} = 30.7 + 16.5 \times 3.5 \times 0.307 \approx 48.4(\text{kPa})$$

分界面以下:

$$e'_{aB} = (q + \gamma_1 H_1) K_{a2} = (100 + 16.5 \times 3.5) \times 0.333 \approx 52.5(\text{kPa})$$

C 点:$H_2 = 3.5$(m),$\gamma' = 19.25 - 10 = 9.25$(kN/m³),

$$e_{aC} = (q + \gamma_1 H_1 + \gamma'_2 H_2) K_{a2} = (100 + 16.5 \times 3.5 + 9.25 \times 3.5) \times 0.333 = 63.3(\text{kPa})$$

A、B、C 三点土压力分布图示于图 2-16(b)。作用于挡土墙上的总土压力,即为土压力分布面积之和,故

$$E_a = \frac{1}{2}(30.7 + 48.4) \times 3.5 + \frac{1}{2}(52.5 + 63.3) \times 3.5 \approx 341.1(\text{kN})$$

(3) 求水压力 E_w。

$$E_w = \frac{1}{2}\gamma_w H_2^2 = \frac{1}{2} \times 10 \times 3.5^2 = 61.3(\text{kN})$$

水压力的分布如图 2-16(c) 所示,E_w 作用于距墙底 $\frac{3.5}{3} = 1.17(\text{m})$ 处。

(4) 求 E_a 的作用点位置。

设 E_a 作用点距墙底高度为 H_c,则

$$H_c = \left[30.7 \times 3.5 \times 5.25 + \frac{1}{2}(48.4 - 30.7) \times 3.5 \times 4.67 + 52.5 \times 3.5 \times 1.75 + \right.$$

$$\left. \frac{1}{2}(63.3 - 52.5) \times 3.5 \times 1.17\right] \div 341.1$$

$$\approx 3.08(\text{m})$$

2.6.4 地震主动土压力计算

地震时作用在挡土墙上的土压力称为动土压力,由于受地震时的动力作用,墙背上的动土压力不论其大小还是分布形式,都不同于静土压力。动土压力的确定,不仅与地震强度有关,还受地基土、挡土墙及墙后填土等的振动特性的影响,因此是一个比较复杂的问题。目前国内外工程实践中仍多用拟静力法进行地震土压力计算,即以静力条件下的库仑土压力理论为基础,考虑竖向和水平方向地震加速度的影响,对原库仑公式加以修正,其中,物部-冈部(Mononobe - Okabe,1926)提出的分析方法使用较为普遍,通称为物部-冈部法,下面对该法作一简要介绍。

图 2-17(a) 表示一墙背倾角为 α,填土坡角为 β 的挡土墙,ABC 为无地震情况下的滑动楔体,楔体重力 W。地震时,墙后土体受地震加速度作用,产生惯性力。地震加速度可分为水平方向和竖直方向两个分量,方向可正可负,取其不利方向。水平地震惯性力 $K_h \cdot W$ 取朝向挡土墙,竖向地震惯性力 $K_v \cdot W$ 取竖直向上 [图 2-17(b)],其中,$K_h = \dfrac{\text{地震加速度的水平分量}}{\text{重力加速度 } g}$,称为水平向地震系数;$K_v = \dfrac{\text{地震加速度的竖直分量}}{\text{重力加速度 } g}$,称为竖向地震系数。将这两个惯性力当成静载与土楔体重力 W 组成合力 W',则 W' 与铅直线的夹角为 θ,称 θ 为地震偏角。显然

$$\theta = \tan\left(\frac{K_h}{1 - K_v}\right) \tag{2-32}$$

$$W' = (1 - K_v)W \cdot \sec\theta \tag{2-33}$$

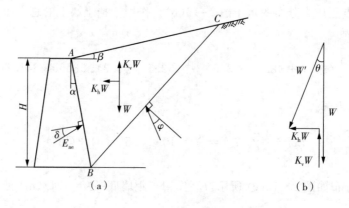

图 2-17　地震时滑动楔体受力分析

若假定在地震条件下,土的内摩擦角 φ 与墙背摩擦角 δ 均不改变,则作用在墙后滑动楔体上的平衡力系如图 2-18(a)所示。可以看出,该平衡力系图与原库仑土压力理论力系图的差别仅在于 W' 方向与垂直方向倾斜了 θ 角。为了直接利用库仑公式计算 W' 作用下的土压力 E_{ae},物部-冈部提出了将墙背及填土均逆时针旋转 θ 角的方法[图 2-18(b)],使 W' 仍处于竖直方向。由于这种转动并未改变平衡力系中三力间的相互关系,即没有改变图 2-18(c)中的力三角形 $\triangle edf$,故这种改变不会影响对 E_{ae} 的计算,但须将原挡土墙及填土的边界参数加以改变,成为

$$\begin{cases} \beta' = \beta + \theta \\ \alpha' = \alpha + \beta \\ H' = AB \cdot \cos(\alpha + \theta) = H \cdot \dfrac{\cos(\alpha + \theta)}{\cos\alpha} \end{cases} \tag{2-34}$$

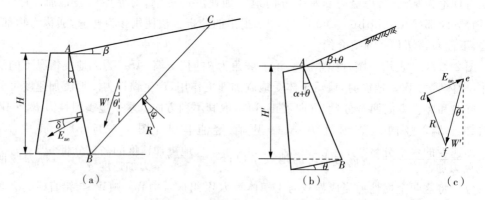

图 2-18　物部-冈部法求地震土压力

另外,由式(2-33),将土楔体的重度变为 $\gamma' = \gamma(1 - K_v)\sec\theta$。用这些变换后的新参数 β'、α'、H'、γ' 代替库仑主动土压力公式中的 β、α、H 和 γ,整理后得出在地震条件下的主动土压力 E_{ae}

$$E_{ae} = (1 - K_v) \frac{\gamma H^2}{2} K_{ae} \qquad (2-35)$$

式中：

$$K_{ae} = \cfrac{\cos^2(\varphi - \alpha - \theta)}{\cos\theta \cdot \cos^2\alpha \cdot \cos(\alpha + \theta + \delta) \left[1 + \sqrt{\cfrac{\sin(\varphi + \delta) \cdot \sin(\varphi - \beta - \theta)}{\cos(\alpha - \beta)\cos(\alpha + \theta + \delta)}}\right]^2} \qquad (2-36)$$

K_{ae} 即考虑了地震影响的主动土压力系数。通常称式(2-35)为物部-冈部主动土压力公式。

从式(2-36)可看出，若$(\varphi - \beta - \theta) < 0$，则 K_{ae} 没有实数解，意味着填土坡面不满足平衡条件。因此，根据平衡要求，回填土的极限坡角应为 $\beta \leqslant \varphi - \theta$。

按物部-冈部公式，墙后动土压力分布仍为三角形，作用点在距墙底 $\frac{1}{3}H$ 处，但有些理论分析和实测资料表明，其作用点的位置高于 $\frac{1}{3}H$，为 $\left(\frac{1}{3} \sim \frac{1}{2}\right)H$，且随水平地震作用的加强而提高。

2.7　规范土压力计算

作用在支护结构上的土压力应按下列规定确定。

1. 作用在支护结构外侧、内侧的主动土压力强度标准值、被动土压力强度标准值宜按下列公式计算。

(1) 对于地下水位以上或水土合算的土层，计算公式如下：

$$e_{ak} = \sigma_{ak} K_{a,i} - 2c_i \sqrt{K_{a,i}} \qquad (2-37)$$

$$K_{a,i} = \tan^2\left(45° - \frac{\varphi_i}{2}\right) \qquad (2-38)$$

$$e_{pk} = \sigma_{pk} K_{p,i} + 2c_i \sqrt{K_{p,i}} \qquad (2-39)$$

$$K_{p,i} = \tan^2\left(45° + \frac{\varphi_i}{2}\right) \qquad (2-40)$$

式中：e_{ak}—— 支护结构外侧，第 i 层土中计算点的主动土压力强度标准值(kPa)；当 $e_{ak} < 0$ 时，应取 $e_{ak} = 0$。

　　σ_{ak}、σ_{pk}—— 分别为支护结构外侧、内侧计算点的土中竖向应力标准值(kPa)，按基坑规范的相关规定计算。

　　$K_{a,i}$、$K_{p,i}$—— 分别为第 i 层土的主动土压力系数、被动土压力系数。

　　c_i、φ_i—— 第 i 层土的黏聚力(kPa)、内摩擦角(°)；按基坑规范的相关规定取值。

　　e_{pk}—— 支护结构内侧，第 i 层土中计算点的被动土压力强度标准值(kPa)。

（2）对于水土分算的土层，计算公式如下：

$$e_{ak} = (\sigma_{ak} - u_a) K_{a,i} - 2c_i \sqrt{K_{a,i}} + u_a \qquad (2-41)$$

$$e_{pk} = (\sigma_{pk} - u_p) K_{p,i} + 2c_i \sqrt{K_{p,i}} + u_p \qquad (2-42)$$

式中：u_a、u_p—— 分别为支护结构外侧、内侧计算点的水压力（kPa），按基坑规范的相关规定取值。

2. 在支护结构土压力的影响范围内，当存在相邻建筑物地下墙体等稳定的刚性界面时，可采用库仑土压力理论计算界面内有限滑动楔体产生的主动土压力，此时，同一土层的土压力可采用沿深度线性分布形式。

3. 当需要严格限制支护结构的水平位移时，支护结构外侧的土压力宜取静止土压力。

4. 有可靠经验时，可采用支护结构与土相互作用的方法计算土压力。

对成层土，计算土压力时各土层的计算厚度应符合下列规定：

（1）当土层厚度较均匀、层面坡度较平缓时，宜取邻近勘察孔的各土层厚度，或同一计算剖面内各土层厚度的平均值。

（2）当同一计算剖面内各勘察孔的土层厚度分布不均时，应取最不利勘察孔的各土层厚度。

（3）对复杂地层且距勘探孔较远时，应通过综合分析土层变化趋势后确定土层的计算厚度。

（4）当相邻土层的土性接近，且对土压力的影响可以忽略不计或有利时，可归并为同一计算土层。

对静止地下水，水压力（u_a、u_p）可按以下公式计算，如图 2-19 所示。

$$u_a = \gamma_w h_{wa} \qquad (2-43)$$

$$u_p = \gamma_w h_{wp} \qquad (2-44)$$

式中：γ_w—— 地下水的重度（kN/m³），取 $\gamma_w = 10$ kN/m³。

h_{wa}—— 基坑外侧地下水位至主动土压力强度计算点的垂直距离（m）；对承压水，地下水位取测压管水位；当有多个含水层时，应以计算点所在含水层的地下水位为准。

h_{wp}—— 基坑内侧地下水位至被动土压力强度计算点的垂直距离（m）；对承压水，地下水位取测压管水位。

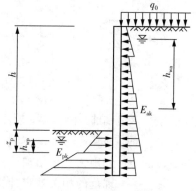

图 2-19 水压力计算

当采用悬挂式截水帷幕时，应考虑地下水沿支护结构向基坑面的渗流对水压力的影响。

土中竖向应力标准值(σ_{ak}、σ_{pk})应按以下公式计算:

$$\sigma_{ak} = \sigma_{ac} + \sum \Delta\sigma_{k,j} \qquad (2-45)$$

$$\sigma_{pk} = \sigma_{pc} \qquad (2-46)$$

式中:σ_{ac}——支护结构外侧计算点,由土的自重产生的竖向总应力(kPa);

σ_{pc}——支护结构内侧计算点,由土的自重产生的竖向总应力(kPa);

$\Delta\sigma_{k,j}$——支护结构外侧第 j 个附加荷载作用下计算点的土中附加竖向应力标准值(kPa),应根据附加荷载类型,按基坑规范的相关规定计算。

均布附加荷载作用下的土中附加竖向应力标准值应按下式计算(图 2-20):

$$\Delta\sigma_{k,j} = q_0 \qquad (2-47)$$

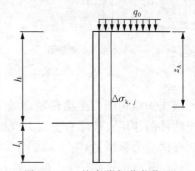

图 2-20　均布附加荷载作用下的土中附加竖向应力计算

式中:q_0——均布附加荷载标准值(kPa)。

局部附加荷载作用下的土中附加竖向应力标准值可按下列规定计算:

(1) 对于条形基础下的附加荷载[图 2-21(a)]:

当 $d + a/\tan\theta \leqslant z_A \leqslant d + (3a+b)/\tan\theta$ 时,

$$\Delta\sigma_{k,j} = \frac{p_0 b}{b + 2a} \qquad (2-48)$$

式中:p_0——基础底面附加压力标准值(kPa);

d——基础埋置深度(m);

b——基础宽度(m);

a——支护结构外边缘至基础的水平距离(m);

θ——附加荷载的扩散角,宜取 $\theta = 45°$;

z_A——支护结构顶面至土中附加竖向应力计算点的竖向距离。

当 $z_A < d + a/\tan\theta$ 或 $z_A > d + (3a+b)/\tan\theta$ 时,取 $\Delta\sigma_{k,j} = 0$。

(2) 对于矩形基础下的附加荷载[图 2-21(a)]:

当 $d + a/\tan\theta \leqslant z_A \leqslant d + (3a+b)/\tan\theta$ 时

$$\Delta\sigma_{k,j} = \frac{p_0 bl}{(b+2a)(l+2a)} \qquad (2-49)$$

式中:b——与基坑边垂直方向上的基础尺寸(m);

l——与基坑边平行方向上的基础尺寸(m)。

当 $z_A < d + a/\tan\theta$ 或 $z_A > d + (3a+b)/\tan\theta$ 时,取 $\Delta\sigma_{k,j} = 0$。

(3) 对作用在地面的条形、矩形附加荷载,按上述(1)(2)中相关公式计算土中附加竖向应力标准值 $\Delta\sigma_{k,j}$ 时,应取 $d = 0$[图 2-21(b)]。

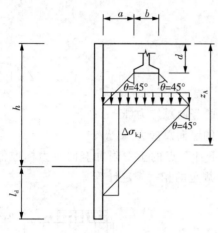 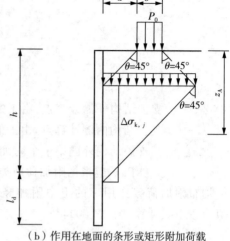

(a) 条形或矩形基础　　　　　　　(b) 作用在地面的条形或矩形附加荷载

图 2-21　局部附加荷载作用下的土中附加竖向应力计算

当支护结构的挡土构件顶部低于地面,其上方采用放坡时,挡土构件顶面以上土层对挡土构件的作用宜按库仑土压力理论计算,也可将其视作附加荷载并按下列公式计算土中附加竖向应力标准值(图 2-22)。

(1) 当 $a/\tan\theta \leqslant z_A \leqslant (a+b_1)/\tan\theta$ 时,

$$\Delta\sigma_{k,j} = \frac{\gamma_m h_1}{b_1}(z_A - a) + \frac{E_{ak1}(a + b_1 - z_A)}{K_{am}b_1^2} \tag{2-50}$$

$$E_{ak1} = \frac{1}{2}\gamma_m h_1^2 K_{am} - 2c_m h_1\sqrt{K_{am}} + \frac{2c_m^2}{\gamma_m} \tag{2-51}$$

(2) 当 $z_A > (a+b_1)/\tan\theta$ 时,

$$\Delta\sigma_{k,j} = \gamma_m h_1 \tag{2-52}$$

(3) 当 $z_A < a/\tan\theta$ 时,

$$\Delta\sigma_{k,j} = 0 \tag{2-53}$$

式中:z_A——支护结构顶面至土中附加竖向应力计算点的竖向距离(m)。

a——支护结构外边缘至放坡坡脚的水平距离(m)。

b_1——放坡坡面的水平尺寸(m)。

h_1——地面至支护结构顶面的竖向距离(m)。

γ_m——支护结构顶面以上土的重度(kN/m³);对多层土,取各层土按厚度加权的平均值。

c_m——支护结构顶面以上土的黏聚力(kPa),按建筑基坑支护技术规程相关规定取值。

K_{am}——支护结构顶面以上土的主动土压力系数;对多层土,取各层土按厚度加权的平均值。

E_{ak1}——支护结构顶面以上土层所产生的主动土压力的标准值(kN/m)。

当支护结构的挡土构件顶部低于地面,其上方采用土钉墙,按式(2-50)计算土中附加竖向应力标准值时,可取 $b_1 = h_1$。

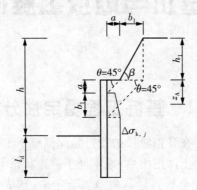

图 2-22 挡土构件顶部以上放坡时土中附加竖向应力计算

思考与练习题

1. 土压力有可以分为几种?影响土压力大小的因素有哪些?

2. 试阐述静止土压力、主动土压力和被动土压力的定义和产生的条件,并比较三者的大小。

3. 朗肯土压力理论有哪些假设条件?如何求主动土压力系数和被动土压力系数?

4. 库仑土压力理论适用什么类型的土体?其基本假定是什么?

5. 试对朗肯土压力和库仑土压力理论进行比较和评价。

6. 某一修建于岩石基础上的重力式挡土墙,墙高 $H = 5.5\,\text{m}$,墙后填土为细砂,重度为 $\gamma = 18\,\text{kN/m}^3$,内摩擦角 $\varphi' = 30°$。试计算作用于挡土墙上的土压力。

7. 某挡土墙高 $H = 6\,\text{m}$,墙背直立光滑,填土表面水平。墙背后填土为细砂,重度 $\gamma = 18\,\text{kN/m}^3$,饱和重度 $\gamma_{sat} = 20\,\text{kN/m}^3$,内摩擦角 $\varphi = 30°$。试计算:

(1) 作用于挡土墙上的总主动土压力。

(2) 当墙后地下水位上升至离墙顶 3.0 m 时,作用于挡土墙上的总主动土压力和水压力。

8. 已知某挡土墙高度 $H = 6.0\,\text{m}$,墙背倾斜 $\alpha = 10°$,墙背后填土倾角 $\beta = 10°$,墙与填土摩擦角 $\delta = 20°$,墙背后为中砂,中砂的重度 $\gamma = 18.5\,\text{kN/m}^3$,内摩擦角 $\varphi = 30°$。计算作用在此挡土墙上的主动土压力。

第3章 基坑与边坡工程的稳定性分析

3.1 基坑工程稳定性分析

对于基坑工程而言,基坑在开挖阶段的稳定是保证整个工程顺利进行的前提。基坑开挖是开挖面以上卸荷的过程,土体挖出后,原本处于静止状态下的地基受到扰动,地基的应力场和位移场发生变化,可能会导致地基失稳。近年来,基坑工程中地基失稳事故经常发生,基坑边坡失稳、管涌、渗漏及坑底隆起等失稳现象,会对工程带来较大的经济和时间损失,如图3-1所示。因此,验算基坑稳定性是在进行基坑防护时必要的步骤,并要及时对验算失稳的基坑进行进一步的防护,保证基坑工程的顺利进行。

图 3-1 基坑失稳事故

基坑所处场地的地质水文条件、基坑开挖的尺寸形状、支护结构体系等会对基坑稳定性带来一定的影响,因此基坑失稳的原因是多种多样的。通常来说,基坑失稳主要可以分为两种形态:① 基坑土体自身强度不足、地下水渗流、承压水作用等因素所造成的基坑内外侧土体整体滑动失稳和基底隆起等失稳现象;② 支护结构的强度、刚度、稳定性不足所引起的支护结构系统破坏而造成基坑倒坍、破坏。

对于以上两种常见的基坑失稳形态,其中因支护结构而导致的基坑失稳往往可以通过相关支护结构设计来控制,这一点将在书中其他章节中详细介绍,在此不做详述。而对于基坑自身强度不足等原因造成的基坑失稳将通过基坑的整体稳定性验算、基坑的倾覆及滑移稳定性验算、基坑坑底抗隆起稳定性验算及基坑的渗流稳定性分析来验算分析,并根据需要进行进一步防范。

3.2 无支护结构基坑的整体稳定性验算

对于常见的基坑稳定性验算问题,无论基坑是否存在支护结构,均可利用土力学中边坡稳定性验算的相关方法进行。目前常用的基坑整体稳定性验算的方法是极限平衡法。该方法是边坡稳定分析中最常用的方法,它基于刚塑性理论,只注重土体瞬间破坏的变形机制,而不关心土体变形过程。即先根据经验及相关理论假定出可能发生滑移的最危险滑裂面,通过分析在临近破坏的情况下,土体外力与内部强度所提供的抗力相平衡时,计算土体在自身荷载作用下的稳定性。一般情况下,基坑稳定性验算中最危险滑动面上所有力的合力对滑动中心所产生的抗滑力矩与滑动力矩应符合下式要求:

$$M_R/M_S \geqslant 1.2 \tag{3-1}$$

式中: M_R —— 抗滑力矩;

M_S —— 滑动力矩。

目前常用的极限平衡法包括瑞典圆弧法、瑞典条分法、毕肖普法、雅各布法等,这些方法有着相同的缺点,即均是事先假定滑裂面,不考虑土体内部的应力应变关系,不考虑土体与支护结构的共同作用等,但抓住了基坑稳定问题的关键方面,所以在分析和设计中有着重要地位。

下面主要介绍瑞典圆弧法、瑞典条分法和毕肖普法。

3.2.1 瑞典圆弧法

瑞典圆弧法又称整体圆弧法,它是1915年瑞典的彼得森(Pettersen)提出的计算基坑稳定性的方法,是条分法中最古老最简单的方法,是极限平衡法中较为常用的方法之一。该方法假定土体滑动面为圆弧形,滑动面以上土体是刚形体,即不考虑滑动土体内部力的作用,并将基坑稳定问题视为平面应变问题,如图3-2所示。

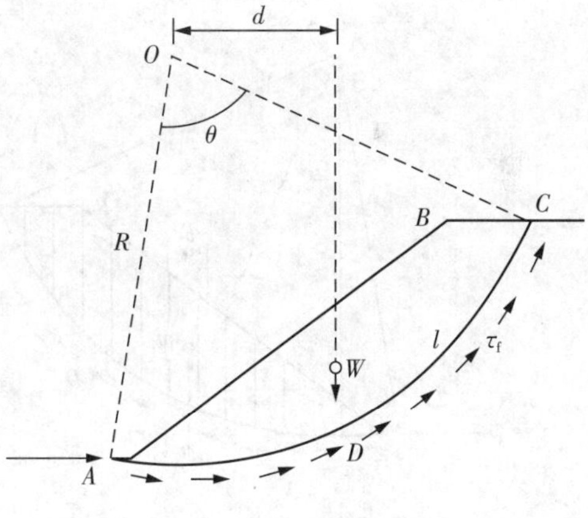

彼得森将圆弧滑动面以上的滑动体

图 3-2 瑞典圆弧法

作为隔离体,则滑动土体下滑力相对于滑动圆心产生的下滑力矩 M_S 为滑动土体自重 W 与滑动土体重心距滑动圆心的距离 d 的乘积,即 $M_S = W \cdot d$;而抗滑力相对于滑动圆心产生的抗滑力矩 M_R 则为土体抗滑力与抗滑力至滑动圆心的乘积。其中,抗滑力主要是由土体内部的黏聚力和内摩擦力所提供,即圆弧 ADC 上的切向力的合力,其值等于土体抗剪强度 τ_f 与滑弧长度 l 的乘积;抗滑力至滑动圆心之间的距离为滑动圆心的半径。故有 $M_R = \tau_f l R$。

边坡稳定安全系数则可用下式计算:

$$F_S = \frac{M_R}{M_S} = \frac{\tau_f l R}{W d} \tag{3-2}$$

式中: M_R —— 滑块的抗滑力相对于滑动圆心产生的抗滑力矩(kN/m);

M_S——滑块的下滑力相对于滑动圆心产生的下滑力矩(kN/m);

τ_f——滑动土体的抗剪切强度(kPa);

l——滑块圆弧长度(m);

R——滑块圆心半径(m);

W——滑块自重(kN);

d——滑块重心距圆心距离(m)。

3.2.2 瑞典条分法

在使用瑞典圆弧法十多年后,人们发现对于多层土或者一些边坡外形比较复杂的情况,很难利用这种方法确定滑动土体的重心和重力,从而无法进行进一步的求解,因此费伦纽斯(W. Fellenius)等人于1927年提出了瑞典条分法。瑞典条分法,即将滑动体分为若干个竖向土条,不考虑各土条之间的作用力,并将安全系数定义为每一土条在滑面上抗滑力矩与滑动力矩之和的比值。由于忽略了条间的作用力,该方法计算出的安全系数往往会偏低10%~20%。

瑞典条分法具体计算过程如下:

如图3-3所示,瑞典条分法假定滑面为一圆弧 ADC,圆心为 O,半径为 R。将滑动土体划分为多个竖向土条,土条宽度常选为 $0.1R$,则作用于土条 i 上的作用力有土条的自重 W_i、滑动面上的法向反力 N_i、切向反力 T_i、土条两侧的法向力 P_i、P_{i+1} 及竖向剪切力 H_i、H_{i+1}。

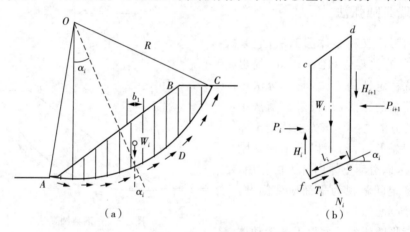

图3-3 瑞典条分法计算图例

由于瑞典条分法的基本假定不考虑土条两侧的作用力,故该方法中视为土条只受重力、滑面上的法向及切向反力。根据力的平衡条件,可知:

$$N_i = W_i \cos\alpha_i \tag{3-3}$$

$$T_i = W_i \sin\alpha_i \tag{3-4}$$

故土条 i 上的作用力对圆心 O 产生的下滑力矩 M_S 应为

$$M_{Si} = T_i R = W_i R \sin\alpha_i \tag{3-5}$$

与瑞典圆弧法类似,土条 i 上的抗滑力对圆心 O 产生的抗滑力矩 M_R 应为

$$M_{Ri} = \tau_i l_i R \qquad (3-6)$$

$$\tau_i = \sigma_i \tan\varphi_i + c_i = \frac{1}{l_i} N_i \tan\varphi_i + c_i \qquad (3-7)$$

即

$$M_{Ri} = (W_i \cos\alpha_i \tan\varphi_i + c_i l_i) R \qquad (3-8)$$

式中：α_i—— 土条 i 滑动面方向与水平方向的夹角(°)；

$\qquad l_i$—— 土条 i 滑动面的弧长(m)；

$\qquad c_i$—— 土条 i 滑动面上土的黏聚力(kPa)；

$\qquad \varphi_i$—— 土条 i 滑动面上土的内摩擦角(°)。

因此可分别计算出每个土条的抗滑力矩和滑动力矩,则整个土坡的稳定性系数可用下式表示：

$$F_s = \frac{M_R}{M_S} = \frac{\sum_{i=1}^{n} (W_i \cos\alpha_i \tan\varphi_i + c_i l_i)}{\sum_{i=1}^{n} W_i \sin\alpha_i} \qquad (3-9)$$

3.2.3　毕肖普法

瑞典条分法被广泛使用后,人们发现由于其忽略了各土条之间的相互作用力,计算出的安全系数往往会偏低。1955 年,毕肖普对原有的瑞典条分法进行了改进,考虑了条间的相互作用力,并给出了安全系数的普遍定义：土坡稳定系数 F_S,即各分土条滑动面抗剪强度之和 τ_f 与实际产生的剪应力之和 τ 的比值

$$F_S = \frac{\tau_f}{\tau} \qquad (3-10)$$

土坡稳定系数的提出,使得安全系数的计算不仅仅局限于圆弧滑动面,对非圆弧滑面的稳定性计算也同样适用,如图 3-4 所示。

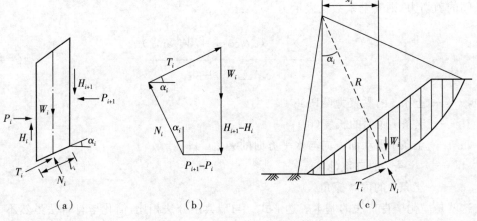

图 3-4　毕肖普法计算图例

对土条 i 在竖直方向上取力的平衡,则

$$W_i + (H_{i+1} - H_i) - T_i \sin\alpha_i - N_i \cos\alpha_i = 0 \qquad (3-11)$$

式中:W_i—— 土条 i 的自重(kN);

$\quad H_{i+1}$—— 土条 i 右侧的切向力(kN);

$\quad T_i$—— 土条 i 底面的切向力(kN);

$\quad N_i$—— 土条 i 底面的法向反力(kN);

$\quad \alpha_i$—— 土条 i 滑动面方向与水平方向的夹角(°)。

当边坡处于稳定状态时,土条内滑弧面上的抗剪强度并没有充分发挥出来,而是在数值上等于土条滑面上的切向力 T_i,而此时土条滑面上的抗剪力可由莫尔-库仑准则求出,即

$$T_i = \frac{\tau_{fi} l_i}{F_s} = \frac{c_i l_i + N_i \tan\varphi_i}{F_s} \qquad (3-12)$$

代入式(3-11)中,可求得土条 i 底面的法向反力 N_i:

$$N_i = \frac{1}{m_i}\left(W_i + \Delta H_i - \frac{c_i l_i}{F_s}\sin\alpha_i\right) \qquad (3-13)$$

其中,$m_i = \cos\alpha_i\left(1 + \dfrac{\tan\varphi_i \cdot \tan\alpha_i}{F_s}\right)$。

当土坡处于极限平衡状态时,各土条的力对滑弧中心的力矩之和为 0。对滑弧中心取矩,相邻土条间的作用力相互抵消,N_i 的方向指向中心,无力矩产生,故可得

$$\sum W_i x_i - \sum T_i R = 0 \qquad (3-14)$$

将式(3-12)、式(3-13)代入式(3-14)可得

$$F_s = \frac{\sum \dfrac{1}{m_i}\left[c_i l_i \cos\alpha_i + (W_i + \Delta H_i)\tan\varphi_i\right]}{\sum W_i \sin\alpha_i} \qquad (3-15)$$

毕肖普在后续证明,若忽略土条两侧的剪切力,所产生的误差仅为 1%,所以建议不计土条间的剪切力,则安全系数又表示为

$$F_s = \frac{\sum \dfrac{1}{m_i}(c_i l_i \cos\alpha_i + W_i \tan\varphi_i)}{\sum W_i \sin\alpha_i} \qquad (3-16)$$

式中:c_i—— 土条 i 的黏聚力(kPa);

$\quad l_i$—— 土条 i 底面的长度(m);

$\quad \alpha_i$—— 土条 i 滑动面方向与水平方向的夹角(°);

$\quad W_i$—— 土条 i 的自重(kN);

$\quad \varphi_i$—— 土条 i 的内摩擦角(°)。

这就是简化毕肖普法的基本表达形式。与瑞典条分法相比,简化毕肖普法虽然不考虑条块间的剪切力,公式中也未出现条块间水平力,但仍然考虑到了条块间水平力的作用,故

相比于瑞典条分法,安全系数的计算精度更高,更符合实际情况。

3.3 有支护结构基坑的整体稳定性验算

在基坑设置围护结构之后,计算基坑整体稳定性时应考虑围护结构对滑动面和抗滑力的影响。事实上,一般认为有支护结构的基坑不易发生整体稳定破坏,因为围护桩的自身强度较高,滑面不易切过围护结构,只能从围护结构底部发生滑动,而这种滑动在支护结构嵌入深度足够时,往往不会发生。但对于某些深厚软土地基,支护结构无法嵌入土质较好的下卧层时,仍有可能发生整体性破坏。另一方面,若围护结构的强度较弱,也可能发生切桩现象,滑面穿过支护桩。所以有必要对有支护结构的基坑进行整体稳定性验算。

采用瑞典条分法同样可以验算基坑支护结构的稳定性,如图 3-5 所示,可按下式进行验算。

对于锚拉式支护结构:

$$\min\{K_{S,1}, K_{S,2}, \cdots, K_{S,i}, \cdots\} \geqslant K_S \tag{3-17}$$

$$K_{S,i} = \frac{\sum\{c_j l_j + [(q_j l_j + \Delta G_j)\cos\theta_j - u_j l_j]\tan\varphi_j\} + \sum R'_{k,k}[\cos(\theta_j + \alpha_k) + \psi_v]/s_{x,k}}{\sum(q_j b_j + \Delta G_j)\sin\theta_j}$$

$$\tag{3-18}$$

式中:K_S—— 圆弧滑动整体稳定安全系数,对安全等级分别为一级、二级、三级时的锚拉式
支护结构,K_s 分别不应小于 1.35、1.3、1.25;

$K_{S,i}$—— 第 i 个滑动圆弧的抗滑力矩与滑动力矩之比;

c_j、φ_j—— 第 j 个土条滑面处土的黏聚力(kPa) 和内摩擦角(°);

l_j—— 第 j 个土条滑弧面的长度(m);

q_j—— 作用于第 j 个土条上的附加分布荷载标准值(kPa);

ΔG_j—— 第 j 个土条的自重(kN);

u_j—— 第 j 个土条在滑弧面上的孔隙水压力(kPa);

$R'_{k,k}$—— 第 k 层锚杆对圆弧滑动体的极限拉力值(kN);

α_k—— 第 k 层锚杆的倾角(°);

ψ_v—— 计算系数,常取 $\psi_v = 0.5\sin(\theta_k + \alpha_k)\tan\varphi$,$\varphi$ 为第 k 层锚杆与滑弧交点处土的内
摩擦角;

$s_{x,k}$—— 第 k 层锚杆的水平间距(m)。

对于悬臂式、双排桩式支护结构,采用上述公式时,不考虑 $\sum R'_{k,k}[\cos(\theta_j + \alpha_k) + \psi_v]/s_{x,k}$
这一项的取值。

对于某些悬臂式、双排桩支护结构,若发生切桩滑弧,则在进行基坑的整体稳定性计算时,还需要考虑切桩时的阻力所产生的抗滑作用,即每延米中桩产生的抗滑力矩 M_p,可由下式确定:

$$M_p = R\cos\alpha_i\sqrt{\frac{2M_c\gamma h_i(K_p - K_a)}{d + \Delta d}} \tag{3-19}$$

式中:α_i—— 桩与滑弧切点至圆心连线与垂线的夹角(°);

M_c—— 每根桩身的抗弯弯矩(kN/m);

h_i—— 桩滑弧面至坡面的深度(m);

γ—— 范围内土的重度(kN/m³);

K_p,K_a—— 被动土压力系数与主动土压力系数;

d—— 桩径(m);

Δd—— 两桩间的净距(m)。

对于地下连续墙支护,取 $d + \Delta d = 1.0(\text{m})$ 进行计算。

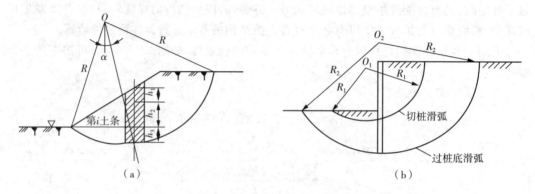

图 3 - 5   有支护结构基坑的整体稳定性验算

3.4   基坑的抗倾覆及抗滑移稳定性验算

围护结构的倾覆失稳主要发生在重力式挡土结构和悬臂式支护结构中,围护结构在基坑外主动土压力的作用下,往往会绕自身结构的下部某一点处发生转动,围护结构顶部向基坑内倾倒。造成这一现象的主要原因是结构受到的抵抗力矩小于倾覆力矩,而对于抵抗力矩往往来自围护结构自身的重力及坑底的被动土压力,故支护结构嵌入深度过浅、自身重量不够等会造成基坑的倾覆,从而造成较大损失。因此,在进行设计计算时,有必要对基坑的抗倾覆稳定性进行验算。

对于常见的支护结构基坑的抗倾覆稳定性常利用下式进行验算:

$$K_S = \frac{M_{Ep} + M_T}{M_{Ea}} \qquad (3 - 20)$$

式中:K_S—— 抗倾覆稳定安全系数,安全等级为一级、二级、三级时,分别不应小于 1.25、1.2、1.15;

M_{Ep}—— 支护结构底部以上被动侧水平荷载对支护结构最底部点的弯矩标准值(kN·m);

M_T—— 锚杆或内撑的支点反力标准值对支护结构最底部点的弯矩(kN·m);

M_{Ea}—— 支护结构底部以上主动侧水平荷载对支护结构最底部点的弯矩标准值(kN·m)。

若支护结构中无支撑或锚杆存在(图3-6),则在式(3-20)中令 $M_T = 0$,抗倾覆稳定性验算公式可以写成

$$K_S = \frac{E_p b_p}{E_a b_a} \qquad (3-21)$$

式中:E_a—— 基坑外侧主动土压力合力标准
值(kN);

E_p—— 基坑外侧被动土压力合力标准
值(kN);

b_a—— 基坑外侧主动土压力合力作用点
至支护结构底端的距离(m);

b_p—— 基坑外侧被动土压力合力作用点
至支护结构底端的距离(m);

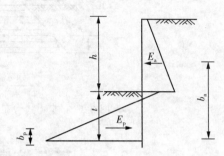

图3-6 支护结构中无支撑或锚杆的
基坑的抗倾覆稳定性验算图例

要保证基坑的抗倾覆稳定性达到要求,则
需要保证计算出的安全系数达到相应的规范
要求,否则应对支护结构进行改进。

对于重力式支护结构的抗倾覆稳定性验算,需要对式(3-21)进行相应改动:

$$K_a = \frac{E_p b_p + W b_W}{E_a b_a} \qquad (3-22)$$

式中:K_a—— 抗倾覆安全系数,$K_a \geqslant 1.3$;

b_a—— 主动土压力合力点至墙底的竖向距离(m);

b_p—— 被动土压力合力点至墙底的竖向距离(m);

W—— 重力式支护体的重力(kN);

b_W—— 重力式支护体重心至墙壁的水平距离(m)一般为 $B/2$;

E_a—— 主动土压力(kN/m);

E_p—— 被动土压力(kN/m)。

重力式挡土墙可能会因自身重力不足以抵抗土体的侧向压力而发生滑移现象,从而造成基坑整体位移过大,发生破坏。所以在进行稳定性验算时,还需要对重力式支护结构进行抗滑移验算,以满足稳定要求。

《建筑基坑支护技术规程》(JGJ 120—2012)中提到重力式水泥土墙的抗滑移稳定性应符合下式规定,如图3-7所示:

$$\frac{E_p + W \tan\varphi + cB}{E_a} \geqslant K_h \qquad (3-23)$$

式中:K_h—— 抗滑移安全系数,一般取值不应小于1.2;

c、φ—— 分别为水泥土墙底面下土层的黏聚力(kPa)和内摩擦角(°);

B—— 挡土墙的自身宽度(m);

其他参数意义同上。

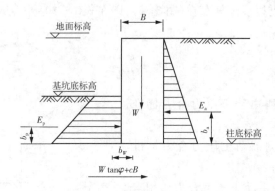

图 3-7　重力式水泥土墙的抗滑移稳定性验算图例

3.5　基坑坑底抗隆起稳定性验算

由于基坑开挖是一种卸荷过程,开挖深度越深,对地基初始应力场的改变就越大,随着开挖深度的增加,导致基坑外侧的坑底水平面上的荷载相应增大,这时如果地基的承载力不足,则会导致坑底土的隆起。尤其对于某些饱和软黏土地基而言,开挖卸荷所造成的坑底隆起现象会更为严重。基坑坑底隆起将会导致支护桩后的地面下沉,引起地面挠曲,会对基坑自身甚至周围建筑物造成影响,所以有必要对基坑坑底部的抗隆起稳定性进行验算。

目前比较常见的几种抗隆起稳定性验算的方法有极限平衡法、极限分析法和有限差分法。其中,极限分析法和有限差分法的计算较为依赖计算机,故在此仅介绍目前工程中最常用的极限平衡法。

在工程中,基于普朗特尔(Prandtl)和太沙基(Terzaghi)地基承载力模式的基坑坑底抗隆起稳定性验算是应用最广泛的极限平衡算法。两种方法均基于地基承载力的概念,以围护墙底面的平面作为基准面,用来求解极限承载力。将墙底面下的地基土在基坑开挖后坑内外土体自重和竖向荷载作用下的承载力和稳定性作为判别坑底抗隆起稳定性的标准。图 3-8 则展示了采用这两种方法时滑动面的形状。这两种方法不同于其他抗隆起稳定性的计算方法,在验算抗隆起系数时,同时考虑了墙底地基土的黏聚力和内摩擦角的影响,因此其计算结果更符合实际要求。

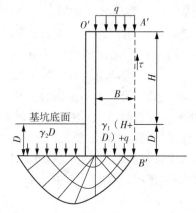

图 3-8　基坑坑底抗隆起
稳定性验算图例

1) 基于普朗特尔地基承载力公式,抗隆起系数可由下式求解:

$$F_S = \frac{\gamma_2 D N_{qp} + c N_{cp}}{\gamma_1 (H+D) + q} \qquad (3-24)$$

其中,N_{qp}、N_{cp} 均为普朗特尔解地基的承载力系数,且与围护墙底的地基土特性有关。

$$N_{qp} = \tan^2\left(\frac{\pi}{4} + \frac{\varphi}{2}\right) e^{\tan\varphi} \qquad (3-25)$$

$$N_{cp} = \frac{(N_{qp} - 1)}{\tan\varphi} \qquad (3-26)$$

式中：γ_1 —— 坑外地表至围护墙底各土层天然重度标准值的加权平均数（kN/m^3）；

γ_2 —— 坑内开挖面以下至围护墙底各土层天然重度标准值的加权平均数（kN/m^3）；

D —— 围护墙开挖面以下的嵌固深度（m）；

H —— 基坑开挖深度（m）；

q —— 坑外地面超载（kPa）；

c、φ —— 围护墙底处地基土的黏聚力（kPa）和内摩擦角（°）；

F_s —— 抗隆起安全系数。

2）基于太沙基地基承载力公式，抗隆起系数可由下式求解：

$$F_s = \frac{\gamma_2 D N_q + c N_c}{\gamma_1 (H + D) + q} \qquad (3-27)$$

其中，N_q、N_c 均为太沙基解地基土的承载力系数，也与围护墙底的地基土特性有关。

$$N_q = \frac{\tan\varphi \cdot e^{\frac{3}{4}\pi - \frac{\varphi}{2}}}{\cos\left(\frac{\pi}{4} + \frac{\varphi}{2}\right)} \qquad (3-28)$$

$$N_c = \frac{(N_q - 1)}{\tan\varphi} \qquad (3-29)$$

其他符号意义同上。

因为这两种方法均考虑到了围护墙底地基土的 c、φ 值，所以对任意土质条件均适用；但这两种方法并未考虑到基坑开挖面以上的主动区土体的抗剪强度对坑底抗隆起的贡献，所以计算出的安全系数偏保守。值得注意的是，采用普朗特尔解计算得出的抗隆起安全系数须满足 $F_s \geqslant 1.10$，即可保证基坑具有足够的抗隆起稳定性；而对于太沙基解计算得出的抗隆起安全系数，则须满足 $F_s \geqslant 1.15$ 才能满足规范要求。

3.6　基坑的渗流稳定性验算

基坑极易受地下水的影响，从而发生渗流破坏，经常表现为流砂、管涌、突涌等形式。当坑外地下水位高于坑内水位时，由于水位差的作用，地下水常常会从坑外渗流向坑内，产生动水压力，也就是渗流压力。当渗流压力达到土体的浮重度后，基坑底部以下的土颗粒将处于悬浮状态，一起随水流动，因此被动区的土压力会大大减小，以致基坑失稳，这就是流砂现象；管涌现象一般发生在土粒粒径相差较大的土层中，在渗透压力的作用下，土中细颗粒会在粗颗粒所形成的孔隙中移动、流失，并随着孔隙的逐渐扩大，渗流量也逐渐增大，最终导致在土体内形成贯通的渗流通道，造成土体破坏；突涌常常发生在坑底不透水层较薄，不透水层下方又存在较大水压的承压水层，这时若不透水层上方的竖向土压力小于下方承受的水压力,则会发生承压水冲破隔水层的现象。在常见的基坑工程中,土体通常具有良好的级配,故管涌发生的可能性较小,但流砂和突涌现象发生的可能性需要被充分考虑,故在《建筑基坑支护技术规程》(JGJ 120—2012)中相关渗流稳定性验算中分别进行了抗流土稳定性验算和抗突涌稳定性验算,并提出当坑底以下为级配不连续的砂土、碎石土含水层时,需要判别管涌发生的可能性。

当悬挂式截水帷幕底端位于碎石土、砂土或粉土含水层时,对于均质含水层,地下水渗流的抗流土稳定性可用式(3-30)计算,验算示意图如图3-9所示。

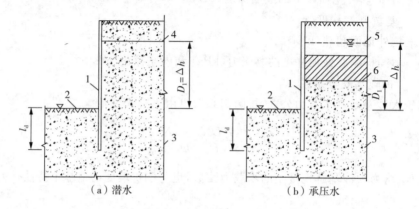

（a）潜水   （b）承压水

1— 截水帷幕;2— 基坑底面;3— 含水层;4— 潜水水位;5— 承压水测管水位;6— 承压水含水层顶面。

图3-9　采用悬挂式截水帷幕时的抗流土稳定性验算

$$\frac{(2l_\mathrm{d}+0.8D_1)\gamma'}{\Delta h\gamma_\mathrm{w}}\geqslant K_\mathrm{f} \tag{3-30}$$

式中:K_f—— 流土稳定性安全系数;安全等级为一级、二级、三级时分别取值不小于1.6、
　　　　 1.5、1.4;

　　　l_d—— 截水帷幕的嵌固深度(m);

　　　D_1—— 潜水面或承压水含水层顶面至基坑底面的土层厚度(m);

　　　γ'—— 土体的浮重度(kN/m³);

　　　Δh—— 坑内外的水头差(m);

　　　γ_w—— 水的重度(kN/m³)。

对于渗透系数不同的非均质含水层,规范规定宜采用数值方法进行流土稳定性安全系数的计算。

突涌发生时,基坑底部以下的地下水会从突涌产生的裂缝中涌出,并带出基坑下部的土颗粒,进而引发流砂、喷水等现象,造成基坑积水,降低地基强度,引发二次灾害。这会带来严量的损失,给施工带来很大困难。所以目前对于含承压水且不透水层较薄的基坑工程,人们在设计时对于抗突涌稳定性验算也越来越重视。当坑底以下有水头高于坑底的承压水含水层,且未用截水帷幕隔断基坑内外的水力联系时,承压水作用下的坑底抗突涌稳定性应符合式(3-31)规定,验算示意图如图3-10所示。

$$\frac{D\gamma}{h_\mathrm{w}\gamma_\mathrm{w}}\geqslant K_\mathrm{h} \tag{3-31}$$

式中，K_h——抗突涌稳定性安全系数，不应
    小于 1.1；

  D——承压水含水层顶面至坑底的
    土层厚度（m）；

  γ——承压水含水层顶面至坑底土层
    的天然重度（kN/m³），若为多
    层土，取加权平均值；

  h_w——承压水含水层顶面的压力水
    头高度（m）；

  γ_w——水的重度（kN/m³）。

  另外，在《建筑地基基础设计规范》（GB
50007—2011）中也给出相关抗渗流稳定性
计算的方法，即通过计算基坑底土层渗流
稳定抗力分项系数的方式来验算抗渗流稳
定性。

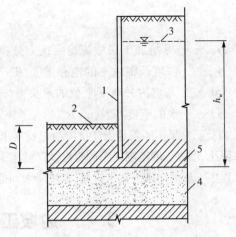

1—截水帷幕；2—基坑底面；3—承压水测管水位；
4—承压水含水层；5—隔水层。

图 3-10　坑底土体的抗突涌稳定性验算

  当上部为不透水层，坑底下某深度处有承压水层时，按式（3-32）验算抗渗流稳定性，
验算示意图如图 3-11 所示。

$$\gamma_{Rw} = \frac{\gamma_m(t + \Delta t)}{p_w} \qquad\qquad (3-32)$$

式中：γ_{Rw}——基坑底土层渗流稳定抗力分项系数，$\gamma_{Rw} \geqslant 1.2$；

  γ_m——透水层以上土的饱和重度（kN/m³）；

  $t + \Delta t$——透水层顶面距基坑底面的深度（m）；

  p_w——含水层压力（kPa）。

  当坑底下某深度范围内，无承压水层时，可按式（3-33）验算抗渗流稳定性，验算示意
图如图 3-12 所示。

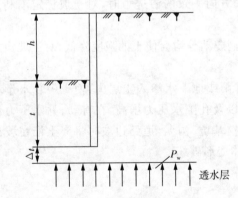

图 3-11　有承压水层时基坑
抗渗流稳定性验算

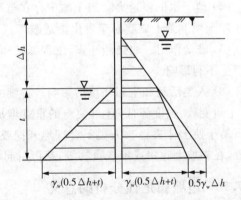

图 3-12　无承压水层时基坑
抗渗流稳定性验算

$$\gamma_{Rw} = \frac{\gamma_m t}{\gamma_w (0.5\Delta h + t)}$$

(3-33)

式中：γ_{Rw}—— 基坑底土层渗流稳定抗力分项系数，$\gamma_{Rw} \geqslant 1.1$；

γ_m—— 深度范围内土的饱和重度（kN/m^3）；

Δh—— 基坑内外地下水位的水头差（m）；

γ_w—— 水的重度（kN/m^3）。

当验算结果不能满足土体抗渗稳定性要求时，需要考虑阻断坑外地下水向坑内的渗流、承压水降压、增大深度范围内土的重度及降低水头差等方法以防止流砂、管涌等现象的发生。在实际工程中一般采用施工截水帷幕、基坑降水和地基加固等方法来处理基坑渗流问题。

3.7 边坡工程稳定性分析

3.7.1 影响边坡稳定的因素

边坡在各种内力和外力的共同作用下，有可能产生剪切破坏，或者土体的移动超过了允许值，即发生边坡失稳。其根本原因在于土体内部某个面上的剪应力达到了抗剪强度，使稳定平衡遭到破坏。边坡在发生滑动之前，一般首先在坡顶开始明显下降并出现裂缝，坡脚附近的地面则有较大的侧向位移并微微隆起。随着坡顶裂缝的展开和坡脚侧向位移的增加，部分土体突然沿着某一个滑动面急剧下滑，造成滑坡。

影响边坡稳定的因素有很多且复杂多变，主要包括边坡的边界条件、土质条件和外界条件。具体因素如下：

（1）边坡坡角。坡角越小越利于土坡稳定，但在铁路和公路修建中不经济。

（2）坡高。试验研究表明，其他条件相同的土坡，坡高越小，土坡越稳定。

（3）土的工程性质。土的工程性质越好，土坡越稳定。如土的抗剪强度指标值大的土坡比抗剪强度指标值小的土坡更安全。

（4）地下水的渗透力。当土坡中存在与滑动方向一致的渗透力时，对土坡稳定不利。如水库土坝下游土坡就易于发生渗透破坏。

（5）震动作用。如强烈地震、工程爆破和车辆震动等均会使土的强度降低，对土坡稳定性产生不利影响。

（6）人类活动和生态环境的影响。持续的降雨或地下水渗入土层中，使土中含水量增大，土质变软、强度降低，还可使土的重度增加，以及孔隙水压力增高，在有动、静水压力作用下易于使土体失稳。人类不合理地开挖或开挖基坑、沟渠、道路边坡时将弃土堆在坡顶附近，在斜坡上建房或堆放重物等，都可引起坡体变形破坏。

3.7.2 边坡稳定性分析的意义

在土建工程中经常遇到土坡稳定问题，如果处理不当，土坡则失稳产生滑动，不仅影响工程进展，甚至危及生命安全，应当引起重视，因此研究边坡的稳定性意义重大。

天然斜坡、堤坝以及基坑放坡开挖等，都要分析斜坡的稳定性。目前边坡稳定性分析方法有极限平衡法、极限分析法和有限元法等。这里主要讲解极限平衡法。极限平衡方法分析的一般步骤:假定斜坡破坏是沿着土体内某一确定的滑裂面滑动,根据滑裂土体的静力平衡条件和莫尔-库仑强度理论,可以计算出沿该滑裂面滑动的可能性,即边坡稳定安全系数的大小。稳定系数最低的就是可能性最大的滑动面。本章将介绍边坡稳定性的基本原理和方法。

3.8 平面滑动分析法

3.8.1 无黏性土在干坡或水下坡时的稳定安全系数

干坡和水下坡是指完全在水位以上或完全浸水且没有渗流作用的无黏性边坡。

根据实际观测,均质的砂性土或卵石、风化砾石等粗粒土构成的边坡,在破坏时的滑动面往往近似于平面,因此在分析这类土的边坡稳定时,为了计算简便,一般均假定滑动面是平面,常用直线滑动法以分析其稳定性。

如图 3-13 所示的简单边坡,已知边坡高度为 H,坡角为 β,土的重度为 γ,土的抗剪强度 τ。若假定滑动面是通过坡脚 A 的平面 AC,AC 的倾角为 α,滑动面 AC 的长度为 L,则可计算滑动土体 ABC 沿 AC 面滑动的稳定安全系数 K 值。

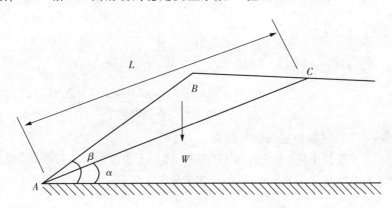

图 3-13 适用平面滑动法的简单边坡

沿边坡长度方向取单位长度边坡,作为平面应变问题分析。已知滑动土体 ABC 的重力为 W,在滑动面 AC 上的法向分力 N 及正应力 σ 为

$$N = W\cos\alpha \tag{3-34}$$

$$\sigma = \frac{N}{L} = \frac{W\cos\alpha}{L} \tag{3-35}$$

根据定义,边坡的稳定安全系数 K 为

$$K = \frac{\tau_f}{\tau} = \frac{\sigma\tan\varphi + c}{\tau} = \frac{\dfrac{W\cos\alpha}{L}\tan\varphi + c}{\dfrac{W\sin\alpha}{L}} = \frac{W\cos\alpha\tan\varphi + cL}{W\sin\alpha} \tag{3-36}$$

验算时,先通过坡脚假设一直线滑动面,按式(3-36)计算边坡沿此滑动面下滑的安全系数 K,然后再假设若干个滑动面,计算相应的安全系数,由此求得最小安全系数 $K_{\min}$。当 $K_{\min} \geqslant 1$ 时,此土坡即是稳定的。为了保证边坡具有足够的安全储备,通常可取 $K \geqslant 1.3$。

当均质无黏性土坡 $c = 0$ 时,上式可简化为

$$K = \frac{\tan\varphi}{\tan\alpha} \qquad (3-37)$$

由式(3-37)可知,对于均质无黏性土坡,当 $\alpha = \beta$ 时,滑动稳定安全系数最小,也即土坡坡面的一层土是最容易滑动的。因此,无黏性土的土坡稳定安全系数为

$$K = \frac{\tan\varphi}{\tan\beta} \qquad (3-38)$$

上式表明,均质无黏性土坡稳定性与坡高无关,与土的重度无关,与所取的隔离体体积无关,而仅与坡角 β 有关,只要坡角小于土的内摩擦角($\beta < \varphi$),$K > 1$,则无论边坡多高在理论上都是稳定的。$K = 1$ 表明土坡处于极限状态,即边坡坡角等于土的内摩擦角。

例3-1 用砂性土填筑的路堤,高度为 3.0 m,顶宽 26 m,坡率 1:1.25,采用直线滑动面法验算其边坡稳定性,砂性土的 $\varphi = 30°$,$c = 0.1$ kPa,假设滑动面倾角 $\alpha = 25°$,滑动面以上土体重力 $W = 52.2$ kN/m,滑面长 $L = 7.1$ m,如图 3-14 所示,抗滑稳定性系数为多少?

解: 由公式

$$K = \frac{抗滑力}{下滑力} = \frac{W\cos\alpha\tan\varphi + cL}{W\sin\alpha}$$

$$= \frac{52.2 \times \cos25° \times \tan30° + 7.1 \times 0.1}{52.2 \times \sin25°} \approx 1.27$$

即滑动面倾角 $\alpha = 25°$ 时的稳定安全系数为 1.27。

例3-2 某无限长土坡,土坡高度 H(图 3-15),土重度 $\gamma = 19$ kN/m³,滑动面土的抗剪强度 $c = 0$,$\varphi = 30°$,若安全系数 $K = 1.3$,试求坡角 α 的值。

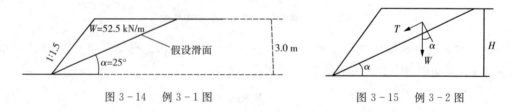

图 3-14 例 3-1 图　　　　　图 3-15 例 3-2 图

解: 设滑体重力为 W,坡角为 α 值,沿滑面下滑力为

$$T = W\sin\alpha$$

沿滑面抗滑力为

$$R = W\cos\alpha\tan\varphi$$

安全系数为

$$K = \frac{R}{T} = \frac{W\cos\alpha\tan\varphi}{W\sin\alpha} = 1.3$$

则

$$\tan\alpha = \frac{\tan\varphi}{1.3} = \frac{\tan 30°}{1.3} \approx 0.444$$

即该边坡安全系数为 1.3 时,边坡坡角为 24°。

3.8.2　自然休止角

式(3-37)表明,无黏性土坡的坡角不可能超过土的内摩擦角,无黏性土所能形成的最大坡角就是无黏性土的内摩擦角,也称此坡角为自然休止角。人工临时堆放的砂土,常比较疏松,其自然休止角略小于同一级配砂土的内摩擦角。根据这一原理,在工程上就可以通过堆砂锥体法来确定砂土的内摩擦角。如图 3-16 所示,通过漏斗在地面上堆砂堆,无论砂堆多高,所能形成的最陡的坡角总是一定的,也就是土坡处于极限平衡状态时的坡角,即自然休止角。

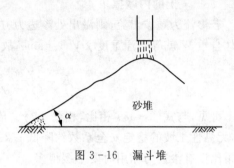

图 3-16　漏斗堆

3.8.3　存在渗流时的稳定安全系数

在很多情况下,边坡会受到由于水位差的改变所引起的水力坡降或水力梯度,从而在土坡内形成渗流场,对土坡稳定性产生不利影响。

当无黏性土坡受到一定的渗透力作用时,坡面上渗流溢出处的单元体除自重外,还受渗透力 $J = \gamma_w iV$ 的作用,这增加了该土块的滑动力,减少了抗滑力,因而会降低下游边坡的稳定性。

先分析浸润线逸出点以下部分边坡的稳定性,图 3-17 表示渗透水流从土堤的下游溢出。如果水流的方向与水平面夹角 θ,则沿水流方向的渗透力 $J = \gamma_w i$,在坡面上取土体 V 中的土骨架为隔离体,其有效重力为 $\gamma'V$。分析这块土骨架的稳定性,作用在土骨架上的渗透力为 $J = jV = \gamma_w iV$,沿坡面的全部滑动力,包括重力和渗透力的分量,表达为

$$T + J\cos(\alpha + \theta) = \gamma'V\sin\alpha + \gamma_w iV\cos(\alpha - \theta)$$

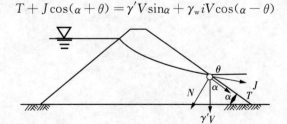

图 3-17　有渗流水溢出的土坡

坡面的正压力为

$$N - J\sin(\alpha - \theta) = \gamma'V\cos\alpha - \gamma_w iV\sin(\alpha - \theta)$$

土体沿坡面滑动的安全系数为

$$K = \frac{[\gamma'V\cos\alpha - \gamma_w iV\sin(\alpha - \theta)]\tan\varphi}{\gamma'V\sin\alpha + \gamma_w iV\cos(\alpha - \theta)} \tag{3-39}$$

式中:i——渗透坡降;

γ'——土体的有效重度;

γ_w——水的重度;

φ——土的内摩擦角。

若渗流为顺坡出流,则溢出处渗透力方向与坡面平行,即 $\theta = \alpha$,此时对于单元体来说,土体自重 W 就等于浮重度 $\gamma'V$,$i = \sin\alpha$,故有渗流作用的无黏性土坡的稳定安全系数为

$$K = \frac{\gamma'\cos\alpha\tan\varphi}{(\gamma' + \gamma_w)\sin\alpha} = \frac{\gamma'\tan\varphi}{\gamma_{sat}\tan\alpha} \tag{3-40}$$

可见,与式(3-38)相比,相差 γ'/γ_{sat} 倍,此值约为 1/2。所以,当坡面有顺坡渗流作用时,无黏性土坡的稳定安全系数约降低 1/2。因此要保持同样的安全度,有渗透力作用时的坡角比没有渗透力作用时要平缓得多。

当渗流方向为水平逸出坡面时,$i = \tan\alpha$,则 K 表达式为

$$K = \frac{(\gamma' - \gamma_w \tan^2\alpha)\tan\varphi}{(\gamma' + \gamma_w)\sin\alpha} \tag{3-41}$$

式中:$\dfrac{\gamma' - \gamma_w \tan^2\alpha}{\gamma' + \gamma_w} < \dfrac{1}{2}$,说明与干坡相比 K 下降超过 1/2。

上述分析说明,对于有渗流情况下无黏性土的土坡,只有当坡角 $\alpha \leqslant \arctan[(\tan\varphi)/2]$ 时才能稳定。工程实践中应尽可能消除渗透水流的作用。处于水下的土坡,其稳定坡角为无黏性土的水下内摩擦角 φ'。

例 3-3　和例 3-2 同条件,但土体处于饱和状态,土体的饱和重度 $\gamma_{sat} = 20 \, kN/m^3$,水沿顺坡方向渗流,当安全系数 $K = 1.3$ 时,试求容许坡角。

解:土坡下滑力除土体本身重力外,还受到渗透力作用,渗透力为

$$J = jV = \gamma_w iV$$

式中:γ_w——水的重度;

i——水力梯度。

当顺坡渗流时,

$$i = \sin\alpha$$

下滑力为

$$T + J = W\sin\alpha + \gamma_w iV = \gamma'V\sin\alpha + \gamma_w iV$$

抗滑力为

$$R = W\cos\alpha\tan\varphi$$

对于单位土体,土的自重等于土的浮重度 γ',所以

$$K = \frac{R}{T+J} = \frac{\gamma'\cos\alpha\tan\varphi}{(\gamma' + \gamma_{\mathrm{w}})\sin\alpha} = \frac{\gamma'\tan\varphi}{\gamma_{\mathrm{sat}}\tan\alpha} = 1.3 = \frac{10\tan30°}{20\tan\alpha}$$

则 $\tan\alpha = \dfrac{10 \times 0.577}{20 \times 1.3} = 2.222$,$\alpha = 12.5°$。

比较以上两个例题,对于无黏性土坡安全系数,当存在水的顺坡渗流时,其安全系数降低约 50%。对于同样的安全系数,有水渗流时,容许坡角减小约 100%。

3.9   折线型滑面稳定性分析

在实际工程中常常会遇到非圆弧滑动面的土坡稳定分析问题,如土坡下面有软弱夹层,或土坡位于倾斜岩层面上,滑动面形状受到夹层或硬层影响而呈非圆弧形状。此时若采用前述圆弧滑动面法分析就不再适用。

传递系数法是我国铁路与工民建等部门在进行土坡稳定验算中经常使用的方法,这种方法适用于任意形状的滑面。其计算原理介绍如下。

传递系数法假定每侧条间力的合力与上一土条的底面相平行,即图 3-18 中的 E_i 的偏角为 α_i,E_{i-1} 的偏角为 α_{i-1}。然后根据力的平衡条件,逐条向下推导。

对于第 i 个土条,只考虑第 $i-1$ 个土条传递过来的力,则土条的受力情况为

土条的下滑力:$T_i + E_{i-1} \cdot \cos(\alpha_{i-1} - \alpha_i)$

土条的抗滑力由两部分组成:$[N_i + E_{i-1} \cdot \sin(\alpha_{i-1} - \alpha_i)] \cdot \tan\varphi_i + c_i \cdot L_i$

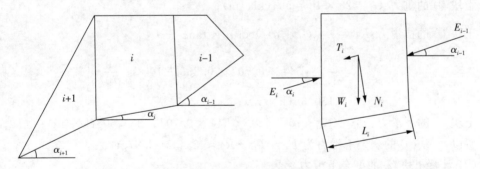

图 3-18   传递系数法计算原则

考虑土条的安全系数,则第 i 个土条剩余的下滑力为

$$E_i = [T_i + E_{i-1} \cdot \cos(\alpha_{i-1} - \alpha_i)] - \frac{1}{K}\{[N_i + E_{i-1} \cdot \sin(\alpha_{i-1} - \alpha_i)] \cdot \tan\varphi_i + c_i \cdot L_i\}$$

$$(3-42)$$

式中:E_i—— 第 i 条块剩余下滑力;

K—— 假设安全系数;

E_{i-1}—— 第 $i-1$ 条块剩余下滑力,并传递给第 i 条块。

分条之间不能承受拉力,所以任何土条的推力如果为负,则推力不再向下传递,而对下一土条取推力为零。

传递系数法可以解决两类问题,第一类问题是计算某一安全系数下最后条块剩余的下滑力。当该下滑力为负时,表示边坡在该安全系数下稳定;当该下滑力为正时,表示边坡失衡。第二类问题是计算边坡的安全系数,假定不同的安全系数进行试算,直至最后条块的剩余下滑力为0,此时假设的安全系数就是边坡的安全系数。

例 3-4 已知某路堤的横断面如图 3-19 所示,路堤上作用均布荷载 $q = 10$ kN/m,土体的黏聚力 $c = 10$ kPa,内摩擦角 $\varphi = 15°$,土的重度 $\gamma = 18$ kN/m³,各尺寸见图 3-19,单位为 m,试求:(1) 安全系数 $K = 1.25$ 时的边坡稳定性;(2) 边坡的安全系数。

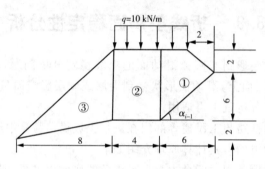

图 3-19　某路堤的横断面

解:(1) 首先计算土块 ① 的剩余下滑力。

土块 ① 的面积:$S_1 = \dfrac{1}{2}(4+6) \times 2 + \dfrac{1}{2} \times 6 \times 6 = 28 (\text{m}^2)$;

土块 ① 的重力:$G_1 = 28 \times 18 = 504 (\text{kN/m})$;

土块 ① 的抗滑力:$R_1 = \dfrac{1}{K}[(G_1 + qb_1)\cos\alpha_1 \times \tan\varphi + cL_1]$

$$= \dfrac{1}{1.25}\left[544 \times 0.707 \times 0.268 + 10 \times \dfrac{6.0}{0.707}\right]$$

$$\approx 150.36 (\text{kN/m});$$

土块 ① 的下滑力:$T_1 = (G_1 + qb_1)\sin\alpha_1 = 544 \times 0.707 = 384.608 (\text{kN/m})$;
所以,土块 ① 的剩余下滑力为 $E_1 = T_1 - R_1 \approx 234.25 (\text{kN/m})$。

(2) 计算土块 ② 的剩余下滑力。

此时将 E_1 当作外力。

土块 ② 的重力:$G_2 = \gamma S_2 = 18 \times (4 \times 8) = 576 (\text{kN/m})$;

土块 ② 的抗滑力:$R_2 = \dfrac{1}{K}\{[(G_2 + qb_2) \times \cos 0° + E_1 \times \sin 45°] \times \tan\varphi + cL_2\}$

$$= \dfrac{1}{1.25}(781.61 \times 0.268 + 10 \times 4) \approx 199.58 (\text{kN/m});$$

土块 ② 的下滑力:$T_2 = E_1\cos 45° = 234.25 \times 0.707 \approx 165.61 (\text{kN/m})$;

土块 ② 的剩余下滑力:$E_2 = T_2 - R_2 = 165.61 - 199.58 = -33.97 (\text{kN/m})$。

也即 ① 和 ② 两个土条可以自平衡,所以 $E_2 = 0$,且不代入下块计算。

(3) 计算土块 ③ 的剩余下滑力。

土块 ③ 的重力：$G_3 = \gamma S_3 = 18 \times \left(\dfrac{1}{2} \times 8 \times 8 \right) = 576 (\text{kN/m})$；

土块 ③ 的抗滑力：$R_3 = \dfrac{1}{K}(G_3 \times \cos\alpha_3 \tan\varphi + cL_3)$

$$= \dfrac{1}{1.25}\left(576 \times 0.97 \times 0.268 + 10 \times \dfrac{8.0}{0.97} \right) \approx 185.8 (\text{kN/m})$$

土块 ③ 的下滑力：$T_3 = G_3 \sin\alpha_3 = 576 \times 0.242 \approx 139.4(\text{kN/m})$；

土块 ③ 的剩余下滑力：$E_3 = T_3 - R_3 = -46.4 \text{ kN/m} < 0$。

所以在安全系数为 1.25 的设定下，折线路堤满足抗滑要求。

(4) 求边坡的安全系数。

安全系数一般采用试算法，把假设的安全系数代入式(3-42)，当最后条块剩余下滑力接近于 0 时，假定的安全系数就是实际的安全系数。试算法的计算工作量较大，一般采用程序列举法。例如，本例中，计算安全系数为 $K = 1.662$ 时，剩余的下滑力为 -0.0069 kN/m。

传递系数法只考虑了力的平衡而没有考虑力矩平衡的问题，这是它的缺陷。但由于该法计算简捷，所以被广大工程技术人员所采用。

3.10 边坡稳定性分析的几个问题讨论

3.10.1 常用条分法比较

由于圆弧滑动条分法在计算中均引入了一些计算假设，例如，假设滑动面为圆弧面，不考虑条间力作用，安全系数用滑裂面上全部抗滑力矩与滑动力矩之比来定义。这些假设都会造成计算结果有一定的误差，常用条分法的比较如表 3-1 所示。

表 3-1 常用条分法的比较

方法	滑裂面形状	假设条件	计算条件	误差分析
瑞典圆弧法	圆弧	刚性滑动体，滑动面上极限平衡	软黏土不排水	—
瑞典条分法	圆弧	忽略条间力	一般均质土	F_s 偏小 10%
毕肖普法	圆弧	考虑条间力	一般均质土简化($\Delta H_i = 0$)	简化法误差 20% ~ 70%

3.10.2 边坡稳定性分析应注意的几个问题

1. 挖方边坡与天然边坡

天然地层的土质与构造比较复杂，这些土坡与人工填筑土坡相比，性质上有所不同。对于正常固结黏性土土坡，按上述的稳定性分析方法得到的安全系数比较符合实测结果。但对于超固结裂隙黏性土土坡，采用上述分析方法误差较大。

2. 土体抗剪强度指标的选用

边坡稳定性分析成果的可靠性,很大程度上取决于土体抗剪强度的正确选取。工程实践表明,在计算时若选取的抗剪强度指标值过高,则有发生滑坡的可能,工程偏危险;若选取的指标值过低,则没有充分发挥土的强度,就工程而言偏安全,但不经济。试验方法不同引起抗剪强度指标的选取差别对土坡稳定安全系数的影响远超过不同计算方法之间的差别,尤其对于软黏土。所以,土体抗剪强度指标选取的正确与否是影响土坡稳定性分析成果可靠性的主要因素。

在实际工程中,应结合边坡的实际加荷情况,填料的性质和排水条件等,合理的选用土的抗剪强度指标。

在测定土的抗剪强度时,原则上应使试验的模拟条件尽量符合现场土体的实际受力和排水条件,保证试验指标具有一定的代表性。当验算土坡施工结束时的稳定情况时,若土坡施工速度较快,填土的渗透性较差,则土中孔隙水压力不易消散,这时宜采用快剪或三轴不排水剪试验指标,用总应力法分析。当验算土坡长期稳定性时,应采用排水剪试验或固结不排水剪试验强度指标,用有效应力法分析。

3. 坡顶开裂时的土坡稳定性

坡顶开裂时的土坡稳定性计算如图 3-20 所示,由于土的收缩及张力作用,在黏性土坡的坡顶附近可能出现裂缝,雨水或相应的地表水渗入裂缝后,将产生一静水压力 $p_w = \gamma_w \cdot h_0^2/2$,它是促使土坡滑动的作用力,故在土坡稳定性分析中应该考虑进去。

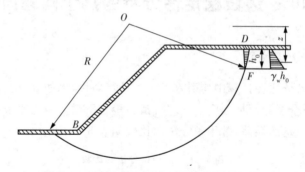

图 3-20　坡顶开裂时的土坡稳定性计算

坡顶裂缝的开展深度 h 可近似按挡土墙后为黏性填土时,在墙顶产生的拉力区高度公式计算:

$$h_0 = \frac{2c}{\gamma \sqrt{K_a}} \qquad (3-43)$$

式中:K_a—— 朗肯主动土压力系数。

裂缝内因积水产生的静水压力对最危险滑动面圆心 O 的力臂为 Z。在按前述各种方法分析土坡稳定性时,应考虑 p_w 引起的滑动力矩,同时土坡滑动面的弧长也将由 BD 减短为 BF。

4. 边坡稳定的允许坡度

边坡的坡度允许值应根据当地经验,参照同类土层的稳定坡度进行综合确定。

由于边坡稳定分析方法选择的不同,目前对土坡稳定的允许坡度的取值,不同行业对边坡稳定的允许安全系数有不同的要求,目前在《建筑地基基础设计规范》(GB 50007—2011)中规定了土质的边坡坡度允许值(表3-2)和压实填土的边坡坡度允许值(表3-3)的方法。

表3-2　土质边坡坡度允许值

土的类别	密实度或状态	坡度允许值(高宽比)	
		坡高5 m以内	坡高5～10 m
碎石土	密实	1:0.35～1:0.50	1:0.50～1:0.75
	中密	1:0.50～1:0.75	1:0.75～1:1.00
	稍密	1:0.75～1:1.00	1:1.00～1:1.25
黏性土	坚硬	1:0.75～1:1.00	1:1.00～1:1.25
	硬塑	1:1.00～1:1.25	1:1.25～1:1.50

注:① 表中碎石土的充填物为坚硬至硬塑状态的黏性土;
　　② 对于砂土或充填物为砂土的碎石土,其边坡坡度允许值均按自然休止角确定。

表3-3　压实填土的边坡坡度允许值

填料类别	压实系数	边坡允许值(高宽比)	
		坡高在8 m以内	坡高为8～15 m
碎石、卵石	0.94～0.97	1:1.50～1:1.25	1:1.75～1:1.50
砂夹石(其中碎石、卵石占全重的30%～50%)		1:1.50～1:1.25	1:1.75～1:1.50
土夹石(其中碎石、卵石占全重的30%～50%)		1:1.50～1:1.25	1:2.00～1:1.50
粉质黏土,黏粒含量不小于10%的粉土		1:1.75～1:1.50	1:2.25～1:1.75

注:压实系数为λ_c,当压实填土厚度大于20 m时,可设计成台阶进行压实填土的施工。

思考与练习题

1. 影响土坡稳定的因素有哪些?

2. 砂性土土坡的稳定性只要坡角不超过其内摩擦角,坡高可不受限制,而黏性土土坡的稳定性还与坡高有关,试分析其原因?

3. 土坡圆弧滑动面的整体稳定分析的原理是什么?如何确定最危险圆弧滑动面?

4. 简述条分法的基本原理及计算步骤。试分析瑞典条分法、毕肖普法的异同。

5. 从土力学观点看,你认为土坡稳定计算的主要问题是什么?

6. 某均质黏性土土坡,$H=20$ m,坡比为1:2,填土重度$\gamma=18$ kN/m³,$\varphi'=28°$,$c'=14$ kPa,试用简化的毕肖普法计算该土坡的稳定安全系数。

7. 砂砾土坡,其饱和重度$\gamma=19$ kN/m³,内摩擦角$\varphi=28°$,坡比为1:3,试问在干坡或完全浸水时,其稳定安全系数为多少?当有顺坡向渗流时土坡还能保持稳定吗?若坡比改成1:4,其稳定性又如何?

第 4 章　基坑支护结构设计与计算

4.1　概　述

基坑开挖必须保证坑壁的安全和稳定,基坑越深,基坑坑壁的稳定性问题就越突出。深基坑支护技术是近几十年来我国逐步涉及的技术难题,基坑支护设计计算理论在工程实践过程中也得到不断地发展和完善。深基坑的护壁,不仅要保证基坑内能正常作业且安全,便于基坑挖土,而且要防止基底及坑外土体移动,避免基坑周围地面下沉,保证基坑附近建(构)筑物、地下管线、电缆及道路的正常运行。

为了在基坑支护工程中做到技术先进,经济合理,确保基坑边坡、基坑周边建(构)筑物、道路和地下设施的安全,应综合场地工程地质与水文地质条件、地下室的要求、基坑开挖深度、降排水条件、周边环境和周边荷载、施工季节、支护结构使用期限等因素,因地制宜地选择合理的支护结构形式。本章主要介绍目前基坑工程中较常用的支护结构类型及其适用条件和相应的计算方法。

4.1.1　支护结构形式及适用范围

基坑支护方法种类繁多,每一种支护方法都有一定的适用范围,也有其相应的优点和缺点,因此要因地制宜,选用合理的支护方式,具体工程中采用何种支护方法主要根据基坑开挖深度、岩土性质、基坑周围场地情况及施工条件等因素。目前在基坑工程中常用的支护方法有悬臂式支护结构、拉锚式支护结构、内支撑式支护结构、水泥土重力式支护结构、土钉支护和复合土钉支护等。同时,基坑支护方法的分类多种多样,在基坑支护方法分类中要包含所有支护形式是十分困难的。龚晓南教授将其分为四大类,即放坡开挖及简易支护、加固边坡土体形成自立式支护结构、挡墙式支护结构和其他支护结构。

根据开挖和施工方法,基坑工程可分为无支护开挖和有支护开挖,有支护的基坑工程可进一步分为无支撑围护和有支撑围护。

1. 放坡开挖

放坡开挖是选择合理的基坑边坡以保证在开挖过程中边坡的稳定性,包括坡面的自立性和边坡整体稳定性。放坡开挖适用于地基土质较好,开挖深度不大,以及施工现场有足够放坡场所的工程。放坡开挖一般费用较低,能采用放坡开挖应尽量采用放坡开挖。有时虽有足够的放坡场所,但挖土及回填土方量大,综合考虑工期、工程费用,也不宜采用放坡开挖。放坡开挖如图 4-1 所示。

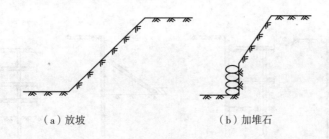

（a）放坡　　　　　（b）加堆石

图 4-1　放坡开挖

2. 悬臂式支护结构

悬臂式支护结构（图 4-2）常采用钢筋混凝土桩排桩墙、木板桩、钢板桩、钢筋混凝土板桩、地下连续墙等形式。悬臂式支护结构依靠足够的入土深度和结构的抗弯能力来维持整体稳定和结构的安全，悬臂式支护结构对开挖深度很敏感，容易产生较大的变形，易对相邻建（构）筑物产生不良影响。悬臂式支护结构适用于土质较好、开挖深度较浅的基坑工程。

3. 水泥土重力式支护结构

目前在工程中用得较多的水泥土重力式支护结构（图 4-3），常采用深层搅拌法形成，有时也采用高压喷射注浆法形成。为了节省投资，常采用格构体系。水泥土与

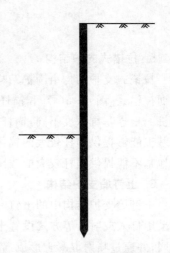

图 4-2　悬臂式支护结构

其包围的天然土形成重力式挡墙支挡周围土体，保持基坑边坡稳定。重力式支护结构常用于软黏土地区开挖深度在 6.0 m 以内的基坑工程。水泥土抗拉强度低，水泥土重力式支护结构适用于较浅的基坑工程，其变形也比较大。

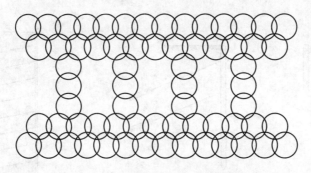

图 4-3　水泥土重力式支护结构

4. 内撑式支护结构

内撑式支护结构由围护结构体系和内撑体系两部分组成（图 4-4）。围护结构体系常采用钢筋混凝土桩排桩墙和地下连续墙两种形式。内撑体系可采用水平支撑和斜支撑［图 4-4(c)］。根据不同开挖深度又可采用单层水平支撑［图 4-4(a)］、两层水平支撑［图 4-4(b)］及多层水平支撑［图 4-4(d)］。内撑常采用钢筋混凝土支撑和钢管（或型钢）支撑两种。钢筋混凝土支撑体系的优点是刚度好、变形小，而钢管支撑的优点是钢管可以回收且方便加预压力。

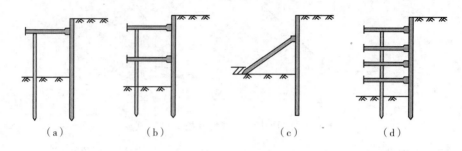

（a）　　　　　（b）　　　　　（c）　　　　　（d）

图 4-4　内撑式支护结构

5. 拉锚式支护结构

拉锚式支护结构由围护结构体系和锚固体系两部分组成（图 4-5）。锚固体系可分为地面拉锚式［图 4-5(a)］和锚杆式［图 4-5(b)］两种。地面拉锚式需要有足够的场地设置锚桩。根据基坑深度不同,锚杆式也可分为单层锚杆、二层锚杆和多层锚杆。锚杆式需要地基土能够提供锚杆较大的锚固力。锚杆式较适用于砂土地基或硬黏土地基。由于软黏土地基不能提供锚杆较大的锚固力,所以很少使用。

6. 土钉墙支护结构

土钉墙支护结构中的土钉一般通过钻孔、插筋和注浆来设置,传统上称砂浆锚杆。也可采用打入或射入等方式设置土钉。边开挖基坑,边在土坡中设置土钉。在坡面上铺设钢筋网,并通过喷射混凝土形成混凝土面板,从而形成土钉墙支护结构（图 4-6）。土钉墙支护结构是通过在基坑边坡中设置土钉,形成加筋土重力式挡墙,并起到挡土作用。土钉墙支护结构适用于地下水位以上或人工降水后的黏性土、粉土、杂填土及非松散砂土、卵石土等地基工程,不适用于淤泥质土及未经降水处理地下水位以下的土层地基中的基坑围护。

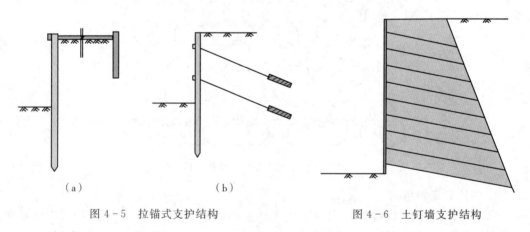

（a）　　　　　　　（b）

图 4-5　拉锚式支护结构　　　　　图 4-6　土钉墙支护结构

7. 其他形式支护结构

其他形式支护结构主要有门架式支护结构（图 4-7）、拱式组合型支护结构（图 4-8）、喷锚网支护结构（图 4-9）、加筋水泥土挡墙支护结构（图 4-10）、放坡开挖与排桩墙（图 4-11）、放坡开挖与内撑排桩墙（图 4-12）、沉井支护结构、冻结法支护结构等。

基坑与边坡工程

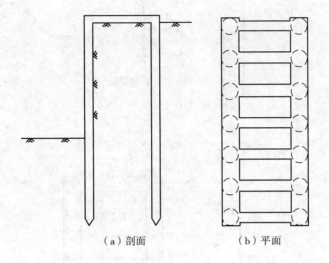

（a）剖面　　　　　　（b）平面

图 4 - 7　门架式支护结构

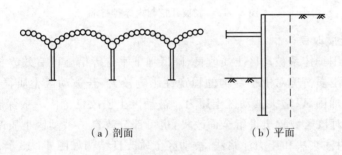

（a）剖面　　　　　　（b）平面

图 4 - 8　拱式组合型支护结构

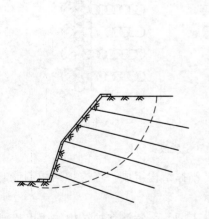

图 4 - 9　喷锚网支护结构

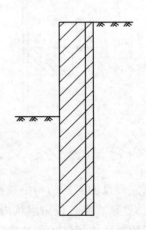

图 4 - 10　加筋水泥土挡墙支护结构

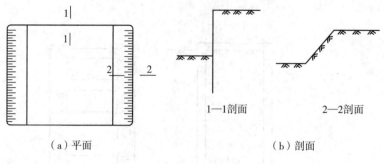

（a）平面　　　　　　　　　　　1—1剖面　　　　　2—2剖面

（b）剖面

图 4-11　放坡开挖与排桩墙

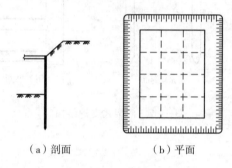

（a）剖面　　　　　　（b）平面

图 4-12　放坡开挖与内撑排桩墙

8. 被动区土质改良

通过对基坑围护体系被动区土质改良、降低地下水位等措施可有效改善围护结构的受力性状。被动区土质情况对围护结构的稳定性影响较大，若被动区土质很软，则可采用被动区土质改良来加固，以增大被动区土压力。被动区土质改良范围一般深度取 3～6 m，宽度取 5～9 m，可对该区域软土进行全面改良，也可部分改良。被动区土质改良常采用深层搅拌法、高压喷射注浆法和压力注浆法，被动区土质改良结构如图 4-13 所示。

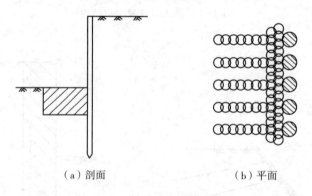

（a）剖面　　　　　　　　（b）平面

图 4-13　被动区土质改良结构

被动区土质改良的支护结构由挡土结构、锚撑结构组成。当支护结构不能起到止水作用时，可同时设置止水帷幕或采取坑内外降水。

上述常用的基坑支护结构的类型如图 4-14 所示，各类支护结构的适用范围见表 4-1 所列，表中所列开挖深度应根据当地经验合理选用。

支护类型
- 悬臂式支护结构
  - 排桩支挡结构
    - 稀疏排桩
    - 连续排桩
    - 组合式排桩
  - 地下连续墙
- 水泥土重力式支护结构
  - 水泥搅拌桩加固法
  - 高压旋喷桩加固法
  - 注浆加固法
  - 网状树根加固法
- 单（多）支撑混合支护结构
  - 单（多）支撑桩混合支护结构
  - 单（多）支撑地下连续墙
  - 沉井
- 土钉墙支护结构
- 锚喷（网）支护结构
- 拱式组合型支护结构
  - 圆形拱支护结构
  - 椭圆形支护结构
  - 曲线形支护结构

图 4-14　基坑支护结构的类型

表 4-1　各类支护结构的适用范围

结构形式	适用范围	备注
放坡	施工场地应满足放坡条件，可与其他支护结构形式相结合	
水泥土重力式支护结构	适用于淤泥质土、淤泥基坑，且基坑深度不大于 6 m	可布置成格栅状，支护结构宽度较大
加筋水泥土墙支护结构	适用于软黏土基坑，基坑深度不大于 6 m	可采用型钢、预制钢筋混凝土 T 形桩等加筋材料
土钉墙支护结构	适用于地下水以上或降水后的边坡加固	可与锚拉式、支撑式排桩墙支护联合使用
复合土钉墙支护结构	基本与土钉墙支护结构相同	复合式土钉墙形式很多，需具体分析
悬臂式排桩支护结构	适用于基坑深度较浅，可允许较大变形的基坑	常辅以水泥土止水帷幕
排桩墙加内支撑式支护结构	适用范围较广，可适用于各种土层的基坑	常辅以水泥土止水帷幕
排桩墙加锚拉式支护结构	砂性土地基和硬黏土地基可提供较大的锚固力	采用注浆可增加锚杆的锚固力
双排桩	当悬臂式、锚拉式和支撑式结构不适用时，可考虑双排桩	
地下连续墙结构	适用范围广，可适用于各种土层的基坑	与地下室墙体合一，防渗性强，施工场地较小，开挖深度大

结构形式	适用范围	备注
地下连续墙加内撑式支护结构	适用范围广,可适用于各种土层的基坑	
地下连续墙加锚拉式支护结构	适用于可提供较大锚固力地基中的基坑	
门架式支护结构	常用于开挖深度已超过悬臂式支护结构的深度且不是很大的情况	
拱式组合型支护结构	一般适用于软黏土基坑中	
沉井支护结构	常用于软土地基中,面积小且成圆形或矩形等较规则形状的基坑	软土地区

4.1.2 支护结构的选用原则

1. 选用支护结构形式时,需要考虑以下因素:

(1)基坑深度。

(2)土的性状及地下水条件。

(3)基坑周围环境对基坑变形的承受能力及支护结构失效的后果。

(4)主体地下结构和基础形式及其施工方法、基坑平面尺寸及形状。

(5)支护结构施工工艺的可行性。

(6)施工场地条件及施工季节。

(8)经济指标、环保性能和施工工期。

2. 支护结构的选用原则是安全、经济、方便施工、因地制宜。

(1)安全:既要保证支护体系本身不产生各种围护体系的破坏,又要保证邻近基坑的建(构)筑物不致因基坑变形导致结构性破坏或改变其正常使用状况。

(2)经济:在保证安全的前提下,综合分析,经过多方案对比,确定选用的方案是否经济合理。

(3)方便施工:缩短工期,既可产生直接的经济效益,又确保对基坑的安全有利。

4.1.3 支护结构上的荷载

随着城市高层建筑的增多,城市建筑基坑设计也越来越深,为了维护基坑开挖边坡的稳定,常要设置临时性或半永久性的支护体系。与支护结构内力计算密切相关的是作用在结构上荷载的确定,即支护结构上荷载的计算。深基坑支护结构作用荷载、内力计算问题实际上是一个典型的土与结构共同作用的问题,作用于支护结构上的土压力随着土与结构间的变形条件、支护结构刚度、支点力(锚杆或内支撑)大小、支护体系的空间影响变化而变化。因此,支护结构设计的合理性,以及确保工程的顺利施工,首先要确定支护结构上的荷载。

1. 荷载分类

荷载可分为永久荷载、可变荷载和偶然荷载。永久荷载包括土体自重、土压力等;可变荷载包括汽车、电车、堆载等产生的荷载;偶然荷载包括地震力、爆炸力、撞击力等。

2. 作用于支护结构上的荷载

在进行基坑工程设计时,应考虑的荷载主要包括:

(1)土压力和水压力。

(2)地面超载。

(3)影响范围内建(构)筑物产生的侧向荷载。

(4)施工荷载及邻近基础工程施工(如打桩、基坑开挖、降水等)的影响。

(5)有时还应考虑温度影响和混凝土收缩、徐变引起的作用以及挖土和支撑施工时的时空效应。

(6)支护结构为主体的一部分,应考虑地震力的影响。

4.2　悬臂式支护结构内力计算

悬臂式支护结构是基坑围护结构的重要形式之一,在《建筑基坑支护技术规程》(JGJ 120—2012)中对支挡式结构的定义:以挡土构件和锚杆或支撑为主的,或仅以挡土构件为主的支护结构,统称为支挡式结构。悬臂式支护结构就是支挡式结构中仅以挡土构件为主的支护结构。

4.2.1　悬臂式支护结构的破坏模式

基坑内土体开挖会破坏原本处于平衡状态的土体。土体在未开挖时,支护结构两侧土体的静止土压力使支护结构处于平衡状态。开挖使得支护结构的一侧失去静止土压力而导致支护结构内外土体的平衡体系被打破。随着基坑开挖的进行,原本静止的土体被分为了两部分:坑内的被动区及坑外的主动区。随着开挖深度的不断增加,坑外土体对支挡结构产生的主动土压力也逐渐增大,在主动土压力的作用下,构件会绕支护结构端部上方的某一点转动,且由于开挖深度的增加,主动区土压力不断增大,转动角度也越来越大,支护结构顶端朝坑内发生的水平位移也越来越大。坑外构件顶部部分土体由于支护结构的位移逐渐向坑内移动,作用在支护结构上的坑壁土体对支挡结构的土压力由静止土压力逐渐转变为主动土压力,而坑内支护结构端部区域土体也因结构绕某点转动而逐渐向坑外移动,土压力也由静止土压力转变为被动土压力。悬臂式支护结构的转动及简化土压力分布图如图 4-15 所示。

基坑事故的形式繁多,但往往是因其支护结构承受不了足够的土压力而使支护结构发生相应的位移,坑外土体向坑内发生较大位移,从而导致基坑事故的发生。对于不同的支护结构形式,不同的地质水文条件,不同的施工设计情况等,支护结构的破坏形式也是各不相同的。下面简要介绍几种采用悬臂式支护结构的基坑工程事故发生的类型。

(1)支护结构采用悬臂式结构时,支护结构的嵌固深度是决定基坑安全的主要参数。当支挡结构嵌入深度过浅,被动区所能提供的抗力不足以平衡主动区土体产生的土压力时,基坑往往会由于支护结构转动角度过大而发生倾覆破坏,如图 4-16(a)所示。

(2)开挖基坑处土体的性质也是决定基坑是否发生破坏及发生何种破坏的关键因素。当基坑处于软土地区,土体的抗剪强度较差,尽管嵌入的深度能够满足静力平衡要求,但由于土体的自身抗剪强度较低,且随着基坑开挖,基坑底部土体的自重应力会不断减小,发生圆弧滑动使坑内土体在滑裂面上的抗剪承载力不足,这时如果支挡结构的嵌入深度不够,坑外土体会以坑顶处某一点绕支挡结构端部或其下卧软弱层产生圆弧滑动,造成基坑边坡整体滑动破坏。称这种破坏为整体失稳破坏,如图 4-16(b)所示。

(3)当支护结构截面设计不当或存在施工质量问题时,如因某些不可预测的其他因素导致计算土压力小于实际承受的土压力时,地面堆载超出规定要求时及支护结构存在质量问题时,均可能导致因构件抗力不足以抵抗水土压力产生的弯矩或剪力,构件发生较大变形甚至折断从而造成基坑边坡倒塌。这种破坏模式经常发生在采用悬臂式支护结构的基坑工程中,如图 4-16(c)所示。

(4)采用钢板桩或工法桩作为悬臂式支护结构时,这类支护结构抗弯刚度较小,基坑虽未发生垮塌破坏,但会发生较大基坑变形,从而引起周边道路及建(构)筑物的开裂和不均匀沉降,影响其正常使用,如图 4-16(d)所示。

在以上 4 种破坏形式中,图 4-16(a)、图 4-16(b)属承载力极限状态中结构和土体的稳定性问题;图 4-16(c)属承载力极限状态中的构件强度问题;图 4-16(d)属于正常使用极限状态问题。

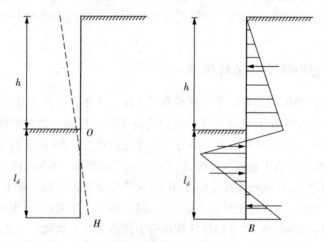

图 4-15 悬臂式支护结构的转动及简化土压力分布图

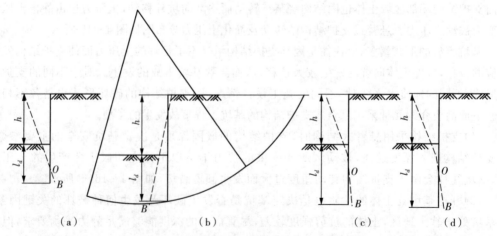

（a） （b） （c） （d）

图 4-16 悬臂式支护结构的破坏模式

4.2.2　悬臂式支护结构的内力计算方法

目前基坑支护结构的计算方法通常可分为三大类:经典方法、土抗力法及有限元法。

经典的板桩理论计算方法利用朗肯土压力和库仑土压力理论进行主被动土压力的计算,又因为朗肯土压力理论更为简便,因此被广泛利用。经典方法具有计算简便、可手算的优点,在一些简单的支护结构内力计算中优势较为明显,但其不适合进行支护结构位移的计算。

土抗力法又称弹性抗力法或侧向弹性地基反力法,将支护桩视为竖直放置的弹性地基梁,将支撑简化为与支撑刚度有关的二力杆弹簧;土对支护桩的抗力用弹簧来模拟,力与变形的关系符合文克尔假定,即土抗力的大小与支护桩的变形成正比。其优点是可以计算出支护结构产生的位移,且可以考虑桩、墙体变形对土的影响。

有限元法又分为弹性有限元法和非线性有限元法。弹性有限元法和非线性有限元法分别是假定土体为弹性介质和非线性介质,并能考虑土压力随桩、墙体变形而变化的影响。其中非线性有限元法还考虑到桩、墙体变形对土体应力应变的影响。有限元法虽然理论完善,功能强大,但由于本构模型参数确定较复杂,有限元程序设计困难,单元划分、本构模型选择等都会对最终计算结果产生影响,故在工程中实用性较低,往往利用土抗力法就能解决大部分的基坑支护结构的内力变形计算。

另外,现行《建筑基坑支护技术规程》(JGJ 120—2012)也提出了平面杆系结构弹性支点法,并用于对悬臂式支护结构进行结构的内力分析。

由于有限元法自身理论的复杂性,下面主要介绍经典计算方法、弹性抗力法和《建筑基坑支护技术规程》计算方法。

1. 经典计算方法

(1)静力平衡法

我们知道,悬臂式支护结构的破坏一般是绕桩底以上的某一点转动,因此在转动点以上的桩身前侧以及转动点以下的桩身后侧,都会产生被动土压力,而在相应的另一侧产生主动土压力。悬臂式支护结构计算图示如图 4－17 所示。由于土体性质较为复杂,很难精确确定作用在支护结构上土压力分布,故为了分析方便,一般近似地假定土压力按图 4－17(b)所示进行分布,即支护结构前侧是被动土压力,其合力为 E_p;支护结构后侧为主动土压力,合力为 E_a。另外由于支护结构的转动导致转动点下方结构后侧的土体还会产生被动土压力 E_p,但 E_p 合力点的位置不易确定,故计算时常假定其作用在支护结构底部,这就是 Blum 法的基本原理。同时作用于支护结构上的 E_p 和 E_a 会相互平衡,土压力最终分布如图 4－17(c)所示。

桩身受力会出现在桩端以上某点发生向基坑外侧的挠曲变形,使土压力重新分布,如图 4－18(a)所示。为了简化计算,将应力图简化为图 4－18(b),即支护结构上承受主动土压力 E_{a1}、E_{a2} 及被动土压力 E_p、E_p'。

静力平衡法的原理是假定结构底部不承受弯矩及剪力,由静力平衡条件,即满足反弯点处主被动土压力平衡及桩脚处总弯矩为零,建立如下方程组:

$$b = \frac{K_p \cdot (l_d)^2 - K_a \cdot (h + l_d)^2}{(K_p - K_a) \cdot (h + 2l_d)} \quad (4-1)$$

$$K_a \cdot (h+l_d)^3 - K_p \cdot (l_d)^3 + b^2 \cdot (K_p - K_a) \cdot (h+2l_d) = 0 \qquad (4-2)$$

联立方程组求解出桩身插入深度,得出剪力为零的截面,进而求出最大弯矩。式中,K_p 为被动土压力系数,K_a 为主动土压力系数。

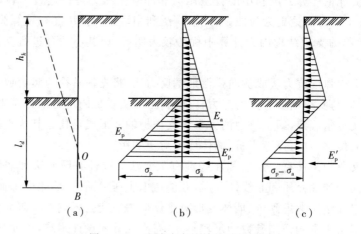

图 4-17 悬臂式支护结构计算图示

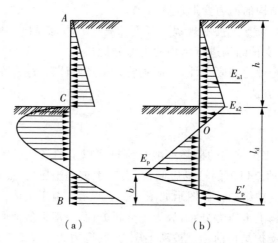

图 4-18 悬臂式支护结构受力分布及其简化图

(2)Blum 法

对于上述的计算简化图,Blum 建议将插入深度达到旋转点以下部分的土压力等效为一个桩脚集中力 R_C,并满足绕桩脚 C 点的力矩平衡及作用于结构上的全部水平向作用力之和为零的条件。Blum 法指出利用支护结构插入深度形成嵌固端,以桩前被动土压力平衡上部土压力、水压力和地面均载产生的侧压力,并假定桩平衡,且旋转点以上桩段也保持平衡并通过力矩平衡条件求解嵌固深度。Blum 法计算简图如图 4-19 所示。

下面介绍 Blum 法的计算过程。

① 嵌固深度的确定。

对桩底 C 点取矩,利用 $\sum M_C = 0$ 列出下式:

基坑与边坡工程

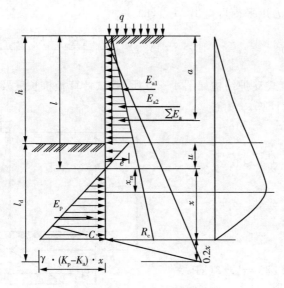

图 4-19 Blum 法计算简图

$$\sum E_a(l-a+x) - E_p \cdot \frac{x}{3} = 0 \qquad (4-3)$$

而式中 $E_p = \gamma(K_p - K_a) \cdot x \cdot \dfrac{x}{2}$，将其代入上式，可得

$$x^3 - \frac{6\sum E_a}{\gamma \cdot (K_p - K_a)} \cdot x - \frac{6(l-a) \cdot \sum E_a}{\gamma \cdot (K_p - K_a)} = 0 \qquad (4-4)$$

式中：x 为土压力为零时的深度，$l = h + u$，u 可以根据图 4-19 中三角形相似关系得出。

$$u = \frac{e}{\gamma \cdot (K_p - K_a)} \qquad (4-5)$$

将上式代入式(4-4)，可求解出土压力为零处至桩脚的距离 x。但由于土体阻力沿桩脚向下逐渐增加，采用 $\sum M_C = 0$ 时会产生较小深度差，一般取 $1.2x$，故最终嵌入深度 l_d 为

$$l_d = 1.2 \cdot x + u \qquad (4-6)$$

② 最大弯矩及其位置的确定。

最大弯矩点出现在支护结构剪力为零处，即该点处支护结构受到的被动土压力与该点以上杆件在相反方向上的作用力之和相同。设该点位置在距离 O 点以下 x_m 处，那么有

$$\sum E_a - \frac{1}{2}\gamma(K_p - K_a) \cdot (x_m)^2 = 0 \qquad (4-7)$$

求解方程可得

$$x_m = \sqrt{\frac{2 \cdot \sum E_a}{\gamma \cdot (K_p - K_a)}} \qquad (4-8)$$

由弯矩最大点处力矩平衡可得出 $M_{\max}$，即

$$M_{\max} = (l - a + x_{\mathrm{m}}) \cdot \sum E_{\mathrm{a}} - \frac{\gamma \cdot (K_{\mathrm{p}} - K_{\mathrm{a}}) \cdot x_{\mathrm{m}}^3}{6} \qquad (4-9)$$

例 4 - 1 某悬臂式支护结构如图 4 - 20 所示，试计算板桩长度及板桩内力。

解：(1) 嵌固深度计算。

土压力系数计算：

$$K_{\mathrm{a}} = \tan^2\left(45° - \frac{\varphi}{2}\right) \approx 0.283$$

$$K_{\mathrm{p}} = \tan^2\left(45° + \frac{\varphi}{2}\right) \approx 3.537$$

土压力计算：

$p_{\mathrm{a}1} = qK_{\mathrm{a}} = 10 \times 0.283 = 2.83 (\mathrm{kPa})$

$p_{\mathrm{a}2} = (q + \gamma h) K_{\mathrm{a}}$

$= (10 + 20 \times 6) \times 0.283$

$= 36.79 (\mathrm{kPa})$

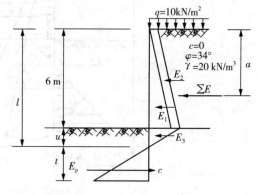

图 4 - 20　例 4 - 1 图

土压力为零点处的主、被动土压力相等，则

$$\gamma u K_{\mathrm{p}} = (\gamma h + q + \gamma u) K_{\mathrm{a}}$$

$$u = \frac{(h + q/\gamma) K_{\mathrm{a}}}{K_{\mathrm{p}} - K_{\mathrm{a}}} = \frac{\left(6 + \dfrac{10}{20}\right) \times 0.283}{3.537 - 0.283} \approx 0.57 (\mathrm{m})$$

主动区土压力合力计算：

$$E_1 = \frac{1}{2} \times (36.79 - 2.83) \times 6 = 101.88 (\mathrm{kN/m})$$

$$E_2 = 2.83 \times 6 = 16.98 (\mathrm{kN/m})$$

$$E_3 = \frac{1}{2} \times 36.79 \times 0.57 \approx 10.48 (\mathrm{kN/m})$$

$$\sum E_{\mathrm{a}} = E_1 + E_2 + E_3 = 129.34 (\mathrm{kN/m})$$

合力作用点位置：

$$h_1 = \frac{2}{3} \times 6 = 4 (\mathrm{m})$$

$$h_2 = \frac{1}{2} \times 6 = 3 (\mathrm{m})$$

$$h_3 = 6 + \frac{1}{3} \times 0.57 = 6.19 (\mathrm{m})$$

基坑与边坡工程

$$a = \frac{E_1 h_1 + E_2 h_2 + E_3 h_3}{\sum E_a} = 4.05(\text{m})$$

底部净土压力计算：

$$p_p = \gamma(t+u)K_p - \gamma(h+t+u)K_a - qK_a$$

$$= 20 \times (t+0.57) \times 3.537 - 20 \times (6+t+0.57) \times 0.283 - 10 \times 0.283$$

$$= 65.08t + 0.31$$

被动区土压力合力为

$$E_p = \frac{1}{2} \times (65.08t + 0.31) \times t$$

桩脚处弯矩为零,即 $\sum M_C = 0$。

则土压力零点处至桩脚距离 t 为

$$E_p \times \frac{t}{3} - \sum E_a \times (h+t+u-a) = 0$$

$$\frac{1}{2} \times (65.08t + 0.31) \times t \times \frac{t}{3} - 129.34 \times (6+t+0.57-4.05) = 0$$

即

$$10.85t^3 - 0.052t^2 - 129.34t - 325.96 = 0$$

解得

$$t = 4.34(\text{m})$$

嵌固深度为:$L_d = 1.2t + u = 1.2 \times 4.34 + 0.57 \approx 5.78(\text{m})$,取 6m。

板桩长度为:$l = 6 + L_d = 12 \text{ m}$。

(2) 内力计算。

桩身任意点处的剪力为

$$Q(x) = \sum E_a - \frac{1}{2} p_{px} x_m$$

$$p_{px} = \gamma(x_m + u)K_p - \gamma(h + x_m + u)K_a$$

$$= 20 \times (x_m + 0.57) \times 3.537 - 20 \times (6 + x_m + 0.57) \times 0.283$$

$$= 65.08x_m - 3.14$$

令 $Q(x) = 0$,则支护结构上剪力为零点处距土压力为零点的距离 x_m 为

$$129.34 - \frac{1}{2}(65.08x_m - 3.14) \times x_m = 0$$

$$32.54x_m^2 + 1.57x_m - 129.34 = 0$$

$$x_m \approx 1.97(\text{m})$$

剪力为零点距地面 $x = 6 + 1.97 + 0.57 = 8.54(\text{m})$

剪力为零点处的弯矩最大,则

$$M_{\max} = (h + x_{\text{m}} + u - a) \cdot \sum E - \frac{1}{2} p_{\text{px}} x_{\text{m}} \times \frac{x_{\text{m}}}{3}$$

$$= 129.35 \times (8.54 - 4.05) - \frac{1}{2}(65.08 \times 1.97 - 3.14) \times 1.97 \times \frac{1.97}{3}$$

$$\approx 580.78 - 80.9 = 499.88(\text{kN} \cdot \text{m})$$

(3) 极限平衡法

在深基坑支护发展初期,由于对有限元法及土抗力法研究不深入,极限平衡法凭借其可以利用简单的计算方法来计算出支护结构的最小埋置深度和悬臂支护结构的内力分布,因此在很长一段时间内被广泛应用于设计计算中。下面主要对黏性均质土场地内的悬臂式支护结构进行计算分析。

对于黏性土而言,在地面无超载的情况下,支护结构挡土侧会由于黏聚力 c 的作用而产生拉应力区,主动土压力作用零点会下移至地面以下。且根据朗肯被动土压力理论,可知坑底处被动土压力不为零,而是一个与土的性质有关的常数 $2c\sqrt{K_{\text{p}}}$,其土压力计算简图如图 4-21 所示。

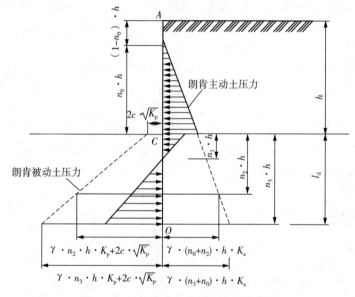

图 4-21　极限平衡法土压力计算简图

极限平衡法的计算过程如下:

① 计算主被动土压力系数 K_{a}、K_{p}。

$$K_{\text{a}} = \tan^2\left(45° - \frac{\varphi}{2}\right) \tag{4-10}$$

$$K_{\text{p}} = \tan^2\left(45° + \frac{\varphi}{2}\right) \tag{4-11}$$

为便于分析,提出被动土压力系数与主动土压力系数之比 ξ 的概念,即

$$\xi = \frac{K_p}{K_a} \qquad (4-12)$$

② 计算主动土压力零点位置。

朗肯主动土压力计算公式为

$$e_a = \gamma z K_a - 2c\sqrt{K_a}$$

令主动土压力为零,计算主动土压力零点位置,由图 4 - 21 可得

$$\gamma(1-n_0)hK_a - 2c\sqrt{K_a} = 0 \qquad (4-13)$$

即

$$n_0 = 1 - \frac{2c}{\gamma h \sqrt{K_a}} \qquad (4-14)$$

③ 计算主、被动土压力相等的点至坑底的距离 $n_1 h$。

该点处主、被动土压力相等,即

$$e_{ak} = e_{pk}$$

$$\gamma n_1 h K_p + 2c\sqrt{K_p} = \gamma(n_0 + n_1)hK_a - 2c\sqrt{K_a} \qquad (4-15)$$

求解可得

$$n_1 = \frac{n_0 K_a - (1-n_0)\sqrt{K_a K_p}}{K_p - K_a} \qquad (4-16)$$

将 $\xi = \dfrac{K_p}{K_a}$ 代入上式可得

$$n_1 = \frac{n_0 - (1-n_0)\sqrt{\xi}}{\xi - 1} \qquad (4-17)$$

则主、被动土压力相等的点至坑底的距离 $n_1 h$ 即可确定。

当黏性土抗剪强度较高时,按式(4-17)计算可能会出现 $n_1 < 0$ 的情况,这是因为按照朗肯土压力计算方法计算出坑底的被动土压力为 $2c\sqrt{K_p}$,而真实情况下坑底表面处是不存在被动土压力的,故计算简图与实际应力分布有所差异。

④ 确定最大弯矩点距坑底距离 $n_2 h$。

最大弯矩点即支护结构断面剪力为零处的点,假设该点处于距坑底距离 $n_2 h$ 的位置,对该点处剪力进行计算,如下式:

$$\frac{1}{2}\gamma(n_2 h)^2 K_p + 2cn_2 h\sqrt{K_p} - \frac{1}{2}\gamma[(n_0 + n_2)h]^2 K_a = 0 \qquad (4-18)$$

将式(4-12)及(4-14)代入上式,整理可得

$$(n_0 + n_2)^2 - n_2^2 \xi - \frac{4c}{\gamma h \sqrt{K_a}}\sqrt{\xi} n_2 = 0 \qquad (4-19)$$

由式(4-14)进行变换可知$\dfrac{4c}{\gamma h \sqrt{K_a}} = 2(1-n_0)$

代入式(4-19)可得

$$(1-\xi)n_2^2 + 2\left[n_0 - (1-n_0)\sqrt{\xi}\right]n_2 + n_0^2 = 0 \qquad (4-20)$$

令 $m = n_0 - (1-n_0)\sqrt{\xi}$,则

$$(1-\xi)n_2^2 + 2mn_2 + n_0^2 = 0 \qquad (4-21)$$

解上述方程,可得

$$n_2 = \frac{m + \sqrt{m^2 - (1-\xi)n_0^2}}{\xi - 1} \qquad (4-22)$$

则最大弯矩点位置即可确定。

⑤ 确定最大弯矩值 $M_{\max}$。

如图 4-22 所示,对最大弯矩点处求矩,可得

$$M_{\max} = \frac{1}{6}\gamma\left[(n_0 + n_2)h\right]^3 K_a - \frac{1}{6}\gamma(n_2 h)^3 K_p - \frac{1}{2}(n_2 h)^2 \cdot 2c \cdot \sqrt{K_p}$$

$$= \frac{1}{6}\gamma h^3 \sqrt{K_a}\left[(n_0 + n_2)^3 - n_2^3 \frac{K_p}{K_a} - \frac{6n_2^2 c\sqrt{K_p}}{\gamma h \sqrt{K_a}}\right]$$

$$= \frac{1}{6}\gamma h^3 \sqrt{K_a}\left[(n_0 + n_2)^3 - n_2^3 \xi - 3n_2^2(1-n_0)\sqrt{\xi}\right] \qquad (4-23)$$

令

$$\alpha = (n_0 + n_2)^3 - n_2^3 \xi - 3n_2^2(1-n_0)\sqrt{\xi}$$

则

$$M_{\max} = \frac{1}{6}\alpha \cdot \gamma h^3 \sqrt{K_a} \qquad (4-24)$$

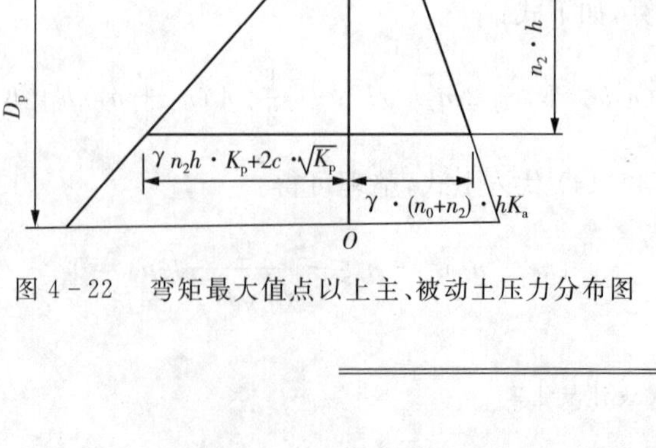

图 4-22　弯矩最大值点以上主、被动土压力分布图

⑥ 确定支护结构嵌固深度 n_3h。

如图4-23所示,为保证基坑开挖后支护结构绕 O 点以上转动,需要保证被动土压力在 O 点处产生的弯矩要大于主动土压力在 O 点处产生的弯矩。即

$$\frac{1}{6}\gamma (n_3h)^3 K_p + \frac{1}{2}(n_3h)^2 \cdot 2c\sqrt{K_p} - \frac{1}{6}\gamma [(n_0+n_3)h]^3 K_a > 0 \qquad (4-25)$$

将 $\xi = \dfrac{K_p}{K_a}$ 代入上式后,整理得出关于 n_3 的一元三次方程:

$$n_3^3 + \frac{3[n_0-(1-n_0)\sqrt{\xi}]}{1-\xi}n_3^2 + \frac{3n_0^2}{1-\xi}n_3 + \frac{n_0^3}{1-\xi} = 0 \qquad (4-26)$$

求解该方程可得 n_3,求解后可以近似计算出嵌固深度 n_3h。

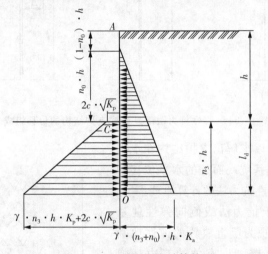

图 4-23　嵌固深度计算简图

值得注意的是,若土体为无黏性土,令 $c=0$,则可知 $n_0=1$,将 $n_0=1$ 代入相关公式中即可求出无黏性土的各个待求系数。对于非均质土场地内的悬臂式支护结构,其计算方法与黏性土类似,但须注意各层土体的土层参数并代入相关公式进行计算。

2. 弹性抗力法

使用静力平衡法可以计算出支护结构的嵌固深度及作用在结构上的内力,但由于不能计算支护结构产生的位移,而目前对于基坑支护的位移限制越来越严格,故该法只适用于一些对位移要求不高的工程,具有一定的局限性,计算结果难以满足要求。

为了能够计算出支护结构的位移,人们提出了弹性抗力法。从实用角度分析,将悬臂梁的固定端假定在基坑底面,基坑底面以上的结构按悬臂梁的柔性变形计算,如图4-24(a)和4-23(b)所示,而基坑底面以下部分则类似于桩顶承受水平集中力和力矩的桩,其水平集中力等于基坑底面以上支护结构所受主动土压力的合力,所受力矩等于基坑底面以上主动土压力合力对基坑底面的力矩之和。在水平集中力和弯矩的共同作用下,基坑底面处将会产生一定的水平位移和转角,如图4-24(c)所示。那么桩顶的位移计算公式可表示为

$$s = \delta + \Delta + \theta \cdot h \qquad (4-27)$$

式中：s——支护结构顶端部的水平位移（m）；

   δ——坑底为固定端时用静力法计算出的坑底面上支护结构端部的水平位移（m）；

   Δ、θ——坑底面下支护结构在横向力作用下在坑底处的水平位移和转角（m，°）；

   h——基坑开挖深度（m）。

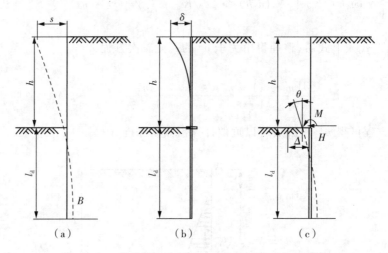

图 4 - 24　弹性抗力法下悬臂式支护结构的位移组成

　　利用弹性抗力法可以求解出支护结构在水平集中力和力矩作用下在基坑底面处的水平位移和转角。下面简要介绍弹性抗力法的计算原理。

　　弹性抗力法又称土抗力法或侧向弹性地基反力法，它是将支护桩视为竖直放置的弹性地基梁，将支撑简化为与支撑刚度有关的二力杆弹簧；将支护结构两侧土体等效为土弹簧，将水土压力视为施加在地基梁上的横向外部荷载，弹性抗力法计算简图如图 4 - 25 所示。利用杆系有限元法对地基梁的变形和内力进行计算；将温克尔假定运用在该弹性地基梁上，即地基反力的大小与支护桩的变形成正比。

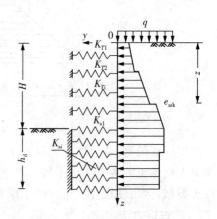

图 4 - 25　弹性抗力法计算简图

　　对于图 4 - 25 所示的支护结构的计算模式，微分方程将有下面两种具体形式。

　　（1）在基坑开挖面以上（$0 \leqslant z \leqslant H$）：

$$EI \frac{\mathrm{d}^4 y}{\mathrm{d}z^4} - e_{\mathrm{aik}}(z) b_{\mathrm{s}} = 0 \qquad (4-28)$$

　　（2）在基坑开挖面以下（$z \geqslant H$）：

$$EI \frac{\mathrm{d}^4 y}{\mathrm{d}z^4} + m b_0 (z - H) y - e_{\mathrm{aik}}(z) b_{\mathrm{s}} = 0 \qquad (4-29)$$

式中:z——支护结构顶至计算点的距离(m);

y——计算点水平位移(m);

H——开挖深度(m);

b_0——计算宽度(m);

b_s——载荷计算宽度(m),地下连续墙和水泥土墙取单位宽度,排桩取桩中心距;

EI——支护结构抗弯刚度;

$e_{aik}(z)$——深度 z 处的主动土压力。

在具体计算中,通过将地基梁划分为若干个单元,并利用上述微分方程分别计算,采用杆系有限元法进行求解。一般来说,往往会在分层开挖深度处、土层交界面处、地下水位深度处和支撑架设处划分单元;并对各个工序施工后的支护结构进行内力变形计算,以保证支护结构在施工各个阶段均能满足强度及稳定性要求。

下面介绍采用弹性抗力法计算墙体受力和变形的基本流程。

(1)计算支撑刚度 K_{Ti}。

对于钢筋混凝土撑或钢支撑,支撑刚度为:

$$K_{Ti} = \frac{EA}{SL} \qquad (4-30)$$

式中:A——支撑横截面面积;

E——支撑的弹性模量;

S——支撑的水平间距;

L——支撑的计算长度。

对于梁板式水平支撑,支撑刚度为:

$$K_{Ti} = \frac{EA}{L} \qquad (4-31)$$

式中:A——计算宽度范围内的楼板横截面面积;

E——楼板的弹性模量;

L——楼板的计算长度,常取开挖宽度的一半。

(2)计算支撑反力 T_i。

由上式求得支撑刚度,则任一道支撑反力 T_i 可用下式计算:

$$T_i = K_{Ti}(y_i - y_{0i}) \qquad (4-32)$$

式中:y_i——架设支撑后第 i 道支撑处的侧向位移;

y_{0i}——未架设支撑前第 i 道支撑处的侧向位移。

(3)土弹簧刚度计算。

基坑底面以下土体的等效土弹簧刚度 K_H 为:

$$K_H = k_H bh \qquad (4-33)$$

式中:k_H——地基土反力系数;

b—— 土弹簧水平计算间距；

h—— 土弹簧竖向计算间距。

其中，k_H 是指单位面积的地基土压缩单位值时，桩身所需对土体施加的压应力；或指桩身某点发生横向位移时，土体对桩产生的抗力。可用下式计算：

$$k_H = kz^n \qquad (4-34)$$

式中：k—— 比例系数；

z—— 计算点所处深度；

n—— 地基土反力系数随深度变化的特征指数，通常取 0、0.5 或 1，依情况而定，如图 4-26 所示。

不同的特征指数取值则对应了不同的地基反力系数的计算方法，$n=0$ 时称为"张式法"或常数法；$n=0.5$ 时称为"C"法；$n=1$ 时称为"m"法；$n<c$ 时称为"K"法。

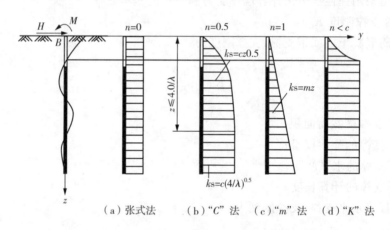

图 4-26　不同方法下的地基土反力系数分布图

在计算中如何选择上述四种方法的问题，实测结果表明，桩顶部有限范围内土层的相关参数是决定支护结构位移和内力分布的关键，故在选择时应先明确该部分土层的性质。大量的理论和实践证明，"张式法"主要适用于某些超固结土和地表层为硬壳层的土体；"C"法和"m"法适用性较广，对于除超固结土和地表层为硬壳层的土体外的其他土体均适用，且"C"法的精确度较高，往往被用在某些允许位移较小的支护结构计算中；而"K"法因为存在假设矛盾及误差较大的问题，基本不被采用。

下面主要介绍目前在工程中应用最广泛的"m"法。

应用"m"法进行计算时，取地基土反力系数随深度变化的特征指数 $n=1$，代入式 (4-34) 可知 $k_H = kz$，或 $k_H = mz$，m 也为比例系数，其值可由单桩水平荷载试验确定，试验表明，m 值满足下式：

$$m = \frac{\left(\dfrac{H_{cr}}{x_{cr}} v_x \right)^{\frac{5}{3}}}{b_0 \, (EI)^{\frac{2}{3}}} \qquad (4-35)$$

式中：H_{cr}—— 单桩水平临界荷载，按《建筑桩基技术规范》(JGJ 94—2008) 中规定的方法确定；

x_{cr}——单桩水平临界荷载所对应的位移；

v_x——支护结构顶部位移系数，按《建筑桩基技术规范》的方法确定；

b_0——计算宽度；

EI——支护结构抗弯刚度。

若没有单桩水平荷载试验成果，可采用《建筑基坑支护技术规程》(JGJ 120—2012)中规定的经验方法进行计算：

$$m = \frac{1}{\Delta}(0.2\varphi_k^2 - \varphi_k + c_k) \qquad (4-36)$$

式中：Δ——基坑开挖面处的位移，可按地区经验确定，无经验时可取 10 mm；

φ_k——土的固结不排水快剪内摩擦角标准值；

c_k——土的固结不排水快剪黏聚力标准值。

因为基坑开挖面处的支护结构水平位移难以确定，故由上述经验公式计算出的 m 值往往不够精确，计算出的土压力误差较大。

除此之外，《建筑桩基技术规范》(JGJ 94—2008)中规定也提到了 m 的经验取值范围，见表 4-2 所列。

表 4-2　m 值的经验取值

序号	地基土类别	预支桩、钢桩		灌注桩	
		m/(MN/m⁴)	桩顶水平位移/mm	m/(MN/m⁴)	桩顶水平位移/mm
1	淤泥，淤泥质土；饱和湿陷性黄土	2~4.5	10	2.5~6.0	6~12
2	流塑($I_L \geqslant 1$)、软塑($0.75 < I_L \leqslant 1$)状黏性土，$e > 0.9$ 粉土；松散、稍密填土	4.5~6	10	6~14	4~8
3	可塑($0.25 < I_L \leqslant 0.75$)状黏性土；湿陷性黄土；$e = 0.75$~0.9 粉土；中密填土；稍密细砂	6~10	10	14~35	3~6
4	硬塑($0 < I_L \leqslant 0.25$)、坚硬($I_L \leqslant 0$)黏性土；湿陷性黄土；$e < 0.75$ 粉土；中密的中粗砂、密实老填土	10~22	10	35~100	2~5
5	中密、密实的砾砂，碎石	—	—	100~300	1.5~3

注：当桩顶水平位移大于表列数值或灌注桩配筋率较高（≥0.65%）时，应适当降低 m 值，当预制桩的水平向位移小于 10 mm 时，可适当提高 m 值。

(4)计算主动侧水土压力。

因被动侧水土压力被等效为土弹簧，故只需利用合适的土压力理论对主动侧水土压力进行计算，以明确作用在弹性地基梁上的外部荷载。

横向力作用下支护结构的挠曲方程可由下式表示:

$$EI \frac{d^4 y}{dz^4} = -\bar{q}(z,y) + \bar{q}(z)$$ (4-37)

式中:$\bar{q}(z,y)$——土体对支护结构产生的反力,是关于计算点所处深度和该点处支护结构的侧向位移的函数;

$\bar{q}(z)$——作用于支护结构上的分布荷载,是关于所处深度的函数。

(5)利用杆系有限元法的求解过程。

利用杆系有限元法求解弹性地基梁内力及位移步骤:

① 将桩、墙沿竖向划分为 n 个单元,则有 $n+1$ 个节点;

② 计算桩、墙单元的刚度矩阵 $[\boldsymbol{K}_E]^e$,并组装梁的总刚度矩阵 $[\boldsymbol{K}_E]$(把各单元刚度按顺序首尾相加);

③ 计算支撑(或拉锚)刚度矩阵 $[\boldsymbol{K}_T]$;

④ 计算地基刚度矩阵 $[\boldsymbol{K}_S]$;

⑤ 组装支护结构总刚度矩阵 $[\boldsymbol{K}]$;

⑥ 计算总的荷载向量 $\{\boldsymbol{F}\}$;

⑦ 高斯法解总平衡方程 $\{\boldsymbol{U}\} = [\boldsymbol{K}]^{-1}\{\boldsymbol{F}\}$,得位移向量 $\{\boldsymbol{U}\}$;

⑧ 将 $\{\boldsymbol{U}\}$ 回代总平衡方程,求出各节点处桩、墙内力及支撑力(或拉锚力)。

3.《建筑基坑支护技术规程》计算方法

现行的《建筑基坑支护技术规程》(JGJ 120—2012)利用弹性支点法对悬臂式支挡结构、双排桩支挡结构进行结构的变形和内力分析,计算简图如图 4-27 所示。

(1)计算主动土压力 p_{ak}。

《建筑基坑支护技术规程》(JGJ 120—2012)采用朗肯土压力理论对支护结构上土压力的分布进行计算,并对有地下水存在的情况提出了两种计算方法。

① 地下水位以上或水土合算土层:

$$p_{ak} = \sigma_{ak} \cdot K_{a,i} - 2c_i \sqrt{K_{a,i}}$$ (4-38)

$$K_{a,i} = \tan^2\left(45° - \frac{\varphi_i}{2}\right)$$ (4-39)

对于地下水位以上的土层,即无须考虑地下水的影响;对于一些不透水或弱透水的黏土、粉质黏土或粉土,常选用水土合算方法对水土压力进行计算。

② 水土分算土层:

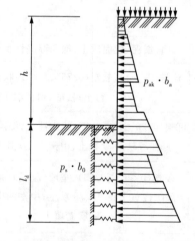

图 4-27 《建筑基坑支护技术规程》计算简图

$$p_{ak} = (\sigma_{ak} - u_a) \cdot K_{a,i} - 2c_i \sqrt{K_{a,i}} + u_a$$ (4-40)

即不将地下水对支护结构产生的孔隙水压力计算在土体的竖向应力之中。一般而言,对于一些渗透性较好的土层，如孔隙中存在自由重力水的碎石土或砂土，常选用水土分算方法对水土压力进行计算。

（2）计算被动土压力 p_s。

《建筑基坑支护技术规程》（JGJ 120—2012）将土体被动区对支护结构产生的土反力分为两部分：一部分是从土体发生压缩变形后产生的反力 $k_\mathrm{s} \cdot v$，另一部分是忽略土体黏聚力后按朗肯主动土压应力计算的初始分布土反力 p_s0，即

$$p_\mathrm{s} = k_\mathrm{s} \cdot v + p_\mathrm{s0} \tag{4-41}$$

式中：p_s —— 分布土反力（kPa）

k_s —— 反力分布系数（kN/m³），可以按"m"法计算。

v —— 挡土构件在土反力分布点使土体压缩的水平位移（m）。

p_s0 —— 挡土构件嵌固段基坑内侧初始分布土反力（kPa），其计算类似于主动土压力，即

对于水土合算或地下水位以上土层：

$$p_\mathrm{s0} = \sigma_\mathrm{pk} \cdot K_{\mathrm{a},i} \tag{4-42}$$

对于水土分算土层：

$$p_\mathrm{s0} = (\sigma_\mathrm{pk} - u_\mathrm{a}) \cdot K_{\mathrm{a},i} + u_\mathrm{a} \tag{4-43}$$

（3）土反力的限制条件。

支护结构嵌固段上承受的土反力应小于嵌固段上的被动土压力标准值，即

$$p_\mathrm{sk} \leqslant E_\mathrm{pk}$$

若计算出的土反力大于被动土压力，则需要增加支护结构的嵌固深度或取 $p_\mathrm{sk} = E_\mathrm{pk}$ 时的分布反力。

（4）计算单元宽度。

排桩单元计算宽度如图 4-28 所示。若采用排桩作为悬臂式支护结构时，计算基坑外侧土压力时的计算宽度 b_a 取排桩的水平间距。计算基坑被动区土体产生的土反力时，计算宽度 b_0 按下式计算。

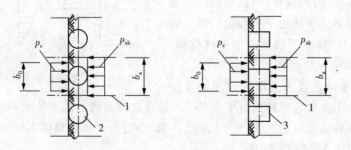

图 4-28 排桩单元计算宽度

排桩单桩截面为矩形或"工"字形时：

$$b_0 = 1.5b + 0.5 \quad (d \leqslant 1\ \mathrm{m}) \tag{4-44}$$

$$b_0 = b + 1 (d > 1 \text{ m}) \tag{4-45}$$

排桩单桩截面为圆形时：

$$b_0 = 0.9(1.5d + 0.5)(d \leqslant 1 \text{ m}) \tag{4-46}$$

$$b_0 = 0.9(1.5d + 1)(d > 1 \text{ m}) \tag{4-47}$$

式中：b—— 矩形或"工"字形排桩的单桩宽度；

  d—— 圆形排桩单桩直径。

由图4-28可知，地基土反力为 $p_s \cdot b_0$，支护结构承受的横向荷载为 $p_{ak} \cdot b_a$，将数据代入式（4-37）中，利用平面杆系有限元法进行求解，即可得到坑底下嵌固段的支护结构的变形和内力。

4.3　单锚式支护结构内力计算

对于单锚式的支护结构，需要计算的内力包括桩墙侧所受到的水土压力及其分布情况以及锚杆所受荷载。工程上常用的计算单锚式支护结构的拉锚荷载的方法主要有古典钢板桩计算理论和弹性支点法两种。

4.3.1　古典钢板桩计算理论

在单锚式支护结构中，锚杆的作用主要是抵消支护结构上承受的水土压力，故应先计算出作用在支护结构上的压力大小及其分布情况，再确定锚杆配置后计算锚杆承受的拉力。而古典钢板桩计算理论是将土压力作为已知荷载，不考虑墙体变形和支撑变形，将支撑处视为墙体的刚性支承点。该理论对于支护结构不同的支撑方式可以分为静力平衡法和等值梁法两种。

1. 静力平衡法

静力平衡法常常被用在桩墙下端部为自由支承的单锚式支护结构内力计算中。下端自由支承是指，当桩墙的入土深度较浅时，整个桩墙会产生向坑内的位移，因此墙后产生主动土压力，坑底下部土体由于桩墙向前挤压而产生被动土压力，桩墙下端部产生少许位移，其内力状态如图4-29所示。

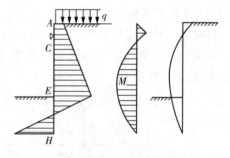

图4-29　下端自由支承时的内力状态

对于这种单锚式且入土深度较浅的支护结构，静力平衡法通常是将其视为单支点梁来计算。即将墙前的土压力和墙后的土压力分别取合力后，再对锚固点所在的刚性支承点 A 取矩，且为了保证墙体不转动，须使 A 点处的总弯矩为零，如图4-30所示，即

$$E_{a1}\left(\frac{h+t}{2} - d\right) + E_{a2}\left[\frac{2(h+t)}{3} - d\right] - E_p\left(\frac{2t}{3} + h - d\right) = 0 \tag{4-48}$$

式中：E_{a1}—— 由上部均布荷载产生的主动土压力合力；

E_{a2}—— 由土水自重产生的主动土压力合力；

E_p—— 由土水自重产生的被动土压力合力；

h—— 基坑开挖深度；

t—— 桩墙嵌固深度；

d—— 锚固点 A 至地面的距离。

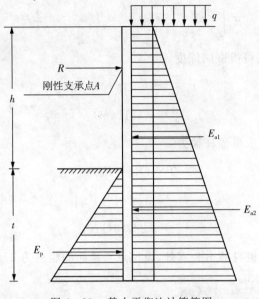

图 4-30　静力平衡法计算简图

由此可以求出嵌固深度 t，然后由作用于桩身上的水平力平衡，即 $\sum H = 0$，可得锚杆的轴力，即

$$R + E_p = E_{a1} + E_{a2} \tag{4-49}$$

式中：R—— 锚杆的轴力。

计算出嵌固深度和锚杆轴力后，便可参照悬臂式支护结构的内力计算方法来确定桩墙的最大弯矩和剪力。

例 4-2　如图 4-31 所示，某下端自由支承，上部有锚杆的板桩挡土墙，周围土体重度 $\gamma = 24\ \text{kN/m}^3$，内摩擦角 $\varphi = 30°$，黏聚力 $c = 0$。锚杆距地面 $1\ \text{m}$，水平间距 $a = 3\ \text{m}$，基坑开挖深度 $h = 8\ \text{m}$。利用静力平衡法求解桩身入土深度和最大弯矩。

解： 主、被动土压力计算，即

$$E_a = \frac{1}{2}\gamma (h+t)^2 K_a$$

$$= \frac{1}{2} \times 24 \times (8+t)^2 \tan^2\left(45° - \frac{30°}{2}\right)$$

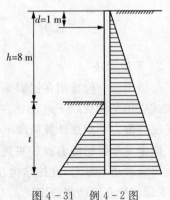

图 4-31　例 4-2 图

$$E_p = \frac{1}{2}\gamma t^2 K_p$$

$$= \frac{1}{2} \times 24 \times t^2 \tan^2\left(45° + \frac{30°}{2}\right)$$

锚定点处弯矩为零,即

$$E_a\left[\frac{2}{3}(h+t) - d\right] = E_p\left(h - d + \frac{2}{3}t\right)$$

将 E_a、E_p 代入上式可得嵌固深度

$$t^3 + 9t^2 - 21t - 52 = 0$$

$$t \approx 3.11(\text{m})$$

由水平力平衡关系求得锚杆轴力

$$T = (E_a - E_p)a$$

$$= 3 \times (4t^2 + 64t + 256 - 36t^2)$$

$$\approx 222.9(\text{kN})$$

桩身最大弯矩处即桩身剪力为零处,设该点至地面的距离为 h_0,则有

$$\frac{T}{a} = \frac{1}{2}\gamma h_0 K_a$$

$$h_0 = \sqrt{\frac{2T}{a\gamma K_a}} = \sqrt{\frac{2 \times 222.9}{3 \times 24 \times \frac{1}{3}}} = 4.31(\text{m})$$

最大弯矩为

$$M_{\max} = \frac{T}{a}(h_0 - d) - \frac{1}{2}\gamma h_0^2 K_a \frac{h_0}{3}$$

$$= 74.3 \times (4.31 - 1) - 12 \times 4.31^2 \times \frac{1}{3} \times \frac{4.31}{3}$$

$$\approx 139.18(\text{kN} \cdot \text{m})$$

2. 等值梁法

等值梁法一般被用在嵌固深度较大的单锚式支护结构内力计算中。嵌固深度较大的单锚式支护结构桩墙下端部往往是固定支承,桩墙下部分会出现反弯点,这时土压力的分布情况与静力平衡法计算简图不同,其内力状态如图 4-32 所示。

固定支承是指随着支护桩嵌入深度的增加,桩体下端部向坑外产生位移时,墙前墙背都会出现被动土压力,支护结构在土中处于嵌固状态。可以将支护结构视为是一根上端简支、下端弹性嵌固的超静定梁。对于这样的超静定梁,其最大弯矩会大大减小,且会出现正负两个方向的弯矩。

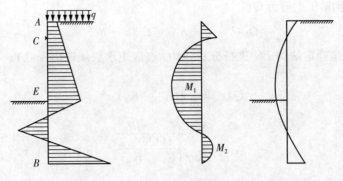

图 4-32 下端固定支承时的内力状态

为了便于计算,等值梁法假定静土压力的零点也是弯矩零点,且桩墙底端部处墙后的被动土压力是一个集中力。

等值梁法的计算图示如图 4-33 所示,其未知量有锚杆轴力 R_a、嵌固深度 t 及墙后等效的被动土压力 E'_p,为利用平衡方程求得支护结构的内力,把桩墙划分为两段假想梁,上部为简支梁,下部为一次超静定梁,如图 4-33(b) 所示,最后分别利用两段假想梁的内力平衡条件求出挡土结构内力。计算步骤如下:

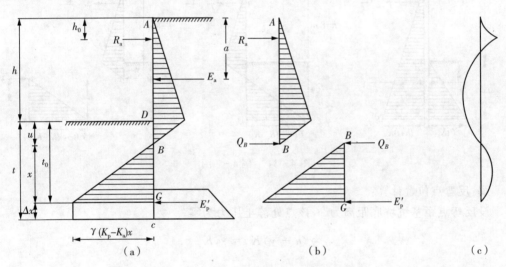

图 4-33 等值梁法的计算图示

(1) 利用点 B 处主、被动土压力相等,即 $E_{pB} = E_{aB}$,可求出土压力零点的深度 u。

$$\gamma (h + u) K_a = \gamma u K_p \qquad (4-50)$$

$$u = \frac{h K_a}{K_p - K_a} \qquad (4-51)$$

(2) 对上半部的简支梁 AB 进行分析,对 B 点取矩求锚杆轴力 R_a。

$$R_a (h + u - h_0) = E_a (h + u - a) \qquad (4-52)$$

对 A 点取矩求 B 点剪力 Q_B

$$Q_B (h + u - h_0) = E_a (a - h_0) \tag{4-53}$$

(3) 对下部超静定结构 BG 进行分析,对 G 点取矩求桩墙嵌固深度 t。

$$Q_B x = \frac{1}{6} \gamma (K_p - K_a) x^3 \tag{4-54}$$

$$x = \sqrt{\frac{6Q_B}{\gamma (K_p - K_a)}} \tag{4-55}$$

桩墙的嵌固深度 t 为

$$t = u + 1.2x$$

(4) 由等值梁法求解桩墙身的内力。

例 4-3　如图 4-34 所示,其余条件同例 4-2,但板桩下端为固定支承,试用等值梁法计算桩墙入土深度及锚杆拉力。

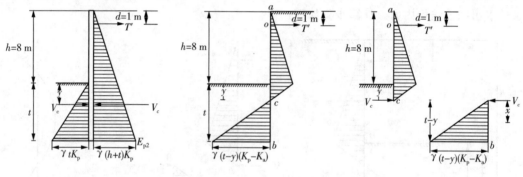

图 4-34　例 4-3 图

解:反弯点位置计算:

设反弯点距基坑坑底距离为 y,该点处静土压力为零。

$$\gamma (h + y) K_a = \gamma y K_p$$

$$(8 + y) \times \frac{1}{3} = y \times 3$$

$$y = 1 (\text{m})$$

锚杆轴力计算:

$$T' (h + y - d) + \frac{1}{6} \gamma y^3 K_p = \frac{1}{6} \gamma (h + y)^3 K_a$$

$$8T' + 12 = 971.1$$

$$T' \approx 119.9 (\text{kN})$$

故锚杆轴力为 $T = T' \times a = 119.9 \times 3 = 359.7 (\text{kN})$。

桩身反弯点处的剪力计算：

对 ac 段 O 点求矩，有

$$\frac{1}{2}\gamma y^2 K_p\left(h-d+\frac{2}{3}y\right)+V_c(h+y-d)=\frac{1}{2}\gamma\,(h+y)^2 K_a\left[\frac{2}{3}(h+y)-d\right]$$

$$\frac{1}{2}\times24\times3\times\frac{23}{3}+8V_c=\frac{1}{2}\times24\times81\times\frac{1}{3}\times5$$

$$V_c=168(\text{kN})$$

bc 段梁入土深度计算：

对 bc 段 b 点求矩，有

$$\frac{1}{6}\gamma\,(t-y)^3(K_p-K_a)=V_c(t-y)$$

$$\frac{1}{6}\times24\times(t-1)^2\times\left(3-\frac{1}{3}\right)=168$$

得 $t\approx4.97(\text{m})$，实际入土深度增加 20%，即 $t=4.97\times1.2\approx6(\text{m})$。

最大正弯矩计算：

在 ac 段中，剪力为零的点距地面的高为 h_0，有

$$\frac{1}{2}\gamma h_0^2 K_a=T'$$

$$h_0=\sqrt{\frac{2\times119.9\times3}{24}}\approx5.47(\text{m})$$

该点处有最大正弯矩为

$$M_{\max}=T'h_0-\frac{1}{6}\gamma h_0^3 K_a$$

$$=119.9\times5.47-\frac{1}{6}\times24\times5.47^3\times\frac{1}{3}$$

$$\approx437.63(\text{kN}\cdot\text{m})$$

最大负弯矩计算：

在 bc 段中，剪力为零的点与反弯点的距离为 x，有

$$\frac{1}{2}\gamma x^2(K_p-K_a)=V_c$$

$$x=\sqrt{\frac{2\times168\times3}{24\times8}}\approx2.29(\text{m})$$

该点处有最大负弯矩为

$$M_{\min}=\frac{1}{6}\gamma x^3(K_p-K_a)-V_c x$$

$$= \frac{1}{6} \times 24 \times 2.29^3 \times \frac{8}{3} - 168 \times 2.29$$

$$= -256.62(\text{kN} \cdot \text{m})$$

4.3.2 弹性支点法

与悬臂式支护结构类似,弹性支点法也可用于计算单锚式支护结构的内力。静力平衡法和等值梁法可以用较为简单的方式计算出墙身内力,但无法得出墙身的位移,而弹性支点法则考虑了支护结构的平衡条件和土的协调变形,可以有效地兼顾不同工况下支护结构的内力及变形情况、锚杆预加预应力的影响等。整个计算过程可以参考悬臂式支护结构的内力计算,在此不再赘述。

4.4 多层支护结构内力计算

4.4.1 多层锚杆或多道支撑支护结构的内力计算

上一节介绍了单锚式支护结构的内力计算,然而在基坑开挖深度较深的工程中,设置一层锚杆或架设一道支撑可能无法达到降低支护结构变形的要求,因此需要设置多层锚杆或架设多道支撑以降低支护桩的弯矩。锚杆(或支撑)的层数(或道数)、间隔需要根据开挖深度、水文地质情况、设置的锚杆或支撑的材料强度等情况来确定。目前有关多层锚杆支护结构的计算方法有等值梁法、1/2 分担法和数值计算方法三种。由于数值计算方法理论较为复杂,本节不做详细介绍。支撑和锚杆的支护方式类似,均是利用作用于桩墙的集中力来改变土压力分布和降低最大弯矩,故本节主要通过对多道支撑支护结构的内力计算来介绍等值梁法和 1/2 分担法。

1. 等值梁法

在单锚式支护结构的内力计算中已经详细介绍了等值梁法的计算原理,利用等值梁法对多道支撑支护结构的内力计算原理与之类似。将土压力零点以上的梁断开,当成刚性支承的连续梁计算,并对每一施工阶段建立静力平衡方程,而且假定下层挖土不影响上层支点水平力的计算。各工况下的计算简图如图 4-35 所示。

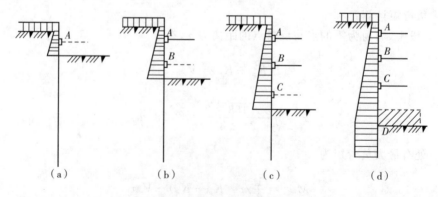

图 4-35　各工况下的计算简图

（1）在未设支撑 A 之前的开挖阶段，如图 4-35(a)所示，将挡墙作为一端嵌固在土中的悬臂桩进行计算。

（2）在架设支撑 A 之后，未架设 B 支撑之前的开挖阶段，如图 4-35(b)所示，将挡墙视为两个支点的静定梁，两支点分别为 A 和土中土压力为零的点。

（3）在架设支撑 B 之后，未架设 C 支撑之前的开挖阶段，如图 4-35(c)所示，将挡墙视为 3 个支点的连续梁，3 个支点分别为 A、B 和土中土压力为零的点。

（4）在浇筑底板之前的开挖阶段，如图 4-35(d)所示，将挡墙视为 4 个支点的三跨连续梁，四个支点分别为 A、B、C 和土中土压力为零的点。

利用等值梁法计算多道支撑支护结构的内力的具体过程见例 4-4。

2.1/2 分担法

由于多道支撑的支护结构属于超静定结构，采用等值梁法计算支点力较为困难，所以可以采用荷载分配法来简化支撑支点力的计算。

多道支撑的支护结构的施工往往是先施工桩墙部分，使得桩墙部分进入基坑底部土层后，再进行开挖施工。由于基坑开挖深度较深，故需要边开挖边支撑以保证基坑稳定。在这种情况下，桩墙下端容易在土压力和支撑轴力的作用下向坑内方向倾斜，墙后土压力分布发生改变，不再是三角形分布，而是呈现出如图 4-36 所示的分布。另外，由于土体达不到极限平衡状态，土压力计算不能用朗肯或库仑土压力进行计算。

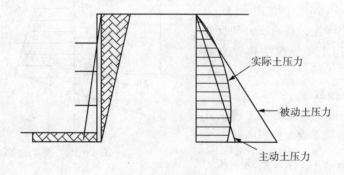

图 4-36　多支撑板桩墙位移及土压力图示

对于这种多道支撑的支护结构的内力计算，作用于桩墙上的土压力分布只能依据经验来判断。太沙基和佩克(Peck)根据实测资料和模型试验，提出了作用于桩墙上的土压力分布经验计算图，如图 4-37 所示。

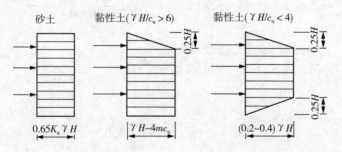

图 4-37　太沙基和佩克提出的多道支撑板桩墙土压力分布

对于砂土而言,可认为主动土压力沿深度保持不变,最大土压力为 $0.65\gamma HK_a$,其中,γ 为土体重度,K_a 为主动土压力系数。对于黏性土而言,需要根据土体的软硬程度进行区分,在已知黏土的不排水抗剪强度 c_u 时,若基坑坑底处的土自重应力与不排水抗剪强度之比 $\gamma H/c_u > 6$,则桩墙顶部处的土压力为 0,土压力在墙顶到深度为 $0.25H$ 之间逐渐增大,$0.25H$ 以下为某一定值,最大土压力强度为 $\gamma H - 4mc_u$,其中 m 为常数,一般取 1;若基坑坑底处的土自重应力与不排水抗剪强度之比 $\gamma H/c_u < 4$,则说明土质较硬,土压力呈现中间深度 $0.5H$ 为某一定值,上、下各 $0.25H$ 均成三角形的分布形式,最大土压力值在 $0.2\gamma H$ 到 $0.4\gamma H$ 之间。当基坑坑底处的土自重应力与不排水抗剪强度之比 $4 \leqslant \gamma H/c_u \leqslant 6$ 时,最大土压力可以在两者之间进行选取。

对于多道支撑支护结构中的支撑轴力的计算而言,可以简单地认为每道支撑所受的轴力相当于相邻两个半跨的土压力荷载值。计算出轴力后,即可对桩墙按连续梁计算其内力及位移。

例 4-4 如图 4-38 所示,某深基坑开挖深度为 20 m,利用中间距为 1.3 m 的三层锚杆配合排桩进行支护。各层土平均重度 $\gamma = 20$ kN/m³,土的内摩擦角平均值 $\varphi = 30°$,黏聚力 $c = 0$,23 m 以下为砂卵石,$\varphi = 35° \sim 43°$。 地面荷载为 10 kN/m²。试计算各支点的反力和反弯点的剪力,并利用 1/2 分担法核算支点反力。

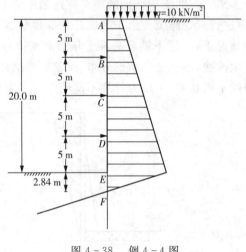

图 4-38 例 4-4 图

解:(1) 计算参数。

主动土压力采用朗肯土压力理论计算, 按 $\varphi = 25°, c = 0, K_a = \tan^2\left(45° - \dfrac{\varphi}{2}\right) \approx 0.41$;计算被动土压力

时,考虑桩已在基坑下砂卵石中,用库仑土压力计算理论,取 $\varphi = 39°, \delta = 2\dfrac{\varphi}{3} = 26°$。

$$
\begin{aligned}
K_p &= \frac{\cos^2(\varphi + \alpha)}{\cos^2\alpha\cos(\alpha - \delta)\left[1 - \sqrt{\dfrac{\sin(\delta + \varphi)\sin(\varphi + \beta)}{\cos(\alpha - \delta)\cos(\alpha - \beta)}}\right]^2} \\[2mm]
&= \frac{\cos^2\varphi}{\cos\delta\left[1 - \sqrt{\dfrac{\sin(\delta + \varphi)\sin\varphi}{\cos\delta}}\right]^2} \\[2mm]
&= \frac{\cos^2 39°}{\cos 26°\left[1 - \sqrt{\dfrac{\sin(26° + 39°) \times \sin 39°}{\cos 26°}}\right]^2} \\[2mm]
&\approx 3.29
\end{aligned}
$$

(2) 计算净土压力零点(弯矩零点)。

设土压力零点距离坑底 y,则有

$$\gamma(h+y)K_a = \gamma y K_p$$

$$y = \frac{hK_a}{(K_p - K_a)} = \frac{20 \times 0.41}{3.29 - 0.41} \approx 2.84(\text{m})$$

在土压力零点将计算桩断开,上段按有 4 个支点的连续梁计算。

(3) 计算连续梁各节点不平衡弯矩。

① AB 段为悬臂梁,其弯矩为:

$$M_{AB} = 0$$

$$M_{BA} = \frac{1}{2}qK_a l_{AB}^2 + \frac{1}{6}\gamma K_a l_{AB}^3$$

$$= \frac{1}{2} \times 10 \times 0.41 \times 5^2 + \frac{1}{6} \times 20 \times 0.41 \times 5^3$$

$$= 222.08(\text{kN} \cdot \text{m})$$

② BC 段为一端铰支,一端固结的梁,其弯矩为:

$$M_{BC} = -M_{BA} = -222.08(\text{kN} \cdot \text{m})$$

$$M_{CB} = \frac{1}{8}(q + \gamma l_{AB})K_a l_{BC}^2 + \frac{1}{15}\gamma K_a l_{BC}^3 + \frac{1}{2}M_{BC}$$

$$= \frac{1}{8} \times (10 + 20 \times 5) \times 0.41 \times 5^2 + \frac{1}{15} \times 20 \times 0.41 \times 5^3 + \frac{1}{2} \times (-222.08)$$

$$= 98.23(\text{kN} \cdot \text{m})$$

③ CD 段为两端固结的梁,其弯矩为:

$$M_{CD} = -\frac{1}{12} \times [q + \gamma(l_{AB} + l_{BC})]K_a l_{CD}^2 - \frac{1}{30}\gamma K_a l_{CD}^3$$

$$= -\frac{1}{12} \times [10 + 20 \times (5 + 5)] \times 0.41 \times 5^2 - \frac{1}{30} \times 20 \times 0.41 \times 5^3$$

$$= -213.54(\text{kN} \cdot \text{m})$$

$$M_{DC} = \frac{1}{12} \times [q + \gamma(l_{AB} + l_{BC})]K_a l_{CD}^2 + \frac{1}{20}\gamma K_a l_{CD}^3$$

$$= \frac{1}{12} \times (10 + 20 \times 5 \times 2) \times 0.41 \times 0.5^2 + \frac{1}{20} \times 20 \times 0.41 \times 5^3$$

$$= 230.63(\text{kN} \cdot \text{m})$$

④ DF 段为一端固结，一端铰支的梁，其弯矩计算图如图 4 - 39 所示。

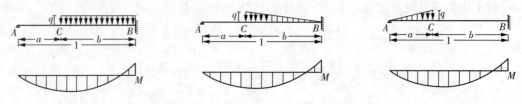

图 4 - 39　例 4 - 4 梁的弯矩计算图

对于 DF 梁段的计算，可参考《建筑结构静力计算手册》，将荷载分为 3 部分计算。

$$M_B = -\frac{qb^2}{8}\left(2 - \frac{b}{l}\right)^2$$

$$M_B = -\frac{qb^2}{24}\left(8 - 9\frac{b}{l} + \frac{12b^2}{5l^2}\right)^2$$

$$M_B = -\frac{qb^2}{6}\left(1 - \frac{3a^2}{5l^2}\right)^2$$

$$\begin{aligned}
M_{DF} = & -\frac{[q + \gamma(l_{AB} + l_{BC} + l_{CD})]K_a l_{DE}^2}{8}\left(2 - \frac{l_{DE}}{l_{EF}}\right)^2 \\
& -\frac{\gamma l_{DE}K_a l_{DE}^2}{24}\left(8 - \frac{9l_{DE}}{l_{EF}} + \frac{12l_{DE}^2}{5l_{EF}^2}\right) - \frac{\gamma K_a l_{EF}^2}{6}\left(1 - \frac{3l_{EF}^2}{5l_{DF}^2}\right)^2 \\
& -\frac{(q + \gamma h)K_a l_{EF}^2}{6}\left(1 - \frac{3l_{EF}^2}{5l_{DF}^2}\right) \\
= & -\frac{[10 + 20 \times (5 + 5 + 5)] \times 0.41 \times 25}{8} \times \left(2 - \frac{5}{5}\right)^2 \\
& -\frac{20 \times 5 \times 0.41 \times 5^2}{24}\left(8 - \frac{9 \times 5}{5} + \frac{12 \times 5^2}{5 \times 5^2}\right)^2 \\
& -\frac{10 \times 0.41 \times 5^2}{6}\left(1 - \frac{3 \times 5^2}{5 \times 5^2}\right)^2 - \frac{(10 + 20 \times 20) \times 0.41 \times 5^2}{6}\left(1 - \frac{3 \times 5^2}{5 \times 5^2}\right) \\
\approx & -763.79(\text{kN} \cdot \text{m})
\end{aligned}$$

（4）分配弯矩。

C 点的弯矩分配系数：

$$\mu_{CB} = \frac{\dfrac{3EI}{l_{BC}}}{\dfrac{3EI}{l_{BC}} + \dfrac{4EI}{l_{CD}}} = \frac{\dfrac{3}{5}}{\dfrac{3}{5} + \dfrac{4}{5}} \approx 0.429$$

$$\mu_{CD} = \frac{\dfrac{4EI}{l_{CD}}}{\dfrac{3EI}{l_{BC}} + \dfrac{4EI}{l_{CD}}} = \frac{\dfrac{4}{5}}{\dfrac{3}{5} + \dfrac{4}{5}} \approx 0.571$$

D 点弯矩分配系数：

$$\mu_{DC} = \frac{\dfrac{4EI}{l_{CD}}}{\dfrac{4EI}{l_{CD}} + \dfrac{3EI}{l_{DF}}} = \frac{\dfrac{4}{5}}{\dfrac{4}{5} + \dfrac{3}{7.84}} \approx 0.676$$

$$\mu_{DF} = \frac{\dfrac{3EI}{l_{DF}}}{\dfrac{4EI}{l_{CD}} + \dfrac{3EI}{l_{DF}}} = \frac{\dfrac{3}{7.84}}{\dfrac{4}{5} + \dfrac{3}{7.84}} \approx 0.324$$

弯距及分配如表 4-3 所示。

表 4-3　例 4-4 表

A		B		C	C		D	D		E
分配系数				0.429	0.571		0.676	0.324		
弯矩	0.324	0.324		0.324	0.324		0.324	−763.79		
								+172.74		
			−27.78	+180.21 ←	+360.42					
				−37.12 →	−18.56		+6.01			
			−2.69	+6.28 ←	+12.55					
				−3.59 →	−1.8		+0.58			
			−0.26	+0.61 ←	+1.22					
				−0.35						
最终弯矩	+222.08	−222.08		67.5	−67.5		584.46	−584.46		

（5）计算各支点反力（图 4-40）。

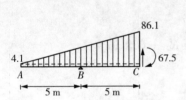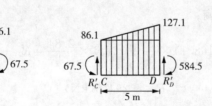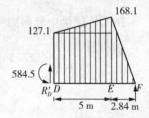

图 4-40　例 4-4 支点反力计算简图

取 AC 段梁，对 C 点取矩：

$$\frac{1}{2} \times 4.1 \times 10^2 + \frac{1}{6} \times (86.1 - 4.1) \times 10^2 = R_B \times 5 + 67.5$$

$$R_B \approx 300.83 \text{(kN)}$$

由 AC 段梁竖向力平衡：

$$(4.1 + 86.1) \times \frac{10}{2} = 300.83 + R_C'$$

$$R'_C = 150.17(kN)$$

取 CD 段梁,对 D 点取矩:

$$\frac{1}{2} \times 86.1 \times 5^2 + \frac{1}{6} \times (127.1 - 86.1) \times 5^2 + 67.5 = R''_C \times 5 + 584.5$$

$$R''_C \approx 146.02(kN)$$

因此,C 支点的反力为

$$R_C = R'_C + R''_C = 150.17 + 146.02 = 296.19(kN)$$

在 CD 段梁中竖向力平衡:

$$(86.1 + 127.1) \times \frac{5}{2} = R'_D + 146.02$$

$$R'_D = 386.98(kN)$$

取 DF 段梁,对 F 点取矩:

$$127.1 \times 5 \times \left(\frac{5}{2} + 2.84\right) + \frac{1}{2} \times (168.1 - 127.1) \times 5 \times \left(\frac{5}{3} + 2.84\right) +$$

$$\frac{1}{2} \times 168.1 \times 2.84 \times \frac{2}{3} \times 2.84 + 584.46 = R''_D \times (5 + 2.84)$$

$$R''_D = 623.97(kN)$$

所以 D 支点的反力为

$$R_D = R'_D + R''_D = 1010.95(kN)$$

在 DF 段梁中竖向力平衡:

$$(127.1 + 168.1) \times \frac{5}{2} + 127.1 \times \frac{2.84}{2} = R_F + 623.97$$

$$R_F \approx 294.5(kN)$$

3 个支点的反力及反弯点处剪力为

$$R_B = 300.83(kN)$$

$$R_C = 296.19(kN)$$

$$R_D = 1010.95(kN)$$

$$R_F = 294.5(kN)$$

用整段等值梁 AF 水平力的平衡校核上面的计算,作用在等值梁上的土压力应为

$$P_a = (4.1 + 168.1) \times \frac{20}{2} + 168.1 \times \frac{2.84}{2}$$

$$= 1960.70(\text{kN})$$

$$R_B + R_C + R_D + R_F = 1902.48(\text{kN})$$

计算结果 1960.70 kN 和 1902.48 kN 接近,说明计算较为准确。

参考图 4-41,R_B 除受 5 m 悬臂荷载外,还受 BC 段 5 m 一半的荷载;R_C 则受 BC 段 5 m 一半的荷载及 CD 段 5 m 一半的荷载。计算结果为

$$R_B = 4.1 \times 7.5 + \frac{20 \times 0.41 \times 7.5^2}{2} \approx 261.37(\text{kN})$$

$$R_C = \left[(20 \times 0.41 \times 7.5 + 4.1) + (20 \times 0.41 \times 12.5 + 4.1) \right] \times \frac{5}{2} = 430.5(\text{kN})$$

$$R_D = \left[(20 \times 0.41 \times 12.5 + 4.1) + (20 \times 0.41 \times 17.5 + 4.1) \right] \times \frac{2.5 + 2.5}{2} = 635.5(\text{kN})$$

$$R_F = (20 \times 0.41 \times 17.5 + 4.1 + 168.1) \times \frac{2.5}{2} + 2.84 \times \frac{168.1}{2} \approx 633.33(\text{kN})$$

$$R_B + R_C + R_D + R_F = 1960.7(\text{kN})$$

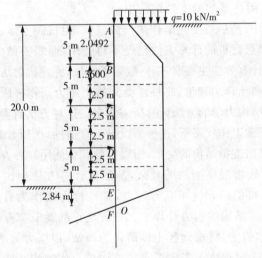

图 4-41 例 4-4 1/2 分担法计算简图

4.4.2 双排桩支护结构的内力计算

随着基坑工程的发展,基坑越来越深,施工难度越来越大,一些传统的支护形式无法满足控制基坑变形的要求。锚杆、土钉、支撑等支护形式往往因为受到某些实际的地质条件的制约而无法施工,当采用单排悬臂桩无法满足承载力变形等要求时,可以采用双排桩支护形式,即将单排悬臂桩部分后移,前后排桩顶端用刚性连梁连接。常见的双排桩支护形式有梅花形、矩形格构式和前后排桩间距不相等的形式 3 种,这 3 种形式都是以单桩为基础,通过连梁的连接形成具有特色的布置形式,如图 4-42 所示。

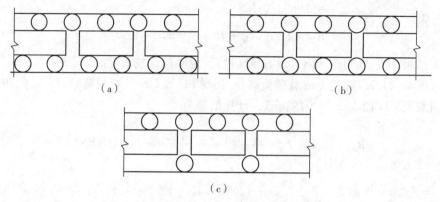

（a）
（b）
（c）

图 4-42　双排桩支护结构的平面布置形式

　　双排桩支护结构与单排桩支护结构相比，其侧向刚度有明显提升，对于侧向变形的控制效果也较好。利用连梁使前后排桩连成一个整体，可以协同受力，从而有效保证基坑稳定。此外，双排桩支护结构在相同耗材的情况下，其桩顶位移明显小于单排悬臂支护结构；由于基坑内部无须设置内支撑，不会影响地下结构的施工，同时也省去了施工支撑、拆除支撑的工作，大大缩短施工工期；由于基坑外无须设置拉锚，不存在拉锚式支护结构常出现的影响临近建筑、对水文地质条件要求较高和对地下空间范围要求较广的问题。所以目前双排桩支护越来越多地被用在基坑的支护结构中。

　　在双排桩支护结构中，前后桩受连梁作用形成整体，但桩间土体仍然会对前后桩产生一定的影响，因此传统单排悬臂桩的计算方法已经不再适用，而需要做出一些改进。目前对于双排桩支护结构的内力计算方法主要有三种：极限平衡法、弹性抗力法和数值计算方法。

　　极限平衡法基于经典土压力理论，将桩体受到的土压力当作极限平衡状态下的土压力，根据静力平衡条件利用结构力学的方法计算所需要素。这种方法计算简单，但是其假设是土体处于极限状态，但在正常工作状态下，这种假设是不合适的，所以计算出的结果与实际相差较大，且由于其无法计算出支护结构的变形，所以目前较少使用这种方法。

　　弹性抗力法的计算较极限平衡法的复杂，与数值计算方法相比又不够精确，但凭借其计算相对准确且对计算机的依赖性不高等特点，弹性抗力法作为另一种传统计算方法，仍然被广泛利用在各种支护结构的内力计算中。该方法在前两节都有所提及，其计算原理也大致相似，均基于温克尔假定，将被动区土体简化为弹簧，根据力的平衡和变形协调原理建立方程。弹性抗力法在一定程度上考虑了支护结构与土体的相互作用的影响，同时弥补了极限平衡法无法计算位移的缺陷，能够较好地模拟支护结构的实际受力状态。本节主要介绍在双排桩支护结构下利用弹性抗力法计算结构内力的过程。

　　数值计算方法是随着计算机技术的发展而新兴的一种计算方法。它利用有限元软件通过建立模型、选择计算参数、确定本构模型等过程来计算支护结构的位移和内力状况。该方法考虑到支护结构和土的共同作用，并且能够通过调整不同参数、建立不同模型等方式准确得知影响双排桩支护效果的各种因素，相比于极限平衡法、弹性抗力法更精确，计算速度更快。但目前对于双排桩的数值计算，其计算参数、本构模型往往难以确定，这会对计算结果产生较大影响。

　　利用弹性抗力法计算双排桩支护结构内力的计算简图如图 4-43 所示。

基坑与边坡工程

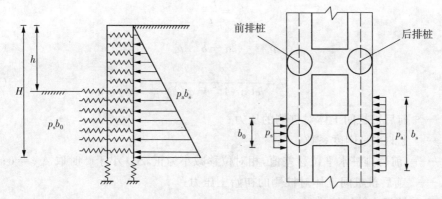

图 4 - 43　弹性抗力法计算双排桩支护结构内力的计算简图

　　弹性抗力法将前后桩被动区土体均等效为土弹簧,利用弹簧传递荷载,以此反应桩间土体对前后排桩的变形协调作用。另外,在前后桩桩底也采用竖向弹簧与之相连,主动土压力作用在后排桩。则作用于后排桩的主动土压力可由下式计算:

$$p_a = (\gamma z + q) K_a - 2c \sqrt{K_a} \qquad (4-56)$$

式中:p_a—— 支护结构后侧主动土压力;

　　　γ—— 土体重度;

　　　z—— 计算点距地面深度;

　　　q—— 墙顶施加的均布荷载;

　　　K_a—— 主动土压力系数;

　　　c—— 土体黏聚力。

　　前排桩嵌固段的土反力为

$$p_s = k_s y + p_{s0} \qquad (4-57)$$

$$k_s = m(z - h) \qquad (4-58)$$

$$p_{s0} = \gamma (z - h) K_a \qquad (4-59)$$

式中:p_s—— 支护结构前侧土反力;

　　　k_s—— 土的水平反力系数;

　　　y—— 计算点处前排桩产生的土体压缩水平位移;

　　　p_{s0}—— 初始分布土反力;

　　　m—— 水平反力系数的比例系数;

　　　h—— 基坑开挖深度。

　　关于 m 的取值在"4.2　悬臂式支护结构内力计算"中有相关介绍,在此不做详述。由于土的侧限约束假定,桩间土对前后排桩产生的土反力与桩间土压缩有关,假设桩间土为水平向单向压缩体,则前后桩桩间土体对桩侧的压力按下列公式计算:

$$p_c = k_c \Delta y + p_{c0} \qquad (4-60)$$

$$k_c = \frac{E_s}{t} \qquad (4-61)$$

$$p_{c0} = (2\alpha - \alpha^2) p_a \qquad (4-62)$$

$$\alpha = \frac{t}{h \tan(45° - \varphi/2)} \qquad (4-63)$$

式中：p_c—— 前后桩桩间土体对桩侧的压力；

k_c—— 土的水平刚度系数；

Δy—— 前后排桩水平位移差值，相对位移减小为正，Δy 小于 0 时取 $\Delta y = 0$；

p_{c0}—— 前后桩桩间土体对桩侧的初始土压力；

E_s—— 桩间土的压缩模量；

t—— 桩间土厚度；

α—— 土压力计算系数；

p_a—— 作用于后排桩的主动土压力；

φ—— 桩间土体内摩擦角。

桩底竖向弹簧的刚度系数与桩端阻力和桩侧摩阻力有关，常用下式计算：

$$K_b = mHA + Q_s/s_d \qquad (4-64)$$

式中：K_b—— 桩底竖向弹簧刚度系数；

m—— 水平反力系数的比例系数；

H—— 桩底距地面高度；

A—— 桩端横断面面积；

Q_s—— 前排桩桩侧摩擦力；

s_d—— 前排桩桩底竖向位移。

主动土压力计算宽度为 b_s，土反力计算宽度的确定可以参照"4.2　悬臂式支护结构内力计算"中有关有效宽度的介绍。b_s 的计算如下：

（1）建立前排桩的挠曲微分方程：

当计算点在基坑开挖面以上时，

$$EI \frac{\mathrm{d}^4 y_f}{\mathrm{d}z^4} - p_c b_s = 0 \qquad (4-65)$$

将式（4-60）代入上式可得

$$EI \frac{\mathrm{d}^4 y_f}{\mathrm{d}z^4} - [k_c (y_b - y_f) + p_{c0}] b_s = 0 \qquad (4-66)$$

式中：y_f、y_b—— 前、后排桩桩身水平位移。

当计算点在基坑开挖面以下时，

$$EI \frac{\mathrm{d}^4 y_f}{\mathrm{d}z^4} - p_c b_s + p_s b_0 = 0 \qquad (4-67)$$

将式（4-57）及式（4-60）代入式（4-67）可得

$$EI \frac{\mathrm{d}^4 y_f}{\mathrm{d}z^4} - [k_c(y_b - y_f) + p_{c0}]b_s + [m(z-h)y_f + p_{s0}]b_0 = 0 \qquad (4-68)$$

（2）后排桩的挠曲微分方程：

$$EI \frac{\mathrm{d}^4 y}{\mathrm{d}z^4} - p_a b_s + p_c b_s = 0 \qquad (4-69)$$

将式（4-56）及式（4-60）代入式（4-69）可得

$$EI \frac{\mathrm{d}^4 y_b}{\mathrm{d}z^4} - p_a b_s + [k_c(y_b - y_f) + p_{c0}]b_s = 0 \qquad (4-70)$$

以上各式中：E 为桩身弹性模量，I 为桩横截面的惯性矩。

对以上各式分别进行求解，即可得到支护结构的位移。下面简要介绍利用有限元法求解上述方程的过程。

① 支护结构单元划分。将支护结构在结构的转折点、支承点、截面突变点、集中力作用点、交汇点等节点处断开，将支护结构离散为有限个单元。

② 对各个单元分别分析。通过建立单元刚度矩阵以建立单元节点位移与节点力的关系。在双排桩结构中任取一平面刚架单元，杆端力与杆端位移的关系可由下式确定：

$$\{K\}^e\{\delta\}^e = \{F\}^e \qquad (4-71)$$

式中：$\{K\}^e$——平面刚架单元刚度矩阵；

$\quad\{\delta\}^e$——平面刚架单元节点位移列阵；

$\quad\{F\}^e$——平面刚架单元节点力列阵。

③ 建立整体刚度矩阵。将各个单元刚度矩阵集合为整个支护结构的整体刚度矩阵，各个单元的等效节点力集合为整体荷载矩阵。按静力平衡与变形协调条件把各个单元重新组合成一个完整的结构以进行求解，即

$$\{K\}\{\delta\} = \{F\} \qquad (4-72)$$

式中：$\{K\}$——平面刚架整体刚度矩阵；

$\quad\{\delta\}$——平面刚架整体位移列阵；

$\quad\{F\}$——平面刚架整体荷载列阵。

④ 求解未知节点的位移和内力。作用在节点处的外荷载与单元内荷载须保持平衡，而单元内荷载可由未知节点位移和单元刚度矩阵求得。利用边界条件可求得全部未知点的节点位移，再利用单元刚度矩阵计算各单元的内力。

4.5 土钉墙支护设计

4.5.1 概述

土钉墙是用于维护边坡或基坑侧壁稳定的一种新型支挡结构。它由被加固土体、放置

于原位土体中的细长金属杆件（土钉）及附着于坡面的混凝土面板组成，形成一个类似重力式墙的挡土墙，以此来抵抗墙后传来的土压力和其他作用力，从而保持开挖坡面的稳定。

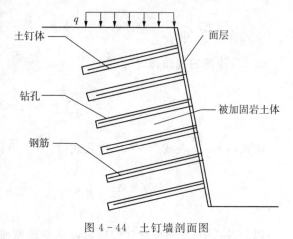

图 4-44　土钉墙剖面图

所谓"土钉"，就是置入于现场原位土体中以较密间距排列的细长杆件，如钢筋或钢管等，通常外裹水泥砂浆或水泥净浆浆体。土钉的特点是沿通长与周围土体接触，以群体起作用，与周围土体形成一个组合体。在土体发生微小变形的条件下，通过与土体接触界面上的黏结力或摩擦力，使土钉被动受拉变形，并主要通过受拉工作给土体以约束加固或使其稳定。土钉墙剖面图如图 4-44 所示。

1. 土钉墙的工程性能

工程中常用的土钉可分为黏结型土钉与击入式土钉。

黏结型土钉是最常用的土钉类型。即先在土中钻孔，置入钢筋，然后沿全长注浆，为使土钉钢筋处于孔的中心位置，有足够的浆体保护层，需沿钉长每隔 2～3 m 设对中支架，土钉外露端宜做成螺纹并通过螺母、钢垫板与配筋喷射混凝土面层相连，在注浆体硬结后用扳手拧紧螺母，使在钉中产生土钉设计拉力 10% 左右的预应力。

击入式土钉是在土体中直接打入角钢、圆钢或钢筋等，不再注浆。由于击入式土钉与土体间的黏结摩阻强度低，钉长受限制，所以布置较密，可用人力或振动冲击钻、液压锤等机具打入。击入钉的优点是无需预先钻孔，施工速度快，其缺点是不适用于砾石土、密实胶结土及服务年限大于两年的永久支护工程。近年来国内研发了一种击入注浆式土钉，它是直接将带孔的钢管击入土中，然后高压注浆形成土钉，这种土钉特别适于成孔困难的砂层和软弱土层，具有广阔的应用前景。

2. 土钉墙的工作性能

土钉墙是由在土体内放置一定长度和密度的土钉体构成的，因此土钉与土共同工作，形成了能大大提高原状土强度和刚度的复合土体。土钉的作用是基于这种主动加固的机制。土钉与土的相互作用，还能改变土坡的变形与破坏形态，显著提高了土坡的整体稳定性。

试验表明：直立的土钉墙在坡顶的承载能力比素土墙提高一倍以上，且土钉墙在受荷载过程中不会发生素土边坡那样突发性的塌滑。土钉墙不仅推迟了塑性变形发展阶段，而且明显地呈现出渐进变形与开裂破坏并存，且逐步扩展直至丧失承受更大荷载能力，也不会发生整体性塌滑。

土钉在复合土体中的作用可概括为以下几点：

（1）箍束骨架作用。该作用是由土钉本身的刚度和强度以及它在土体内的分布空间所决定的。它具有制约土体变形的作用，并使复合土体构成一个整体。

（2）分担作用。在复合土体内，土钉与土体共同承担外部荷载和土体自重应力。由于土钉有较高的抗拉、抗剪强度以及土体无法比拟的抗弯刚度，所以当土体进入塑性状态后，应力逐渐向土钉转移。当土体开裂时，土钉分担作用更为突出，这时土钉内出现弯剪、拉剪等复合应力，从而导致土钉体中浆体碎裂，钢筋屈服。复合土体塑性变形延迟及渐进性开裂变形的出现与土钉分担作用密切相关。

（3）应力传递与扩散作用。在同等荷载作用下，由土钉加固的土体内的应变水平与素土边坡土体内的应变水平相比大大降低，从而推迟了开裂的形成与发展。

（4）坡面变形的约束作用。在坡面上设置的与土钉连成一体的钢筋混凝土面板是发挥土钉有效作用的重要组成部分。坡面鼓胀变形是开挖卸荷、土体侧向变位以及塑性变形和开裂发展的必然结果，限制坡面鼓胀能起到削弱内部塑性变形、加强边界约束的作用，这对土体开裂变形阶段来说尤为重要。

4.5.2　土钉墙的工艺原理、特点及应用领域

1. 土钉墙的工艺原理

土钉墙是采用土钉加固的基坑侧壁土体与护面等组成的结构。它是将拉筋插入土体内部，全长度与土黏结，并在坡面上挂钢筋网并喷射混凝土，从而形成加筋土体加固区段，用以提高整个原位土体的强度并限制其位移，增强基坑边坡坡体的自身稳定性。

2. 土钉墙支护的特点

土钉墙结合了锚杆挡墙与加筋土挡墙的优点，用于挖方边坡工程，具有以下特点：

（1）施工的及时性。自上而下，边开挖边喷锚，一般每层开挖 1～2 m，可及时对边坡进行封闭，从而保护岩土不因边坡开挖暴露而过多降低力学强度。

（2）结构轻巧、有柔性，可靠度高。通过喷锚，与加固岩土形成复合体，允许边坡有少量变形，受力效果大大改善。作为群体效应，个别土钉失效对边坡影响不大。

（3）施工机具轻便简单、灵活、所需场地小，工人劳动强度低。

（4）材料用量小，自身成本费用较低。

3. 土钉墙的应用领域

土钉墙不仅用于临时构筑物，也可用于永久构筑物。当用于永久性构筑物时，宜增加喷射混凝土层厚度或铺设预制板，预制板在设计时需考虑外表的美观。

目前土钉墙的应用领域主要有以下几个方面：

（1）托换基础[图 4 - 45(a)]。

（2）基坑或竖井的支挡[图 4 - 45(b)]。

（3）斜坡面的挡土墙[图 4 - 45(c)]。

（4）斜坡面的稳定[图 4 - 45(d)]。

（5）与锚杆并用的斜面防护[图 4 - 45(e)]。

土钉墙适用于一般地区土质及破碎软弱岩质路堑地段。在地下水较发育或边坡土质松散地段，一般不宜采用土钉墙。采用土钉墙支护的基坑，其深度不宜超过 18 m。

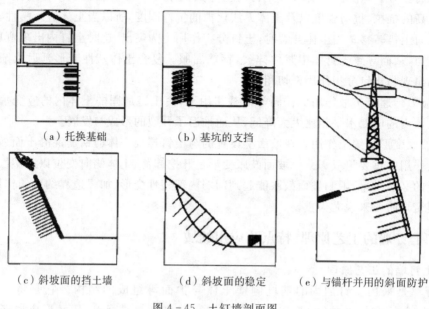

（a）托换基础　　　　　（b）基坑的支挡

（c）斜坡面的挡土墙　　　（d）斜坡面的稳定　　（e）与锚杆并用的斜面防护

图 4-45　土钉墙剖面图

4.5.3　土钉墙的构造

土钉墙一般由土钉、面层、泄排水系统三部分组成，如图 4-46 所示。

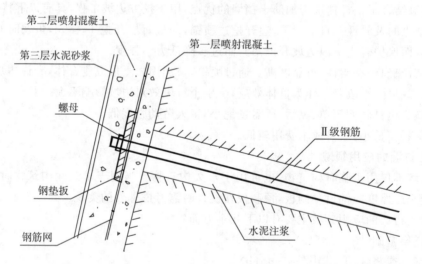

图 4-46　土钉墙构造图

详细设计及构造应符合下列规定：

（1）土钉墙墙面坡度不宜大于 1∶0.1。

（2）土钉和面层有效连接应设置承压板或加强钢筋等构造措施，承压板或加强钢筋应与土钉螺栓连接或钢筋焊接连接。

（3）土钉的长度宜为开挖深度的 $50\%\sim120\%$，间距宜为 $1\sim2$ m，与水平面夹角宜为

$5° \sim 20°$。

（4）土钉钢筋宜采用 I 级、II 级钢筋，钢筋直径宜为 $16 \sim 32$ mm，钻孔直径宜为 $70 \sim 120$ mm。

（5）注浆材料宜采用水泥浆或水泥砂浆，其强度等级不宜低于 M10。

（6）喷射混凝土面层应配置钢筋网，钢筋直径宜为 $6 \sim 10$ mm，网格间距宜为 $150 \sim 300$ mm，喷射混凝土强度等级不宜低于 C20，面层厚度不宜小于 80 mm。

（7）坡面上下段钢筋网搭接长度应大于 300 mm。

（8）当地下水位高于基坑底面时应采取降水或截水措施，土钉墙墙顶应采用砂浆或混凝土护面，坡顶和坡脚应设排水措施，坡面上可根据具体情况设置泄水孔。

4.5.4　土钉墙的设计

土钉墙适用于地下水位以上或经人工降水后的人工填土、黏性土和弱胶结砂土的基坑支护，基坑高度以 $5 \sim 12$ m 为宜。在初步设计时，先根据基坑环境条件和工程地质资料，确定土钉墙的适用性，然后确定土钉墙的结构尺寸。土钉墙高度由工程开挖深度决定，开挖面坡度可取 $60° \sim 90°$，且尽可能降低坡面坡度。

土钉墙均是分层分段施工，每层开挖的最大高度取决于该土体可以站立而不破坏的能力。在砂性土中，每层开挖高度一般为 $0.5 \sim 2.0$ m，在黏性土中可以适当增大开挖高度。开挖高度一般与土钉竖向间距相同，常为 $1.0 \sim 1.5$ m；每层开挖的纵向长度，取决于土体维持稳定的最长时间和施工流程的相互衔接，一般多为 10 m。

1. 土钉墙设计一般原则

（1）土钉墙高度宜控制在 20 m 以内，墙面坡为 $1 : 0.1 \sim 1 : 0.4$，根据地形地质条件，边坡较高时宜设多级。多级墙上、下两级之间应设置平台，平台宽度不宜小于 2 m，每级墙高不宜大于 10 m。单级土钉墙墙高宜控制在 12 m 以内。

（2）土钉的长度一般为 $0.4H \sim 1.0H$（H 为墙高）。岩质边坡宜为 $0.4H \sim 0.7H$，岩性较差及地下水发育时取大值；非饱和土土质边坡宜为 $0.6H \sim 1.0H$。

（3）土钉间距 $0.75 \sim 2$ m，与水平面夹角宜为 $5° \sim 20°$。

（4）土钉墙设计应遵循"保住中部、稳定坡脚"的原则。现场量测结果表明，沿支护高度上下分布的土钉，其受力为中间大、上部和下部小。而数值分析结果表明，土钉墙坡脚应力集中明显。因此设计时边坡中部的土钉宜适当加密、加长，坡脚用混凝土脚墙加固，并使之与土钉墙连成一个整体。

（5）土钉墙分层开挖高度：土层一般为 $0.5 \sim 2$ m，岩层一般为 $1.0 \sim 4$ m。每一层开挖的纵向长度（分段长度），取决于岩土体维持不变形的最长时间及施工流程的相互衔接。

2. 一般土钉墙工程的设计内容

（1）根据总体设计布置确定土钉墙的平面、剖面尺寸。

（2）根据边坡岩土特性确定分层施工高度。

（3）确定土钉布置方式和间距。

（4）确定土钉的直径、长度和倾角。

（5）确定土钉钢筋的类型、直径和构造。

(6)注浆配比和注浆方式。

(7)喷射混凝土面板设计及坡顶防护设计。

(8)土钉墙内部及整体稳定分析。

(9)排水系统设计。

(10)现场监测和质量控制设计。

3. 土钉墙设计的基本程序框图

土钉墙设计的基本程序框图如图 4-47 所示。

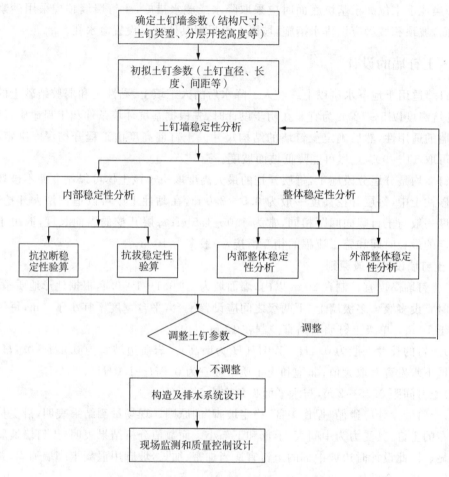

图 4-47　土钉墙设计的基本程序框图

4. 土钉墙的计算内容

通过稳定性分析,可以验证所选土钉各个参数的合理性、可行性,以及所设计土钉墙的安全性、适用性。土钉墙可能破坏的形式分为内部破坏(墙体内整体失稳和局部破坏)、外部破坏(整体侧移、倾覆和整体滑移)、超量变形 3 种类型。

对外部破坏分析,工程中一般采用类似重力挡墙设计方法进行水平滑动稳定、抗倾覆稳定、墙底土承载力和整体抗滑稳定验算;对内部破坏分析,目前尚无工程界普遍认同的方法,各国根据各自的试验研究,提出了相应的分析和计算方法,归纳起来,主要有极限平衡法、有限元法、工程简化分析法。

（1）潜在破裂面的确定。

土钉墙内部加筋体分为锚固区和非锚固区，其分界面为潜在破裂面。根据大量试验和工程实践，土钉内部潜在破裂面采用简化计算方法确定，滑动剖面计算简图如图 4-48 所示。

$$h_i \leqslant \frac{1}{2}H \text{ 时}, l=(0.3\sim0.35)H \tag{4-73}$$

$$h_i > \frac{1}{2}H \text{ 时}, l=(0.6\sim0.7)(H-h_i) \tag{4-74}$$

式中：h_i——基坑内某一深度（m）；

H——基坑开挖深度（m）；

l——坡体表面距离滑动面的垂直距离（m）。

坡体表面距离滑动面的垂直距离由式（4-73）和式（4-74）确定。

当坡体渗水较严重或岩体风化破碎严重、节理发育时，取大值。土钉长度包括非锚固长度和有效锚固长度，非锚固长度应根据墙面与土钉潜在破裂面的实际距离确定。有效锚固长度由土钉内部稳定性验算确定。

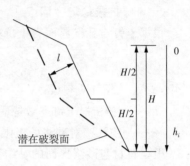

图 4-48　滑动剖面计算简图

（2）土压力的确定。

土压力的分布如图 4-49 所示。

$$h_i = \frac{1}{3}H \text{ 时}, \sigma_i = 2K_a\gamma h_i\cos(\delta-\alpha) \tag{4-75}$$

$$h_i > \frac{1}{3}H \text{ 时}, \sigma_i = \frac{2}{3}K_a\gamma H\cos(\delta-\alpha) \tag{4-76}$$

式中：σ_i——水平土压应力（kPa）；

K_a——库仑主动土压力系数；

γ——边坡岩土体重度（kN/m³）；

α——墙背与竖直面间的夹角（°）；

δ——墙背摩擦角（°）。

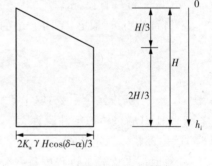

图 4-49　土压力的分布

土钉的拉力：

$$E_i = \frac{\sigma_i S_x S_y}{\cos\beta} \tag{4-77}$$

式中：E_i——距墙顶高度第 i 层土钉的计算拉力（kN）；

S_x，S_y——土钉之间水平、垂直间距（m）；

β——土钉与水平面的夹角（°）。

（3）土钉墙内部稳定验算。

① 土钉抗拉断验算：

土钉钉材抗拉力按下式计算：

$$T_i = \frac{1}{4}\pi \cdot d_b^2 \cdot f_y \qquad\qquad (4-78)$$

式中:T_i——钉材抗拉力(kN);

$\quad d_b$——钉材直径(m);

$\quad f_y$——钉材抗拉强度设计值(kPa)。

土钉抗拉断验算按下式计算:

$$\frac{T_i}{E_i} = K_1 \qquad\qquad (4-79)$$

式中:K_1——土钉抗拉断安全系数,取 $1.5 \sim 1.8$,永久工程取大值。

② 土钉抗拔稳定验算:

根据土钉与孔壁界面岩土抗剪强度 τ 确定有效锚固力 F_{i1},并按下式计算

$$F_{i1} = \pi \cdot d_h \cdot l_{ei} \cdot \tau \qquad\qquad (4-80)$$

式中:d_h——钻孔直径(m);

$\quad l_{ei}$——第 i 根土钉有效锚固长度(m);

$\quad \tau$——锚孔壁对砂浆的极限剪应力(kPa),可查相关表格选用。

根据钉材与砂浆界面的黏结强度 τ_g 确定有效锚固力 F_{i2},并按下式计算:

$$F_{i2} = \pi \cdot d_b \cdot l_{ei} \cdot \tau_g \qquad\qquad (4-81)$$

式中:τ_g——钉材与砂浆间的黏结力(kPa),按砂浆标准抗压强度 f_{ck} 的 10% 取值。

$\quad d_b$——钉材直径(m)。

土钉抗拔力 F_i 取 F_{i1} 和 F_{i2} 中的小值。土钉抗拔稳定验算按下式计算:

$$\frac{F_i}{E_i} > K_2 \qquad\qquad (4-82)$$

式中:K_2——抗拔安全系数,取 $1.5 \sim 1.8$,永久工程取大值。

(4)土钉墙整体稳定性验算。

① 内部整体稳定验算。

验算时应考虑施工过程中每一分层开挖完毕未设置土钉时施工阶段及施工完毕使用阶段两种情况,根据潜在破裂面(对土质边坡按最危险滑弧面)进行分条分块,计算稳定系数,计算简图如图 4-50 所示。

$$K = \frac{\sum C_i L_i S_x + \sum W_i \cos\alpha_i \tan\varphi_i S_x + \sum_{i=1}^{n} P_i \cdot \cos\beta_i + \sum_{i=1}^{n} P_i \cdot \sin\beta_i \cdot \tan\varphi_i}{\sum W_i \sin\alpha_i S_x}$$

$$(4-83)$$

式中:C_i——岩土的黏聚力(kPa);

$\quad \varphi_i$——岩土的内摩擦角(°);

$\quad L_i$——分条(块)的潜在破裂面长度(m);

W_i—— 分条(块)重力(kN/m);

α_i—— 破裂面与水平面夹角;

β_i—— 土钉轴线与破裂面的夹角;

P_i—— 土钉的抗拔能力,取 F_i 和 T_i 中的小值(kN);

n—— 实设土钉排数;

S_x—— 土钉水平间距(m);

K—— 施工阶段及使用阶段整体稳定系数,施工阶段 $K \geqslant 1.3$,使用阶段 $K \geqslant 1.5$。

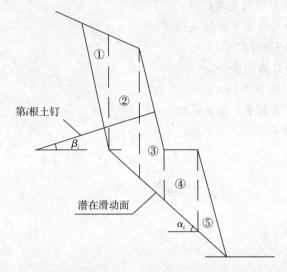

图 4-50　土钉墙内部整体稳定系数计算简图

② 土钉墙外部稳定性验算。

将土钉及其加固体视为重力式挡土墙,按重力式挡土墙的稳定性检查方法,进行抗倾覆稳定、抗滑稳定及基底承载力验算。

a. 土压力计算:

将土钉墙简化成挡土墙,其厚度不能简单地按土钉的长度来计算,只能考虑被土钉加固成整体的那一段,计算简图如图4-51所示。挡土墙的计算厚度一般按照土钉水平长度的 $\frac{2}{3} \sim \frac{11}{12}$ 选取。

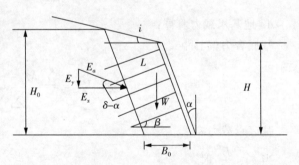

图 4-51　土钉墙计算简图

$$B_0 = \left(\frac{2}{3} \sim \frac{11}{12}\right) L \cos\beta \qquad (4-84)$$

$$H_0 = H + \frac{B_0 \tan i}{1 - \tan\alpha \cdot \tan i} \qquad (4-85)$$

主动土压力水平分力

$$E_x = \frac{1}{2}\gamma H_0^2 K_x \qquad (4-86)$$

主动土压力竖向分力

$$E_y = E_x \cdot \tan(\delta - \alpha) \qquad (4-87)$$

式中：L—— 土钉长度，当多排土钉不等长时取其平均值(m)；

β—— 土钉与水平面的夹角(°)；

i—— 坡顶地面线与水平面的夹角(°)；

H—— 土钉墙的设计高度(m)；

H_0—— 土压力计算高度(m)；

γ—— 边坡岩土体重度(kN)；

K_x—— 库仑主动水平土压力系数。

b. 抗滑动稳定验算：

抗滑安全系数

$$K_c = \frac{\sum N \cdot \tan\varphi}{E_x} \geqslant 1.3 \qquad (4-88)$$

c. 抗倾覆稳定验算：

抗倾覆安全系数

$$K_o = \frac{\sum M_y}{\sum M_o} \geqslant 1.5 \qquad (4-89)$$

d. 地基承载力验算：

基底合力偏心距

$$e = \frac{B_0}{2} - \frac{\sum M_y - \sum M_o}{\sum N} \qquad (4-90)$$

基底承载力 σ

当 $e \leqslant \dfrac{B_0}{6}$ 时，

$$\sigma = \frac{\sum N}{B_0}\Big(1 + \frac{6e}{B_0}\Big) \leqslant [\sigma] \qquad (4-91)$$

当 $e > \dfrac{B_0}{6}$ 时，

$$\sigma = \frac{2\sum N}{3\Big(\dfrac{B_0}{2} - e\Big)} \leqslant [\sigma] \qquad (4-92)$$

式中：$\sum N$ —— 作用于土钉墙基底上的总垂直力（kN）；

$\quad \sum M_y$ —— 稳定力系对墙趾的总力矩（kN·m）；

$\quad \sum M_o$ —— 倾覆力系对墙趾的总力矩（kN·m）；

$\quad \varphi$ —— 土钉墙边坡岩土综合内摩擦角（°）；

$\quad e$ —— 基底合力的偏心距（m）。

（5）土钉墙设计计算实例。

例 4-5 如图 4-52 所示，某工程 DK339＋277～DK399＋395 左侧设置土钉墙，其中 DK339＋285～DK399＋390 长 105 m 为两级土钉墙，每级 10 m。土钉墙边坡岩土综合摩擦角 $\varphi=40°$，库仑主动土压力系数 K_a 按延长墙背法计算，$K_a=0.264$，墙背摩擦角 $\delta=20°$。设计此工程土钉墙并验算其稳定性。

解：（1）选取各设计参数。

土钉墙边坡岩土综合摩擦角 $\varphi=40°$ 且 γ 取 20 kN/m³。因边坡较高，故设计两级土钉墙，每级墙高 10 m，总墙高 $H=20$ m，中部平台宽 2 m，土钉墙胸坡 76°（$\alpha=14°$）。

土钉长度初选为 0.4H，即 $L=8$ m；土钉钻孔直径 d_h 由施工机械而定，本工程取 $d_h=100$ mm。

间距 S_x、S_y 由经验公式：$S_x \cdot S_y \leqslant k_1 \cdot d_h \cdot L$ 确定，本工程取 $k_1=1.5$，$S_x=S_y=1.0$ m。

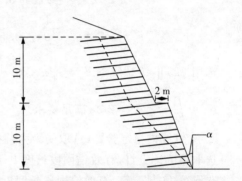

图 4-52　例 4-5 土钉墙布置简图
注：平台上下三根土钉均为 10 m，其余均为 8 m。

土钉钉材直径参照经验公式：$d_b=(20\sim 25)\times 10^{-3} \cdot S_x \cdot S_y$，上部、中部及下部选用 $\phi25$ Ⅱ 级螺纹钢。

根据"保住中部、稳定坡脚"的设计原则，将土钉墙中部平台上下各 3 排土钉加长至 10 m。

（2）土钉墙潜在破裂面。

$$h_i \leqslant \frac{1}{2}H=10 \text{ m 时}, l=0.35H=7(\text{m})$$

$$h_i \geqslant \frac{1}{2}H=10 \text{ m 时}, l=0.7(H-h_i)=0\sim 7 \text{ m}$$

（3）土钉所承担的土压力。

$$h_i \leqslant \frac{1}{3}H（约 6.7 \text{ m}）\text{ 时}, \sigma_i=2K_a\gamma h_i\cos(\delta-\alpha)=10.5h_i=0\sim 70.4 \text{ kN/m}^2$$

$$h_i > \frac{1}{3}H（约 6.7 \text{ m}）\text{ 时}, \sigma_i=\frac{2}{3}K_a\gamma H\cos(\delta-\alpha)=70.4 \text{ kN/m}^2$$

库仑主动土压力系数 K_a 按延长墙背法计算，$K_a=0.264$，墙背摩擦角 $\delta=20°$。

（4）土钉墙内部稳定计算。

① 土钉抗拉断验算（选取受力最大的土钉验算）：

$$H = 6.6 \text{ m}（第 7 排土钉），\sigma_7 = 10.5 h_i = 69.3 (\text{kN/m}^2)$$

$$E_7 = \sigma_7 S_x S_y / \cos\beta = 69.3 \times 1 \times 1 \div \cos 14° \approx 71.4 (\text{kN})$$

选用 $\phi 25$ Ⅱ级螺纹钢，抗拉强度设计值为 360 kN/mm^2。

土钉钉材抗拉力 $T_7 = \dfrac{1}{4}\pi \cdot d_b^2 \cdot f_y \approx 176.7 (\text{kN})$。

$$K_1 = \frac{T_7}{E_7} = 2.4 > 1.8（满足要求）。$$

$$h_i > \frac{1}{3}H（约 6.7 \text{ m}），\sigma_i = 70.4 \text{ kN/m}^2$$

$$E_i = \sigma_i S_x S_y / \cos\beta = 70.4 \times 1 \times 1 \div \cos 14° \approx 72.6 (\text{kN})$$

选用 $\phi 25$ Ⅱ级螺纹钢 $T_i = \dfrac{1}{4}\pi \cdot d_b^2 \cdot f_y \approx 176.7 (\text{kN})$。

$$K_1 = \frac{T_i}{E_i} = 2.7 > 2.1（满足要求）。$$

② 土钉抗拔稳定验算（选取受力大且有效锚固段最短的土钉验算）：

选取第 7 排土钉，有效锚固段长度 $L = 8 - 7 = 1 (\text{m})$，$E_7 = 71.4 (\text{kN})$。

选取第 11 排土钉，有效锚固段长度 $L = 2.3 (\text{m})$，$E_{11} = 72.6 (\text{kN})$。

由现场拉拔试验，孔壁摩阻力 $\tau = 210 \text{ kPa}$，则

$$F_{71} = \pi \cdot d_h \cdot l_{ei} \cdot \tau = 3.14 \times 0.1 \times 1 \times 210 \approx 65.9 (\text{kN})$$

$$F_{111} = \pi \cdot d_h \cdot l_{ei} \cdot \tau = 3.14 \times 0.1 \times 2.3 \times 210 \approx 151.7 (\text{kN})$$

钉材与砂浆间的黏结力 $\tau_g = 1000 \text{ kPa}$，则

$$F_{72} = \pi \cdot d_b \cdot l_{ei} \cdot \tau_g = 3.14 \times 0.025 \times 1 \times 1000 = 78.5 (\text{kN})$$

$$F_{112} = \pi \cdot d_b \cdot l_{ei} \cdot \tau_g = 3.14 \times 0.025 \times 2.3 \times 1000 \approx 180.6 (\text{kN})$$

土钉抗拔力 F_i 取 F_{i1} 和 F_{i2} 中的小值，则 $F_7 = 65.9 \text{ kN}$，$F_{11} = 151.7 (\text{kN})$。

$$K_2 = \frac{F_7}{E_7} = \frac{65.9}{71.4} = 0.92 < 1.8（不满足要求）。$$

$$K_2 = \frac{F_{11}}{E_{11}} = \frac{151.7}{72.6} = 2.1 > 1.8（满足要求）。$$

（5）土钉墙整体稳定验算。

① 内部整体稳定验算：根据潜在破裂面形状进行分条分块，计算稳定系数。根据设计要求，分层开挖高度为 2 m，每一分层开挖完毕未设置土钉时为危险阶段，须进行施工阶段稳定验算。经稳定验算，最下一分层开挖完毕未设置土钉时为最危险阶段，此时稳定系数为 1.7，土钉墙竣工后稳定系数为 1.85，而不设置土钉边坡稳定系数仅为 0.89。中部土钉不加长时，施工阶段及使用阶段稳定系数均降低 0.3。

② 土钉墙外部稳定性验算：将土钉墙视为重力式挡土墙进行抗倾覆、抗滑移稳定性验算，其稳定系数均大于 1.5，满足要求。

（6）主要工程措施。

两级土钉墙，上、下墙最大高度分别为 10 m，土钉墙胸坡为 1:0.25，两级之间平台宽为 2 m。土钉长为 8 m，中部平台附近加长至 10 m，间距均为 1 m。土钉墙上部及中下部土钉均采用 $\phi25$ Ⅱ级螺纹钢筋。单级土钉墙长 6 m，采用 $\phi25$ Ⅱ级螺纹钢筋。土钉孔径 $\phi100$ mm，孔内灌注 M30 水泥砂浆。土钉面板由喷射 14 cm 厚的 C20 混凝土、1 cm 厚的水泥砂浆及一层 $\phi8$ 钢筋网组成。

土钉墙墙顶堑坡设 1 m 宽喷射混凝土护顶，其要求同土钉面板，并用一排 3 m 长小锚杆锁定。土钉墙墙脚设置厚 0.6 m、高 1.2 m 脚墙加固。土钉墙每隔 15～20 m 设置一道伸缩缝，面层设置泄水孔，泄水孔呈梅花形布置，间距 2.5 m。泄水孔进口处设置无砂混凝土反滤层。

（7）施工工艺。

① 路堑开挖：按坡高 2 m 一层从上至下分层开挖，土石方采用推土机及挖掘机施工，边坡预留 0.3 m 厚保护层，人工清刷平顺边坡后，挖槽安设泄水孔无砂混凝土反滤层及伸缩缝沥青木板。由于自然横坡较陡，第一层开挖 3 m，并搭设作业平台，以确保有足够的作业场地。

② 喷射第一层混凝土：每一层边坡清刷平顺后，立即喷射第一层混凝土，及时封闭边坡，下部留 0.3 m 暂不喷射，利于下一分层更好衔接。第一次喷射混凝土厚 5 cm，配合比为水泥：砂：碎石：水：速凝剂 ＝1:2.81:1.65:0.05:0.04，水泥采用 425 号普通硅酸盐水泥。

③ 钻孔：第一层混凝土喷射完成后，采用汤姆洛克钻机垂直坡面造孔，孔径 $\phi90$。

④ 设置土钉：土钉钉材为 $\phi25$ 螺纹钢筋，每间隔 2 m 焊对中支架，外端焊接螺丝端杆，对中支架用 $\phi6$ 圆钢制作。土钉连同注浆管插入孔中。

⑤ 注浆：采用孔底注浆法灌注水泥砂浆，注浆压力为 0.2～0.4 MPa，水泥砂浆配合比为水泥：砂：水 ＝1:1.26:0.33。

⑥ 挂网：注浆完毕、砂浆达到设计强度 50% 后，挂 $\phi8$@200×200 钢筋网，放置钢垫板，上紧螺母，施加 5～10 kN 预紧力，使钢筋网与坡面密贴。

⑦ 喷射第二层混凝土：挂网完成后，喷射第二层混凝土，喷射厚度为 9 cm。

4.5.5　施工要点

土钉墙施工过程包括以下几个方面。

1. 作业面开挖

土钉墙施工是随工作面开挖而分层施工的，每层开挖的最大高度取决于该土体可以站立而不破坏的能力，在砂性土中每层开挖高度为 0.5～2.0 m，在黏性土中每层开挖高度可按下式估算：

$$h = \frac{2c}{\gamma \tan\left(45° - \dfrac{\varphi}{2}\right)} \tag{4-93}$$

式中：h——每层开挖深度（m）；

　　　c——土的黏聚力（直剪快剪）（kPa）；

γ——土的重度（kN/m^3）；

φ——土的内摩擦角（直剪快剪）（°）。

开挖高度一般与土钉竖向间距相匹配，便于土钉施工。每层开挖的纵向长度，取决于交叉施工期间保持坡面稳定的坡面面积和施工流程的相互衔接，长度一般为 10 m，使用的开挖施工设备必须能挖出光滑、规则的斜坡面，最大限度地减少对支护土层的扰动。松动部分在坡面支护前必须予以清除。对松散的或干燥的无黏性土，尤其是当坡面受到外来振动时，要先进行灌浆处理，同时须考虑在附近爆破可能产生的影响。在用挖土机挖土时，应辅以人工修整。

2. 喷射混凝土面层

在一般情况下，为了防止土体松弛和崩解，必须尽快做第一层喷射混凝土。根据地层的性质，可以在安设土钉之前做，也可以在放置土钉之后做。对于临时性支护来说，面层可以做一层，厚度 50～150 mm；面对永久性支护则用两层或三层，厚度为 100～300 mm，喷射混凝土强度等级不应低于 C15，混凝土中水泥含量不宜低于 400 kg/m^3，喷射混凝土最大骨料尺寸不宜大于 15 mm，通常为 10 mm，两次喷射作业应留一定的时间间隔，为方便施工搭接，每层下部 300 mm 暂不喷射，并做 45°的斜面形状，为了使土钉同面层能很好地连成整体，一般在面层与土钉交接中间加两块 150 mm×150 mm×10 mm 或 200 mm×200 mm×12 mm 的承压板，承压板后一般放置 2～4 根加强钢筋。在喷射混凝土中应配置一定数量的钢筋网，钢筋网对面层起加强作用，并对调整面层应力有着重要的意义。钢筋网间距双向均为 200～300 mm，钢筋直径为 φ6～φ10，在喷射混凝土面层中配置 1～2 层。有时，用粗钢筋锁定筋将土钉与加强筋连接起来，这样面层的整体作用得到进一步加强。

3. 排降水措施

当地下水位较高时，应采取降低地下水位措施，一般沿坡顶每隔 10～20 m 设置一个降水井，常采用管井井点降水法。在降水的同时，也要做好坡顶、坡面和坡底的排水，应提前沿坡顶挖设排水沟并在坡顶一定范围内用混凝土或砂浆护面以排除地表水。坡面排水可在喷射混凝土面层中设置泄水管，一般使用 300～500 mm 的带孔塑料管，向上倾斜 5°～10°。排除面层后的积水在坡底设置排水沟和集水井，将排入集水井的水及时抽走。

4. 土钉墙施工

土钉墙施工包括定位、成孔、置筋、注浆等工序，一般情况下，可借鉴土层锚轩的施工经验和规范。

（1）成孔

成孔工艺和方法与土层条件、机具装备及施工单位的手段和经验有关。当前国内大多采用螺旋钻、洛阳铲等干法成孔设备，也可使用如 YTN - 87 型土锚专用钻机成孔。对边坡加固土钉时，由于要在脚手架上施工且钻孔长度较短，要求使用质量小、易操作及搬运的钻机。为满足土钉钻孔的要求，可选用 KHYD40KBA 型岩石电钻，配置 φ75mm 的麻花钻杆，每节钻杆长 1.5 m，钻机整机质量 40 kg，搬运操作非常方便，钻孔速度 0.2～0.5 m/min，工效较高，适合于土钉墙施工。

依据土层锚杆的经验，孔壁"抹光"会降低浆土的黏结作用，当采用回转或冲击回转方法成孔时，建议不要采用膨润土或其他悬浮泥浆做钻进护壁。

显然,在用打入法设置土钉时,不需要预先钻孔。在条件适宜时,安装速度是很快的。直接打入土钉法对含块石的土是不适宜的,在松散的弱胶结粒状土中应用时要谨慎,以免引起土钉周围土体局部结构破坏而降低土钉与土体间的黏结力。

(2)置筋

在置筋前,最好采用压缩空气将孔内残留及扰动的废土清除干净。放置的钢筋一般采用 HRB335、HRB400 级螺纹钢筋,为保证钢筋在孔中的位置,在钢筋上每隔 $2\sim3$ m 焊置一个定位架。

(3)注浆

土钉注浆可采用注浆泵或砂浆泵灌注,浆液采用纯水泥浆或水泥砂浆。纯水泥浆可用 425 号普通硅酸盐水泥,用搅拌装置按水灰比 0.45 左右搅拌,水泥砂浆采用 1：2 至 1：3 的配合比并用砂浆搅拌机搅拌,再采用注浆泵或灰浆泵进行常压或高压注浆。为保证土钉与周围土体紧密结合,在孔口处设置止浆塞并旋紧,使其与孔壁紧密贴合。在止浆塞上将注浆管插入注浆口,深入至孔底 $0.2\sim0.5$ m 处,注浆管连接注浆泵,边注浆边向孔口方向拔管,直至注满,放松止浆塞,将注浆管与止浆塞拔出,用黏性土或水泥砂浆充填孔口。为防止水泥砂浆或水泥浆在硬化过程中产生缩裂缝,提高其抗拔性能,保证浆体与周围土壁的紧密黏和,可掺入一定量的膨胀剂。具体掺入量由试验确定,以满足补偿收缩为准。为提高水泥砂浆或水泥浆的早期强度,加速硬化,可掺入速凝剂或早强剂。

目前有一种打入注浆式土钉(或称注浆锚杆),其应用越来越多,它的施工速度快,试用范围广,尤其对于粉细砂层、回填土、软土等难以成孔的土层,更显示出其优越性。另外,国外报道了具有高速的土钉施工专利方法——喷栓系统,它是利用高达 20 MPa 的高压力,通过钉尖的小孔进行喷射,将土钉安装或打入土中,喷出的浆液如同润滑剂一样有利于土钉的贯入,在其凝固后还可提供较高的钉土黏结力。但是,喷栓系统除法国以外,其他地区还未获得广泛应用。

5. 土钉防腐

在正常环境条件下,对临时性支护工程,一般仅由砂浆做锈蚀防护层,有时可在钢筋表面涂一层防锈涂料;对永久性工程,可在钢筋外加环装塑料保护层或涂多层防腐涂料,加大锚固层厚度,以提高钢筋的锈蚀防护能力。

6. 边坡表面处理

对临时支护的土钉墙工程,只要求喷射混凝土同边坡面很好地黏结在一起;而对永久性工程,边坡表面还必须考虑美观的要求,有时使用预制的面板或喷涂。

4.6　水泥土挡墙支护设计

4.6.1　概述

水泥土挡墙利用水泥材料为固化剂,采用特殊的拌合机械(深层搅拌机或高压喷射)在地基土中就地将原状土和固化剂强制拌合,经过一系列的物理化学反应,形成具有一定强度、整体性和水稳定性的加固土圆柱体(水泥土桩),由这些水泥土桩两两相互搭接而形成的连续壁状的加固体。

由于水泥土墙体的材料强度比较低，主要是靠墙体的自重平衡墙后的土压力，因而常常将其作为重力式挡土墙对待。水泥土围护墙体适用于软土地基，但不宜在有较多碎石砖块及其他有机质杂物的填土层中使用。

4.6.2 水泥土的性质及加固机理

1. 水泥土的物理性质

(1)重度：当水泥掺入比为 8%～20% 时，水泥土重度比原土增加 3%～6%。

(2)含水量：随水泥掺合量的增大而降低，一般比原土降低 15%～18%。

(3)抗渗性：渗透系数 k 一般为 10^{-8}～10^{-9} cm/s。

2. 水泥土的力学性质

(1)无侧限抗压强度：水泥土的无侧限抗压强度 q_u 为 0.3～4.0 MPa，比原状土提高几十乃至几百倍。

(2)抗拉强度：水泥土抗拉强度与抗压强度有一定关系，一般情况下，抗拉强度为 $(0.15～0.25)q_u$。

(3)抗剪强度：当水泥土 q_u 为 0.5～4 MPa 时，其黏聚力 c 为 100～1000 kPa，其摩擦角 φ 为 20°～30°。

(4)变形特性：当 q_u 为 0.5～4.0 MPa 时，其 50 d 后的变形模量相当于 $(120～150)q_u$。

3. 加固机理

当水泥各种化合物生成后，有的水化物自身硬结，形成水泥石骨架；有的水化物则与周围具有一定活性的黏土颗粒发生作用，形成新的矿物。

(1)水泥的水解水化反应：普通硅酸盐水泥主要是由氧化钙、二氧化硅、三氧化二铝、三氧化二铁及三氧化硫等成分组成的，由这些不同的氧化物分别组成了不同的水泥矿物。当水泥与饱和软土充分拌和后，水泥颗粒表面的矿物很快与饱和软土中的水发生水解和水化反应，生成含水硅酸钙、含水铝酸钙及含水铁酸钙等化合物。

(2)土颗粒与水泥水化物的作用：主要是离子交换和团粒化作用及硬凝反应。离子交换和团粒化作用是指黏土和水结合时表现出一种胶体特征，如土中含量最多的二氧化硅遇水后，形成硅酸胶体微粒，其表面带有钠离子(Na^+)和钾离子(K^+)，它们能和水泥水化生成的氢氧化钙中钙离子(Ca^{2+})进行当量吸附交换，使较小的土颗粒形成较大的土团粒，从而使土体强度提高。水凝水化生成的胶凝粒子有很大的表面能，有强烈的吸附性，使较大土粒进一步结合，形成水泥土团粒结构，从宏观上可提高水泥土强度。

随着水泥水化反应的深入，溶液中析出大量钙离子(Ca^{2+})，当数量超过离子交换需要后，在碱性环境中，能使组成黏土矿物的二氧化硅及三氧化二铝中的一部分或大部分与钙离子(Ca^{2+})进行化学反应，逐渐生成不溶于水的稳定结晶化合物，增加了水泥土的强度。

(3)碳酸化作用：水泥水化物中游离的氢氧化钙能吸收水中和空气中的二氧化碳，发生碳酸化反应，生成不溶于水的碳酸钙，这种反应也能使水泥土强度增加，但增长的速度较慢，幅度也较小。

4.6.3 水泥土挡墙的设计

1. 一般规定

适用条件：水泥土挡墙适用于开挖深度不大于 7 m 的淤泥和淤泥质土基坑。

水泥掺入量：水泥土挡墙所用的深层搅拌桩水泥掺入量宜为被加固土质量的 15%～18%。

2. 水泥土挡墙的布置

(1)平面布置

水泥土挡墙平面布置可采用壁状体。当壁状的挡墙宽度不够时，可加大宽度，做成格栅状支护结构，即在支护结构宽度内，无需整个土体全部进行搅拌加固，可按一定间距将土体加固成相互平行的纵向壁，再沿纵向按一定间距加固肋体，用肋体将纵向壁连接起来，如图 4-53、图 4-54 所示。

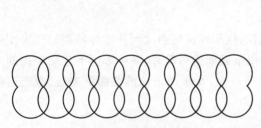

图 4-53 壁状水泥挡墙

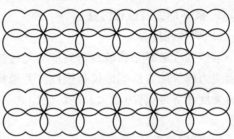

图 4-54 格栅状水泥挡墙

水泥土挡墙应尽可能避免向内的折角而采用向外拱的折线形，以减小支护结构位移，避免由于两个方向的位移而使水泥土墙内折角处出现裂缝，如图 4-55 所示。

支护结构沿地下结构底板外围布置，且与底板应保持一定净距，以便底板和墙板侧模的支撑与拆除，并保证地下结构外墙板防水层的施工作业空间。

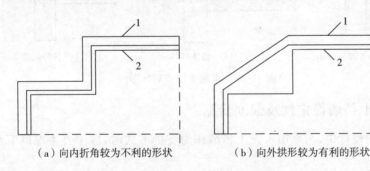

(a)向内折角较为不利的形状　　　　(b)向外拱形较为有利的形状

1—支护结构；2—基础底板边线。

图 4-55 水泥土挡墙平面形状

(2)构造要求

桩的搭接：水泥土桩与桩间的搭接宽度不宜小于 150 mm；当搅拌桩较长时，应考虑施工时垂直度偏差问题，增加设计搭接宽度。常规设计中搭接宽度为 200 mm。

水泥土挡墙采用格栅布置时，格栅的面积置换率对于淤泥不宜小于 0.8，淤泥质土不

宜小于 0.7,一般黏性土及砂土不宜小于 0.6;格栅内侧长宽比不宜大于 2。

3. 嵌固深度和宽度

嵌固深度:对淤泥质土,不宜小于 $1.2h$;对淤泥,不宜小于 $1.3h$。

挡墙宽度:对淤泥质土,不宜小于 $0.7h$;对淤泥,不宜小于 $0.8h$。

其中,h 为水泥土挡墙总高度。

重力式水泥土挡墙采用格栅状布置时,由于加固土的重度与天然土的重度接近,按桩体与它所包围的土体共同作用考虑,通常取格栅状外包线宽度作为挡墙宽度。

4. 水泥土墙体强度

水泥土墙体 28 d 无侧限抗压强度 q_u 不宜小于 0.8 MPa。当需要增强墙身的抗拉性能时,可在水泥土桩内插入杆筋。杆筋可采用钢筋、钢管或毛竹。杆筋的插入深度宜大于基坑深度,杆筋应锚入面板内。水泥土墙顶面宜设置混凝土连接面板,面板厚度不宜小于 150 mm,混凝土强度等级不宜低于 C15。

5. 破坏形式及设计方法

(1)墙体强度破坏

墙体强度破坏是指墙身材料应力超过抗拉、抗压或抗剪强度而使墙体断裂。可采用正截面应力验算的方法判断墙体强度。并选择以下截面进行验算:基坑面以下主动和被动土压力强度相等处(剪力最大)、基坑底面处(弯矩最大)及水泥土墙的截面突变处(截面面积减小)。

(2)稳定性破坏

稳定性破坏主要是指墙整体倾覆、墙整体滑移、土体整体滑动、墙下地基承载力不足而使墙体下沉并伴随基坑隆起和地下水渗流造成的土体渗透破坏,如图 4-56 所示。

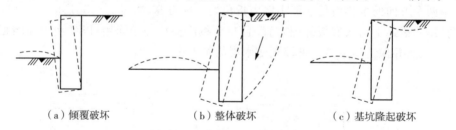

（a）倾覆破坏　　　　（b）整体破坏　　　　（c）基坑隆起破坏

图 4-56　水泥土挡墙破坏形式

4.6.4　水泥土挡墙稳定性及强度验算

在基坑支护设计中,当采用水泥土挡墙作为支护方式时,应主要考虑以下两个方面的问题:

(1)作用荷载。水、土压力及地面荷载对墙体的作用可按第 2 章中的方法进行计算。

(2)墙体材料力学指标。影响水泥土加固体强度指标的主要因素有水泥掺入量、原状土性质、土体含水量、施工质量及养护龄期等。虽然目前水泥土在地基处理及围护结构中应用较为普遍,但对这种材料的力学性能尚缺乏系统的和具有足够数量的试验或统计资料,所以对这种材料国内还没有统一的或规范的力学计算指标。

水泥土挡墙的设计步骤如下:

(1)根据土体整体稳定性安全系数或基坑抗隆起条件确定水泥土墙嵌固深度。已有相关资料分析表明,根据整体稳定求得的嵌固深度能够满足抗隆起条件。

(2)根据抗倾覆条件确定水泥土墙的宽度。此宽度一般情况下也能满足抗滑移稳定条件。

(3)特殊条件下(如各土层性质变化较大)进一步验算抗隆起和抗滑移安全条件。

(4)验算水泥土墙强度。

(5)计算墙顶位移。

4.6.5 水泥土挡墙的设计

1. 水泥土挡墙围护结构的嵌固深度

水泥土重力式围护结构的嵌固深度与基坑抗隆起稳定、挡墙抗滑动稳定、整体稳定性有关,当作为帷幕时还与抗渗透稳定有关。因此,确定水泥土重力式围护结构的嵌固深度时应通过稳定性验算,取最大嵌固深度。目前,关于水泥土挡墙结构的嵌固深度的计算,根据其顶部支撑方式的不同,主要有以下几种方法。

(1)悬臂式支护结构嵌固深度的计算。

如图4-57所示,当水泥土墙围护结构为悬臂式时,此时水泥土墙的嵌固深度 h_d 宜按下式确定:

$$h_p \sum E_{pj} - 1.2\gamma_0 h_a \sum E_{ai} \geqslant 0 \tag{4-94}$$

式中:$\sum E_{pj}$——墙底以上根据第 2 章确定的基坑内侧各土层水平抗力标准值 e_{pjk} 的合力;

h_p——合力 $\sum E_{pj}$ 作用点至墙底的距离;

$\sum E_{ai}$——墙底以上根据第 2 章确定的基坑外侧各土层水平荷载标准值 e_{ajk} 的合力;

h_a——合力 $\sum E_{ai}$ 作用点至墙底的距离。

(2)单层支点支护结构嵌固深度的计算。

如图4-58所示,当水泥土墙围护结构顶部为单支点支护时,此时水泥土墙的嵌固深度 h_d 宜按下式进行计算:

$$h_p \sum E_{pj} + T_{cl}(h_{T1} + h_d) - 1.2\gamma_0 h_a \sum E_{ai} \geqslant 0 \tag{4-95}$$

式中:h_p——合力 $\sum E_{pj}$ 作用点至水泥土墙底的距离(m);

$\sum E_{pj}$——基坑内侧各土层水平抗力标准值 e_{pjk} 的合力(kN/m);

T_{cl}——支撑体系作用于水泥土墙上的挂挡体系力(kN);

h_{T1}——支撑体系力 T_{cl} 作用点距基坑底部的距离(m);

h_d——水泥土墙的嵌固深度(m);

γ_0——基坑侧壁的重要性系数;

h_a——合力 $\sum E_{ai}$ 作用点至水泥土墙底的距离(m);

$\sum E_{ai}$——基坑外侧各土层水平荷载标准值 e_{ajk} 的合力(kN/m)。

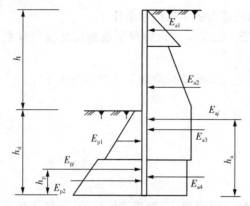
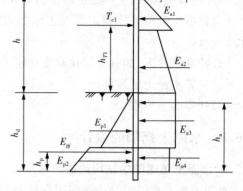

图 4-57　悬臂式支护结构嵌固深度计算　　　图 4-58　单层支点支护结构嵌固深度计算

（3）整体稳定性计算嵌固深度。

如图 4-59 所示，根据圆弧滑动条分法有：

$$\sum_{i=1}^{n} c_i l_i + \sum_{i=1}^{n}(q_0 b_i + W_i)\cos\alpha_i \tan\varphi_i - \sum_{i=1}^{n}(q_0 b_i + W_i)\sin\alpha_i \geqslant 0 \qquad (4-96)$$

式中：c_i、φ_i——最危险滑动面上第 i 土条滑动面上的黏聚力、内摩擦角；

　　　　l_i——第 i 土条的弧长（m）；

　　　　b_i——第 i 土条的宽度（m）；

　　　　W_i——第 i 土条单位宽度的实际重力，黏性土、水泥土按饱和重度计算，砂类土按浮重度计算（kN）；

　　　　α_i——第 i 土条弧线中点切线与水平线夹角（°）。

经过验算，墙体的嵌固深度必须穿过最危险滑动面，整体稳定条件是墙体嵌固深度的主要控制因素。

当按上述方法确定的悬臂式及单支点支护结构嵌固深度设计值 $h_d < 0.3h$ 时，宜取 $h_d = 0.3h$；多支点支护结构嵌固深度设计值小于 0.2h 时，宜取 0.2h。当基坑坑底为碎石土及砂土，基坑内排水且作用有渗透水压力时，侧向截水的排桩地下连续墙除应满足上述计算的嵌固深度外，同时其嵌固深度设计值尚应满足抗渗透稳定条件要求，即 $h_d \geqslant 1.2\gamma_0(h - h_{wa})$，计算简图如图 4-60 所示。

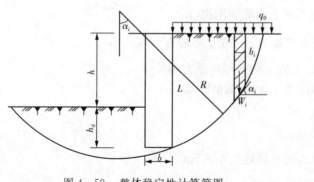
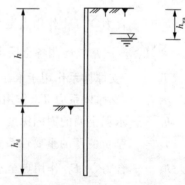

图 4-59　整体稳定性计算简图　　　　　图 4-60　渗透稳定计算简图

2. 水泥土墙厚度计算

水泥土墙厚度设计值一般根据抗倾覆条件来计算,当以整体稳定性条件计算嵌固深度,以抗倾覆条件确定水泥土墙的厚度时,可不进行抗滑移稳定验算。

在水泥土墙设计计算过程中,对于不同的地质情况,其厚度计算方法也不相同,具体如下:

(1)当水泥土墙底部位于碎石土或砂土中时,墙体厚度设计值按下式计算,计算简图如图 4-61 所示。

$$b \geqslant \sqrt{\frac{10 \times \left(1.2\gamma_0 h_a \sum E_{ai} - h_p \sum E_{pj}\right)}{5\gamma_{cs}(h+h_d) - 2\gamma_0 \gamma_w (2h + 3h_d - h_{wp} - 2h_{wa})}} \qquad (4-97)$$

式中:$\sum E_{ai}$——水泥土墙底以上基坑外侧水平荷载标准值合力(kN);

h_a——合力 $\sum E_{ai}$ 作用点至水泥土墙底的距离(m);

$\sum E_{pj}$——水泥土墙底以上基坑内侧水平抗力标准值合力(kN);

h_p——合力 $\sum E_{pj}$ 作用点至水泥土墙底的距离(m);

γ_{cs}——水泥土墙体的平均重度(kN/m³);

γ_w——水的重度(kN/m³);

h_{wp}——基坑内侧水位深度(m);

h_{wa}——基坑外侧水位深度(m)。

(2)当水泥土墙底部位于黏性土或粉土中时,墙体厚度设计值则按以下经验公式进行计算,计算简图如图 4-62 所示。

$$b \geqslant \sqrt{\frac{2\left(1.2\gamma_0 h_a \sum E_{ai} - h_p \sum E_{pj}\right)}{\gamma_{cs}(h+h_d)}} \qquad (4-98)$$

当按以上两式计算出来的水泥土墙厚度小于 0.4h 时,此时水泥土墙厚度宜取 0.4h。

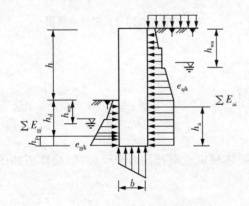
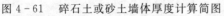
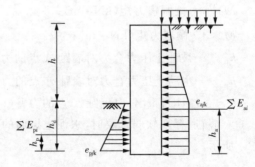

图 4-61　碎石土或砂土墙体厚度计算简图　　图 4-62　黏性土或粉土墙体厚度计算简图

(3)水泥土墙验算。

当基坑的支挡结构采用水泥土挡墙时,须对水泥土挡墙进行验算,以确保水泥土挡墙

第 4 章　基坑支护结构设计与计算

的稳定性满足设计要求,水泥土挡墙设计主要验算内容有以下几个方面。

① 抗滑稳定性验算。

$$K_h = \frac{墙体抗滑力}{墙体滑动力} = \frac{W \cdot \mu + E_p}{E_a} \quad 或 \quad K_h = \frac{W\tan\varphi_0 + c \cdot b + E_p}{E_a} \quad (4-99)$$

式中:K_h——抗滑稳定安全系数,取值 1.3,当对位移要求较严格时,可适当提高;当基坑边
长小于 20 m 时,可适当减小。

W—— 墙体自重(kN/m)。

E_a—— 主动土压力合力(kN/m)。

E_p—— 被动土压力合力(kN/m)。

μ—— 墙体基底与土的摩擦系数,当无试验资料时,可按下列土类确定取值:

淤泥质土:$\mu = 0.20 \sim 0.25$。

黏性土:$\mu = 0.25 \sim 0.40$。

砂土:$\mu = 0.40 \sim 0.50$。

φ_0—— 墙底处土层的内摩擦角(°);

c—— 墙底处土层的黏聚力(kPa)。

b—— 墙体厚度(m)。

② 抗倾覆稳定性验算。

当采用水泥土挡墙作为基坑支护结构时,
挡墙的抗倾覆稳定性同时应满足下式要求,验
算图如图 4-63 所示。

$$K_o = \frac{M_R}{M_o} = \frac{Wb + E_p h_p}{E_a h_a} \quad (4-100)$$

式中:K_o—— 抗倾覆稳定安全系数,可取 K_o
$\geqslant 1.4$,当对位移要求严格时,
可适当提高;当基坑边长小于
20 m 时,可适当减小;

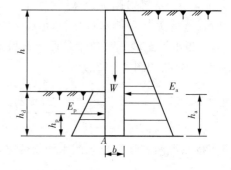

图 4-63　抗倾覆稳定性验算图

M_R—— 抗倾覆力矩(kN·m);

M_o—— 倾覆力矩(kN·m);

h_p—— 被动土压力合力对墙趾 A 点的力臂(m);

h_a—— 主动土压力合力对墙趾 A 点的力臂(m);

b—— 墙体自重 W 对墙趾 A 点的力臂(m)。

③ 当坑底存在软弱土层时,水泥土挡墙的整体稳定性应按圆弧滑动验算,验算图如图
4-64 所示。

$$K = \frac{\sum\limits_{i=1}^{n} c_i l_i + \sum\limits_{i=1}^{n} (q_i b_i + w_i)\cos\alpha_i \tan\varphi_i}{\sum\limits_{i=1}^{n} (q_i + w_i)\sin\alpha_i} \quad (4-101)$$

式中：K—— 按总应力法计算的整体稳定安全系数，$K \geqslant 1.20$。

c_i—— 第 i 土条滑动面上土的黏聚力（kPa）。

l_i—— 第 i 土条沿滑弧面的弧长（m），$l_i = b_i / \cos\alpha_i$。

b_i—— 第 i 土条宽度（m）。

q_i—— 第 i 土条地面荷载（kPa）。

w_i—— 第 i 土条重力（kN/m），当无渗流时，地下水位以上用土的天然重度计算，地下水位以下取浮重度；当有渗流作用时，对坑内外水位差之间的土，在计算分母（滑动力矩）时取饱和重度，在计算分子（抗滑动力矩）时取浮重度。

α_i—— 第 i 土条弧线中点切线与水平线夹角（°）。

φ_i—— 第 i 土条滑动面上土的内摩擦角（°）。

一般最危险滑弧在墙底下 $0.5 \sim 1.0$ m。当墙底下土层很差时，应增大计算深度，直至 K 值增大为止。验算切墙滑弧安全系数时，墙体强度指标取 $\varphi = 0$，$c = (1/10 \sim 1/15)q_u$，当水泥土加固体无侧限抗压强度 $q_u > 1$ MPa 时，可不计算切墙滑弧安全系数。

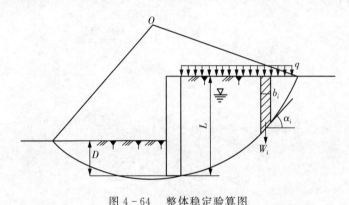

图 4 - 64　整体稳定验算图

④ 水泥土挡墙墙体应力验算。

在侧向土压力作用下，墙身产生弯矩，墙体偏心受压，此时应验算墙体正应力与剪应力。

正应力验算按下式进行：

$$\sigma_{\min}^{\max} = \frac{W_i}{B_i}\left(1 + \frac{6e_i}{B_i}\right) \qquad (4 - 102)$$

$$\sigma_{\max} \leqslant \frac{q_u}{2}; \; |\sigma_{\min}| < \frac{q_L}{2}（\text{当} \; \sigma_{\min} < 0 \; \text{时}）$$

式中：e_i—— 荷载作用于验算截面上的偏心距 $e_i = M_i / W_i$（m）；

M_i—— 验算截面以上土压力合力在该截面上产生的弯矩（kN·m）；

B_i—— 验算截面的宽度（m）；

W_i—— 验算截面以上的墙体重力（kN/m）；

q_u—— 水泥土抗压强度设计值（kPa），可取 $q_u = (1/3 \sim 1/2)f_{cu,k}$；

q_L—— 水泥土抗拉强度设计值（kPa），可取 $q_L = 0.15q_u$；

$f_{cu,k}$ 与桩身水泥土配方相同的室内水泥土试块(边长 70.7 mm 的立方体),在标准养护条件下,90 d 龄期的单轴极限抗压强度平均值(kPa),也可用 7 d 龄期抗压强度 $f_{cu,7}$ 推算 $f_{cu,k}$,$f_{cu,k} = \dfrac{f_{cu,7}}{3}$。

剪应力验算按下式进行:

$$\tau = \frac{E_{ai} - W_i \cdot \mu_i}{B_i} < \frac{q_i}{2} \qquad (4-103)$$

式中:E_{ai}—— 验算截面以上的主动土压力(kN/m);

  μ_i—— 墙体材料抗剪断系数,取 $0.4 \sim 0.5$;

  q_i—— 水泥土抗剪强度设计值(kPa),可取 $q_i = q_u/3$。

⑤ 墙趾地基土承载力验算。

重力式挡土墙基底应力验算如下:

基底合力偏心距

$$e = \frac{b}{2} - c = \frac{b}{2} - \frac{\sum M_y - \sum M_o}{\sum N} \qquad (4-104)$$

基底应力

$$e \leqslant \frac{b}{6} \text{ 时},p_1 = \frac{\sum N}{b}\left(1 + \frac{6e}{b}\right),p_2 = \frac{\sum N}{b}\left(1 - \frac{6e}{b}\right) \qquad (4-105)$$

$$e > \frac{b}{6} \text{ 时},p_{max} = \frac{2\sum N}{3c} \qquad (4-106)$$

式中:e—— 作用于基底的合力 p 的偏心距(m);

  $\sum N$—— 作用在基底上总垂直力(kN);

  $\sum M_y$—— 稳定力系对墙趾的总力矩(kN·m);

  $\sum M_o$—— 倾覆力系对墙趾的总力矩(kN·m);

  b—— 基底宽度(m);

  c—— 用于基底的合力 p 到最大应力边缘的距离(m);

  p_1,p_2,p_{max}—— 基底应力及边缘最大压应力(kPa);

  f—— 地基承载力的设计值(kPa),当墙基埋深时进行深度修正,即

$$f = f_k + k_1\gamma_1(b-3) + k_2\gamma_2(h-0.5) \qquad (4-107)$$

式中:f 为地基承载应力抗力值;f_k 为地基承载应力标准值;k_1,k_2 为承载力修正系数,见表 4-4;γ_1 为基底下持力层上土的天然重度,kN/m^3,如在水面以下且不透水者,应采用水中重度;γ_2 为基础地面以下各土层的加权平均重度,水面以下用有效水中重度,kN/m^3;B 为基础底面宽度小于 3 m 时取 3 m,大于 6 m 时取 6 m;H 为基础底面的埋置深度,m,从天然地面算起;有水流冲刷时,从一般冲刷线算起。

表 4-4　承载力修正系数

土的类别		K_1	K_2
淤泥和淤泥质土	$f_k < 50$ kPa	0	1.0
	$f_k \geqslant 50\ kPa$	0	1.0
人工填土 e 或 $I_L \geqslant 0.85$、黏性土	$e \geqslant 0.85$ 或稍湿的粉土	0	1.1
红黏土	含水率 > 0.8	0	1.2
	含水率 $\leqslant 0.8$	0.15	1.4
e 与 I_L 均小于 0.85 的黏土		0.3	1.6
$e < 0.85$ 及 $S_r \leqslant 0.5$ 的粉质土		0.5	2.2
粉砂、细砂(不包括很湿、稍密)		2.0	3.0
中砂、粗砂、砾砂和碎石土		3.0	4.4

① S_r 为土的饱和度,$S_r \leqslant 0.5$ 稍湿,$0.5 < S_r \leqslant 0.8$ 很湿,$S_r > 0.8$ 饱和。

② 强风化岩石,可参照相应土的承载力取值。

③ I_L 为含水率。

④ e 为空隙比。

(4) 水泥土挡墙水平位移的计算。

水泥土挡墙墙顶位移采用经验公式进行计算,当插入深度 $D = (0.8 \sim 1.2)H$(H 为基坑开挖深度),宽 $B = (0.6 \sim 1.0)H$ 时,可采用以下经验公式进行估算:

$$\delta = \frac{H^2 L_{\max} \xi}{\eta DB} \qquad (4-108)$$

式中:δ—— 墙顶水平位移计算值(mm)。

H—— 基坑开挖深度(m)。

$L_{\max}$—— 基坑的最大边长(m)。

ξ—— 施工质量系数,取 $0.8 \sim 1.5$。

η—— 量纲换算系数,当 δ 单位用(mm)时,取 $\eta = 1$;当 δ 单位用(cm)时,取 $\eta = 10$。

D—— 墙体插入坑底以下的深度(m)。

B—— 搅拌桩墙体宽度(m)。

以上算式与实测结果差异较大,所以在实际工程中,水平位移以现场实测结果为依据,根据现场实测结果对设计方案做进一步的调整。

4.6.5　施工工艺及施工参数

在水泥土墙正式施工搅拌前,应进行现场采集土样的室内水泥土配比试验,当场地存在成层土时,应取得各层土样,至少取得最软弱层土样。通过室内水泥配比试验,测定各水泥土试块不同龄期、不同水泥掺入量、不同外加剂的抗压强度,为深层搅拌施工探寻满足设计要求的最佳水灰比、水泥掺入量及外加剂品种、掺量。

利用室内水泥土配比试验结果进行现场成桩试验,以确定满足设计要求的施工工艺和施工参数。

深层搅拌机械按固化剂的状态不同分为浆液输入深层搅拌机和粉体喷射深层搅拌机；根据搅拌轴数可分为单轴和多轴深层搅拌机。

1. 施工工艺

（1）定位。

用卷扬机将深层搅拌机移到指定桩位，对中。当地面起伏不平时，应调整塔架丝杆或平台基座，使搅拌机保持垂直。一般对中误差不宜超过 2.0 cm，搅拌轴垂直偏差不超过 1.0%。

（2）浆液配制。

① 严格控制水灰比，一般为 0.45～0.55。对袋装水泥进行抽检，并须经过核准的定量容器进行加水。

② 水泥浆必须充分拌和均匀。使用砂浆搅拌机制浆时，每次投料后拌和时间不得少于 3 min。

③ 为改善水泥的和易性，可加入适量的外加剂，尤其在夏季施工时应加适量的减水剂（如木质硫酸钙），一般掺入量为水泥用量的 0.2%。

（3）送浆。

将制备好的水泥浆经筛过滤后，倒入储浆桶，启动灰浆泵，将浆液送至搅拌头。

（4）钻进喷浆搅拌。

待浆液从喷嘴喷出并具有一定压力后，启动桩机搅拌头向下旋转钻进搅拌，并连续喷入水泥浆液。

① 根据设计要求和成桩试验结果调整灰浆泵压力档次，使喷浆量满足要求。

② 钻进喷浆搅拌至设计桩长或层位后，应原地喷浆搅拌 30 s。

（5）提升搅拌喷浆。

将搅拌头自桩端反转匀速提升搅拌，并继续喷入水泥浆液，直至地面。

（6）重复钻进喷浆搅拌。

按上述（4）操作进行。

（7）重复提升搅拌。

按上述（5）操作进行。当喷浆量已达到设计要求时，可只复搅不再送浆，但需注意此时喷浆口易于堵塞。

（8）当搅拌轴钻进、提升速度为 0.65～1.0 m/min 时，应重复一次（4）～（7）的操作。

（9）成桩完毕后，清理搅拌叶片及喷浆口，桩机移至另一桩位施工。

2. 施工参数

为了使水泥搅拌桩能满足设计要求，根据成桩试验确定其施工参数。一般浆液深层搅拌桩施工参数包括以下内容：

（1）搅拌钻杆的钻进、提升速度（0.5～1.0 m/min）。

（2）搅拌钻杆（轴）的转速（60 r/min）。

（3）钻进、提升次数。

（4）施工桩径（0.5～0.7 m）。

(5)施工桩长(小于23.0 m)。

(6)水泥浆液配合比。

(7)灰浆搅拌机内每次投料量。

(8)每根桩水泥浆液用量(需变掺量时,应确定各桩段水泥用量)。

(9)灰浆泵压力档次。

(10)垂直度偏差限值、桩位偏差限值。

(11)输送轮转数。

(12)输送空气压力。

(13)输送空气流量。

3. 粉体喷射搅拌桩施工工艺

粉体喷射搅拌桩施工工艺流程,与浆液搅拌的区别如下:

(1)搅拌轴垂直且搅拌钻头对准桩位后,启动粉喷钻机,搅拌轴边旋转钻头边钻进直至加固深度,此时不喷射加固材料。但为了不使喷口堵塞,须连续不断喷出压缩空气。

(2)钻头钻进至设计标高后,启动粉体发送器,并使搅拌钻头反向旋转提升,同时连续喷射粉体固化材料。

(3)搅拌钻头提升距地面30~50 cm时应关闭粉体发送器,防止粉体溢出地面污染环境。

4. 深层搅拌水泥土挡墙施工工序

(1)平整场地,桩位放样,开挖导槽。导槽宽度宜比设计墙宽多出0.4~0.6 m,深度宜为1.0~1.5 m。

(2)施工机械就位。

(3)制备水泥浆或水泥干粉。

(4)钻进喷浆搅拌(或无粉预搅)。

(5)提升喷浆(粉)搅拌至孔口。

(6)必要时重复(4)~(5)操作。

(7)施工机械移位。

(8)根据设计要求为桩身插筋。

例4-6 某重力式支护结构如图4-65所示,按水土合算计算主动、被动土压力如图4-66所示,基坑开挖时水泥土搅拌桩抗压设计值 $f_{cs}=1.0$ MPa,验算其抗滑移、抗倾覆安全系数。

解:

主动土压力:$E_a=\dfrac{1}{2}\times(2.5-1.5)\times10.67+\dfrac{1}{2}\times4.5\times(14.66+65.44)=185.56$(kN)

被动土压力:$E_p=\dfrac{1}{2}\times4\times(40.96+162.17)=406.26$(kN)

主、被动土压力作用点:

$$h_a=\frac{5.36\times4.83+180.225\times1.77}{185.56}\approx1.86\text{(m)}$$

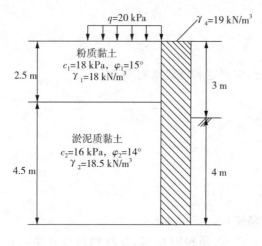

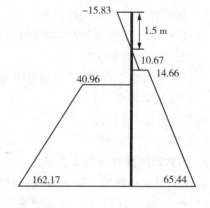

图 4-65 例 4-6 重力式支护结构简图   图 4-66 例 4-6 结构受力简图

$$h_p = \frac{40.96 \times 4 \times 2 + 0.5 \times 121.21 \times 4^2 \div 3}{406.26} \approx 1.60 \text{(m)}$$

（1）抗滑移稳定性验算

抗滑移系数取 1.3，$K_h = \dfrac{W \tan\varphi_0 + cb + E_p}{E_a} = \dfrac{1.5 \times 7 \times 19 \times \tan 14° + 16 \times 1.5 + 406.26}{185.56} \approx$

$2.59 > 1.3$，满足要求。

（2）抗倾覆稳定性验算

安全系数取 1.3，$K_0 = \dfrac{M_R}{M_0} = \dfrac{Wb + E_p h_p}{E_a h_a} = \dfrac{1.5 \times 7 \times 19 \times 1.5 + 406.26 \times 1.60}{185.56 \times 1.86} \approx 2.75 >$

1.3，满足要求。

4.7 地下连续墙设计

地下连续墙是在地面用专用设备、泥浆护壁的作用下，开挖出一条狭长的深槽，在槽内放置钢筋笼并浇筑混凝土，形成一段钢筋混凝土墙段，各段墙顺次施工并连接成整体，形成一条连续的地下墙体。地下连续墙设计主要包括荷载计算、导墙设计、槽段划分及稳定性验算、连续墙深度和厚度计算、地下连续墙设计构造、接头设计等。地下连续墙荷载计算与稳定性验算参考本章 4.2 节、4.3 节计算要求。

4.7.1 导墙设计

导墙是在地下连续墙开槽前，沿连续墙轴线开挖的导向槽。导墙结构应满足强度和稳定性要求，宜采用现浇钢筋混凝土结构、预制钢筋混凝土结构或钢结构。采用混凝土结构时强度等级不应低于 C20，厚度不应小于 200 mm，埋深宜为 1.5～2.0 m，墙面垂直，内墙面净距大于地下连续墙设计厚度 40～60 mm。导墙墙角应设置在原状土层中，遇到软土、填土、空洞等特殊地层时，应进行地基处理。导墙之间每隔 1～3 m 设置临时木支撑。导墙顶面需高出现况地面 100 mm，且应保证泥浆液面高于地下水位 1 m 以上。导墙断面示意图如图 4-67 所示。

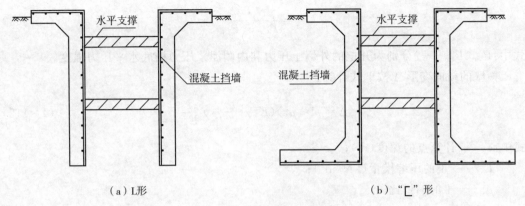

（a）L形   （b）"匚"形

图 4-67　导墙断面示意图

4.7.2　槽段划分及验算

1. 槽段划分

应综合考虑地质条件、结构构造、接头形式等因素对连续墙槽段进行划分。槽段长度一般不超过 10 m，以 6～8 m 为宜，为防止连续墙结构失稳应避开在转角处设置槽段接头，单元槽段宜进行间隔一个或多个槽段的跳槽施工。在槽段施工前应进行成槽试验，并根据试验结果确定适宜的槽段长度、成槽时间及抓斗速度等施工参数，成槽应采用泥浆护壁，泥浆面宜高于地下水位以上 1 m 和导墙地面以上 0.5 m。

2. 槽壁稳定性验算

槽壁稳定性验算的方法有理论分析法和经验分析法两种，理论分析法一般采用楔形体破坏面假定，计算相对烦琐。因而工程中一般采用经验公式进行计算，常用的经验公式有梅耶霍夫经验公式法和非黏性土的经验公式法。

（1）梅耶霍夫经验公式法：

梅耶霍夫根据现场试验提出以下计算公式

$$H_{cr} = \frac{N \cdot c_u}{K_0 \gamma' - \gamma'_1} \tag{4-109}$$

$$N = 4\left(1 + \frac{B}{L}\right) \tag{4-110}$$

式中：H_{cr}—— 开挖槽段的临界深度（m）；

c_u—— 黏土的不排水抗剪强度（kPa）；

K_0—— 静止土压力系数；

γ'—— 黏土的有效重度（kN/m³）；

γ'_1—— 泥浆的有效重度（kN/m³）；

N—— 条形深基础的承载力系数；

B—— 槽壁的平面宽度（m）；

L—— 槽壁的平面长度（m）。

槽壁的坍塌安全系数 F_s 按下式计算：

$$F_s = \frac{N \cdot c_u}{P_{0m} - P_{1m}} \qquad (4-111)$$

式中：P_{0m}、P_{1m}——分别为开挖的外侧土压力和内侧泥浆压力槽底水平压力强度。

槽壁的横向变形 Δ 按下式计算：

$$\Delta = (1 - \mu^2)(K_0 \gamma' - \gamma_1') \frac{zL}{E_s} \qquad (4-112)$$

式中：z——计算点的深度（m）；

$\quad E_s$——土的压缩模量（kN/m^2）；

$\quad \mu$——土的泊松比。

对于黏性土，当 $\mu = 0.5$ 时，式（4-112）可写成

$$\Delta = 0.75(K_0 \gamma' - \gamma_1') \frac{zL}{E_s} \qquad (4-113)$$

（2）非黏性土的经验公式法

对于无黏性的砂土（$c = 0$），安全系数可按下式计算：

$$F_s = \frac{2(\gamma - \gamma_1)^{\frac{1}{2}} \tan\varphi_d}{\gamma - \gamma_1} \qquad (4-114)$$

式中：γ——砂土的重度（kN/m^3）；

$\quad \gamma_1$——泥浆的重度（kN/m^3）；

$\quad \varphi_d$——砂土的内摩擦角。

从上式中可以看出，对于无黏性的砂土而言，开挖槽段无临界深度，槽壁的坍塌安全系数 F_s 为常数，与槽壁深度无关。

4.7.3 地下连续墙深度和厚度计算

1. 地下连续墙入土深度计算

地下连续墙入土深度是指基坑支护结构（地下连续墙、灌注桩等）在基坑坑底以下的深度，也称嵌固深度。它是基坑支护结构设计中最重要、最关键的指标。一般工程中地下连续墙的入土深度为 10～50 m，最大深度可达 150 m。

在基坑工程中，地下连续墙既作为承受侧向水土压力的受力结构，同时又有隔水的作用，因此设计地下连续墙的入土深度时，须考虑挡土和隔水两方面的要求。作为挡土结构，地下连续墙入土深度须满足各项稳定性和强度要求；作为隔水帷幕，地下连续墙入土深度须根据地下水控制要求确定。

（1）根据稳定性确定入土深度

地下连续墙作为挡土结构时，连续墙底部须嵌入基底以下足够深度并进入较好的土层，以满足嵌固深度和基坑各项稳定性要求。软土地基上的基坑工程，地下连续墙底部的嵌固深度一般接近或大于开挖深度方能满足稳定性要求。在密实的砂层或岩层中进行工程施工时，地下连续墙在基底以下的嵌入深度可适当缩小。

（2）考虑隔水作用确定入土深度

地下连续墙兼做隔水帷幕时，在设计时须根据基底以下的水文地质条件和地下水控制确定入土深度，当根据地下水控制要求隔断地下水或增加地下水绕流路径时，地下连续墙底部须进入隔水层以便隔断坑内外潜水及承压水的水力联系，或插入基底以下足够深度以确保形成可靠的隔水边界。若根据隔水要求确定的地下连续墙嵌固深度较大时，为了减少经济投入，可在连续墙底部浇筑 2~3 m 厚的素混凝土。

2. 地下连续墙厚度计算

地下连续墙厚度应根据工程地质、水文情况及连续墙在不同施工阶段的受力大小、变形程度、裂缝控制要求等确定。根据国内现有施工设备条件，连续墙的厚度常为 600~1200 mm。此外，连续墙厚度可在设计计算前根据工程经验预先设定，一般为基坑开挖深度的 3%~5%。

对于承受竖向承载力的地下连续墙，其厚度与施工工艺、所处地层条件有关，允许深厚比见表 4-5。

表 4-5 承受竖向力的地下连续墙允许深厚比

传递竖向力类型	穿越一般黏土、砂土	穿越淤泥、失陷性黄土	备注
端承	$H/b \leqslant 60$	$H/b \leqslant 40$	端承 70% 以上竖向力为端承型的地下连续墙
摩擦	不限	不限	

对于承受竖向力的地下连续墙不宜同时采用端承式和纯摩擦式，而且相邻段入土深度不宜相差 1/10。一般来说，壁板式一字形槽段宽度不宜大于 6 m，T 形、折线形槽段等槽段各肢宽度总和不宜大于 6 m。

4.7.4 地下连续墙设计构造

1. 墙身混凝土要求

地下连续墙混凝土设计强度等级不应低于 C30，水下浇筑时混凝土强度等级按相关规范要求提高。地下连续墙墙体和槽段接头应满足强度和防渗设计要求，地下连续墙混凝土抗渗等级不宜小于 S6 级。地下连续墙主筋保护层在基坑内侧不宜小于 50 mm，在基坑外侧不宜小于 70 mm。

地下连续墙的混凝土浇筑面宜高出设计标高 300~500 mm，凿去浮浆层后的墙顶标高和墙体混凝土强度应满足设计要求。

2. 钢筋笼配筋要求

应根据连续墙墙体尺寸和单元槽段划分来制作连续墙钢筋笼，并宜按单元槽段长度做成一个整体，若地下连续墙深度较大或受起重设备能力限制，可分段制作，在吊放时再逐段连接。钢筋笼的配筋要求应满足下列要求。

（1）地下连续墙的纵向受力钢筋应沿墙身每侧均匀布置，可按内力大小沿墙体纵向分段配置，且配置的纵向钢筋通常不应小于 50%。

（2）纵向受力钢筋宜采用 HRB335 级或 HRB400 级钢筋，直径不小于 16 mm，净间距不宜小于 75 mm。

（3）水平钢筋及构造钢筋宜选用 HPB300 级、HRB335 级或 HRB400 级钢筋，直径不宜小于 12 mm，水平钢筋间距宜取 200～400 mm。

（4）地下连续墙墙顶应设置混凝土冠梁，当按构造设置冠梁时，纵向钢筋锚入冠梁的长度宜取冠梁的厚度；当按结构受力构件设置冠梁时，纵向受力钢筋伸入冠梁的锚固长度应符合混凝土设计标准对钢筋锚固长度的规定，不满足锚固长度要求时，钢筋末端可采取机械锚固措施。

（5）纵向受力钢筋保护层厚度在基坑内侧不宜小于 50 mm，在基坑外侧不宜小于 70 mm。

（6）地下连续墙钢筋笼两侧的端部与接头管（箱）或相邻墙段混凝土接头面之间应留有不大于 150 mm 的间隙，钢筋下端 500 mm 长度范围内宜按 1∶10 收成闭合状，且钢筋笼的下端与槽底之间宜留有不小于 500 mm 的间隙。地下连续墙钢筋笼封头钢筋形状应与施工接头相匹配，封口钢筋与水平钢筋宜采用等强焊接。

地下连续墙钢筋笼应在型钢或钢筋制作的平台上成型，为便于纵向钢筋定位，宜在平台上设置带凹槽的钢筋定位条，同时钢筋笼的制作速度要与挖槽速度协调一致。

4.7.5　地下连续墙接头设计要求

地下连续墙的接头种类众多，根据受力特性，地下连续墙施工接头可分为柔性接头和刚性接头。能够承受弯矩、剪力和水平拉力的施工接头称为刚性接头，反之，则称为柔性接头。

1. 柔性接头

柔性接头具有一定的抗剪能力和止水挡土作用，但因与墙体无刚性连接，整体性弱、传递应力差、抗弯能力弱，同时因接头流水路线直而短，易出现渗水、漏水现象。柔性接头加工方便、安装简单，宜用于深度为 18 m 以内的地下连续墙，当采用预制接头时，连续墙深度可在 40 m 左右。柔性接头一般适用于对抗剪强度、抗弯强度及抗渗要求不高的工程。

工程中常用的柔性接头主要有圆形（或半圆形）锁口管接头、波形管（双波管、三波管）接头、楔形接头、钢筋混凝土预制接头和橡胶止水带接头等。

（1）锁口管接头

圆形（或半圆形）锁口管接头、波形管（双波管、三波管）接头统称锁口管接头。锁口管接头是地下连续墙中最常用的接头形式之一，锁口管在槽段开挖完成后吊入，作为浇筑混凝土时的侧模，在混凝土达到一定强度后，再拔出接头管。锁口管使地下连续墙槽段接头形成半圆形或波形面，可有效地延长槽段接缝处地下水的渗流路径，起到抗渗、防漏的效果。锁口管接头如图 4-68 所示。

（2）钢筋混凝土预制接头

钢筋混凝土预制接头同其他预制构件一样，可在工厂进行预制加工后运至现场，也可现场预制。预制接头一般采用近似工字形截面，在槽段开挖完成后吊入，预制接头作为地下连续墙的一部分，在混凝土浇筑完成后无须拔出。预制接头简化了施工流程，提高工程效率，具有常规锁口管接头不可比拟的优点，尤其适用于顶拔锁口管困难的超深地下连续墙工程。钢筋混凝土预制接头如图 4-69 所示。

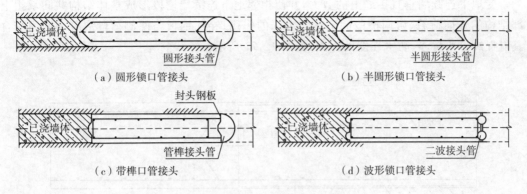

（a）圆形锁口管接头　　　　　　　　（b）半圆形锁口管接头

（c）带榫口管接头　　　　　　　　　（d）波形锁口管接头

图 4-68　锁口管接头

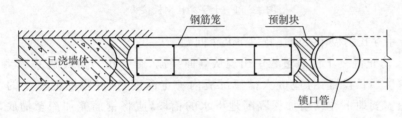

图 4-69　钢筋混凝土预制接头

（3）工字形型钢接头

工字形型钢接头采用钢板拼接的工字形型钢作为施工接头，型钢翼缘钢板与槽段水平，地下连续墙的钢筋笼可伸入工字形型钢接头区。先后浇筑的混凝土之间由工字形型钢隔开，延长了地下水渗透的绕流路径，整体性和止水性能良好。工字形型钢接头的施工避免了常规槽段接头施工中锁口管或接头箱拔除的过程，大大降低了施工难度，提高了施工效率。工字形型钢接头如图 4-70 所示。

图 4-70　工字形型钢接头

2. 刚性接头

刚性接头流水路线长，路线凹凸多、阻力大，可有效克服柔性接头渗水、漏水现象，止水效果良好，相邻两槽段之间钢筋笼衔接良好、整体性好，接头强度易保证，具有较强的抗剪和抗弯能力，工程适用范围广，但是刚性接头加工复杂，安装精度高。在工程中应用的刚性接头主要有一字或十字穿孔钢板接头、钢筋搭接接头和十字形钢插入式接头。

（1）十字穿孔钢板接头

十字穿孔钢板接头是地下连续墙工程中最常用的刚性接头形式之一，十字穿孔钢板接头是将开孔钢板作为相邻槽段间的连接构件，并与两侧槽段混凝土形成嵌固咬合作用，达到承受地下连续墙垂直接缝上的剪力,并使相邻地下连续墙槽段形成整体结构共同承担上部结构的竖向荷载、协调槽段的不均匀沉降的作用;穿孔钢板与两侧槽段混凝土嵌固咬合具有提高接头抗渗、防水性能的作用,如图 4-71 所示。

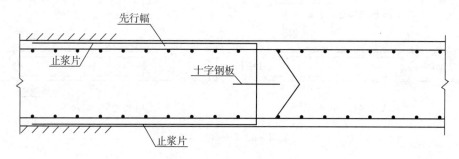

图 4-71　十字穿孔钢板接头

采用十字穿孔钢板接头应注意以下几个问题。

① 为了防止混凝土浇筑过程中出现从侧面绕流,影响相邻槽段施工,十字穿孔钢板应沿槽段深度通长设置,且应嵌入槽底沉渣内一定深度,彻底隔断混凝土的绕流路径。对于设计上需要地下连续墙加深隔断地下水的槽段,应将钢筋笼加深至槽底,以固定十字钢板。

② 当采用十字穿孔钢板刚性接头时,若墙体钢筋笼超长,在钢筋笼吊装和沉放过程中易出现十字穿孔钢板弯曲变形,而使十字钢板无法沿接头箱槽口顺利下行,影响钢筋笼沉放。因此在超过 40 m 深的超深地下连续墙槽段中一般不宜采用十字穿孔钢板接头。

③ 当地下连续墙采用"两墙合一"时,为了确保地下连续墙的防渗性能,在满足受力的条件下,十字钢板穿孔应尽量设置在基底以下,以降低地下连续墙基底以上渗漏的可能性。

(2)钢筋搭接接头

钢筋搭接接头是通过施工措施将槽段连接,先行施工的槽段钢筋笼两面伸出搭接部分,后续施工的槽段钢筋笼与先行施工的钢筋笼伸出钢筋搭接,然后浇筑混凝土,完成槽段的连接。这种通过搭接钢筋(水平钢筋和纵向主筋)的方式实现槽段连接的接头为完全刚性连接,接头的整体刚度、抗剪、抗弯能力均优于开孔钢板接头,如图4-72所示。

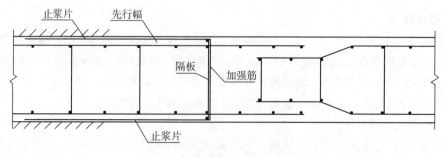

图 4-72　钢筋搭接接头

（3）十字形型钢插入式接头

十字形型钢插入式接头是在工字形型钢接头两侧焊接两块 T 形型钢,吊放接头时,使接头两侧的 T 形型钢插入到两侧槽段中,进一步延长地下水的渗流路径,增强止水效果。同时采用插入式接头加强了墙段之间的抗剪能力,提高了连续墙的整体性,如图 4-73 所示。

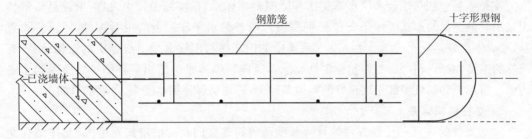

图 4-73 十字形型钢插入式接头

4.8 内支撑设计

围护结构结合内支撑体系是深基坑支护结构常见的形式之一,特别对于软土地区中基坑面积大、开挖深度较深的情况,内支撑系统因具有无须占用基坑外侧地下空间资源、可提高整个围护体系的整体强度和刚度以及可有效控制基坑变形的特点而得到了大量的应用。

4.8.1 内支撑体系的组成

内支撑体系是由腰梁、支撑和竖向立柱、连接件及附属构件等组成的,作用在基坑内用以支撑基坑侧壁的结构,用以平衡两端围护墙上所受的侧压力,起到约束基坑侧壁变形的组合支撑,如图 4-74 所示。

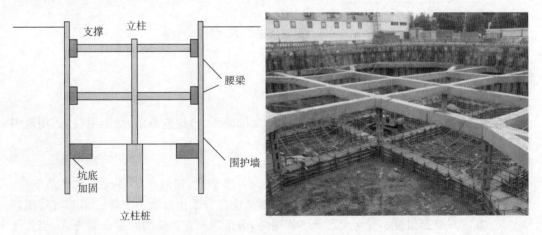

图 4-74 内支撑系统示意图

1. 腰梁结构体系

腰梁是设置在支护结构顶部以下传递支护结构与锚杆支点力的钢筋混凝土梁或钢梁，是协调支撑和围护墙结构间受力与变形的重要受力构件，可加强围护墙的整体性，并将其所受的水平力传递给支撑构件，因此腰梁自身应有足够的刚度和较小的垂直位移。

2. 支撑结构体系

支撑体系包括单层或多层水平支撑和竖向斜撑体系，在实际工程中，也可根据具体的情况采用其他类似的形式。水平支撑是平衡围护墙外侧水平作用力的主要构件，要求传力直接、平面刚度好且分布均匀。水平支撑系统中的内支撑与围檩必须形成稳定的结构体系，有可靠的连接，满足承载力、变形和稳定性要求。竖向斜撑体系的作用是将围护墙所受的水平力通过斜撑传到基坑中部先浇筑好的斜撑基础上，以达到保证围墙安全、可靠的目的。

3. 立柱结构体系

水平支撑的跨度和受压杆件的计算长度随着跨越空间尺度的增加而增大，支撑结构在竖向荷载的作用下会产生较大的支撑弯矩，因此无法保证水平支撑的纵向稳定。此时，在水平支撑的下方设置钢立柱及立柱桩以加强支撑体系的空间刚度和承受水平支撑传来的竖向荷载，要求其具有较好自身刚度和较小垂直位移。角钢拼接格构柱如图 4-75 所示。

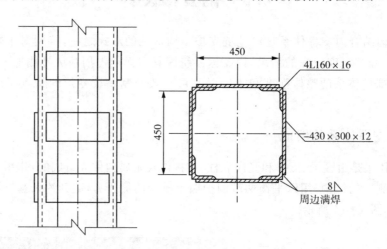

图 4-75 角钢拼接格构柱(尺寸单位:mm)

4.8.2 内支撑体系的分类及布置

1. 水平支撑体系及布置

水平支撑体系可直接平衡支撑两端墙上所受的侧压力，构造简单，受力明确，适用范围较广。常见水平支撑形式如图 4-76 所示。

(1)水平支撑平面布置原则

对于矩形基坑，可以将支撑短边方向设置为对撑形式，同时两端可设置水平角支撑。对称支撑可采用钢支撑或混凝土支撑，基坑两端角支撑宜采用混凝土支撑。当基坑周围环境复杂、基坑开挖面积较小或平面形状不规则时，可采用相互正交的对撑布置方式，当支撑平面需要留设较大的作业空间时，可在角部设置角撑，在长边设置沿短边方向的对撑并结合边桁架的支撑体系。

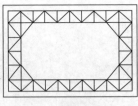
（a）加强围檩

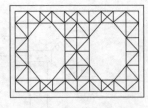
（b）格构式

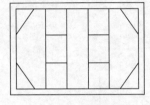
（c）长边对顶加角撑式

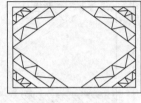
（d）加强角撑式

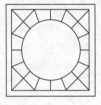
（e）环梁式

图 4-76　水平支撑平面图

　　基坑平面为规则的方形、圆形，或者平面虽不规则但基坑两个方向的平面尺寸大致相等，或者为了完全避让塔楼框架柱、剪力墙等竖向结构以方便施工、缩短塔楼施工工期时，可采用单圆环形支撑甚至多圆环形支撑布置方式。

　　基坑平面有向坑内折角（阳角）时，该处的内力比较复杂，在基坑平面设计中应尽量避免，当不可避免时，须作特别加强处理，如在阳角的两个方向上设置支撑点，或者可根据实际情况将该位置的支撑杆件设置现浇板，通过增设现浇板增强该区域的支撑刚度，以控制该位置的变形。

　　（2）水平支撑竖向布置原则

　　水平支撑竖向布置的数量宜根据基坑围护结构承载力和变形控制计算。为便于基坑土方开挖和各层水平支撑共用竖向支撑立柱系统，上、下各层水平支撑的轴线应尽量布置在同一竖向平面内。此外，为方便机械化施工，相邻水平支撑的净距不宜小于 3 m。

　　各层水平支撑与围檩的轴线标高应在同一平面上，且设定的各层水平支撑的标高不得妨碍主体工程施工。水平支撑构件与地下结构楼板间的净距不宜小于 3 m；与基础底板间净距不小于 6 m。当不影响主体结构施工和土方开挖，且基础底板厚度较大时，最底层支撑可设置在主体基础底板内。

　　2. 竖向斜撑系统

　　竖向斜撑系统一般用在开挖深度较小、开挖面大的基坑工程中。竖向斜撑系统一般由斜撑、压顶圈梁和斜撑基础等构件组成，其作用是将围护结构上的水平力通过斜撑传到基坑中部的斜撑基础上。斜撑投影长度大于 15 m 时应在其中部设置立柱。竖向斜撑布置示意图如图 4-77 所示。

　　斜撑一般采用钢管支撑或型钢支撑，钢管支撑一般采用 $\phi609$ mm×16 mm，型钢支撑一般采用 H700 mm×300 mm、H500 mm×300 mm 及 H400 mm×400 mm。竖向斜撑的坡率不宜大于 1：2，并应尽量与基坑内土堤的稳定边坡坡率相一致，斜撑基础与围护墙之间的水平距离也不宜小于围护墙插入深度的 1.5 倍，斜撑与围檩及斜撑与基础之间的连接，以及围檩与围护墙之间的连接应满足斜撑的水平分力和竖向分力的传递要求。

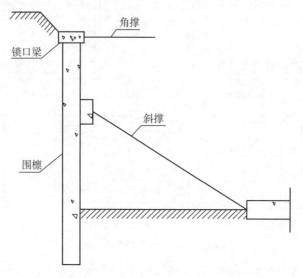

图 4 - 77　竖向斜撑布置示意图

3. 支撑节点构造

内支撑结构内力传递除与支撑布置和支撑截面有关外,还与支撑结构的节点构造有关,尤其是以钢支撑结构为主体的内支撑结构,其整体刚度更依赖于节点构造的连接。因此,在设计内支撑结构时,节点构造是不可忽略的重要影响参数。

目前钢结构支撑构件在长度方向的连接方式主要有焊接和螺栓连接两种。采用焊接方式连接时,钢支撑的整体好,但焊缝质量不易保证;采用螺栓连接时,连接施工方便,连接质量宜保证,因此,工程中通常使用螺栓连接,对于安全等级、稳定性要求较高的钢支撑形式,宜选用高强螺栓连接。支撑构件连接图如图 4 - 78 所示。

钢腰梁在基坑内的拼接点由于受操作条件限制不易做好,尤其对靠围护墙一侧的翼缘连接板较难施工,影响整体性能。设计时应将接头设置在截面弯矩较小的部位,并尽可能加大坑内安装段的长度,以减少安装节点的数量,避免节点位置处于弯矩较大位置。钢管支撑连接节点示意图如图 4 - 79 所示。

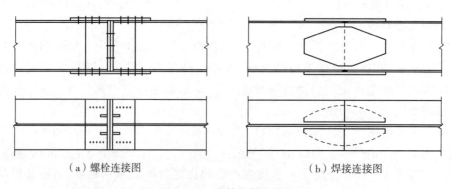

（a）螺栓连接图　　　　　　　　　　（b）焊接连接图

图 4 - 78　支撑构件连接图

基坑与边坡工程

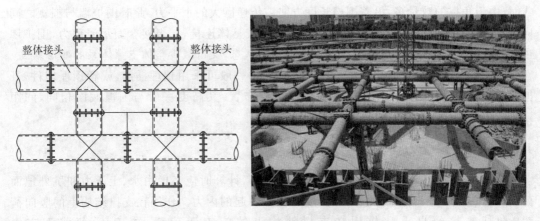

图 4-79　钢管支撑连接节点示意图

当纵横向支撑采用重叠连接时，则相应的围檩在基坑转角处，且不在同一平面相交，此时应在转角处的围檩端部采取加强的构造措施，以防止两个方向上围檩的端部产生悬臂受力状态。为确保支撑结构的整体性，纵横向钢支撑应尽可能设置在同一标高上，采用定型的十字节点连接。

为保证钢支撑的支撑效果，常常在钢支撑的端部施加预应力，这时一般会在支撑端部设置活络端。活络端一般配合琵琶撑使用，同时还可考虑在支撑中部设置螺旋千斤顶等设备。由于支撑加工及生产厂家不同，目前投入基坑工程使用的活络端有楔型活络端和箱体活络端两种形式。钢支撑预应力一般采用单面施加的方式进行，同时支撑结构预应力会随着基坑开挖逐渐损失，因此当预应力损失到一定程度时，应及时补充。活络端结构示意图如图 4-80 所示。

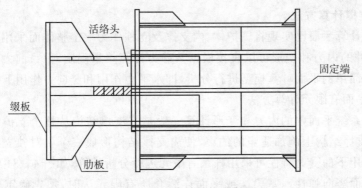

图 4-80　活络端结构示意图

围护墙表面通常不平整，围檩与围护墙之间结合不严密，尤其是钻孔灌注桩墙体，围檩与围护墙之间空隙较大，围檩截面易产生扭曲变形，通常在围檩与围护墙之间填充细石混凝土填料，为防止填料脱落，可在缝内设置钢筋网。当支撑与围檩斜交时，围檩方向的水平分力不易被传递，可通过在围檩与围护墙之间设置剪力传递装置。对于地下连续墙可通过预埋钢板，对于钻孔灌注桩可通过钢围檩的抗剪焊接件。

当基坑形状比较复杂，支撑结构采用斜交布置时，特别是当支撑采用大角撑的布置形式时,由于角撑的数量多,沿着围檩长度方向需传递巨大的水平力,此时围护墙与围檩之间应设置抗剪件和剪力槽以确保围檩与围护墙形成整体连接,二者接合面承受剪力,围护墙也能参与承受部分水平力,既可改善围檩的受力状态,又可减少整体支撑体系的变形。

围护墙与围檩结合面的墙体上设置的抗剪件一般可采用预埋插筋,或者预埋埋件,开挖后焊接抗剪件,预留的剪力槽可间隔抗剪件布置,其高度一般与围檩截面相同,间距150~200 mm,槽深50~70 mm。

4.8.3 内支撑受力计算

作用在支撑结构上的水平力应采取静力计算,计算时应考虑由水、土压力和坑外地面荷载引起的侧压力、支撑预加压力、温度变化等引起的内力。作用在支撑结构上的竖向荷载应包括支撑的自重和作用在支撑结构上的施工活荷载。施工活荷载不宜大于0.5 kN/m。

1. 内支撑结构计算原则

确定支撑结构的计算模型时可采用下列假定:

(1)计算模型的尺寸取支撑构件的中心距。

(2)支撑的抗弯刚度可适当折减,钢筋混凝土支撑的折减系数0.8~0.9,钢筋混凝土腰梁折减系数0.6~0.7。

(3)钢腰梁采取分段拼装,当拼接点的构造不能满足截面的等强连接要求时,则应把拼接点作为铰接考虑。

(4)在水平荷载作用下,现浇混凝土腰梁的内力与变形可按多跨连续梁计算。计算跨度取相邻水平支撑之间的中心距离;当水平支撑与腰梁斜交时,还应计算支撑轴力在腰梁长度方向所引起的轴向力。

2. 水平支撑计算方法

现阶段的计算手段已实现将围护体、内支撑及立柱作为一个整体而采用空间模型进行分析,支撑构件的内力和变形可以直接根据其静力计算结果确定,但目前大部分内支撑系统均采用相对简单的平面计算模型进行分析,即水平力作用和竖向力作用下的计算。

(1)支撑平面有限元计算方法

水平支撑系统平面内的内力和变形计算一般是将支撑结构从整个支护结构体系中截离出来,并在支撑结构上施加适当的约束,使内支撑结构形成一个相对独立的体系。该体系在土压力作用下的受力特性可采用杆系有限元进行分析计算,如图4-81所示。

当采用平面竖向弹性地基梁法或平面连续介质有限元法时,须先确定弹性支座的刚度,对于形状比较规则的基坑,采用十字正交对撑的内支撑体系。可根据支撑体系的布置和支撑构件的材质与轴向刚度等条件,并按如下计算公式确定支撑刚度。

$$K_B = \frac{2\alpha EA}{lS} \tag{4-115}$$

式中:K_B——内支撑的压缩弹簧系数(kN/m²);

α——折减系数,一般取0.5~1.0,混凝土支撑与钢支撑施加预应力时取1.0;

E——支撑结构材料的弹性模量(kN/m²);

A—— 支撑构件的截面面积(m^2);

l—— 支撑的计算长度(m);

S—— 支撑的水平间距(m)。

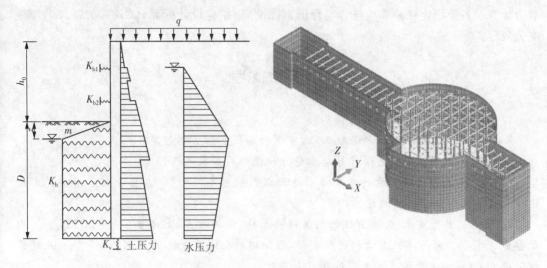

图 4-81　支撑结构有限元计算示意图

对于复杂的支撑体系,上述计算公式难以确定支撑刚度,且支撑刚度会随节点的位置而改变,因此,可以通过在水平支撑上施加单位分布荷载 $p=1\,\mathrm{kN/m}$,求得支撑结构平均位移 δ,从而计算支撑结构的弹性支座的平均刚度。

$$K_{Bi} = \frac{p}{\delta} \qquad (4-116)$$

(2)竖向力作用下的水平支撑计算方法

竖向力作用下支撑的内力和变形可近似按单跨或多跨梁进行分析,其计算跨度取相邻立柱中心距,计算荷载除支撑结构自重外,还应考虑施工过程中施工人员及材料运输过程中的活荷载。此外,基坑开挖卸荷导致坑底土体隆起,立柱也将随之发生隆起,不同位置处的立柱间隆沉量存在差异,也会对支撑产生次应力,因此在进行竖向力作用下的水平支撑计算时,应适当考虑立柱桩存在差异沉降的因素并予以适当的增强。

3. 支撑结构截面承载力计算

支撑构件的截面承载力应根据围护结构在各施工阶段荷载作用效应的包络图进行计算,其承载力表达式为

$$\gamma_0 F \leqslant R \qquad (4-117)$$

式中:γ_0—— 围护结构的重要性系数,对于安全等级为一级、二级和三级的基坑支撑构件,应分别取 1.10、1.00、0.90;

$\quad\ F$—— 支撑构件内力的组合设计值,其荷载综合分项系数不应小于 1.25,各项荷载作用下的内力组合系数均取 1.0;

$\quad\ R$—— 按国家现行的有关结构设计规范确定的截面承载力设计值。

当支撑结构内力分析未考虑温度变化或支撑预压力的影响时,截面验算的轴向力宜分

别乘以 1.1~1.2。

混凝土支撑构件及其连接的受压、受弯、受剪承载力计算应符合现行国家标准《混凝土结构设计标准》(GB 50010—2010)的有关规定;钢支撑构件及其连接的受压、受弯、受剪承载力计算及各类稳定性验算应符合现行国家标准《钢结构设计标准》(GB 50017—2017)的有关规定。

思考与练习题

1. 作用于支护结构的荷载有哪些?

2. 采用悬臂式支护结构的基坑工程,发生的事故类型主要有哪些?

3. 请简述采用弹性抗力法计算墙体受力和变形的基本流程。

4. 自由支承和固定支承的意义分别是什么? 针对不同的情况,应分别采用哪种方法进行单锚式支护结构内力的计算?

5. 某下端自由支承、上部有锚杆的板桩挡土墙,周围砂土,土体重度 $\gamma=20$ kN/m^3,内摩擦角 $\varphi=30°$。采用单锚式结构进行支护,已知锚杆距地面 2 m,水平间距 $a=2$ m,基坑开挖深度 $h=9$ m。试求桩身入土深度和最大弯矩。

6. 某基坑开挖深度为 15 m,采用两层锚杆配合排桩进行支护,锚杆水平间距为 1.5 m。竖向等间距布置土层平均重度取 $\gamma=20$ kN/m^3,平均内摩擦角取 $\varphi=30°$,黏聚力 $c=0$。试计算各支点的反力和反弯点的剪力。

7. 水泥土挡墙支护设计主要包括哪几个方面?

8. 土钉墙的作用机理是什么? 在进行土钉墙设计时,应进行什么验算?

9. 地下连续墙结构的设计包括哪些内容?

10. 地下连续墙结构的深度和宽度如何确定?

11. 地下连续墙结构槽段间的接头形式有哪些?

12. 内支撑体系的组成结构有哪些?

13. 内支撑体系的平面布置原则有哪些?

14. 内支撑结构的设计内容有哪些?

第5章 基坑降水与监测

5.1 概　　述

据不完全统计,在引起基坑失稳破坏的众多因素中,由于地下水处理不当而造成的事故占 1/3 以上,可见,地下水是引起基坑失稳破坏的重要因素之一。在富水地区进行基坑工程施工时,忽略地下水对基坑周围环境的影响,可能会造成严重的事故,尤其是在地下水位较高的透水层中开挖基坑或沟槽时,土层中的含水层被切断,坑内外水头差增大,地下水不断渗入基坑内部,不仅土方开挖困难,而且很容易产生流砂、管涌、突涌等渗透破坏,导致地基承载力下降、边坡或基坑坑壁失稳。

对于高水位地区或有丰富地面滞水的地区进行基坑工程作业,降排水已经成为必不可少的施工措施。在建筑物密集的城市,基坑工程场地地质条件与水文地质条件越来越复杂,基坑开挖规模与深度不断增大,对基坑降排水的要求也越来越高。

深基坑施工中的降排水对周边环境的影响及防范是深基坑设计和施工过程的一个重要环节。对于深大基坑,在提供详细的工程地质和水文地质勘察资料的前提下,应当进行专门的防渗和降水设计。

基坑工程降水的目的如下:

(1)截住基坑底部和坡面上的渗水。

(2)增加基坑侧壁和底部的稳定性,防止基坑渗流的渗透破坏。

(3)减少基坑的水平和垂直荷载,减少支护结构上的作用力。

(4)降低基坑内部土体的含水量,提高内部土体开挖过程的稳定性。

(5)防止基坑底部地基中渗流管涌、流土和隆起,防止承压水突涌。

以上是降水对深基坑工程的有利作用。但必须指出,降水对周围环境会产生不利影响,降水改变原来的工程地质和水文地质条件,土层应力场发生改变,受影响范围要比基坑占据的净空大得多。在水位下降范围内,土体的重度从浮重度增大至接近饱和重度,降水水位影响范围内的地面,包括建(构)筑物会产生附加沉降。随着地下水位下降,细颗粒也会随水流走,土体的自重应力增加,引起土层失水固结,造成地面塌陷、开裂和位移。

目前,基坑降水常用的方法有轻型井点、管井井点、喷射井点、电渗井点等,在实际降水工程中可按表 5-1 的适用条件选用。

表 5-1　各种降水方法的适用条件

方法	土类	渗透系数/(m/d)	降水深度/m
管井井点	粉土、砂土、碎石土	0.1~200.0	不限
真空井点	黏性土、粉土、砂土	0.005~20.0	单级井点<6 多级井点<20

方法	土类	渗透系数/(m/d)	降水深度/m
喷射井点	黏性土、粉土、砂土	0.005～20.0	<20
明排井（沟）	黏性土、砂土	<0.5	<2
电渗井点	黏性土	<0.1	按井类确定
引渗井	黏性土、砂土	0.1～20.0	由下伏含水层的埋藏和水头条件确定
大口井	砂土、碎石土	1.0～200.0	>5
潜埋井	黏性土、砂土、砾砂	0.1～20.0	<2
辐射井	黏性土、砂土、砾砂	0.1～20.0	<20

当工程建设需要进行降水时，应进行技术和经济论证。在不得不采取降水措施时，设计及施工应遵循"最小化降水"的原则，在保证满足工程建设需要的前提下，应尽可能保护地下水，条件允许时，应对工程中抽排的地下水加以回收利用。

5.2 降水设计与计算

5.2.1 基坑降水最低水位要求

根据《建筑基坑支护技术规程》（JGJ 120—2012）中的规定：基坑内的设计降水水位应低于基坑底面 0.5 m。当主体结构有加深的电梯井、集水井时，坑底应按电梯井、集水井底面考虑或对其另行采取局部地下水控制措施。

对于需要在坑底打接地孔的地铁基坑，当坑底表层为黏性土（含残积土）时，为避免打穿此不透水层引起承压水上涌，降水水位宜低于坑底不透水层地板或剩余黏土层的饱和重大于承压水浮托力的深度。

当基坑位于岩石残积土和风化层中，残积土属于黏质砂土或粉土（砂）类时，为避免承压水作用面泥化，须将承压水位降到残积土底板以下。

5.2.2 基坑降水深度计算

1. 降水井的类型

降水井是指用来抽取地下水或为降低地下水位而沿铅垂方向开凿的集水建筑物。根据抽取地下水时是否存在压力，分为潜水井（无压井）和承压井，如图 5-1 所示。

潜水井是指在无压地下水层中开凿的降水井。当井底达到不透水层时，称为潜水完整井；当井底未达到不透水层时，称为潜水非完整井。

承压井是指在两个不透水层中开凿的降水井。与潜水井一样，当井底达到不透水层时，称为承压完整井；当井底未达到不透水层时，称为承压非完整井。

对于完整井，地下水只能通过井壁进入井内，而非完整井地下水通过井壁、井底进入井内。

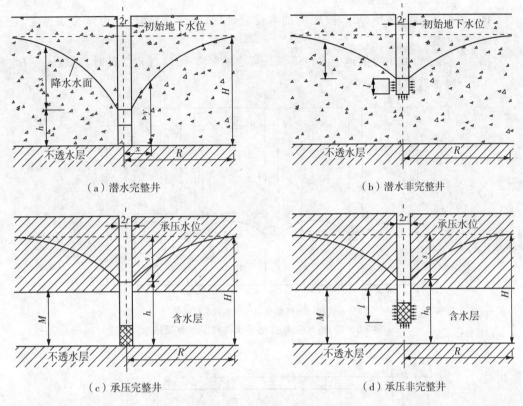

| （a）潜水完整井 | （b）潜水非完整井 |
| （c）承压完整井 | （d）承压非完整井 |

图 5-1　降水井分类

2. 降水深度计算

根据《建筑基坑支护技术规程》(JGJ 120—2012)规定:降水井在平面布置上应沿基坑周边形成闭合状。当地下水流速较小时,降水井宜等间距布置;当地下水流速较大时,在地下水补给方向宜适当减小降水井之间的间距。对于宽度较小的狭长基坑,降水井可在基坑的两侧或一侧布置。

基坑地下水降深应符合下列规定:

$$s_i \geqslant s_d \tag{5-1}$$

式中:s_i——基坑内任一点的地下水位降深(m);

s_d——基坑地下水位的设计降深(m)。

当地下水含水层为粉土、砂土或碎石土时,潜水完整井的地下水位降深可按下式计算,计算简图如图 5-2 所示。

$$s_i = H - \sqrt{H^2 - \sum_{j=1}^{n} \frac{q_j}{\pi k} \ln \frac{R}{r_{ij}}} \tag{5-2}$$

式中:s_i——基坑内任一点的地下水位降深(m)。

H——潜水含水层厚度(m)。

q_j——按干扰井群计算的第 j 口降水井的单井流量(m³/d)。

k——含水层的渗透系数(m/d)。

R——降水影响半径(m)，按现场抽水试验确定；缺少试验时，也可结合当地工程经验定。

r_{ij}——第 j 口井中心值地下水位降深计算点的距离(m)，当 $r_{ij} > R$ 时，应取 $r_{ij} = R$。

n——降水井数量。

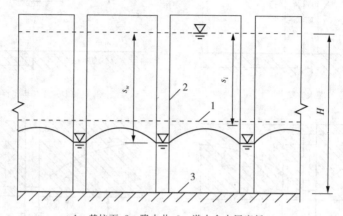

1—基坑面；2—降水井；3—潜水含水层底板。

图 5-2　潜水完整井地下水位降深计算简图

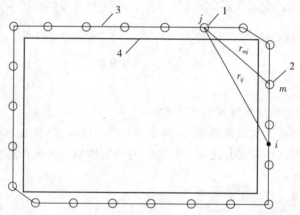

1—第 j 口井；2—第 m 口井；3—降水井所围面积的边线；4—基坑边线。

图 5-3　计算点与降水井的关系

针对图 5-3 中多个潜水完整井布置的情况，相邻降水井之间相互干扰，则第 j 个降水井的单井流量可按干扰井群通过求解下列 n 维线性方程组计算：

$$s_{\mathrm{w},m} = H - \sqrt{H^2 - \sum_{j=1}^{n} \frac{q_j}{\pi k} \ln \frac{R}{r_{jm}}} \quad (m = 1, \cdots, n) \tag{5-3}$$

式中：$s_{\mathrm{w},m}$——第 m 口井的井水位设计降深(m)；

r_{jm}——第 j 口井中心至第 m 口井中心的距离(m)；当 $j = m$ 时，应取降水井半径 r_{w}；当 $r_{jm} > R$ 时，应取 $r_{jm} = R$。

当地下水含水层为粉土、砂土或碎石土，各降水井所围平面形状近似圆形或正方形且

各降水井的间距、降深相同时,潜水完整井的地下水位降深也可按下列公式计算:

$$s_i = H - \sqrt{H^2 - \frac{q}{\pi k}\sum_{j=1}^{n}\ln\left[\frac{R}{2r_0\sin\frac{(2j-1)\pi}{2n}}\right]} \qquad (5-4)$$

$$q = \frac{\pi k(2H - s_w)s_w}{\ln\dfrac{R}{r_w} + \sum\limits_{j=1}^{n-1}\ln\left[\dfrac{R}{2r_0\sin\dfrac{j\pi}{n}}\right]} \qquad (5-5)$$

式中:q ——按干扰井群计算的降水井单井流量($\mathrm{m^3/d}$)。

r_0 ——井群的等效半径(m);井群的等效半径应按各降水井所围多边形与等效圆的周

长相等确定,取 $r_0 = \dfrac{u}{2\pi}$;当 $r_0 > \left[\dfrac{R}{2r_0\sin\dfrac{(2j-1)\pi}{2n}}\right]$,取 $r_0 > \dfrac{R}{\left\{2\sin\left[\dfrac{(2j-1)\pi}{2n}\right]\right\}}$;当

$r_0 > \dfrac{R}{\left[2\sin\left(\dfrac{j\pi}{n}\right)\right]}$ 时,取 $r_0 = \dfrac{R}{\left[2\sin\left(\dfrac{j\pi}{n}\right)\right]}$;$u$ 为各降水井所围多边形的周长(m)。

j ——第 j 口降水井。

s_w ——井水位的设计降深(m)。

r_w ——降水井半径(m)。

当含水层为粉土、砂土或碎石土时,承压完整井(井底达到不透水层)的地下水位降深
可按下式计算,如图 5-4 所示。

$$s_{w,m} = \sum_{j=1}^{n}\frac{q_j}{2\pi M k}\ln\frac{R}{r_{ij}} \quad (m = 1,\cdots,n) \qquad (5-6)$$

式中:M ——承压水含水层厚度(m)。

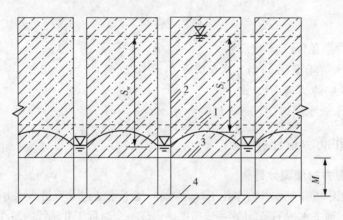

1—基坑面;2—降水井;3—承压含水层顶板;4—承压水含水层底板。

图 5-4　承压水完整井地下水位降深计算

对于承压完整井,按干扰井群计算第 j 个降水井单井流量,通过求解下列 n 维线性方程
组计算:

$$s_{w,m} = \sum_{j=1}^{n} \frac{q_i}{2\pi Mk} \ln \frac{R}{r_{jm}} \quad (m=1,\cdots,n) \tag{5-7}$$

当地下水含水层为粉土、砂土或碎石土,基坑降水井平面布置形式为近似圆形或正方形,且各降水井的间距、降深相同时,承压完整井的地下水位降深也可按下列公式计算:

$$s_i = \frac{q}{2\pi Mk} \sum_{j=1}^{n} \ln \frac{R}{2r_0 \sin \dfrac{(2j-1)\pi}{2n}} \tag{5-8}$$

$$q = \frac{2\pi Mks_w}{\ln \dfrac{R}{r_w} + \sum_{j=1}^{n-1} \ln \dfrac{R}{2r_0 \sin \dfrac{j\pi}{n}}} \tag{5-9}$$

式中:r_0——井群的等效半径(m);井群的等效半径应按各降水井所围多边形与等效圆的

周长相等确定,取 $r_0 = \dfrac{\mu}{2\pi}$;当 $r_0 > \left[\dfrac{R}{2r_0 \sin \dfrac{(2j-1)\pi}{2n}}\right]$,取 $r_0 > \dfrac{R}{\left\{2\sin\left[\dfrac{(2j-1)\pi}{2n}\right]\right\}}$;

当 $r_0 > \dfrac{R}{\left[2\sin\left(\dfrac{j\pi}{n}\right)\right]}$ 时,取 $r_0 = \dfrac{R}{\left[2\sin\left(\dfrac{j\pi}{n}\right)\right]}$。

上述公式中降水井的影响半径宜通过现场试验确定,当缺少试验时,可按下列公式计算并结合当地经验取值。

(1)潜水含水层

$$R = 2s_w \sqrt{kH} \tag{5-10}$$

(2)承压水含水层

$$R = 10s_w \sqrt{k} \tag{5-11}$$

式中:R——影响半径(m)。

s_w——井水位降深(m);当井水位降深小于 10 m 时,取 $s_w = 10$ m。

k——含水层的渗透系数(m/d)。

H——潜水含水层厚度(m)。

5.2.3 降水井涌水量计算

1. 潜水完整井的渗流计算

根据水井理论,井中抽水井内水位下降,周围的地下水通过井壁进入水井。抽水一段时间后,降水井周围的地下水位下降,并在一定范围内形成一个对称于井轴线的漏斗形浸润线。当含水层体积很大时,降水影响范围之外的天然地下水位仍可保持恒定不变,当地层为均质、原始地下水位水平时,地下水向降水井集流,各个位置过水断面可视作一系列圆柱面,圆柱面内各断面渗流情况相同,浸润线的变化曲率很小,而地下水流动流线与浸润线近似平行,可看作恒定渐变渗流,采用裴布依公式计算断面平均流速。潜水完整井结构示意图如图 5-5 所示。

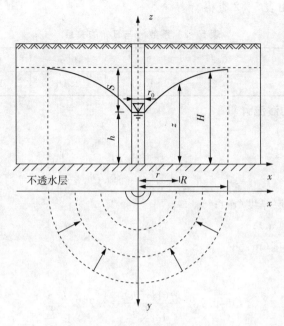

图 5-5 潜水完整井结构示意图

(1)浸润线方程为

$$z^2 - h^2 = \frac{0.732Q}{k} \lg \frac{r}{r_0} \qquad (5-12)$$

式中:r_0——降水井半径(m);

  h——降水井水深(m);

  z——距井轴线 r 处的浸润线高度(m)。

(2)潜水完整井基坑涌水量的计算

潜水完整井环形井点系统可按下式计算涌水量 Q,即

$$Q = 1.366k \frac{(2H - S)S}{\lg R' - \lg r_0} \qquad (5-13)$$

式中:S——降水深度(m);

  H——静水位高度(m);

  R'——群井的影响半径($R' = R + r$)(m)。

当基坑为长方形时,井点系统布置成矩形,为了简化计算,也可用式(5-13)计算涌水量,但式中的 r_0 应为井点系统的假想半径,当 $l/B > 2.5$ 时,

$$r_0 = \eta \frac{(l + B)}{4} \qquad (5-14)$$

式中:l——井点系统包围的基坑长度(m);

  B——井点系统包围的基坑宽度(m);

η——系数,可由表 5-2 查得。

表 5-2 系数 η 与 B/l 的关系

B/l	0	0.2	0.4	0.6	0.8	1.0
η	1.0	1.12	1.16	1.18	1.18	1.18

2. 承压完整井的渗流计算

(1)浸润线方程

$$z-h=0.366\frac{Q}{kt}\lg\frac{r}{r_0} \tag{5-15}$$

式中:t——承压含水层厚度(m);

   h——井中水深(m);

   z——浸润线高度(m)。

(2)涌水量公式

$$Q=2.732\frac{kt(H-h)}{\lg\dfrac{R}{r_0}}=2.732\frac{ktS}{\lg\dfrac{R}{r_0}} \tag{5-16}$$

式中:R——影响半径(m)。

当井点系统布置成矩形时,为了简化计算,也可用式(5-16)计算涌水量,但式中的 r_0 应为井点系统的假想半径,其计算公式参照式(5-14)。

3. 群井理论

当两个降水井的距离小于单井降水影响半径时,应考虑群井的相互作用关系。图 5-6(a) 表示井 A、B 抽水示意图,S_1 为单井 A 抽水时井内水位降低值,S_{12} 为井 A 降水引起井 B 水位降低值;S_2 为单井 B 抽水时井内水位降低值,S_{21} 为井 B 降水引起井 A 水位降低值。若井 A、B 同时抽水,则两井的降落漏斗交叉在一起,在两井之间形成一个总的水位降低值 S_3。S_3 大于两井单独抽水时的降低值,同时占有两井间的整个面积。两井同时抽水时,降水井抽水流量比单独抽水时要小。

假若在降水井 A 周围布置若干个井,且与降水井 A 之间的距离可随意决定,但须在降水井 A 的影响范围之内,如图 5-6(b)所示。

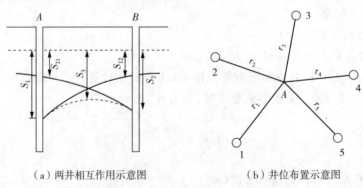

(a)两井相互作用示意图　　　　(b)井位布置示意图

图 5-6 群井作用示意图

自 A 点的第 1 个井抽水,则水位下降并得出降落漏斗,其方程式为

$$y_1^2 - h_1^2 = \frac{q_1}{\pi k} \ln \frac{x_1}{r_1} \tag{5-17}$$

式中:y_1——第 1 个潜水井在 A 点不透水层以上水位降低的高度(m);

　　h_1——第 1 个井的水深(m);

　　q_1——第 1 个井的流量;

　　x_1——第 1 个井与 A 点的距离(m);

　　r_1——第 1 个井的半径(m)。

假若全部降水井都同时进行抽水工作,则每个井所形成的降落漏斗交叉在一起,总降落曲线的方程式为

$$y^2 - h_0^2 = \frac{q_1}{\pi k} \ln \frac{x_1}{r_1} + \frac{q_2}{\pi k} \ln \frac{x_2}{r_2} + \cdots + \frac{q_n}{\pi k} \ln \frac{x_n}{r_n} \tag{5-18}$$

式中:$q_1, q_2, \cdots, q_n$——全部井同时工作时各井的流量;

　　h_0——每个单井外的水位,其值均相等。

假若各降水井相同,影响半径相等,即 $r_1 = r_2 = \cdots = r_n = r$,流量也相等,即 $q_1 = q_2 = \cdots = q_n = \frac{Q}{n}$($Q$ 为各井总流量,n 为井数),则式(5-18)应为

$$y^2 - h_0^2 = \frac{Q}{\pi k n} (\ln x_1 x_2 \cdots x_n - n \ln r) \tag{5-19}$$

若在群井影响范围内取任意一点,其初始水位高度等于静止水位的高度 H,该点到各降水井的距离分别以 R_1、R_2、$\cdots$、R_n 表示,则 $x_1 = R_1, x_2 = R_2, \cdots, x_n = R_n$,而 $y = H$,于是式(5-19)可表示为

$$H^2 - h_0^2 = \frac{Q}{\pi k_n} (\ln R_1 R_2 \cdots R_n - n \ln r) \tag{5-20}$$

由式(5-19)和式(5-20),可得

$$H^2 - y^2 = \frac{Q}{\pi k n} (\ln R_1 \ln R_2 \cdots R_n - \ln x_1 x_2 \cdots x_n) \tag{5-21}$$

假若该点距离各单井的中心很远,则即使令 $R_1 = R_2 = \cdots = R_n = R$,其计算误差也较小,式(5-21)可表示为

$$Q = \pi k \frac{H^2 - y^2}{\ln R - \frac{1}{n} (\ln x_1 x_2 \cdots x_n)} \tag{5-22}$$

以常数对数代替上述自然对数,则潜水含水层群井涌水量计算公式为

$$Q = 1.366 k \frac{(2H - S)S}{\lg R - \frac{1}{n} (\lg x_1 x_2 \cdots x_n)} \tag{5-23}$$

同理,承压含水层群井涌水量计算公式为

$$Q=2.73 \frac{S}{\lg R-\frac{1}{n}(\lg x_1 x_2 \cdots x_n)} \quad (5-24)$$

5.2.4 群井涌水量计算

在实际工程中,基坑形状、工程地质和水文情况不尽相同,因此降水井的形式也不相同,《建筑基坑支护技术规程》(JGJ 120—2012)附录 E 中给出了在 5 种不同含水层、降水井情况下,基坑涌水量的计算公式。

(1)对于均质含水层潜水完整井情况下的基坑降水,其总涌水量可按下式计算,计算简图如图5-7所示。

$$Q=\pi k \frac{(2H-s_d)s_d}{\ln\left(1+\frac{R}{r_0}\right)} \quad (5-25)$$

式中:Q——基坑降水总涌水量(m^3/d);

    k——渗透系数(m/d);

    H——潜水含水层厚度(m);

    s_d——基坑地下水位的设计降深(m);

    R——降水影响半径(m);

    r_0——基坑等效半径(m),可按 $r_0=\sqrt{\frac{A}{\pi}}$ 计算;

    A——基坑面积(m^2)。

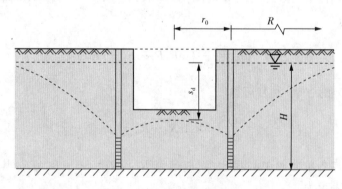

图 5-7 均质含水层潜水完整井的基坑降水总涌水量计算简图

(2)对于均质含水层潜水非完整井情况下的基坑降水,其总涌水量可按下列公式计算,计算简图如图5-8所示。

$$Q=\pi k \frac{H^2-h^2}{\ln\left(1+\frac{R}{r_0}\right)+\frac{h_m-l}{l}\ln\left(1+0.2\frac{h_m}{r_0}\right)} \quad (5-26)$$

$$h_m=(H+h)/2 \quad (5-27)$$

式中:h——降水后基坑内的水位高度(m);

l——过滤器进水部分的长度(m)。

（3）对于均质含水层承压水完整井情况下的基坑降水,其总涌水量可按下式计算,计算简图如图 5-9 所示。

$$Q=2\pi k\frac{M \cdot s_\mathrm{d}}{\ln\left(1+\dfrac{R}{r_0}\right)}\qquad\qquad(5-28)$$

式中:M——承压水含水层厚度(m)。

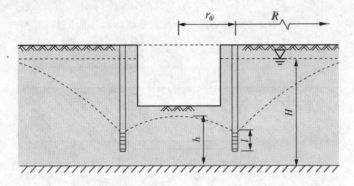

图 5-8　均质含水层潜水非完整井的基坑降水总涌水量计算简图

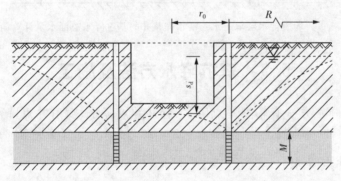

图 5-9　均质含水层承压水完整井的基坑降水总涌水量计算简图

（4）对于均质含水层承压水非完整井情况下的基坑降水,其总涌水量可按下式计算,计算简图如图 5-10 所示。

$$Q=2\pi k\frac{M \cdot s_\mathrm{d}}{\ln\left(1+\dfrac{R}{r_0}\right)+\dfrac{M-l}{l}\ln\left(1+0.2\dfrac{M}{r_0}\right)}\qquad(5-59)$$

（5）对于均质含水层承压水—潜水完整井情况下的基坑降水,其总涌水量可按下式计算,如图 5-11 所示。

$$Q=\pi k\frac{(2H_0-M)M-h^2}{\ln\left(1+\dfrac{R}{r_0}\right)}\qquad\qquad(5-30)$$

式中:H_0——承压水含水层的初始水头。

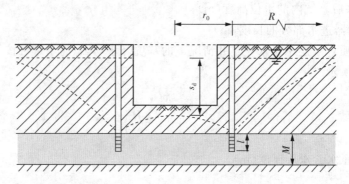

图 5-10　均质含水层承压水非完整井的基坑降水总涌水量计算简图

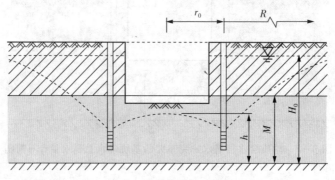

图 5-11　均质含水层承压水—潜水完整井的基坑降水总涌水量计算简图

5.3　基坑降水方法及施工

常用的基坑降水方法有轻型井点降水、管井井点降水、喷射井点降水、电渗井点降水等。

5.3.1　轻型井点降水

轻型井点降水是一种人工降水方法,如图 5-12 所示,沿着基坑的一侧或四周每隔一定的间距埋入直径较小的井点管,井点管下端的滤水管置于基坑底部的含水层中,通过连接管将井点管与地面上的集水总管连接起来,利用抽水设备将地下水从井点管内通过集水总管抽水。轻型井点降水采用真空吸力的作用抽取地下水,因此,也称真空降水法。

1. 适用条件

(1)降水水位一般小于 6 m。降水水位要求较大时,可采用二级或多级井点降水。

(2)基坑降水面积较小。当基坑宽度小于两倍设计降水影响半径时,一般用作狭长基坑或电梯井、集水坑等局部辅助降水。

(3)降水地层为粉土、粉质黏土等渗透系数较小的弱含水层。

2. 轻型井点降水系统

轻型井点降水系统包括井点管(含滤管)、集水总管和抽水设备等。

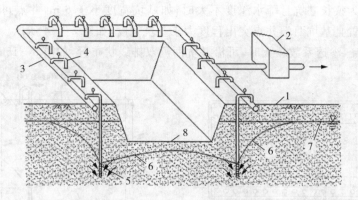

1—地层；2—水泵房；3—总管；4—井点管；5—滤管；6—降水后地下水位；7—初始地下水位；8—基坑。

图 5-12　轻型井点降水示意图

（1）井点管

一般采用直径为 38~50 mm 的无缝钢管或 PVC 管，井点管长度为 4~9 m。滤管采用与井点管同规则的钢管或 PVC 管，一般长度为 0.8~2.0 m，滤管管壁上钻有直径 12~18 mm 的渗水孔，渗水孔呈梅花形布置。滤管外表面缠绕两层滤网，内、外层滤网分别宜采用 100 目左右和 60 目左右的金属网或尼龙网。为避免渗水孔堵塞，滤管管壁与滤网之间采用钢丝绕成螺旋状隔开，滤网外面应再绕一层粗金属丝保护网。滤管下端放一个锥形金属头以方便井管插入含水层中。

（2）集水总管

集水总管采用与井点管同规则的钢管或 PVC 管，一般直径为 75~150 mm，集水总管与井点管采用软管连接。

（3）抽水设备

抽水设备主要由抽水泵、离心泵和集水箱组成。根据水泵和动力设备的不同，抽水泵分为真空泵、射流泵和隔膜泵。

① 真空抽水泵由真空泵、离心泵和水气分离箱组成。真空井点降水通过真空动力作用将地下水强行抽出，具有排水能力强、土层适用性强等特点，但是抽水设备复杂、维护费用高、耗电量大。

② 射流抽水泵由喷射扬水器、离心泵和循环水箱组成。喷射井点降水通过喷射技术产生真空，进而将地下水从含水层中抽出。射流抽水泵具有体积小、质量小、耗电量小等优点；但是动力小、排气量小，一旦射流喷嘴磨损就会出现漏气导致真空度下降，影响抽水效率。

③ 隔膜抽水泵是容积泵中较为特殊的一种形式，依靠隔膜片来回鼓动改变工作室容积从而吸入、排出液体。其特点是构造简单、占地面积小、耗能少；但是动力小、抽水效率低。

3. 轻型井点降水系统布置

轻型井点降水系统安装简单，可根据基坑的形状、大小、降水深度和土层性质等灵活布置，但是应尽量保证基坑面积在井点系统之内。当考虑施工挖土及机械运输时，井点可按 U 形形状布置在基坑周围。对于环状井点系统，宜在井点四角部分适当加密，其布置图如图 5-13 所示。

降水基坑为狭长基坑且降水深度不大时,如基坑宽度小于 6 m,井点可采用单排线状沿基坑单侧布置且基坑两端井点突出程度大于基坑宽度,如图 5-14 所示。基坑宽度大于6 m 或土质不良,渗透系数较大时,可沿基坑两侧双排线状布置,如图 5-15 所示。

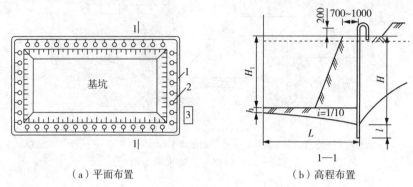

（a）平面布置　　　　　　　　（b）高程布置

1—总管;2—井点管;3—抽水设备。

图 5-13　环状井点布置图

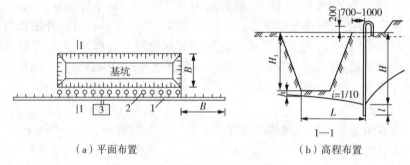

（a）平面布置　　　　　　　　（b）高程布置

1—总管;2—井点管;3—抽水设备。

图 5-14　单排线状井点布置

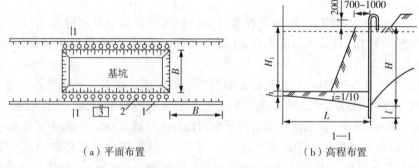

（a）平面布置　　　　　　　　（b）高程布置

1—总管;2—井点管;3—抽水设备。

图 5-15　双排线状井点布置

（1）轻型井点设计

① 井点数量计算

$$n=1.1\frac{Q}{q} \tag{5-31}$$

式中:n——管井井点数量;

Q——基坑涌水量($\mathrm{m^3/d}$);

q——单井井点涌水量($\mathrm{m^3/d}$);其计算公式为

$$q=120r_{\mathrm{w}}l_{\mathrm{w}}k^{1/3} \tag{5-32}$$

式中:r_{w}——滤水管的半径(m);

l_{w}——滤水管浸水部分长度(m);

k——土层的渗透系数(m/d)。

② 井点管的埋设深度 H,应按下式计算

$$H=\Delta h+h_{\mathrm{w}}+s+l_{\mathrm{w}}+iL \tag{5-33}$$

式中:H——井点管埋设深度(m);

Δh——地面以上的井点管长度(m);

h_{w}——初始地下水位埋深(m);

s——设计水位降深(m);

i——水力梯度,双排或环状井点为取 $1/10\sim1/8$,单排线状井点取 $1/5\sim1/4$;

L——井点管中心至基坑中心的距离,单排线状井点取井点管至基坑另一侧的距离(m)。

若上述公式计算的 H 值大于井点管长度,则应降低井点管的埋置面,同时保证井点管不低于地下水位。若一级井点系统达不到降水深度要求,可采用其他降水方式或将一级井点降水疏干土层挖去,安装二级井点系统,依次叠加达到降水目的。

③ 井点管直径计算

井点管直径 D,按下式计算:

$$D=2\left(\frac{q}{\pi V}\right)^{\frac{1}{2}} \tag{5-34}$$

式中:q——轻型井点单井抽水量($\mathrm{m^3/h}$);

V——允许流速,一般为 $0.3\sim0.5$ m/s。

目前,国内常用的轻型井点管直径为 38 mm 和 50 mm。

(2)轻型井点系统施工

轻型井点系统施工包括井点放线定位、高位水泵安装、井点管埋设、总管安装、井点管与总管连接、抽水设备安装、抽试与检查。主要步骤如下:

① 井点管埋设。

根据提供的测量控制点确定井点位置,在井点位置处挖深度约 0.5m 的小土坑,便于后期冲击孔排水和埋管灌砂,开挖小沟将土坑与集水坑连接,以便排泄多余的水。将井架移到井点位置,启动高压水泵使套管在高压水射流的作用下下沉,在此过程中不断升降套管与高压水枪,根据土层的性质,适当延长沉管时间、增大高压水泵的压力。为保证管壁与井点管之间和滤管底部有一定孔隙,方便填充砂石等材料,冲击孔的直径应为 300~350 mm,深度宜超过滤管埋深 500 mm,井点管埋设完成后,将小于井点管直径的胶管插入井点管中注水清理,直至流出清水。

② 总管安装。

总管沿井点管外侧铺设并与井点管和水箱水泵连接,总管沿着水箱方向呈5‰流水坡度,为防止管路连接不密实,造成漏气影响管路的真空度,接头采用胶管连接并用钢丝绑扎。

③ 管路检查。

检查接头部位是否有漏气现象,若存在漏气应重新安装或采用油腻子堵塞,同时用钢丝绑扎。在正式抽水之前应进行试抽试验,以保证井点系统正常性运转,在水泵进水管上安装真空表,出水管上安装压力表,用来检测井点管是否达到降水设计使用要求。

④ 抽水。

井点系统安装完毕,经测试检查合格后,进行正常抽水作业。

5.3.2 管井井点降水

对于渗透系数大且地下水丰富的土层、砂层,采用明排水易造成土体颗粒大量流失,引起流砂、管涌,进而导致基坑塌陷失稳,采用轻型井点降水难以满足排降水要求,此时可采用管井井点降水的方法。管井井点降水包括坑外降水和坑内降水:当坑外条件许可时,可采用基坑坑外降水方法,在基坑外部每隔一段距离设置一个井管,通过抽水设备将地下水降低到基坑底面以下;当基坑周围环境复杂,坑外水位和地层环境有严格要求时,可采用坑坑内降水的方法,根据基坑降水深度、管井降水影响半径、单井涌水量等在基坑内部设置井管,将地下水位降低到基坑底部以下。降水深度超过15 m时,井管降水也称深井井点降水。井管降水示意图如图5-16所示。

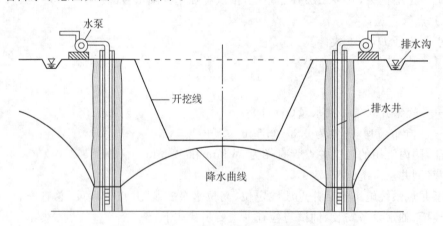

图5-16 井管降水示意图

1. 适用条件

井管井点降水具有出水量大、降水深、受地质影响小等特点,适用于以下工程环境的降水工程。

(1)基坑降水水位深,一般大于6 m,地下水丰富、出水量大,轻型井点降水难以满足降水设计要求。

(2)受基坑周围环境限制,对基坑周围地下水、地表沉降有严格要求。

(3)基坑占地面积大,降水影响范围内地层为粉砂、砂砾等粗颗粒岩土层。

2. 管井井点降水系统

管井井点降水系统包括井管、滤水管和抽水设备。

(1)井管

管井井管一般采用钢管、铸铁管等,不具备回收条件时可采用混凝土管或其他管井。钢管适用于降水深度 250 m 以内的基坑,钢筋混凝土管适用于降水深度 200～300 m 的基坑,塑料井管适用于降水深度大于 200 m 的基坑。管井孔径直宜为 300～600 mm,管径一般为 200～400 mm。

(2)滤水管

滤水管安装在井管下端,可采用长度 2～3 m 的钢筋笼,并在钢筋笼外表面包裹滤网。滤网可选择平织网、斜织网和方织网,其中细砂地层宜选择平织网,中砂地层宜采用斜织网,粗砂、砾石地层宜采用方织网。由于滤网处于地下水层中,滤网材料宜采用耐水防锈材料,如钢网、青铜网和尼龙布网等,选用范围参照表 5-3。滤管内径应按满足单井设计流量要求而配备的水泵规格确定,宜大于水泵外径 50 mm,滤管外径不宜小于 200 mm 且管井成孔直径应满足填充滤料的要求。

(3)抽水设备

井管降水抽水设备一般有离心泵、深井泵和潜水泵。降水深度不超过 15 m 时,一般采用离心泵和潜水泵;降水深度超过 15 m 时,可采用深井泵降水。

表 5-3　滤网选择表

滤网类型	网眼孔径		说明
	在均一砂中	在非均一砂中	
方织网	$2.5d_{cp}$～$3.0d_{cp}$	$3.0d_{cp}$～$4.0d_{50}$	d_{cp} 为平均粒径,d_{50} 为相当于过筛量 50% 的粒径
斜织网	$1.25d_{cp}$～$1.5d_{cp}$	$1.5d_{cp}$～$2.0d_{50}$	
平织网	$1.5d_{cp}$～$2.0d_{cp}$	$2.0d_{cp}$～$2.5d_{50}$	

3. 管井降水系统布置

管井降水系统可根据基坑形状、大小、降水深度、土层性质、止水桩类型等综合考虑,井管间距不宜过小,一般为 10～40 m。井距和井数应根据抽水试验的浸润线曲线反算,采用坑外降水时,管井井点可沿基坑周围两侧呈矩形布置;基坑宽度较小时,井管可沿基坑单侧线性布置,距离基坑边线不得大于 1.0 m;基坑范围较大时,可在基坑内临设降水管井和观测孔,井、孔口高度宜随基坑开挖深度降低。

4. 管井降水设计

(1)基坑涌水量计算。

对于封闭的基坑,基坑涌水量可按下式计算估计:

$$Q = \mu As \qquad (5-35)$$

式中:Q——基坑涌水量(m^3);

　　μ——含水层的给水度;

　　A——基坑开挖面积(m^2);

s——基坑降水深度(m)。

对于半封闭或敞开式基坑,涌水量按式(5-25)~式(5-30)计算。

(2)井点数量可参考轻型井点降水式(5-31)和式(5-32)计算。

(3)管井井管长度 H 计算。

管井井管长度可按下式计算:

$$H = \Delta h + h_w + s + l_w + iL \tag{5-36}$$

式中:i——水力梯度,群井取 $1/10\sim1/8$。

5. 管井井点系统施工

管井井点系统安装包括井点放线定位、井点成孔、井点安装、滤料填充、井点清洗、安装试抽。

(1)井点放线定位

根据现场情况确定井点布置方位。

(2)井点成孔

井点成孔方法包括冲击钻进法、回转钻进法、潜孔垂进法、反循环钻进法等。井点钻孔施工方法应根据钻井地层的岩性和钻进设备等综合选择,一般在以卵石和漂石为主的地层,宜采用冲击钻进法或潜孔垂进法,其他地层宜采用回转钻进法,为防止钻孔过程中出现塌孔,通常在钻孔时采用泥浆护壁,管井钻孔直径应比井管外径大 $200\sim300$ mm,钻孔深度应超出设计深度 $300\sim500$ mm。

(3)井点安装

井孔钻探完成后,应对井内泥浆进行稀释,然后再下井管,下管时应注意保护滤管部位的滤网包扎质量,管井井管宜高出地面 300 mm 以上,井底应封死。管井安装方法包括以下几种:

① 提吊下管法,适用于井管自重(或浮重)小于井管允许抗拉力和起重安全负荷的情况。

② 托盘或浮板下管法,适用于井管自重(或浮重)超过井管允许抗拉力和起重安全负荷的情况。

③ 多级下管法,适用于管井结构复杂,沉管深度大,上述①②两种方法安装困难的情况。

(4)滤料填充

为保证管井降水质量,应在管井井管与钻孔孔壁之间填充过滤层,滤料填充前应做好以下准备工作:①井内泥浆稀释至密度小于 1.10(高压含水层除外);②检查滤料的规格和质量;③清理井口现场,挖好排水沟。

填充过滤层的滤料宜采用黄沙和小砾石,黄沙含泥量应小于 2%,砾石含泥量应小于 1%,填充时保证滤料洁净。

(5)井点清洗

由于降水管井分布集中、连续钻进,为防止泥皮硬化,不应搁置时间过长,在填充滤料后应立即进行洗井。洗井方法一般分为水泵洗井、活塞洗井、空压机洗井及两种以上洗井方法的组合洗井法,特别指出,当含水层为松散含水层时宜选用空压机洗井或水泵洗井。

(6)安装试抽

管井降水时每个管井单独使用一台水泵,井点安装完成后,应进行试抽水,检查管井出水是否正常、有无淤塞,记录出水量的大小、水位降深等数据。

5.3.3 喷射井点降水

喷射井点降水是采用高压水泵或空气压缩机通过井点管向喷射器输入高压水(喷水井点)或压缩空气(喷气井点),形成水气射流,将地下水经井点外管和内管之间的间隙排出的一种降水方式。喷射井点的设备主要包括喷射井管、高压水泵和管路系统。喷射井点降水设备简单,排水深度大,为 8~20 m,降水示意图如图 5-17 所示。

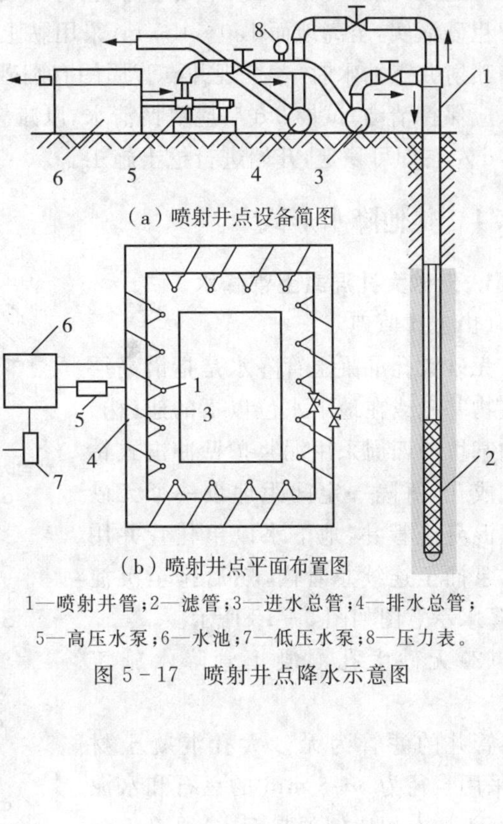

(a)喷射井点设备简图

(b)喷射井点平面布置图

1—喷射井管;2—滤管;3—进水总管;4—排水总管;
5—高压水泵;6—水池;7—低压水泵;8—压力表。

图 5-17　喷射井点降水示意图

1. 适用条件

喷射井点适用于深层降水,在粉土、细砂和粉砂中较为常用。当轻型井点和管井井点受到以下条件限制时,也可以选用喷射井点降水。

(1)基坑开挖深度较深,采用多级轻型井点降水时会增加基坑挖土量、延长施工工期、增加降水设备数量,给工程经济造成不利影响。

(2)地下水以上层滞水形式存在时,使用管井降水无法达到设计降水要求。

2. 喷射井点降水系统

喷射井点降水系统的布置和埋设与轻型井点基本相同,应满足以下要求:

(1)应根据基坑平面形状与大小、地质和水文情况、工程性质、降水深度等确定井点布置。

(2)当基坑宽度小于 6 m 且降水深度不超过 6 m 时,可采用单排井点,井点布置在地下水上游一侧;当基坑宽度大于 6 m,或土质不良、渗透系数较大时,宜采用双排井点,井点布置在基坑的两侧,喷射井管间距一般为 2~3.5 m;当基坑面积较大时,宜采用环形井点。

(3)井点管距坑壁不应小于 1.0 m,距离太小易漏气,井点间距一般为 1.2~2.4 m。

(4)应根据降水深度及储水层所在位置确定井点管的入土深度,滤水管埋置深度超过坑底 0.9~1.2 m。

3. 喷射井点施工要求及注意事项

喷射井点的施工顺序为泵房设置、进排水总管安装、成井、喷射井点管安装、滤料填充、总管连接、接通水泵、测量观测。

安装前应对喷射井点管逐根冲洗,检查完好后方可使用。井点管埋设宜用套管冲枪(或钻机)成孔,加水及压缩空气排泥,当套管内含泥量小于 5‰ 时,下放井管、拔出套管;沉设井点管前,应先挖井点坑和排泥沟,井点坑直径应大于冲孔直径,冲孔直径小于 400 mm,冲孔深度应比滤管底深 1 m 以上,冲孔完毕后,应立即沉设井点管。

为避免井点管插入泥浆中堵塞滤管,井点管埋设在孔中心。井点与孔壁之间空隙及时用中粗砂灌实,至离地面 1.0~1.5 m,采用黏土夯实封口。

喷射井点抽水时,若发现井点管周围有翻砂冒水现象,应立即关闭,及时检查处理。工作水应保持清洁,试抽 2 d 后应更换清水,以减轻工作水对喷嘴及水泵叶轮等的磨损,一般经 7 d 左右即可稳定,开始进行挖土施工。

5.3.4 其他降水形式

1. 无砂大孔混凝土管降水

(1)工作原理

无砂大孔混凝土管降水是指沿高层建筑物基础或在地下水位以下的建(构)筑物基坑的四周采用泥浆护壁冲击式钻孔机成孔,每隔一定间距埋设一个无砂大孔混凝土管井,地下水以单孔管井用潜水泵抽至连续总管内,然后排至沉淀池,降水示意图如图 5-18 所示。

(2)无砂大孔混凝土管降水施工要求

管井的滤管为无砂大孔混凝土材料,采用粒径为 5~8 mm 的豆石和水泥按 6:1 左右的比例预制而成,混凝土强度大于 2 MPa,管井每节长 1 m 左右,最下部一节管井应采用有孔滤管,孔隙率为 20%~25%。上下节管井接头处采用两层麻布浇沥青包裹,外夹竹片用 10 号铅丝扎牢,以免接缝处挤入泥沙淤塞管井,管井内径一般为 500~600 mm。

管井采用冲击式成孔机冲击成孔,

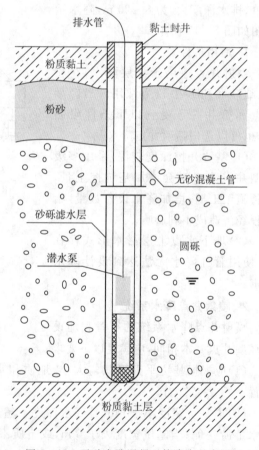

图 5-18 无砂大孔混凝土管降水示意图

冲击孔的直径约 1.0 m,成孔过程中采用泥浆护壁,待冲孔到设计深度后,用吸管将泥浆吸出,下放底座、井管,管井和冲击孔之间采用滤水小豆石填塞,管井上部用厚土填实,采用压缩空气将剩余泥浆吹出洗井。

对于大口井管,应采用扬程潜水泵抽水,水泵悬挂于井管内距离井盘底座约 0.5 m,地下水通过胶皮管排出。抽水电气设备必须安装自控装置,根据水量大小调整自控装置线,使抽水和停抽时间相配以达到施工要求。

2. 电渗井点降水

在饱和黏土中,特别是淤泥和淤泥质黏土中,由于土的渗透性较差,持水性较强,若采用一般喷射井点降水和轻型井点降水,很难满足降水设计要求,此时宜采用电渗井点降水配合轻型井点降水或喷射井点降水。

(1)工作原理

电渗井点降水是将井点管本身作为阴极,沿井点管内侧插入钢筋或钢管等作为阳极,阴、阳极分别用导线连接,导线另一端与直流发电机或直流电焊机连接形成通路。启动发电机,对阳极施加强直流电流,通过电压使带有负电的土颗粒向阳极流动(电泳作用),使带有正电的地下水向阴极流动(电渗作用)。电渗井点降水与轻型井点降水或喷射井点降水配合使用,通过电泳作用和电渗作用快速将地下水强行集中在管井周围,井点管连续抽水使地下水位降低。如果采用真空泵抽水,在电渗和真空的双重作用下,基坑降水速度和土体固结速度将更快。电渗井点降水示意图如图 5-19 所示。

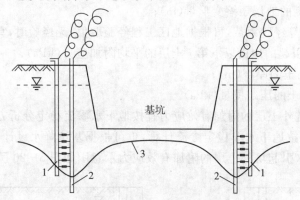

1—井点管;2—阳极管;3—地下水降落曲线。

图 5-19　电渗井点降水示意图

(2)电渗井点施工要求

电渗井点系统施工一般先沿基坑周围埋设轻型井点或喷射井点,轻型井点或喷射井点与基坑保持一定的间距,以便埋设阳极钢筋或钢管。阴、阳极管的埋设满足以下条件:

① 阳极管的直径宜采用 20~25 mm 的钢筋或铝棒或直径 50~75 mm 的钢管,阳极管的数量与井点管的数量相同,错位平行埋设在井管的内侧,必要时阳极管数量可多于阴极管数量。

② 当采用轻型井点时,阴、阳极管的间距宜取 0.8~1.0 m;当采用喷射井点时,阴、阳极管的间距宜取 1.2~1.5 m。

③ 阳极管高度宜外露 0.2~0.4 m,埋置深度宜大于井点管埋深 0.5 m。

电渗井点降水直流电压不大于 60 V,通电时土中电流密度宜为 0.5~1.0 A/m²。因电解作用产生的气体积聚于电极附近,使土体电阻增大而增加电能的消耗。直流电采用间歇式工作,每次通电时间达到 24 h 时,需断电 2~3 h,以此重复工作。

5.4　降水质量控制

基坑工程施工周期长、水位降深大、基坑周围环境复杂,施工操作不当时,容易造成基坑邻近建(构)筑物、道路、地下管线等设施不均匀沉降,轻则影响建(构)筑物正常使用,严重时则导致建筑物开裂、道路破坏、管线错断等工程事故发生。因此,对于复杂的大中型基坑或对环境要求严格的工程,必须对整个基坑施工过程进行现场监测。

5.4.1　基坑降水控制

1. 基坑降水引起地层沉降计算

基坑降水引起的地面沉降有多种理论计算方法,但至今均未达到使用阶段,主要限于难以获取计算参数或无参数使用经验。目前,常用估算沉降经验方法计算:

$$s = \varphi_w \sum_{i=1}^{n} \frac{\Delta\sigma'_i \Delta h_i}{E_{si}} \tag{5-37}$$

式中:s——计算深度的地层压缩变形量(m);

　　φ_w——沉降计算经验系数,可根据地区工程经验取值,无经验时,宜取 $\varphi_w = 1$;

　　$\Delta\sigma'_i$——降水引起的地面以下第 i 土层的平均附加应力(kPa);

　　Δh_i——第 i 层土的厚度(m);

　　E_{si}——第 i 层土的压缩模量(kPa)。

基坑降水引起坑外土层的附加有效应力宜按地下水渗流稳定分析方法计算,当符合非稳定渗流条件时,可按地下水非稳定渗流计算,也可根据基坑降水设计中地下水位降深的公式计算。基坑降水引起坑外土层的附加有效应力示意图如图 5-20 所示。

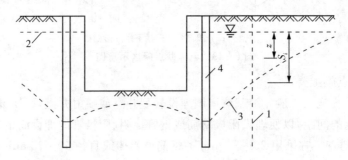

1—沉降计算点;2—初始地下水位;3—降水后水位;4—降水井。

图 5-20　基坑降水引起坑外土层的附加有效应力示意图

(1)第 i 土层位于初始地下水位以上时:

$$\Delta\sigma'_i = 0 \tag{5-38}$$

(2)第 i 土层位于降水后水位与初始水位之间时:

$$\Delta\sigma'_i = \gamma_w z \tag{5-39}$$

（3）第 i 土层位于降水后水位以下时：

$$\Delta\sigma'_i=\lambda_i\gamma_w s_i \tag{5-40}$$

式中：γ_w——水的重度（kN/m^3）；

　　z——第 i 层土中点至初始地下水位的垂直距离（m）；

　　λ_i——计算系数，应按地下水渗流分析确定，当缺少分析数据时，也可根据当地工程
　　　　经验取值；

　　s_i——计算剖面对应的地下水位降深（m）。

2. 减小基坑降水引起的土体沉降

基坑降水导致基坑周围水位下降，土中孔隙水压力消散，自由水或部分结合水从土中析出，在总应力不变的情况下，有效应力增加，引起土体骨架压缩固结产生变形；同时，降水产生沉降漏斗，在此范围内水力梯度增加，地下水以体积力的形式作用在土颗粒上，在这两种力的共同作用下，周围土体产生沉降与变形。为了防止和减少降水对周围环境的影响，避免产生过大的地面沉降，可采取截水和回灌等措施。

（1）截水帷幕

基坑截水主要指在基坑周围设置一圈封闭的截水帷幕，以阻隔或减少地下水通过基坑侧壁和侧壁绕流进入基坑，起控制基坑外地下水位下降、减小基坑降水影响范围的目的。截水帷幕常用的形式包括低压高热能喷射注浆、地下钢板桩、小齿口钢板桩、深层水泥土搅拌桩等。截水帷幕结构包括落地式和悬挂式两种形式，落地式是指含水层较薄时，截水帷幕要穿过含水层，插入不透水层中；悬挂式是指当含水层较厚时，截水帷幕无法插入不透水层中，而悬挂在含水层中。在计算涌水量时，前者仅需要计算通过截水帷幕的水量，后者除计算通过截水帷幕的水量外，还须计算绕过截水帷幕的水量。

落地式截水帷幕插入不透水层的深度可按下式进行计算：

$$l=0.2h_w-0.5b \tag{5-41}$$

式中：l——截水帷幕插入不透水层深度（m）；

　　h_w——作用水头（m）；

　　b——截水帷幕厚度（m），根据设计要求确定，其渗透系数宜小于 $1.0\times10^{-6}cm/s$。

采用悬挂式截水帷幕时，帷幕进入含水层的深度应满足对基坑地下水沿帷幕绕流的渗透稳定性要求和基坑周围地面、建筑物等沉降要求。当不满足上述条件时，须采取增加帷幕深度、设计减压井等防渗措施。当含水层渗透性较大时，可将坑内井点降水或水平封底结合截水帷幕使用。

（2）回灌系统

回灌系统的基本原理是在井点降水的同时，通过基坑周围设置的回灌沟（井）把地下水再灌入地基土层中，地下水在沟（井）周围土层中形成一个与降水井点相反的倒转降落漏斗，使降水井点的影响半径不超过回灌井点的范围。回灌系统使地下水位基本保持不变，不会造成流失，土层压力仍处于原始平衡状态，从而有效地防止降水井点对周围建筑（构）物的影响。回灌系统包括两种形式，回灌井回灌（图 5-21）和回灌沟回灌（图5-22）。

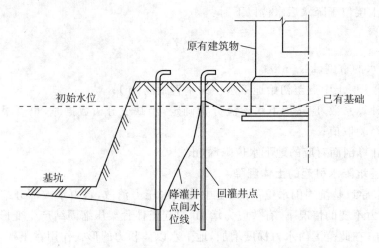

图 5-21 回灌井回灌示意图

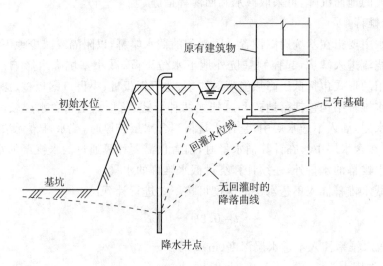

图 5-22 回灌沟回灌示意图

根据回灌方法可将回灌系统分为管井回灌、真空回灌和压力回灌。

① 管井回灌:与降水井点相似,管井回灌仅需增加回灌水箱、闸阀和水表等设备。降水井点抽出的水汇到储水箱,用低压送入注水总管。回灌井点滤水管的长度应大于降水井点滤水管长度,为达到回灌效果,最好从自然水面以下直至井点管底部均为过滤器。

管井回灌应满足以下要求:

a. 回灌井应布置在降水井外侧,与降水井的距离不宜小于 6 m,回灌井的间距应根据回灌水量的要求和降水井的间距确定。

b. 回灌井宜进入稳定水面不小于 1 m,过滤器应置于渗透性强的土层中且宜在透水层全长设置过滤器。

c. 回灌井量应根据水位观测井中的水位变化进行控制和调节,回灌后的地下水位不应高于降水前的水位。采用回灌水箱时,箱内水位应根据回灌水位的要求确定。

d. 回灌用水应采用清水,宜采用降水井抽水进行回灌,回灌水质应符合环境保护要求。

② 真空回灌:是指在管路密封的装置下,利用真空虹吸原理产生水头差进行回灌,适用于地下水位埋藏较深,含水层渗透性良好的地层。真空回灌对滤网的冲击力较小,可应用于滤网结构耐压、耐冲强度较差,凿井年代较久的老井及对回灌量要求不大的深井。

③ 压力回灌:也称加压回灌,是利用机械动力设备(如离心式水泵)进行加压,促使水流较快补给地下水。压力回灌适用范围广,尤其是对地下水较高和透水性较差的含水层和滤网结构耐压、耐冲强度较差,对回灌量要求不大的深井。根据进水方式不同,压力回灌分为泵内、泵外和泵内外同时进水三种形式。

在压力回灌装置上安装水表、止水阀、压力表等,如图 5-23 所示。

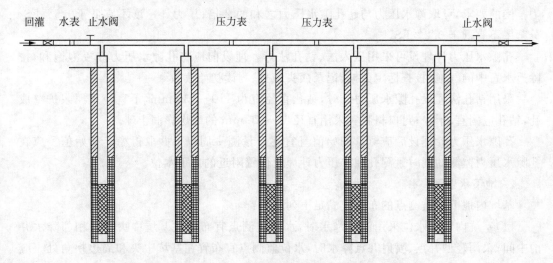

图 5-23　压力回灌示意图

压力回灌系统应满足以下要求:

(1)在回灌井上安装压力表及流量表,灌水量与压力要由小到大,逐步调节到适宜压力。

(2)要求密封回灌井口,确保回灌时不漏水,同时回灌压力不宜过大,当回灌流量不增加明显时,最好不要增加回灌压力,否则回灌井周围宜产生突涌,从而破坏回灌井结构。

(3)回灌水体必须干净,不能是污染水体,否则会污染地下水。

(4)回灌水体内不能有固体物质(如砂、土及其他杂质等),否则会影响回灌效果。

回灌井数取决于基坑回灌量和单井回灌量,可用下式确定:

$$n = \frac{1.1 Q_{灌}}{q_{灌}}$$ 　　　　　(5-42)

式中:n——布设回灌井数;

$Q_{灌}$——基坑回灌量；

$q_{灌}$——单井回灌量。

基坑回灌量一般应等于基坑降水水位降低影响至限定边界时的基坑涌水量，可按水井理论计算。单井回灌量取决于水文地质条件、回灌方法、压力大小等，一般宜在现场进行试验确定。

5.4.2 基坑降水监测

1. 孔隙水压力

孔隙水压力监测点宜布置在基坑受力、变形较大或有代表性的部位。竖向监测点宜在水压力变化影响深度范围内按土层分布情况布设，竖向间距宜为 2~5 m，数量不宜少于 3 个。

孔隙水压力宜通过埋设钢弦式或应变式等孔隙水压力计测试，压力计量程满足被测压力范围的要求，可取静水压力与超孔隙水压力之和的 2 倍；压力计精度不宜低于 0.5%FS，分辨率不宜低于 0.2%FS。

孔隙水压力计埋设可采用压入法、钻孔法等。埋设前应将孔隙水压力计浸泡饱和，排除透水石中的气泡、核查标定数据、记录探头编号、测读初始读数。

采用钻孔法埋设孔隙水压力计时，钻孔直径宜为 110~130 mm，不宜使用泥浆护壁成孔，钻孔应圆直、干净；封口材料宜采用直径 10~20 mm 的干燥膨润土球。

孔隙水压力计埋设后应测量初始值且宜逐日量测 1 周以上并取得稳定初始值。应在孔隙水压力监测的同时量测孔隙水压力计埋设位置附近的地下水位。

2. 地下水监测

基坑内地下水监测点的布置应满足下列要求：

(1)基坑内地下水位采用深井降水时，水位监测点宜布置在基坑中央和两相邻降水井的中间；采用轻型井点、喷射井点降水时，水位监测点宜布置在基坑中央和周边拐角处。应视具体情况确定监测点数量。

(2)水位观测管的埋置深度应在最低设计水位或最低允许地下水位之下 3~5 m。对于需要降低承压水位的基坑，水位监测管埋置深度应满足降水设计要求。

基坑外地下水监测点的布置应满足下列要求：

(1)基坑外地下水位监测点应沿基坑、被保护对象的周边或在基坑与被保护对象之间布置，监测点间距宜为 20~50 m。相邻建筑、重要的管线密集处应布置水位监测点；当有止水帷幕时，宜布置在止水帷幕的外侧约 2 m 处。

(2)水位观测管的管底埋置深度应在最低设计水位或最低允许地下水位之下 3~5 m。承压水位观测管的滤管应埋置在所测的承压含水层中，观测管内径应不小于 25 mm，各观测孔过滤器的位置与长度应一致，并与抽水孔位于同一含水层。

(3)回灌观测井应设置在回灌井点与被保护对象之间。

地下水监测宜通过孔内设置水位管，采用水位计进行量测；地下水位量测精度不宜低于 10 mm；潜水水位管应在基坑施工前埋设，长度应满足量测要求；承压水位监测时被测含水层与其他含水层之间采取有效的隔水措施；水位管宜在基坑开始降水前至少 1 周埋设，且宜逐日连续观测水位并取得稳定初始值。

有条件时也可考虑利用降水井进行地下水位监测。

潜水水位管滤管以上应用膨润土球封至孔口,防止地表水进入;承压水位管含水层以上部分应用膨润土球或注浆封口。

5.5 基坑工程监测

基坑工程一般具有土方开挖大、施工环境复杂等特点,难以从经验和理论上找到定量分析及预测的方法,仅依靠设计方案很难保证基坑的安全和稳定,因此,需要对基坑的施工过程进行实时监测。深基坑监测工作不仅是检验深基坑设计理论正确性和发展设计理论的重要手段,同时还是指导正确施工、避免基坑工程事故发生的必要措施。根据《建筑基坑工程监测技术规程》(GB 50497—2019)规定:开挖深度大于等于 5 m 或开挖深度小于 5 m,但现场地质情况和周围环境较复杂的基坑工程以及其他需要监测的基坑工程应实施基坑工程监测。

5.5.1 基坑监测目的及方案

监测方案是监测工作的主要技术指导文件,监测方案的编制应依据工程合同、工程基础资料、设计资料、施工方案和组织方案,并参照国家现行规定、规范、条例等,同时须与工程建设单位、设计单位、施工单位、监理单位及管线主管单位和道路监察部门充分协商。

监测方案应包括工程概况、监测依据、监测目的、监测项目、测点布置、监测方法及精度、检测人员及主要仪器设备、监测频率、监测报警值、异常情况下的监测措施、监测数据的记录制度和处理方法、工序管理及信息反馈制度等。

1. 监测目的

根据场地工程地质和水文地质情况、基坑工程支护体系、周围环境情况确定监测目的。

(1)将监测结果反馈指导施工。通过监测分析土层、支护结构的变形情况,将监测结果与预估值对比,判断施工工艺和施工参数是否符合预期要求,以便确定下一步施工工作,保证支护体系的安全。

(2)通过对监测结果分析,为基坑周围重要设施、建(构)筑物的保护提供依据。针对监测,预估基坑工程开挖对临近建(构)筑物的影响,确保临近建(构)筑物和各种市政设施的安全及正常使用。

(3)检验理论分析的可靠性。将监测结果与理论分析进行比较,以检验设计理论和方法的可靠性,为进一步设计计算提供依据。

2. 监测方案

(1)在制定基坑监测方案时应根据监测目的和方案设计原则,合理选择现场测试的监测项目。

(2)确定测点布置和监测频率。根据检测目的确定各项监测项目的测点数量和布置,根据基坑开挖进度确定监测频率,原则上在开挖初期可几天测一次,随着开挖深度的发展,提高监测频率,必要时可一天测数次。

(3)建立监测成果反馈制度。应及时将监测成果报告给现场监理、设计和施工单位,达到或超过监测项目报警值时应及时研究、及时处理,以确保基坑工程安全顺利施工。

(4)制定监测点的保护措施。基坑开挖施工现场条件复杂,测试点极易破坏,必要时可对监测点进行保护。

(5)监测方案设计应密切配合施工组织计划。监测方案是施工组织设计的一个重要内容,只有符合施工组织的总体计划安排才有可能得以顺利施工。

(6)对下列基坑工程,监测方案应进行专门论证。

① 地质和环境条件很复杂的基坑工程;

② 临近重要建(构)筑物和管线,以及历史文物,近代优秀建筑、地铁、隧道等破坏后果很严重的基坑工程;

③ 已发生严重事故,重新组织实施的基坑工程;

④ 采用新技术、新工艺、新材料的一级、二级基坑工程;

⑤ 其他必须论证的基坑工程。

3. 监测方案设计原则

由于监测方案对基坑设计、施工和使用都起着相当重要的作用,因此基坑监测方案应综合分析各种有关资料和信息进行精心设计。方案设计的原则如下:

(1)可靠性原则

可靠性原则是监测设计中所要考虑的重要原则,为此,需要可靠的监测仪器设备,合适的监测点。

(2)多层次原则

① 在监测对象上以位移监测为主,视工程需要选择其他监测量;

② 在监测方法上以仪器监测为主,以目视巡测为辅;

③ 为保证监测结果的可靠性,可采用多原理仪器互补;

④ 在地表、基坑土体内部及临近受影响建(构)筑物与设施内布点,以形成具有一定测点覆盖率的监测网。

(3)重点监测控制原则

① 将易发生破坏或容易造成巨大损失的部位进行重点监测;

② 要充分考虑工程特点和施工作业环境进行监测系统的布置。

5.5.2 监测内容

1. 监测对象选择

基坑监测对象除 5.4 节降水监测内容外,还应包括:支护结构、相关自然环境、基坑底部及周围土体、周围建(构)筑物、地下管线及地下设施、周围重要道路等。

当基坑周边有地铁、隧道或其他对位移有特殊要求的建筑及设施时,监测项目应与有关管理部门或单位协商确定。

根据《建筑地基基础工程施工质量验收标准》(GB 50202—2018),基坑工程类别划分见表 5-4。

表 5-4　基坑工程类别表

类别	分类标准
一级	1. 重要工程或支护结构体为主体结构一部分的基坑； 2. 开挖深度大于 10 m 的基坑； 3. 与邻近建筑物、重要设施的距离在开挖深度以内的基坑； 4. 基坑范围内有历史文物、近代优秀建筑、重要管线等需严加保护的基坑
二级	除一级和三级外的基坑
三级	开挖深度小于 7 m，且周围环境无特别要求的基坑

对于不同的基坑工程，监测目的应有所侧重，基坑支护设计应根据支护结构类型和地下水控制方法，按表 5-5 选择基坑监测项目，并根据支护结构的具体形式、基坑周围环境的重要性及地质条件的复杂性确定监测点部位及数量。选用的监测项目及其监测部位应能反映支护结构的安全状态和基坑周边环境所受影响的程度。

表 5-5　基坑监测项目选择

监测项目	支护结构的安全等级		
	一级	二级	三级
支护结构顶部水平位移	应测	应测	应测
基坑周边建(构)筑物、地下管线、道路沉降	应测	应测	应测
坑边地面沉降	应测	应测	宜测
支护结构深部水平位移	应测	应测	选测
锚杆拉力	应测	应测	选测
支撑轴力	应测	应测	选测
挡土构件内力	应测	宜测	选测
支撑立柱沉降	应测	宜测	选测
挡土构件、水泥土墙沉降	应测	宜测	选测
地下水位	应测	应测	选测
土压力	宜测	选测	选测
孔隙水压力	宜测	选测	选测

注：① 表内各监测项目中，仅选择实际基坑支护形式所含有的内容；
　　② 安全等级为一级、二级的支护结构，在基坑开挖过程与支护结构使用期内，必须进行支护结构的水平位移监测和基坑开挖影响范围内建(构)筑物、地面沉降监测。

2. 基坑监测点布置要求

基坑工程监测点的布置需能反映监测对象的实际状态及其变化趋势，监测点应布置在内力及变形关键特征点上，并满足监控要求，且监测点的布置应减少对施工作业的不利影响，不妨碍被监测对象的正常工作。监测点的位置可参考《建筑基坑工程监测技术规范》(GB 50497—2019)和《建筑基坑支护技术规程》(JGJ 120—2012)布置。

（1）围护墙结构监测点布置要求

① 围护墙或基坑边坡顶部的水平和竖向位移监测点应沿基坑边线布置在基坑中部、阳角处及有代表性的部位。各监测点的水平距离不宜大于 20 m，基坑每边监测点的数目不宜少于 3 个，水平和竖向位移监测点宜为公用点，监测点宜设置在围护墙顶或基坑坡顶。

② 围护墙或土体深层水平位移监测点宜布置在基坑中部、阳角处及有代表性的部位。监测点水平间距宜为 20～50 m，每边监测点数目不应小于 1 个。

③ 围护墙内力监测点应布置在受力、变形较大且具有代表性的部位。监测点数量和水平距离可视具体情况而定，竖直方向的监测点应布置在弯矩极值处，竖向间距宜为 2～4 m。

④ 围护墙侧向土压力监测点应沿基坑边线布置，平面位置上基坑每边不宜少于 2 个监测点，竖向布置上监测点间距宜为 2～5 m，且基坑下部宜加密布置。

⑤ 当按土层分布情况布置时，每层应至少布置 1 个监测点，且宜布置在各层土的中部。

（2）基坑支撑结构监测点布置要求

① 监测点宜布置在支撑内力较大或整个支撑系统中起控制作用的杆件上，且每层支撑结构的内力监测点不少于 3 个，各层支撑结构的监测点在竖向位置上宜保持一致；

② 钢支撑的监测点宜布置在两支点间 $\frac{1}{3}$ 部位或支撑结构的端头；混凝土支撑结构监测点宜布置在两支点间 $\frac{1}{3}$ 部位，并避开节点位置；

③ 立柱的竖向位移监测点宜布置在基坑中部、多根支撑结构交汇处和地质情况复杂的立柱上。监测点不宜少于立柱总数的 5%，逆作法施工的基坑不应少于 10%，且不宜少于 3 根；

④ 锚杆的内力监测点宜设置在受力较大且具有代表性的位置，基坑每边中部、阳角处和地质条件复杂的区段。每层锚杆的内力监测点数量应为该层锚杆总数的 1%～3%，且不应少于 3 根；

⑤ 土钉的内力监测点布置与锚杆的相同，监测点数量和间距应视具体情况而定，各层监测点位置在竖直方向宜保持一致。

（3）基坑周边建筑物监测点布置要求

① 从基坑边缘以外 1～3 倍基坑开挖深度范围内需要保护的周边环境应作为监测对象，必要时应扩大监测范围。

② 位于重要保护对象安全保护范围内的监测点布置，应满足相关部门的技术要求。

③ 建筑物竖向位移监测点应布置在建筑四角、沿外墙每 10～15 m 处或每隔 2～3 根柱基上，且每侧不少于 3 个监测点。

④ 建筑物水平位移监测点应布置在建筑的外墙墙角、外墙中间部位的墙上或柱上、裂缝两侧及其他有代表性的部位，监测点间距视具体情况而定，一侧墙体的监测点不宜少于 3 个。

⑤ 建筑物倾斜监测点应布置在建筑角点、变形缝两侧的承重墙或柱上，监测点应沿主体顶部、底部上下对应布设，上、下监测点应布置在同一竖直线上。

基坑周边地表竖向位移监测点宜按监测剖面设在坑边中部或其他有代表性的部位。监测剖面应与坑边垂直,视具体情况确定数量,每个监测剖面上的监测点数量不宜少于5个。

5.5.3 基坑监测频率及报警值

1. 监测频率

基坑工程监测频率应能反映所测项目的重要变化过程而又不遗漏其变化时刻的要求。监测工作应贯穿于基坑和地下工程施工全过程。监测期应从基坑施工前开始,直至工程完成。监测项目的监测频率应综合考虑基坑类别、基坑及地下工程的不同施工阶段及周边环境、自然条件的变化和当地经验。当监测结果相对稳定,监测周期内变化值变化不大时,可适当降低监测频率。

对于应测项目,在无数据异常和事故征兆的情况下,开挖后现场仪器的监测频率可按表5-6确定。

表5-6　现场仪器的监测频率

基坑类别	施工进程		基坑设计深度/m			
			≤5	5～10	10～15	>15
一级	开挖深度/m	≤5	1次/1 d	1次/2 d	1次/2 d	1次/2 d
		5～10	—	1次/1 d	1次/1 d	1次/1 d
		>10			2次/1 d	2次/1 d
	底板浇筑后时间/d	≤7	1次/1 d	1次/1 d	2次/1 d	2次/1 d
		7～14	1次/3 d	1次/2 d	1次/1 d	1次/1 d
		14～28	1次/5 d	1次/3 d	1次/2 d	1次/2 d
		>28	1次/7 d	1次/5 d	1次/3 d	1次/3 d
二级	开挖深度/m	≤5	1次/2 d	1次/2 d		
		5～10	—	1次/1 d		
	底板浇筑后时间/d	≤7	1次/2 d	1次/2 d		
		7～14	1次/3 d	1次/3 d		
		14～28	1次/7 d	1次/5 d	—	—
		>28	1次/10 d	1次/10 d		

注:① 有支撑的支护结构,从各道支撑开始拆除到拆除完成后3 d内监测频率应为1次/1 d;
　　② 基坑工程施工至开挖前,视具体情况确定监测频率;
　　③ 当基坑类别为三级时,可视具体情况适当降低监测频率;
　　④ 宜测、可测项目,可视具体情况适当降低仪器监测频率。

当监测项目中出现下列情况之一时,应提高监测频率:
(1)监测数据达到报警值。
(2)监测数据变化较大或变化速率加快。
(3)存在勘察未发现的不良地质。
(4)超深、超长开挖或未及时加撑等违反设计工况施工。

（5）基坑及周边大量积水、长时间连续降雨、市政管道出现泄漏。

（6）基坑附近地面荷载突然增大或超过设计限值。

（7）支护结构出现开裂。

（8）周边地层突发较大沉降或出现严重开裂。

（9）基坑底部、侧壁出现管涌、渗漏或流砂等现象。

（10）基坑坑底、坡体或支护结构出现管涌、渗漏或流砂等现象。

（11）基坑工程发生事故后重新组织施工；

（12）出现其他影响基坑及周边环境安全的异常情况。

2. 基坑监测报警值

基坑工程监测必须确定监测报警值，监测报警值应满足基坑工程设计、地下结构设计及周边环境中被保护对象的控制要求。

通过对大量工程事故案例分析发现，基坑工程发生重大事故前都有预兆，这些预兆首先反映在监测数据中。在工程监测中，每一项监测项目都应根据工程的实际情况、周边环境和设计计算书，确定相应的监测报警值，用以判断支护结构受力、位移是否超过允许值，进而判断基坑的安全性。

基坑工程监测报警值应满足基坑工程设计、地下结构设计及周边环境中被保护对象的控制要求，基坑内、外地层位移控制应符合下列要求：①不得导致基坑的失稳。②不得影响地下结构的尺寸、形状和地下工程的正常施工。③对周边已有建筑引起的变形不得超过相关技术规范的要求或影响其正常使用。④不得影响周边道路、管线、设施等正常使用。⑤满足特殊环境的技术要求。

（1）规范规定报警值

基坑工程监测报警值应采用监测项目累计变化量和变化速率控制。基坑及支护结构监测报警值应根据土质特征、设计结果及当地经验等因素确定。当无当地经验时，可根据土质特征、设计结果及表5-7确定。建筑基坑工程周边环境监测报警值可根据表5-8确定。

（2）监测报警值确定依据

确定基坑工程监测项目报警值是一个复杂的问题，建立预警指标体系对于基坑工程和周边环境的安全监控意义重大，实际工作中主要依据以下3个方面的数据和资料综合确定。

① 依据设计方案确定。

在基坑工程设计过程中，对围护结构、支撑或锚杆的受力和变形、坑内外土层位移、建筑物的变形、基坑抗渗等方面均进行详尽的设计计算或分析，确定受力、变形等最不利位置，计算结构作为确定报警值的依据。

② 依据相关规范标准和有关部门。

随着地下工程经验的积累，各地区的工程管理部门陆续以地区规范、规程等形式对地下工程的稳定做了相应的控制标准。

③ 依据工程经验类比。

基坑工程具有区域性，参考周围地区已建类似工程项目的受力、变形规律，提出并确定适用本工程的报警值。

表 5 - 7　基坑及支护结构监测报警值

监测项目	支护结构类型	基坑类别								
		一级			二级			三级		
		累计值		变化速率/(mm/d)	累计值		变化速率/(mm/d)	累计值		变化速率/(mm/d)
		绝对值/mm	相对基坑深度(h)控制值		绝对值/mm	相对基坑深度(h)控制值		绝对值/mm	相对基坑深度(h)控制值	
围护墙(边坡)顶部水平位移	放坡、土钉墙、喷锚支护、水泥土墙	30~35	0.3%~0.4%	5~10	50~60	0.6%~0.8%	5~10	70~80	0.8%~1.0%	15~20
	钢板桩、灌注桩、型钢水泥土墙、地下连续墙	25~30	0.2%~0.3%	2~3	40~50	0.5%~0.7%	4~6	60~70	0.6%~0.8%	8~10
围护墙(边坡)顶部竖向位移	放坡、土钉墙、喷锚支护、水泥土墙	20~40	0.3%~0.4%	3~5	50~60	0.6%~0.8%	5~8	70~80	0.8%~1.0%	8~10
	钢板桩、灌注桩、型钢水泥土墙、地下连续墙	10~20	0.1%~0.2%	2~3	25~30	0.3%~0.5%	3~4	35~40	0.5%~1.0%	4~5
深层水平位移	水泥土墙	30~35	0.3%~0.4%	5~10	50~60	0.6%~0.8%	5~10	70~80	0.8%~1.0%	15~20
	钢板桩	50~60	0.6%~0.7%	2~3	80~85	0.7%~0.8%	4~6	90~100	0.9%~1.0%	8~10
	型钢水泥土墙	50~55	0.5%~0.6%	2~3	75~80	0.7%~0.8%	4~6	80~90	0.9%~1.0%	8~10
	灌注桩	45~50	0.4%~0.5%	2~3	70~75	0.6%~0.7%	4~6	70~80	0.8%~0.9%	8~10
	地下连续墙	40~50	0.4%~0.5%	2~3	70~75	0.7%~0.8%	4~6	80~90	0.9%~1.0%	8~10
立柱竖向位移		25~35	—	2~3	35~45	—	4~6	55~65	—	8~10
基坑周边地表竖向位移		25~35	—	2~3	50~60	—	4~6	60~80	—	8~10
坑底隆起(回弹)		25~35	—	2~3	50~60	—	4~6	60~80	—	8~10
土压力		$(60\%\sim70\%)f_1$			$(70\%\sim80\%)f_1$			$(70\%\sim80\%)f_1$		—
孔隙水压力										

（续表）

监测项目		基坑类别							
支护结构类型		一级			二级			三级	
		累计值		变化速率/(mm/d)	累计值		变化速率/(mm/d)	累计值		变化速率/(mm/d)
		绝对值/mm	相对基坑深度(h)控制值		绝对值/mm	相对基坑深度(h)控制值		绝对值/mm	相对基坑深度(h)控制值	
支撑内力		$(60\%\sim70\%)f_2$		—	$(70\%\sim80\%)f_2$		—	$(70\%\sim80\%)f_2$		—
围护墙内力										
立柱内力										
锚杆内力										

注：① h为基坑设计开挖深度，f_1为荷载设计值，f_2为构件承载能力设计值；
② 累计值取绝对值和相对基坑深度（h）控制值两者的小值；
③ 当监测项目的变化速率达到规定表中规定值或连续3天超过该值的70%，应报警；
④ 嵌岩的灌注桩或地下连续墙报表值按表中数值的50%取用。

基坑周边环境监测报警值的限值应根据主管部门的要求确定，如无具体规定，可参考表5-8确定。

表5-8 建筑基坑工程周边环境监测报警值

	监测对象			累计值/mm	变化速率/(mm/d)	备注
1	地下水位变化			1000	500	—
2	管线位移	刚性管道	压力	10~30	1~3	直接观察点数据
			非压力	10~40	3~5	—
		柔性管道		10~40	3~5	—
3	临近建筑位移			10~60	1~3	—
4	裂缝宽度	建筑		1.5~3.0	持续发展	—
		地面		10~15	持续发展	—

注：建筑整体倾斜度累计达到2/1000或倾斜速度连续3天大于0.0001H/d（H为建筑承重结构高度）时应报警。

思考与练习题

1. 基坑降水的作用是什么？

2. 基坑降水常用的方法有哪些？每种方法的适用条件是什么？

3. 轻型井点降水、管井井点降水、喷射井点降水的工作原理分别是什么？怎样进行井点布置？

4. 什么是电渗井点降水？电渗井点安装的要求有哪些？

5. 常用井点降水的设计内容和步骤有哪些？

6. 井点回灌技术有哪些？各有什么特点？

7. 减少降水不利沉降的措施有哪些？

8. 基坑监测频率应满足什么条件？

第6章 挡土墙支护设计与计算

6.1 概　述

　　挡土墙(或挡土结构)是用来支撑、加固和保护(填土或山坡)土体,保证其稳定和环境安全的一种建筑物,主要用于承受土体侧向土压力。在铁路、公路等路基工程中,挡土结构被广泛应用于稳定路堤、路堑、隧道洞口及桥梁两端的路基边坡等;在水利、矿场和房屋建筑等工程中,挡土结构主要用于加固山坡、基坑边坡和河流岸壁。当上述工程或其他岩土工程遇到滑坡、崩塌、岩堆体、落石、泥石流等不良地质灾害时,挡土结构主要用于加固或拦挡不良地质体。当建筑工程中遇到高填深挖或大填大挖路段时,挡土墙主要用于减少填挖方量和降低边坡高度;挡土墙也可用于沿河浸水路段,以保护并稳定边坡,降低填方对水流的影响。

　　挡土墙的设计内容主要包括:确定挡土墙的类型、材料、平面位置、长度、断面形式及尺寸(挡土墙的高度和宽度),挡土墙的稳定性验算(包括抗倾覆稳定性验算、抗滑移稳定性验算、整体滑动稳定性验算、地基承载力验算、墙身材料强度验算等),同时应满足相关的构造和措施要求。本章将着重介绍重力式、薄壁式和加筋挡土墙等设计。

　　挡土墙各部分名称图如图 6-1 所示。在挡土墙横断面中,与被支承土体直接接触的部位称为墙背;与墙背相对的、临空的部位称为墙面;与地基直接接触的部位称为基底(包括墙趾和墙踵);与基底相对的,墙的顶面称为墙顶;基底的前端称为墙趾;基底的后端称为墙踵;墙背与铅垂线的交角为墙背倾角。

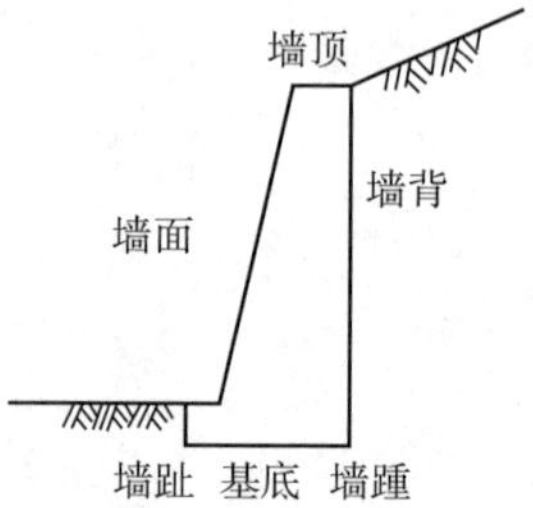

图 6-1　挡土墙各部分名称图

6.1.1　挡土墙的基本类型

　　挡土结构类型划分方法有很多,可按支挡结构的材料、结构形式、设置位置等进行分类。按建筑材料不同,挡土结构类型可分为浆砌片石支挡结构、混凝土支挡结构(如混凝土挡土墙、桩板墙、抗滑桩等)、土工合成材料支挡结构(如加筋土挡土墙)、复合型支挡结构(如卸荷板式或托盘式挡土墙、土钉墙、预应力锚索、锚索桩等)。

　　按结构形式,挡土墙可分为重力式挡土墙、悬臂式挡土墙、扶壁式挡土墙、加筋土挡土墙、锚定板挡土墙、抗滑桩和由此演变而来的桩板式挡土墙、锚杆挡土墙、土钉墙、预应力锚索加固技术和由此发展而来的锚索桩等锚索复合结构、桩基托梁挡土墙等。挡土墙的 4 种基本类型如图 6-2 所示。

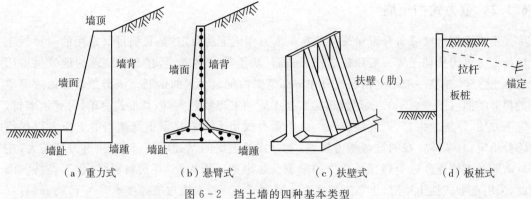

図 6-2　挡土墙的四种基本类型

（a）重力式　　　（b）悬臂式　　　（c）扶壁式　　　（d）板桩式

按设置支挡结构的地区条件,挡土墙可分为一般地区挡土墙、地震地区挡土墙、浸水地区挡土墙,以及不良地质地区挡土墙和特殊岩土地区挡土墙等。

按支挡结构设置的位置,可分为用于稳定路堑边坡的路堑墙;用于稳定路堤边坡的路堤墙与路肩墙;用于稳定建筑物旁的陡峻边坡减少挖方的边坡挡土墙;用于稳定滑坡、岩堆等不良地质体的抗滑挡土墙;用于加固河岸、基坑边坡、拦挡落石等其他特殊部位的挡土墙(图 6-3)。

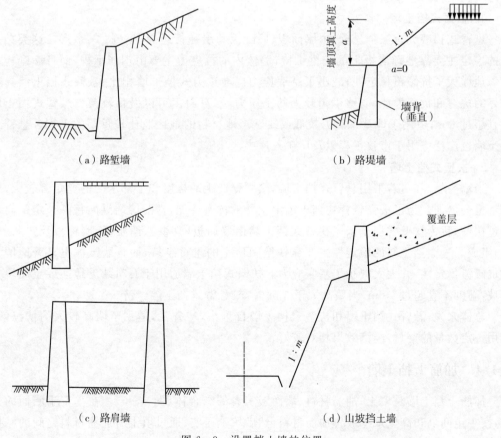

（a）路堑墙　　　　　　　　　　（b）路堤墙

（c）路肩墙　　　　　　　　　　（d）山坡挡土墙

图 6-3　设置挡土墙的位置

6.1.2　重力式挡土墙

重力式挡土墙靠自身重量维持其在土压力作用下的稳定,是我国目前常用的一种挡土墙类型。重力式挡土墙一般用砖、块石、条石、灰土等材料砌筑,在石料缺乏的地区也可用混凝土修建,并且一般不配钢筋或只在局部范围内配以少量的钢筋。该类挡墙常做成简单的梯形断面[(图6-2(a)]。尽管重力式挡土墙的工程量较大,但其形式简单,可就地取材,施工方便,经济效果好,适应性较强。由于重力式挡土墙靠自重平衡侧向的土压力以保持墙身稳定,且墙体本身的抗弯能力较差,重力式挡土墙的基础底面、体积和重力都偏大,在软弱地基上修建往往受到其承载力的限制。如果挡土墙太高,耗费材料多,也不经济。因此,采用重力式挡土墙时,土质边坡高度不宜大于10 m,岩质边坡高度不宜大于12 m;对变形有严格要求或开挖土石方危及边坡稳定的边坡不宜采用,开挖土石方危及相邻建筑物安全的边坡不应采用。当地基较好,挡土墙高度不大,本地又有可用石料时,应首选重力式挡土墙。

6.1.3　薄壁式挡土墙

薄壁式挡土墙包括悬臂式和扶壁式两种形式,适用于地震地区和地基承载力较低的填方边坡工程[图6-2(b)和6-2(c)]。

1. 悬臂式挡土墙

悬臂式挡墙具有三个悬臂,由墙面板、墙趾板和墙踵板组成,呈倒"T"字形。这类挡土墙的稳定主要靠墙踵底板上的土重维持,墙体内的拉应力主要由钢筋承担,而且墙趾板也显著地增大了抗倾覆稳定性,减小了基底应力。与重力式挡土墙相比,悬臂式挡土墙具有较好的抗弯和抗剪性能,能够承担较大的土压力,墙身断面可以做得较薄。悬臂式挡土墙不宜超过6 m,适用于地基承载力较低或缺乏当地材料的地区及比较重要的工程。悬臂式挡土墙也广泛应用于市政工程以及厂矿贮库中。

2. 扶壁式挡土墙

当墙身较高时,若采用悬臂式挡土墙,则立臂产生的挠度和下部承受的弯矩都较大,用钢量也会增加。为了增强悬臂式挡土墙中立臂的抗弯性能,常沿墙的纵向每隔一定距离设一道扶壁,称为扶壁式挡土墙。扶壁式挡土墙由墙面板(立壁)、墙趾板、墙踵板及扶肋(扶壁)组成。这类挡土墙的稳定性主要靠扶壁间填土的土重维持,而且墙趾板也显著地增大了抗倾覆稳定性,并大大减小了基底应力。扶壁式挡土墙适用于石料缺乏地区或土质填方边坡,高度不宜超过10 m,当墙高大于6 m时,较悬臂式挡土墙经济。

总体来说,悬臂式挡土墙和扶壁式挡土墙自重小,均省工,适用于墙高较大的情况,需使用一定数量的钢材,经济效果相对较好。

6.1.4　加筋土挡土墙

加筋土挡土墙是填土、加筋材料、墙面板三者的结合体(图6-5)。在垂直于墙面的方向,按一定间隔和高度水平放置加筋材料,然后填土压实,通过填土与加筋材料之间的摩擦作用稳定土体,加筋的主要作用是提高土的内摩擦角。加筋土挡土墙属柔性结构,对地基变形适应性大,可以做得较高。它对地基承载力要求低,可在软弱地基上建造。加筋土挡土墙具有结构简单,施工方便,占地面积小,造价较低等优点。

加筋土挡土墙一般适用于支挡填土工程,在公路、铁路、码头、煤矿等工程中应用较多。加筋挡土墙适用于一般地区和地震地区,可设置于路肩和路堤边坡,单级高度不宜大于 10 m。加筋材料宜采用土工格栅等土工合成材料。加筋体中填土一般为砂类土、砾石类土、碎石类土。面板可采用整体式刚性面板、复合式刚性面板、板块式面板或模块式面板。筋材之间连接或筋材与墙面板连接时,连接强度不应低于设计强度。

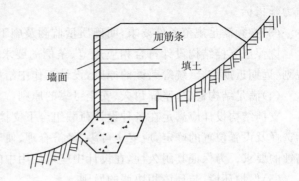

图 6-5　加筋土挡土墙示意图

6.1.5　挡土墙结构的荷载

挡土墙结构的荷载分为主力、附加力和特殊力。主力包括支挡结构承受的岩土侧压力或滑坡推力;支挡结构重力及结构顶面承受的恒载;轨道、列车、汽车、房屋等荷载产生的侧压力;结构基底的法向反力及摩擦力;常水位时静水压力及浮力(常水位指每年大部分时间保持的水位)。附加力主要包括设计水位的静水压力和浮力;水位退落时的动水压力;波浪压力;冻涨力和冰压力(不与波浪压力同时计算)。特殊力主要包括地震作用力(洪水与地震不同时考虑);施工荷载及临时荷载;其他特殊力。作用在支挡结构上的力系一般只考虑主力的影响,在浸水和地震等特殊情况下应增加浮力和地震力的作用。

6.1.6　支挡结构设计的基本原则

(1)必须满足足够的承载能力

为保证支挡结构安全正常使用,必须满足承载能力极限状态和正常使用极限状态。

对支挡结构均应进行承载能力极限状态的计算,计算内容应包括:根据支挡结构形式及受力特点进行土体稳定性计算。

① 稳定性验算通常包括:支挡结构的整体稳定性验算即保证结构不会沿墙底地基中某一滑动面产生整体滑动;支挡结构抗倾覆稳定性验算;支挡结构抗滑移验算;支护结构抗隆起稳定性验算;支挡结构抗渗流验算。

② 支挡结构的受压、受弯、受剪、受拉承载力计算。

③ 当有锚杆或支撑时,应对其进行承载力计算和稳定性验算。

支挡结构均应进行正常使用极限状态的计算,计算内容包括:支挡结构周围环境有严格要求时,应对结构的变形进行计算;对钢筋混凝土构件的抗裂缝宽度进行计算。

(2)必须综合分析各种因素,满足工程的用途

应根据工程用途的要求、地形及地质等条件,综合考虑以确定支挡结构的平面布置及其高度,应认真分析地形、地质、填土性质、荷载条件,根据当地的材料供应及现场地区技

术、经济各种条件,确定支挡结构类型及截面尺寸。必须查明土体和地基的工程地质、水文地质条件,获取必要的岩土物理力学参数。支挡工程的基础部分,尤其是抗滑桩及预应力锚索的锚固段,应有足够的勘探资料以提供准确的地基基础,应有锚固段位置(深度)和岩土力学指标。

(3)必须满足规范条件要求,明确质量监测及施工监控的原则

应保证支挡结构设计符合相应规范、条例的要求。应贯彻国家技术经济政策,按全面规划、远期近期结合、统筹兼顾的原则,设计工作中给出质量监测及施工监控的要求。

(4)满足结构稳定、坚固耐久、安全可靠的原则

支挡结构设计应满足在各种设计荷载组合下支挡结构的稳定、坚固和耐久。结构类型的选择及设置位置的确定,应安全可靠、经济合理、便于施工养护,结构材料应符合耐久、耐腐蚀的要求。为保证其耐久性,在设计中应对使用中的维修给出相关规定。

(5)保护环境,与环境相协调的原则

在设计中应使支挡结构与环境协调,符合国家环保及其他有关规定,有条件时应首先采用绿色防护工程。

6.2　重力式挡土墙设计

6.2.1　概述

重力式挡土墙按墙背的倾斜情况可分为俯斜[图6-6(a)]、垂直[图6-6(b)]和仰斜[图6-6(c)]3种形式。墙背向外侧倾斜时称为俯斜,墙背向填土一侧倾斜时称为仰斜,墙背垂直时称为垂直。对仰斜、垂直和俯斜3种不同形式的墙背所受的土压力进行分析,在墙高和墙后填料等条件相同时,仰斜墙背所受的土压力为最小,垂直墙背次之,俯斜墙背较大,就墙背所受的土压力而言,仰斜式较为合理,设计时应优先考虑,其次是垂直式。3种挡墙形式中仰斜式的墙身断面较经济。

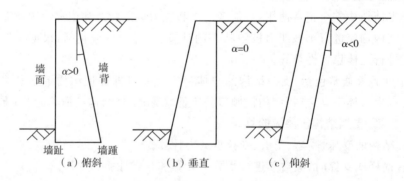

图6-6　重力式挡土墙示意图

6.2.2　重力式挡土墙的构造

重力式挡土墙的构造必须满足其强度和稳定性的要求,同时应考虑就地取材、结构合

理、断面经济、施工养护方便与安全等因素。常用的重力式挡土墙一般由墙身、基础、排水设施和伸缩缝等部分组成。

1. 墙身构造

(1)挡土墙的墙背

重力式挡土墙当墙背只有单一坡度时,称为直线形墙背。直线形墙背可做成俯斜、仰斜、垂直3种。对于挖方而言,仰斜墙背可以和开挖的临时边坡紧密贴合,而俯斜式则必须在墙背进行回填土。因此,仰斜比俯斜合理。对于填方而言,仰斜墙背填土的压实较俯斜式困难,此时俯斜墙背与垂直墙背较为合理。

墙前地势较为平坦时,采用仰斜墙较为合理。墙前地势较陡时,采用垂直墙背较为合理。若采用仰斜墙背,墙面坡较缓,会使墙身加高,砌筑工程量增加,而采用俯斜墙背则会使墙背承受的土压力增大。总之,应根据使用要求、受力情况、地形地貌和施工条件综合考虑确定墙背形式。

重力式挡土墙若墙背多于一个坡度,则称为折线形墙背。折线形墙背有凸形折线墙背和衡重式墙背两种,如图6-7所示。凸形折线墙背系将仰斜式挡土墙的上部墙背改为俯斜,以缩小上部断面尺寸,所以断面较为经济,多用于路堑墙,也可用于路肩墙。

衡重式墙背可视为在凸形折线式墙背的上下墙之间设一衡重台,并采用陡直的墙面(1:0.05),衡重式挡土墙上墙与下墙的高度之比,一般采用2:3。适用于山区地形陡峻处的路肩墙和路堤墙,也可用于路堑墙(开挖面较大)。

重力式挡土墙的仰斜墙背坡度一般采用1:0.25,不宜缓于1:0.30;俯斜墙背坡度一般为1:0.25~1:0.40;衡重式或凸形折线式挡土墙下墙墙背坡度多采用1:0.25~1:0.30仰斜,上墙墙背坡度受墙身强度控制,根据上墙高度,采用1:0.25~1:0.45俯斜。

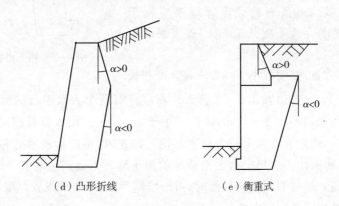

(d)凸形折线　　　　　(e)衡重式

图6-7　折线形墙背

在地面横坡陡峻时,俯斜式挡土墙可采用陡直墙面,以降低墙高。墙背也可做成台阶形,以增加墙背与填料间的摩擦力。

(2)挡土墙的墙面

重力式挡土墙的墙面一般为直线形,其坡度应与墙背坡度相协调。同时还应考虑墙趾处的地面横坡,在地面横向倾斜时,墙面坡度影响挡土墙的高度,横向坡度越大影响越大。因此,地面横坡较陡时,墙面坡度一般为1:0.05~1:0.20,矮墙时也可采用直立;地面横坡平缓时,墙面可适当放缓,但一般不缓于1:0.35。

(3)挡土墙的墙顶

重力式挡土墙可采用浆砌或干砌圬工。块石或条石挡墙的墙顶顶宽不宜小于0.4 m,毛石混凝土、素混凝土挡墙的墙顶宽度不宜小于0.2 m。干砌挡土墙的高度一般不宜大于6 m。路肩挡土墙墙顶应以粗料石或C15混凝土做帽石,其厚度不得小于0.4 m。若不做帽石或为路堤墙和路堑墙,应选用大块片石并置于墙顶并用砂浆抹平。

(4)挡土墙的墙底

重力式挡土墙的墙底宽由地基承载力和整体稳定性确定。重力式挡土墙的墙底做成逆坡可增加挡墙稳定性,也可以直接做成水平墙底。若墙底逆坡,坡度过大,将导致墙踵陷入地基中,为保证挡墙整体稳定性,对于土质地基,基底逆坡坡度不宜大于1:10;对于岩质地基,基底逆坡坡度不宜大于1:5。在选定了墙背及坡度、墙顶宽度,初定墙底宽度后,最终墙底宽度应根据计算确定。

(5)护栏

为保证行车安全,增加驾驶员心理上的安全感,在地形险峻地段的路肩墙,或墙顶高出地面6 m以上且连续长度大于20 m的路肩墙,或弯道处的路肩墙的墙顶应设置护栏等防护设施。护栏分墙式和柱式两种,所采用的材料,护栏高度、宽度,视实际需要而定。护栏内侧边缘距路面边缘的距离,应满足路肩最小宽度的要求。挡土墙护栏示意图如图6-8所示。

(6)墙身材料

重力式挡土墙材料可使用浆砌块石、条石、毛石混凝土或素混凝土,所用的砖石及混凝土材料,应质地均匀,并具有耐风化和抗侵蚀性能,在冰冻地区还应具有耐冻性。块石、条石的强度等级不应低于MU30;混凝土强度等级不应低于C15,砂浆强度等级不应低于M5.0。

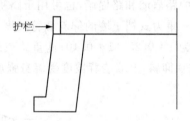

图6-8 挡土墙护栏示意图

块石应大致方正,厚度不小于0.15 m,宽度和长度为相应厚度的1.5~2倍和1.5~3倍。片石应具有两个大致平行的面,厚度不应小于0.15 m,其中一条长边不小于0.3 m,体积不小于0.01 m³。用大卵石砌筑时,石料应经过选择,并剖开凿毛,使之具有两个较大的平行面。砌筑时,不应形成通缝和过大的三角缝,砂浆须饱满。但砖砌体不应用于盐渍土地区的挡土墙。干砌挡土墙墙高时最好采用块石砌筑,在墙身超高6 m或石料质量较低时,可沿墙高每隔3~4 m设置厚度不小于0.5 m的砂浆水平层,以增加墙身的稳定性。

2. 基础

地基不良和基础处理不当,往往引起挡土墙的破坏,因此,应重视挡土墙的基础设计。基础设计的程序:首先应对地基的地质条件做详细调查,必要时须做挖探或钻探,然后再确定基础类型与埋置深度。

(1)基础类型

挡土墙大多数是直接砌筑在天然地基上的浅基础。当地基承载力不足且墙趾处地形平坦时,为减少基底应力和增加抗倾覆稳定性,常常采用扩大基础,将墙趾部分加宽成台阶

（路堑墙），或者将墙趾、墙踵同时加宽（路堤或路肩墙），以加大承压面积。加宽宽度视基底应力需要减少的程度和加宽后的合力偏心距的大小而定，一般不小于 0.2 m。台阶高度按基础材料的刚性角的要求确定，对于砖、片石、块石、粗料石砌体，当用低于 5 号的砂浆砌筑时，刚性角应不大于 35°；对混凝土砌体，应不大于 40°。

当地基压应力超过地基承载力过高时，需要的加宽值较大，为避免加宽部分的台阶过高，可采用钢筋混凝土底板基础，其厚度由剪力和主拉应力控制。

当挡土墙修筑在陡坡上，而地基为稳定的坚硬岩石时，为减少基坑开挖量，可采用台阶形基础。台阶的高宽比应不大于 2：1，台阶宽度不宜小于 0.5 m，最下一个台阶的宽度应满足偏心距的有关规定，并不宜小于 1.5 m。

若地基有短段缺口（如深沟等）或挖基困难（如局部地段地基软弱等），可采用拱形基础，以石砌拱圈跨过，再在其上砌筑墙身。但应注意土压力不宜过大，以免横向推力导致拱圈开裂，设计时应对拱圈予以验算。

当地基为软弱土层时，如淤泥、软黏土等，可采用砂砾、碎石、矿渣或石灰土等材料予以换填，以扩散基底压应力，使之均匀地传递到下卧软弱土层中。

（2）基础埋置深度

重力式挡土墙的基础埋置深度，应根据地基稳定性、地基承载力、冻结深度、水流冲刷情况及岩石风化程度等因素确定。在土质地基中，基础最小埋置深度不宜小于 0.50 m，在岩质地基中，基础最小埋置深度不宜小于 0.30 m。基础埋置深度应从坡脚排水沟底算起。受水流冲刷时，埋深应从预计冲刷底面算起。

对于稳定斜坡地面基础埋置，可根据地基的地质情况、斜坡坡度等综合确定其距斜坡地面水平距离的上、下限值。对较完整的硬质岩，节理不发育、微风化的、坡度较缓的可取上限值 0.6 m；节理发育的、坡度较陡时可取下限值 1.5 m；对岩石单轴抗压强度在 15～30 MPa 的岩石，可根据具体环境情况取中间值。

设置在土质地基上的挡土墙，基底埋置深度应符合下列要求：

① 无冲刷时，一般应在天然地面下不小于 1.0 m。

② 有冲刷时，应在冲刷线下不小于 1.0 m。

③ 受冻胀影响时，应在冰冻线以下不小于 0.25 m。对非冻胀土层中的基础，如岩石、卵石、砾石、中砂或粗砂等，埋置深度可不受冻深的限制。

挡土墙基础设置在岩石上时，应清除表面风化层；当风化层较厚难以全部清除时，可根据地基的风化程度及其相应的容许承载力将基底埋在风化层中。位于稳定斜坡地面的重力式挡墙，其墙趾最小埋入深度和距斜坡面的最小水平距离应符合表 6-1 中的规定。

表 6-1 斜坡地面墙趾最小埋入深度和距斜坡地面的最小水平距离 （单位：m）

地基情况	最小埋入深度	距斜坡地面的最小水平距离
硬质岩石	0.6	0.6～1.50
软质岩石	1.00	1.50～3.00
土质	1.00	3.00

注：硬质岩石指单轴抗压强度大于 30 MPa 的岩石，软质岩石指单轴抗压强度小于 15 MPa 的岩石。

3. 排水设施

挡土墙的排水处理是否得当,直接影响挡土墙的安全及使用效果。挡土墙应设置排水设施,以疏干墙后坡料中的水分,防止地表水下渗造成墙后积水,从而使墙身免受额外的静水压力,消除黏性土填料因含水量增加产生的膨胀压力,减少季节性冰冻地区填料的冻胀压力。

挡土墙的排水设施通常由地面排水和墙身排水两部分组成。

地面排水可设置地面排水沟等引排地面水;夯实回填土顶面和地面松土,防止雨水和地面水下渗,必要时可加设铺砌;对路堑挡土墙墙趾前的边沟应予以铺砌加固,以防止边沟水渗入基础。

墙身排水主要是为了迅速排除墙后积水。对于浆砌挡土墙,应根据渗水量在墙身的适当高度处布置泄水孔。泄水孔尺寸可视泄水量大小分别采用 5 cm×10 cm、10 cm×10 cm、15 cm×20 cm 的方孔,或直径 5~10 cm 的圆孔。泄水孔间距一般为 2~3 m,上下交错设置。最下排泄水孔的底部应高出墙趾前土层 0.3 m;当为路堑墙时,出水口应高出边沟水位 0.3 m;若为浸水挡土墙,则应高出常水位以上 0.3 m,以避免墙外水流倒灌。为防止水分渗入地基,在最下一排泄水孔的底部应设置 30 cm 厚的黏土隔水层。

在泄水孔进口处应设置粗粒料反滤层,以避免堵塞孔道。当墙背填土透水性不良或有冻胀可能时,应在墙后最低一排泄水孔到墙顶 0.5 m 之间设置厚度不小于 0.3 m 的砂、卵石排水层或采用土工布,干砌挡土墙墙身透水可不设泄水孔。

4. 沉降缝和伸缩缝

为了防止因地基不均匀沉降而引起墙身开裂,应根据地基的地质条件及墙高、墙身断面的变化情况设置沉降缝。

为了防止砌体结构因砂浆硬化收缩和温度变化而产生裂缝,必须设置伸缩缝。工程中通常把沉降缝与伸缩缝合并在一起,统称沉降伸缩缝或变形缝。沉降伸缩缝的间距按实际情况而定,对于非岩石地基,宜每隔 10~15 m 设置一道沉降伸缩缝;对于岩石地基,可适当增大其沉降伸缩缝间距。沉降伸缩缝的缝宽一般为 20~30 mm。浆砌挡土墙的沉降伸缩缝内可用胶泥填塞,但在渗水量大、冻害严重的地区,宜用沥青麻筋或沥青木板等材料,沿墙内、外顶三边填塞,填塞深度不应小于 150 mm,当墙背为填石且冻害不严重时,可仅留空隙,不嵌填料。对于干砌挡土墙,沉降伸缩缝两侧应选平整石料砌筑,使其形成垂直通缝。

6.2.3　重力式挡土墙的布置

挡土墙的布置是挡土墙设计的一个重要内容,通常在路基横断面图和墙趾纵断面图上进行。布置前应现场核对路基横断面图,不满足要求时应补测,并测绘墙趾处的纵断面图,收集墙趾处的地质和水文等资料。

1. 横向布置

横向布置主要是在路基横断面图上进行,其内容有选择挡土墙的位置、确定断面形式、绘制挡土墙横断面图等。

路堑挡土墙,大多设置在边沟的外侧。路肩墙应保证路基宽度布设。路堤墙应与路肩墙进行技术经济比较,以确定墙的合理位置。

不论是路堤墙,还是路肩墙,当地形陡峻时,可采用俯斜式或衡重式;地形平坦时,则可采用仰斜式。对路堑墙来说,宜采用仰斜式或折线式(在工程实际中,一般路肩墙用衡重式,路堤墙用俯斜式,路堑墙用仰斜式)。

挡土墙横断面图的绘制,选择在起讫点、墙高最大处、墙身断面或基础形式变异处,以及其他必须桩号处的横断面图上进行。根据墙身形式、墙高和地基与填料的物理力学指标等设计资料,进行设计(须提供计算书)或套用标准图(非国家标准图集要提供计算书),确定墙身断面尺寸,基础形式和埋置深度,布置排水设施,指定墙背填料的类型等。

2. 纵向布置

纵向布置主要在墙趾纵断面图上进行,布置后绘制挡土墙正面图。

(1)确定挡土墙的起讫点和墙长,选择挡土墙与路基或其他结构物的连接方式。

路肩墙与路堑连接应嵌入路堑中2~3 m;与路堤连接采用锥坡和路堤衔接;与桥台连接时,为了防止墙后回填土从桥台尾端与挡土墙连接处的空隙中溜出,应在台尾与挡土墙之间设置隔墙及接头墙。路堑墙在隧道洞口应结合隧道洞门、翼墙的设置情况平顺衔接;与路堑边坡衔接时,一般将墙顶逐渐降低到2 m以下,使边坡坡脚不至于伸入边沟内,有时也可用横向端墙连接。

(2)按地基及地形情况进行分段,布置沉降伸缩缝的位置。

(3)布置各段挡土墙的基础。

当沿挡土墙长度方向有纵坡时,挡土墙的纵向基底宜做成不大于5%的纵坡。当墙趾地面纵坡不超过5%时,基底可按此纵坡布置;若大于5%时,应在纵向挖成台阶,台阶的尺寸随地形而变化,但其高宽比不宜大于1:2。当地基为岩石时,纵坡虽不大于5%,为减少开挖,也可在纵向做成台阶。

(4)布置泄水孔和护栏(护桩或护墙)的位置,包括数量、尺寸和间距。

(5)标注各特征断面的桩号及墙顶、基础、基底、冲刷线、冰冻线或设计洪水位的标高等。

3. 平面布置

对于个别复杂的挡土墙,如高、长的沿河挡土墙和曲线路段的挡土墙,除横、纵向布置外,还应进行平面布置,并绘制平面布置图。

在平面图上,应标示挡土墙与路线平面位置的关系,与挡土墙有关的地物、地貌等情况,沿河挡土墙还应标示河道及水流方向,以及其他防护、加固工程等。

在挡土墙设计图纸上,应附有简要说明,说明选用挡土墙设计参数的依据,主要工程数量,对材料和施工的要求及注意事项等,以便于指导施工。

6.2.4 重力式挡土墙设计计算

当挡土墙的位置、墙高和截面形式确定后,挡土墙的截面尺寸可通过试算的方法确定,其程序如下:

(1)根据经验或标准图,初步拟定断面尺寸。

(2)计算侧向土压力。

(3)进行稳定性验算和基底应力与偏心距验算。

(4)当验算结果满足要求时,初拟断面尺寸可作为设计尺寸;当验算结果不能满足要求时,采取适当的措施使其满足要求,或重新拟定断面尺寸,重新计算,直至满足要求。

1. 挡墙截面尺寸的拟定

选择一个合理的墙型对挡墙设计具有重要的意义,同时也是一个比较复杂的问题。对于公路上常用的重力式挡墙,建议按以下几点选用。

(1)使墙后土压力最小

经计算表明,相同条件下,仰斜式挡土墙的主动土压力最小,俯斜式挡土墙的主动土压力最大,垂直式挡土墙土压力介于两者之间,因此仰斜式挡土墙较为合理。

(2)填挖方的要求

① 挖方:仰斜式挡土墙墙背可与开挖的临时边坡紧密贴合,开挖量少,回填量也少,比较经济合理。凸形折线式也比较合理。

② 填方:仰斜式挡土墙虽然承受主动土压力小,但墙背填土的压实比俯斜式、垂直式挡土墙墙背困难,且自身稳定性在填土前也比俯斜、垂直式差。

(3)墙前地形的陡缓

① 墙前地形较平坦时,用仰斜式挡土墙较合理。

② 墙前地形陡峭时,用衡重式或垂直式挡墙较为合理。因采用仰斜式时墙面坡度较缓会使墙身较高,圬工数量增加;用俯斜式时会使墙后土压力增大。

(4)基底内倾

在增大墙身抗滑稳定性的方法中,将基底做成逆坡是一种有效的方法,土质地基的基底倾坡不宜大于 0.1:1,岩石地基一般不宜大于 0.2:1。

(5)墙趾加宽

当墙身高度超过一定限度时,基底压应力往往是控制截面尺寸的重要因素。为使基底压应力不超过地基承载力,可加墙趾台阶,并且这对于挡墙的抗滑和抗倾覆稳定性也是有利的。

2. 库仑主动土压力计算

挡土墙是支挡土体的结构物,它的断面尺寸与稳定性主要取决于土压力,对于路基挡土墙来说都可能向外移动或倾覆,墙背受到的土压力为主动土压力。对于墙趾前土体的被动土压力(墙前土的反推力),为偏于安全,往往略去不计。

挡土墙承受的主动土压力按库仑理论计算。当土质边坡采用重力式挡土墙高度小于 5 m 时,各种边界条件下的库仑主动土压力计算公式在第 2 章已经进行了详细介绍,本章不再赘述。当土质边坡采用重力式挡土墙高度不小于 5 m 时,主动土压力宜乘以增大系数确定。挡墙高度 5~8 m 时,增大系数宜取 1.1;挡墙高度大于 8 m 时,增大系数宜取 1.2。

3. 进行稳定性验算和基底应力与偏心距验算

挡土墙是用来承受土体侧压力的构造物,它应具有足够的强度和稳定性。挡土墙可能的破坏形式有滑移、倾覆、不均匀沉陷和墙身断裂等。挡土墙的设计应保证在自重和外荷载作用下不发生全墙的滑动和倾覆,并保证墙身截面有足够的强度、基底应力小于地基承载力和偏心距不超过容许值。这就要求在拟定墙身断面形式及尺寸之后,对上述几方面进行验算。挡土墙验算方法有两种:一是采用总安全系数的容许应力法;二是采用分项安全系数的极限状态法。本章主要介绍容许应力验算法,对于极限状态法可参阅相关资料。

容许应力验算法的基本思路是将结构视为理想的弹性体,在荷载作用下结构的应力和应变不应超过规定的容许值。这种方法采用统一的安全系数(极限强度和容许强度的比值),总体上来说这种方法比较保守,也是目前比较常用的一种方法。

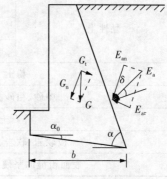

图 6-9 挡土墙抗滑移
稳定性验算简图

(1)稳定性验算

对于重力式挡土墙,墙的稳定性往往是设计中的控制因素。挡土墙的稳定性包括抗滑稳定性与抗倾覆稳定性两方面。

① 抗滑稳定性验算。

挡土墙的抗滑稳定性是指在土压力和其他外荷载的作用下,基底摩阻力抵抗挡土墙滑移的能力,用抗滑稳定系数 F_s 表示,即作用于挡土墙最大可能的抗滑力与实际滑动力之比,其验算简图如图 6-9 所示。一般情况下,有

$$F_s = \frac{(G_n + E_{an})f}{E_{ar} - G_\tau} \geq 1.3$$

$$G_n = G\cos\alpha_0$$

$$G_\tau = G\sin\alpha_0$$

$$E_{an} = E_a\cos(\alpha - \alpha_0 - \delta)$$

$$E_{ar} = E_a\sin(\alpha - \alpha_0 - \delta)$$

式中:F_s——挡墙抗滑稳定系数;

E_{an}——平等于基底方向的分力;

E_{ar}——垂直于基底方向的分力;

E_a——每延米主动岩土压力合力(kN/m);

G——挡墙每延米自重(kN/m);

α——墙背与墙底水平投影的夹角(°);

α_0——挡墙底面倾角(°);

δ——墙背与岩土的摩擦角(°),可按表 6-2 选用;

f——挡墙底与地基岩土体的摩擦系数,宜由试验确定,也可按表 6-3 选用。

表 6-2 土对挡土墙墙背的摩擦角 δ

挡土墙情况	摩擦角 δ
墙背平滑,排水不良	$(0.00\sim0.33)\varphi$
墙背粗糙,排水良好	$(0.33\sim0.50)\varphi$
墙背很粗糙,排水良好	$(0.50\sim0.67)\varphi$
墙背与填土间不可能滑动	$(0.67\sim1.00)\varphi$

注:φ 为土的内摩擦角。

表 6-3　基底摩擦系数

岩土类别		摩擦系数
黏性土	可塑	0.20~0.25
	硬塑	0.25~0.30
	坚硬	0.30~0.40
粉土		0.25~0.35
中砂、粗砂、砾砂		0.35~0.40
碎石土		0.40~0.50
极软岩、软岩、较软岩		0.40~0.60
表面粗糙的坚硬岩、较硬岩		0.65~0.75

当挡土墙抗滑稳定性不满足规范要求时,可设置倾斜基底。保持墙胸高度不变时,使墙踵下降高度 Δh,从而使基底具有向内倾斜的逆坡。与水平基底相比,可减小滑动力,增大抗滑力,增强挡土墙的抗滑稳定性。基底抗滑稳定性验算简图如图 6-10 所示。需要注意的是,由于墙踵下降了 Δh,计算土压力时墙高也应增加了 Δh,即计算墙高为

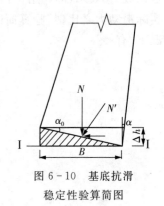

图 6-10　基底抗滑
稳定性验算简图

$$h' = H + \Delta h \qquad (6-1)$$

$$\Delta h = \frac{B\tan\alpha_0}{1 + \tan\alpha_0 \tan\alpha} \qquad (6-2)$$

式中: H ——挡墙高度(m);

　　　 B ——基底宽度(m);

　　　 α ——墙背倾角(°);

　　　 α_0 ——逆坡角度(°);

　　　 N' ——岩土压力合力(kN);

　　　 N ——岩土压力竖向分力(kN)

增加抗滑稳定性的另一种办法是采用凸榫基础,凸榫基础是在基础底面设置一个与基础连成整体的榫状凸块,利用榫前土体所产生的被动土压力以增加挡土墙抗滑稳定性,如图 6-11 所示。

凸榫的深度 h 根据抗滑的要求确定,凸榫的宽度 b_2 按截面(EF 截面的剪力和弯矩)的强度要求确定。

增加抗滑稳定性的措施还有:改善地基(如在黏性土地基上夯嵌碎石以增加基底摩擦系数);改变墙身断面形式等。但单纯的扩大断面尺寸收效不大,而且也不经济。

② 抗倾覆稳定性验算。

挡土墙的抗倾覆稳定性是指其抵抗墙身绕墙趾向外转动倾覆的能力,用抗倾覆稳定系数 F_T 表示,其值为对墙趾的稳定力矩之和与倾覆力矩之和之比,其验算简图如图 6-12 所

示。一般情况下,有

$$F_T = \frac{\sum M_y}{\sum M_0} \geqslant 1.6$$

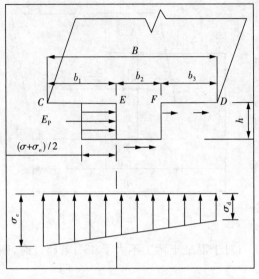

图 6-11 凸榫基础

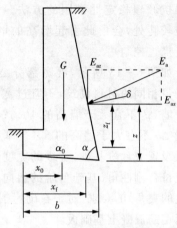

图 6-12 挡土墙抗倾覆
稳定性验算简图

其中,稳定力系对墙趾的总力矩为

$$\sum M_y = G \cdot x_0 + E_{az} \cdot x_f$$

倾覆力系对墙趾的总力矩为

$$\sum M_0 = E_{ax} \cdot z_f$$

$$E_{ax} = E_a \sin(\alpha - \delta)$$

$$E_{az} = E_a \cos(\alpha - \beta)$$

$$x_f = b - z\cot\alpha$$

$$z_f = z - b\tan\alpha_0$$

式中:E_{ax}—— 主动土压力 E_a 的水平分量;

E_{az}—— 主动土压力 E_a 的竖向分量;

G——挡土墙每延米自重(kN/m);

x_0——挡土墙重心离墙趾的水平距离;

α——墙背与墙底水平投影的夹角(°);

α_0——挡墙底面倾角(°);

δ——墙背与岩土的摩擦角(°);

x_f——主动土压力 E_a 作用点距墙趾的水平距离；

z_f——主动土压力 E_a 作用点距墙趾的高度；

b——基底的水平投影宽度；

z——主动土压力 E_a 作用点距墙踵的高度。

当挡土墙抗倾覆稳定性不满足规范要求时，可展宽墙趾。在墙趾处展宽基础可以增大稳定力矩的力臂（倾覆力矩不变），这是增强抗倾覆稳定性常用的方法。但在地面横坡较陡处，会由此引起墙高的增加（主要是受襟边控制）。

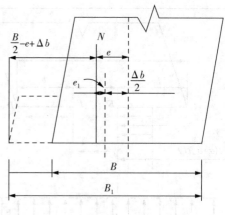

图 6 - 13　在墙趾处展宽基础

如图 6 - 13 所示，展宽部分 Δb 一般用与墙身相同的材料砌筑，不宜过宽。重力式挡土墙 Δb 不宜大于墙高的 10%；衡重式挡土墙 Δb 不宜大于墙高的 5%。基础展宽可分级设置成台阶基础，每级的宽度和高度关系应符合刚性角（基础台阶的斜向连线与竖直线的夹角）的要求，对于石砌圬工不大于 35°；对于混凝土圬工不大于 45°，若超过时，则应采用钢筋混凝土基础板。

增加抗倾覆稳定性的措施还有：改变墙背或墙面的坡度以减少土压力或增加稳定力臂；改变墙身形式，如改用衡重式、墙后增设卸荷平台或卸荷板。

（2）挡土墙基底应力及合力偏心距验算（地基承载力验算）

为了保证挡土墙的基底应力不超过地基的容许承载力，应进行基底应力验算，使挡土墙墙型结构合理，避免发生显著的不均匀沉陷，同时控制作用于挡土墙基底的合力偏心距。

若作用于基底合力的法向分力为 $\sum N$，它对墙趾的力臂为 Z_N，则有

$$Z_N = \frac{\sum M_y - \sum M_0}{\sum F} = \frac{GZ_G + E_y Z_y - E_x Z_x}{G + E_y} \qquad (6 - 3)$$

合力偏心距 e 为

$$e = \frac{B}{2} - Z_N \qquad (6 - 4)$$

基底合力的偏心距，土质地基不应大于 $B/10$，岩石地基不应大于 $B/4$。

基底两边缘点，即趾部和踵部的法向压应力按偏心受压公式计算，如图 6 - 14(a)所示。

$$p_{\min}^{\max} = \frac{\sum N}{A} \pm \frac{\sum M}{W} = \frac{G + E_y}{B}\left(1 \pm \frac{6e}{B}\right) \qquad (6 - 5)$$

式中：$\sum M$——各力对中性轴的力矩之和，$\sum M = \sum N \cdot e$；

W——基底截面模量,对单位延米的挡土墙,$W=\dfrac{B^2}{6}$;

A——基底截面面积,对单位延米的挡土墙,$A=B$。

基底压应力不得大于地基容许承载力$[\sigma]$,当考虑主要力系和附加力系组合时,地基承载力可提高20%。当按主要力系计算时,墙踵的基底压应力可超过地基的容许承载力,一般地区最大不超过30%。

当$e>B/6$时,基底墙踵将出现拉应力,对于一般地基与基础间是不能承受拉力的,这时按无拉应力的平衡条件重新分配压应力,重新分配的压应力合力作用在距墙趾为Z_N的三角形应力图的形心上,该应力图一边长为$3Z_N$。基底应力图形将由虚线图形变为实线图形,如图6-14(b)所示。根据力的平衡条件,有

$$\sum N=\frac{1}{2}\,p_{\max}\cdot 3\,Z_N \tag{6-6}$$

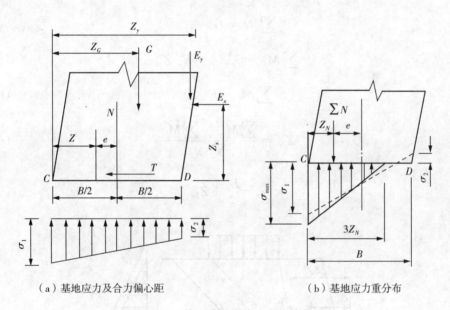

(a)基地应力及合力偏心距   (b)基地应力重分布

图 6-14 挡土墙基底偏心距验算简图

故基底最大压应力为

$$p_{\max}=\frac{2\sum N}{3\,Z_N} \tag{6-7}$$

当$e\leqslant B/6$时,用式(6-5)计算出的基底压力,或者当$e>B/6$时,用式(6-7)计算出的基底压力,应满足:$\dfrac{p_{\max}+p_{\min}}{2}\leqslant f_A$,且$p\leqslant 1.2f_a$($f_a$为修正后的地基承载力特征值),同时基底合力的偏心距应满足$e\leqslant b/4$,否则应重新设计计算。

(3)挡土墙墙身截面验算

通常选取一个或两个墙身截面进行验算,验算截面可选在基础顶面(襟边以上截面)、$1/2$墙高处、上下墙(凸形及衡重式墙)交界处等,如图6-15所示。

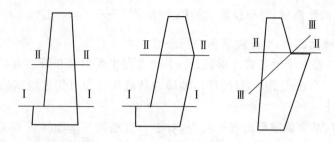

图 6-15 墙身截面

墙身截面强度验算包括法向应力和剪应力验算两大方面。

① 法向应力及偏心距验算。

如图 6-16 所示,若验算截面 I—I 的强度,从土压力强度分布图中可得到截面 I—I 以上的土压力 E_{xi} 和 E_{yi} 以及该截面以上的墙身自重 G_i,截面的宽度 B_i,则有

$$\sum N_i = G_i + E_{yi} \tag{6-8}$$

$$\sum M_{yi} = G_i Z_{Gi} + E_{yi} Z_{yi} \tag{6-9}$$

$$\sum M_{0i} = E_{xi} Z_{xi} \tag{6-10}$$

$$Z_{Ni} = \frac{\sum M_{yi} - \sum M_{0i}}{\sum N_i} \tag{6-11}$$

$$e_i = \frac{B_i}{2} - Z_{Ni} \tag{6-12}$$

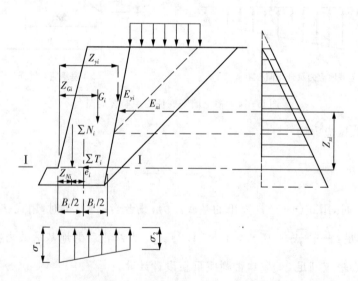

图 6-16 法向应力及偏心距验算

对于截面偏心距的要求:考虑主要组合时,$e_i \leqslant 0.3B_i$;考虑附加组合时,$e_i \leqslant 0.35B_i$,以

基坑与边坡工程

保证墙型的合理性。

截面两端边缘的法向应力为

$$\left.\begin{array}{c}\sigma_1\\\sigma_2\end{array}\right\} = \frac{\sum N}{B_i}\left(1 \pm \frac{6E_i}{B_i}\right)$$　　　　　　（6-13）

对于截面两端边缘的法向应力的要求：只考虑主要力系时，最大压应力和最大拉应力不得超过圬工的容许应力；考虑附加力系时，容许应力可提高 30%；干砌挡土墙不能承受拉应力。

② 剪应力验算

剪应力分水平剪应力和斜剪应力两种。重力式挡土墙只验算水平剪应力，而衡重式挡土墙还须进行斜截面剪应力的验算。

a. 水平方向剪应力验算：

对 Ⅰ—Ⅰ 截面的水平剪应力进行验算时，剪切面上的水平剪切力 $\sum T_i$ 等于 Ⅰ—Ⅰ 截面以上墙身所受水平土压力 $\sum E_{xi}$，则有

$$\tau_i = \frac{\sum T_i}{B_i} = \frac{\sum E_{xi}}{B_i} \leqslant [\tau]$$　　　　　　（6-14）

式中：$[\tau]$——圬工的容许剪应力（kPa）。

当墙身受拉力出现裂缝时，应折减裂缝区的面积。

b. 斜截面剪应力验算：

如图 6-17 所示，设衡重式挡土墙上墙底面沿倾斜方向 AB 被剪裂，剪裂面与水平面成 ε 角，剪裂面上的作用力是竖直分力 $\sum N$ 和水平分力 $\sum T$，则

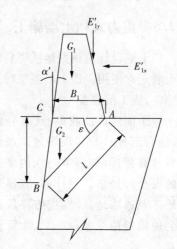

$$\sum N = E'_{1y} + G_1 + G_2$$　　　（6-15）

$$\sum T = E'_{1x}$$　　　（6-16）

式中：E'_{1x}——上墙土压力的水平分力（kN）；

　　　E'_{1y}——上墙土压力的竖直分力（kN）；

　　　G_1——上墙圬工重力（kN）；

　　　G_2——△ABC 上墙圬工重力（kN）。

图 6-17　斜截面剪应力验算

当 ε 角不同时，AB 面上的剪应力 τ 也不同，故 τ 是ε 的函数，即

$$\tau = \frac{p}{l}$$　　　　　　（6-17）

式中：p——剪裂面 AB 方向的切向分为（kN）；

　　　l——剪裂面的长度（m）。

$$p = \sum T\cos\varepsilon + \sum N\sin\varepsilon = E'_{1x}\cos\varepsilon + (E'_{1y} + G_1)\sin\varepsilon + \frac{1}{2}\gamma_h B_1^2 \frac{\tan\varepsilon\sin\varepsilon}{(1 - \tan\alpha'\tan\varepsilon)}$$

$$(6-18)$$

式中：γ_b——圬土的重度（kN/m³）。

$$l = \frac{B_1\tan\varepsilon}{\sin\varepsilon(1 - \tan\alpha'\tan\varepsilon)} \qquad (6-19)$$

将式(6-18)，式(6-19)代入式(6-17)，并令 $\tau_x = \dfrac{E'_{1x}}{B_1}$，$\tau_w = \dfrac{E'_{1y} + G_1}{B_1}$，$\tau_T = \dfrac{1}{2}\gamma_h B_1$，整理得

$$\tau = \cos^2\varepsilon\left[\tau_x(1 - \tan\alpha'\tan\varepsilon) + \tau_w\tan\varepsilon(1 - \tan\alpha'\tan\varepsilon) + \tau_T\tan^2\varepsilon\right] \qquad (6-20)$$

对式(6-20)微分，令 $\dfrac{\mathrm{d}\tau}{\mathrm{d}\varepsilon} = 0$，整理，得

$$\tan\varepsilon = -\eta \pm \sqrt{\eta^2 + 1} \qquad (6-21)$$

式中：$\eta = \dfrac{\tau_T - \tau_x - \tau_w\tan\alpha'}{\tau_x\tan\alpha' - \tau_w}$。

由式(6-21)解出 ε 角，代入(6-20)即可求得 AB 斜截面的最大剪应力 τ_{max}。若 $\tau_{max} \leqslant [\tau]$，则说明斜截面抗剪强度满足要求。

6.2.5 重力式挡土墙施工

挡土墙设计应根据地质资料综合考虑其结构类型、材料情况与施工条件等因素，保证挡土墙正常使用。挡土墙施工时，应注意以下事项。

（1）施工前准备

施工前应广泛收集、认真分析地形、地质、填料性质及荷载条件等资料。根据平面布置，结合当地经验和现场地质条件，参考同类或已建成的经验，初步选定挡土墙的尺寸。填料计算指标（如容重（γ）、内摩擦角（φ）与黏聚力（c）、墙背摩擦力（δ）等）直接关系挡土墙的安全和经济。设计前，宜通过试验确定，尽可能地取得准确的、符合实际的数值。多雨地区及冰冻地区，在挖方路段设置挡土墙时，应考虑到雨季、冻融季节土体含水量的增加会使填料内摩擦角（φ）大大降低，对挡土墙的稳定性影响很大，对此，设计、施工时均应注意。

（2）基础施工

基础是保证挡土墙安全、正常工作的一个重要部分，很多挡土墙的破坏是由基础设计不当而引起的。基础设计时，必须充分掌握地基的工程地质与水文地质条件，在安全、可靠、经济的条件下，确定基础类型、埋置深度及地基处理措施。在自然滑坡等地基上，尽量不设挡土墙；在岩层倾斜（滑向山坡外侧）、表层软弱、横坡较陡的岩层上设挡土墙时，应尽量少开挖，以免破坏岩层的天然稳定状态。地面横坡较大时，在较坚硬的岩石地段，可做成台阶状基础。

（3）防侵蚀工程

经常受侵蚀性环境水作用的挡土墙,应采用抗侵蚀的水泥砂浆砌筑或抗侵蚀的混凝土浇筑,否则应采取其他防护措施。沿河、滨湖、水库地区或在海岸附近的挡土墙,由于基底受水流冲刷成波浪侵袭,常导致墙身的整体破坏。因此,为防止基底被淘刷应注意加固与防护。

（4）填土工程

墙后填土应分层夯实,选料及其密实度均应满足设计要求,填料回填应在砌体或混凝土强度达到设计强度的 75% 以上后进行。当填方挡墙墙后地面的横坡坡度大于 1:6 时,应进行地面粗糙处理后再填土。

（5）排水工程

浸水挡土墙后应尽量采用渗水材料填筑,以便迅速宣泄积水,减少由于水位涨落引起的动水压力。重力式挡土墙在施工前应预先设置好排水系统,保持边坡和基坑坡面干燥。基坑开挖后,基坑内不应有积水,并应及时进行基础施工。

例 6 - 1 设计图 6 - 18 所示挡土墙。墙后填土为砂性土,其重度 $\gamma_1 = 18 \text{ kN/m}^3$,内摩擦角 $\varphi = 35°$,黏聚力 $c = 0$,填土与挡墙墙背的摩擦角 $\delta = 23.3°$,填土面与水平面夹角 $\beta = 18.43°$。挡土墙墙背的倾角 $\varepsilon = -14°$,基础底面与地基的摩擦系数 $f = 0.4$,基底面与水平面的夹角 $\alpha_0 = 11.31°$。挡土墙为 C15 毛石混凝土,其标准重度 $\gamma_c = 24 \text{ kN/m}^3$,地基承载力特征值 $f_a = 300 \text{ kPa}$。

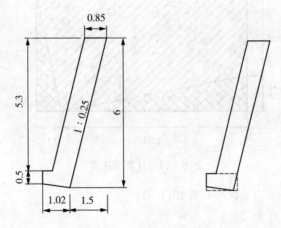

图 6 - 18 挡土墙尺寸图

解:（1）截面形式选择。

为减少土压力,选择了仰斜墙背。顶宽为 0.85 m,墙厚取等厚。为保证整体稳定,挡土墙底增加墙趾台阶,将基底做成倾斜面。根据底面确定墙高为 6 m,墙底宽为 1.02 m。

详细尺寸如图 6 - 18 所示。

（2）荷载计算。

$$K_a = \cfrac{\cos^2(\varphi - \varepsilon)}{\cos^2\varepsilon \cos(\delta + \varepsilon) \left[1 + \sqrt{\cfrac{\sin(\delta + \varphi)\sin(\varphi - \beta)}{\cos(\delta + \varepsilon)\cos(\varepsilon - \beta)}} \right]^2}$$

$$= \cfrac{\cos^2(35°+14°)}{\cos^2 14°\cos(23.3°-14°)\left[1+\sqrt{\cfrac{\sin(23.3°+35°)\sin(35°-18.43°)}{\cos(23.3°-14°)\cos(-14-18.43°)}}\right]^2}$$

$$= \cfrac{0.43}{0.941\times0.987\left[1+\sqrt{\cfrac{0.851\times0.285}{0.987\times0.844}}\right]^2}$$

$$\approx 0.195(\mathrm{kN})$$

每延米主动土压力合力为

$$E_a = \frac{1}{2}\gamma_1 h^2 K_a = \frac{1}{2}\times18\times6^2\times0.195 = 63.18(\mathrm{kN})$$

将挡土墙的自重划分为 4 部分计算,如图 6-19 所示。单位长度挡土墙自重为墙趾台阶以上的平行四边形的重力 G_{1k} 加上一矩形的重力 G_{2k}(图 6-19 中 135°斜纹矩形),再减去两个三角形的重力 G_{3k} 和 G_{4k}(图 6-19 中 45°斜纹三角形)。

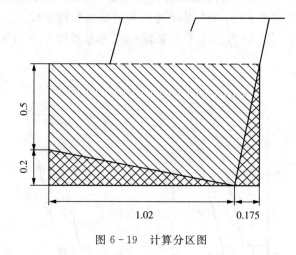

图 6-19　计算分区图

其中:$G_{1k} = 0.85\times5.3\times24 = 108.12(\mathrm{kN})$

G_{1k} 重心到墙趾距离为

$$x_1 = 1.02+0.175+0.24 \approx 1.44(\mathrm{m})$$

同理可得

$$G_{2k} = (0.5+0.2)\times(1.02+0.175)\times24 = 20.08(\mathrm{kN})$$

$$x_2 = \frac{1.02+0.175}{2} \approx 0.6(\mathrm{m})$$

$$G_{3k} = \frac{1.02\times0.2\times24}{2} \approx 2.45(\mathrm{kN})$$

$$x_3 = \frac{1.02}{3} \approx 0.34 \text{(m)}$$

$$G_{4k} = \frac{0.175 \times 0.7 \times 24}{2} = 1.47 \text{(kN)}$$

$$x_4 = 1.02 + 0.175 \times \frac{2}{3} \approx 1.14 \text{(m)}$$

$$G_k = G_{1k} + G_{2k} - G_{3k} - G_{4k} = 125 \text{(kN)}$$

(3)抗滑移稳定性验算。

每延米主动土压力引起垂直基底的法向力为

$$E_{an} = E_a \cdot \sin(\varepsilon + \delta + \alpha_0) = 63.18 \times \sin(-14° + 23.3° + 11.31°) \approx 22.24 \text{(kN)}$$

每延米主动土压力引起平行基底的切向力为

$$E_{at} = E_a \cdot \cos(\varepsilon + \delta + \alpha_0) = 63.18 \times \cos(-14° + 23.3° + 11.31°) = 59.14 \text{(kN)}$$

$$F_s = \frac{(G_k \cos\alpha_0 + E_{an})f}{E_{at} - G_k \sin\alpha_0} = \frac{(125 \times \cos 11.31° + 22.24) \times 0.4}{59.14 - 125 \times \sin 11.31°} = 1.67 > 1.3$$

F_s 满足要求。

按《砌体结构设计规范》(GB 50003—2011)中要求,验算稳定性时应满足

$$1 \times 1.2 \times E_{at} \leqslant 0.8 \times [(G_k \cos\alpha_0 + E_{an})f + G_k \sin\alpha_0]$$

不等式左边为 $1 \times 1.2 \times 59.14 \approx 71$

不等式右边为 $0.8 \times [(125 \times \cos 11.31° + 22.24) \times 0.4 + 125 \times \sin 11.31°] = 82.4$

$71 \leqslant 82.4$,满足要求。

(4)抗倾覆稳定性验算。

每延米土压力的水平分力为

$$E_{ax} = E_a \cdot \cos(\varepsilon + \delta) = 63.18 \times \cos(-14° + 23.3°) \approx 62.35 \text{(kN)}$$

水平分力作用点到墙趾点距离为

$$z_f = \frac{6}{3} - 0.2 = 1.8 \text{(m)}$$

每延米土压力的竖向分力为

$$E_{az} = E_a \cdot \sin(\varepsilon + \delta) = 63.18 \times \sin(-14° + 23.3°) = 10.21 \text{(kN)}$$

竖向分力作用点到墙趾点距离为

$$x_f = 1.02 + 2 \times 0.25 = 1.52 \text{(m)}$$

每延米抗倾覆力矩为

$$\sum M_y = G_{1k}x_1 + G_{2k}x_2 - G_{3k}x_3 - G_{4k}x_4 + E_{az}x_f$$

$$= 108.12 \times 1.44 + 20.08 \times 0.60 - 2.45 \times 0.34 - 1.47$$

$$\times 1.14 + 10.21 \times 1.52$$

$$= 165.23 + 15.52$$

$$= 180.75 (\text{kN} \cdot \text{m})$$

倾覆力矩 $\sum M_0 = E_{ax} \times z_f = 62.35 \times 1.8 = 112.23 (\text{kN} \cdot \text{m})$

$$F_T = \frac{\sum M_y}{\sum M_0} = 1.61 > 1.6, \text{满足要求。}$$

再根据《砌体结构设计规范》(GB 50003—2011)中的要求,对砌体结构验算整体稳定性时应满足

$$\gamma_0 \times 1.2 S_{G_{2k}} \leqslant 0.8 S_{G_{1k}}$$

式中: γ_0——结构重要性系数,本例中取 1;

$\quad S_{G_{1k}}$——起有利作用的永久荷载标准值的效应;

$\quad S_{G_{2k}}$——起不利作用的永久荷载标准值的效应。

$1.2 S_{G_{2k}} = 1.2 \times E_{ax} \times z_f = 1.2 \times 62.35 \times 1.8 \approx 134.7$

$0.8 S_{G_{1k}} = 0.8 \times (G_{1k}x_1 + G_{2k}x_2 - G_{3k}x_3 - G_{4k}x_4 + E_{az}x_f) = 144.6 > 134.7$, 满足要求。

(5)地基承载力验算。

合力在基底作用点离墙趾点的距离为

$$z_N = \frac{\sum M_y - \sum M_0}{\sum F} = \frac{180.75 - 112.23}{125 \times \cos 11.31° + 22.24} \approx 0.47 (\text{m})$$

偏心距

$$e = \frac{B}{2} - z_N = \frac{1.02}{2} - 0.47 = 0.04 < \frac{B}{4}$$

$$p_{\min}^{\max} = \frac{(G_K \cos\alpha_0 + E_{an})}{B}\left(1 \pm \frac{6e}{B}\right)$$

$$= \frac{(125 \times \cos 11.31° + 22.24)}{1.02}\left(1 \pm \frac{6 \times 0.04}{1.02}\right)$$

$$= \begin{cases} 175 (\text{kPa}) \\ 108 (\text{kPa}) \end{cases}$$

地基承载力满足要求。

6.3 薄壁式挡土墙设计

6.3.1 薄壁式挡土墙

薄壁式挡土墙是现浇钢筋混凝土结构,包括悬臂式和扶壁式两种主要形式。薄壁式挡土墙适用于地震地区和地基承载力较低的填方边坡工程。悬臂式墙高不宜大于 6 m,扶壁式墙高不宜大于 10 m,如图 6-20 所示。

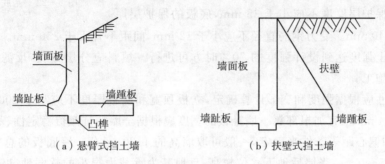

（a）悬臂式挡土墙　　　　　　　（b）扶壁式挡土墙

图 6-20　薄壁式挡土墙

悬臂式挡土墙有三个悬臂,即由墙面板、墙趾板和墙踵板组成。当墙身较高时,可沿墙长一定距离立肋板(扶壁)连接墙面板与墙踵板,从而形成扶壁式挡墙;对既有路加固时,考虑扶壁在踵板侧做,也可考虑将其做在趾板侧,同样可以发挥作用,但须进行设计计算确定。

6.3.2 悬臂式挡土墙

1. 悬臂式挡土墙的构造

（1）墙面板

为便于施工,立壁内侧(墙背)宜做成竖直面,外侧(墙面)坡度宜陡于 1:0.1,一般为1:0.02~1:0.05 的斜坡,具体坡度值将根据立臂的强度和刚度要求确定。当挡土墙墙高不大时,立臂可做成等厚度。墙顶宽度和底板厚度不应小于 0.2 m;当墙高大于 4 m 时,宜加根部翼。

（2）墙趾板和墙踵板

墙趾板和墙踵板一般水平设置。通常做成变厚度,底面水平,顶面则自与立臂连接处向两侧倾斜。当墙身受抗滑稳定控制时,多采用凸榫基础。

墙踵板长度应根据全墙的倾覆稳定性验算确定,并具有一定的刚度。靠近立臂处厚度一般取为墙高的 1/12~1/10,且不应小于 0.3 m。

墙趾板的长度应根据全墙的倾覆稳定、基底应力(地基承载力)和偏心距等条件来确定,其厚度与墙踵板相同。通常,底板的宽度由墙的整体稳定性决定,一般与墙高的比为0.6~0.8。当墙后地下水位较高且地基为承载力很小的软弱地基时,底板宽度可能会增大到 1 倍的墙高或更大。

（3）凸榫

为提高挡土墙抗滑稳定的能力，底板可设置凸榫（图 6-21）。凸榫的高度，应根据凸榫前土体的被动土压力能够满足全墙的抗滑稳定性要求而定。凸榫的厚度除满足混凝土的抗剪和抗弯要求外，为了便于施工，还不应小于 0.3 m。

另外，纵向伸缩缝间距宜采用 10～15 m。在不同结构单元处和地层性状变化处设置沉降缝；沉降缝与伸缩缝宜合并设置。墙身混凝土强度等级不宜低于 C25，立板和扶壁的混凝土保护层厚度不应小于 35 mm，底板的保护层厚

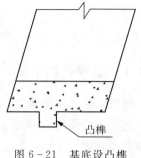

图 6-21 基底设凸榫

度不应小于 40 mm。受力钢筋直径不应小于 12 mm，间距不宜大于 250 mm。墙后填土应在墙身混凝土强度达到设计强度的 70% 时方可进行。填料应分层夯实，反滤层应在填筑过程中及时施工。

截面尺寸应根据强度和变形计算确定，立板顶宽和底板厚度不应小于 200 mm。当挡墙高度大于 4 m 时，宜加根部翼。墙趾板的宽度应根据全墙的抗倾覆稳定性、基底应力（地基承载力）和偏心距等条件来确定，一般可取墙高的 $1/20～1/5$。墙底板的总宽度 B 与墙高的比为 0.5～0.7。当墙后地下水位较高，且地基为承载力很小的软弱地基时，B 值可增大到 1 倍的墙高或更大。

2. 悬臂式挡土墙设计

悬臂式挡土墙的设计计算，主要包括墙身截面尺寸拟定和钢筋混凝土结构设计两部分。

墙身截面尺寸，按地基承载力、基底合力偏心距要求及挡土墙的抗滑动稳定性、抗倾覆稳定性等外部稳定条件，通过试算法求出。需要时应对墙体可能发生的深层滑动稳定性进行验算。

钢筋混凝土结构设计主要是对已初步拟定的墙身截面尺寸进行内力和配筋计算。在配筋设计时，可能会调整断面尺寸，特别是墙身的厚度。

另外，裂缝最大宽度验算应满足相关规范的要求。另外，悬臂式挡土墙按平面应变问题考虑，即沿墙长度方向取一延米进行设计计算。

（1）墙身截面尺寸拟定

根据构造要求，参考成功的设计案例，初步拟定截面尺寸。

① 墙踵板长度计算。

一般受抗滑稳定性控制，由基底应力或偏心距控制，并要求墙踵处的基底不应出现拉应力。

$$F_s = \frac{f \cdot \sum G}{E_{ax}} \geqslant 1.3 \tag{6-22}$$

有凸榫时，

$$F_s = \frac{f \cdot \sum G}{E_{ax}} \geqslant 1.0 \tag{6-23}$$

基坑与边坡工程

式中:F_s——滑动稳定安全系数;

$\quad\quad f$——基底摩擦系数;

$\quad\quad \sum G$——墙身自重、墙踵板以上第二破裂面(或假想墙背)与墙背之间的土体重量

$\quad\quad\quad\quad\quad$(包括这部分土体上的超载)和土压力的竖向分量之和,一般情况下,墙趾

$\quad\quad\quad\quad\quad$板上的土体可忽略;

$\quad\quad E_{ax}$——主动土压力水平分力。

① 墙趾板长度计算。

墙趾板的长度,根据全墙抗倾覆稳定系数、基底合力偏心距 e 限制和基底地基承载力等要求来确定。有时因地基承载力很低,计算的墙趾板过长,此时,可增加墙踵板长度,再重新计算。

(2)土压力计算

土压力计算有库仑土压力理论和朗肯土压力理论。

用墙踵下缘与墙面板上边缘连线 AB 作为假想墙背,按库仑公式进行计算,如图 6-22(a)所示。此时,滑动土楔 ABC 和假想墙背之间的摩擦角 δ 值应取土的内摩擦角 φ。计算挡墙自重时,要计入墙背与假想墙背四边形 $ABCD$ 之间的土体自重力。

当墙后填土面水平时,可按朗肯理论计算,以通过墙踵的竖直面 AB 为假想墙背,计算主动土压力,如图 6-22(b)所示。

由于墙踵与墙面板顶部的连线 AB 的倾角 ε 通常较重力式挡墙大,所以当大于形成第二破裂面的临界角时,在墙后填土中出现第二破裂面。国内外模型试验和现场测试的资料表明,按库仑土压力理论采用第二破裂面法计算侧向土压力比较符合实际。因此,悬臂式挡土墙和扶壁式挡土墙的土压力可按第二破裂面法计算,当第二破裂面不能形成时,可用墙踵下缘与墙顶内缘的连线作为假想墙背进行计算,也可用通过墙踵的竖直面作为假想墙。

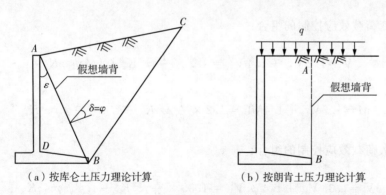

$\quad\quad$(a)按库仑土压力理论计算 $\quad\quad\quad\quad$(b)按朗肯土压力理论计算

图 6-22 悬臂式挡土墙土压力计算图式

(3)墙身内力计算

将墙面板、墙趾板和墙踵板视为 3 个悬臂板,分别计算其内力。

① 墙面板内力计算。

墙面板主要承受墙后的主动土压力与地下水压力,不考虑墙前土压力,可忽略墙面板自身重力,作为受弯构件计算。

悬臂式挡土墙属于混凝土构件,当计算内力时应按照混凝土结构的计算方法和相应规范,按承载能力极限状态下荷载效应的基本组合,采用相应的分项系数。

如图 6-23 所示的悬臂式挡土墙,填土表面作用一活载,活载的换算土层厚度为 h_0,计算截面距墙面板顶部为 z。由恒载(填土自重)引起的土压力为图 6-23(b)中①部分,三角形分布;由活载引起的土压力为 6-23(b)中②部分,矩形分布。

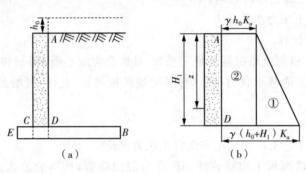

图 6-23　墙面板内力计算

恒载作用下的荷载效应(剪力和弯矩)为

$$V_{1z} = \frac{1}{2}\gamma z^2 K_a, \quad M_{1z} = \frac{1}{6}\gamma z^3 K_a \qquad (6-24)$$

活载作用下的荷载效应(剪力和弯矩)为

$$V_{1z}^V = \gamma h_0 z K_a, \quad M_{1z}^V = \frac{1}{2}\gamma h_0 z^2 K_a \qquad (6-25)$$

配筋设计时,所采用的剪力设计值 V、弯矩设计值 M 应由 V_{1z}、M_{1z}、V_{1z}^V 和 M_{1z}^V 进行荷载组合而得。

对由可变荷载效应控制的组合:

$$V = 1.2 V_{1z} + 1.4 V_{1z}^V = 1.2 \times \frac{1}{2}\gamma z^2 K_a + 1.4\gamma h_0 z K_a \qquad (6-26)$$

$$M = 1.2M_{1z} + 1.4M_{1z}^V = 1.2 \times \frac{1}{6}\gamma z^3 K_a + 1.4 \times \frac{1}{2}\gamma h_0 z^2 K_a \qquad (6-27)$$

对由永久荷载效应控制的组合:

$$V = 1.35 V_{1z} + 1.4 \psi_c V_{1z}^V = 1.35 \times \frac{1}{2}\gamma z^2 K_a + 1.4 \psi_c \gamma h_0 z K_a \qquad (6-28)$$

$$M = 1.35M_{1z} + 1.4 \psi_c M_{1z}^V = 1.35 \times \frac{1}{6}\gamma z^3 K_a + 1.4 \times \frac{1}{2}\gamma h_0 z^2 K_a \qquad (6-29)$$

式(6-26)~式(6-29)中:V_{1z},M_{1z}——分别为恒载作用下距墙顶 z 处墙面板的剪力和弯矩;

$\qquad\qquad\qquad\qquad V_{1z}^V$,$M_{1z}^V$——分别为活荷载作用下距墙顶 z 处墙面板的剪力和弯矩;

V,M—— 分别为荷载效应组合的剪力和弯矩的设计值;

ψ_c—— 可变荷载的组合值系数,应按《建筑结构荷载规范》
（GB 50009—2012）的规定选用;

z—— 计算截面到墙顶的距离;

γ—— 填土的重度;

h_0—— 活载的换算土层厚度;

K_a—— 主动土压力系数。

② 墙踵板的内力计算。

墙踵板上作用有第二破裂面(或假想墙背)与墙背之间的土体(含其上的火车、汽车等交通荷载)的重力、墙踵板自重、主动土压力的竖向分力、地基反力、地下水浮托力和板上水重等荷载。

当无可变荷载和地下水时,如图 6-24 所示,作用在墙踵板上的力分为 4 部分:① 作用在假想墙背 AB 上的土压力的竖向分量,沿墙踵板 DB 呈三角形分布或梯形分布;② 土楔 ABD 的自重,沿 DB 呈三角形分布;③ 墙踵板的自重,沿 DB 为矩形分布;④ 基底压力。

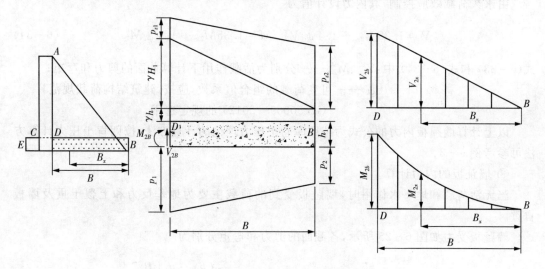

图 6-24 墙踵板内力计算简图

墙踵板内力计算值可表示为

$$V_{2x} = B_x \left[p_{z2} + \gamma_c h_1 - p_2 + \frac{(\gamma H_1 - p_{z2} + p_{z1})B_x}{2B} - \frac{(p_1 - p_2)B_x}{2B} \right] \quad (6-30)$$

$$M_{2x} = \frac{B_x^2 \left[3(p_{z2} + \gamma_c h_1 - p_2) + \frac{(\gamma H_1 - p_{z2} + p_{z1})B_x}{B} - \frac{(p_1 - p_2)B_x}{B} \right]}{6} \quad (6-31)$$

式中:V_{2x}—— 距墙踵为 B_x 处截面的剪力;

M_{2x}—— 距墙踵为 B_x 处截面的弯矩;

B_x—— 计算截面到墙踵的距离;

h_1—— 墙踵板的厚度;

H_1—— 墙面板高度；

γ_c—— 混凝土的重度；

p_{z2}、p_{z1}—— 分别为墙顶、墙踵处的竖直土压力应力；

p_1、p_2—— 分别为墙趾、墙踵处的地基压力；

B—— 墙底板长度。

内力设计值为

$$V = 1.35 V_{2x}, M = 1.35 M_{2x} \qquad (6-32)$$

当有活载（火车、汽车）作用时，则应分两种情况：永久载效应控制和可变荷载效应控制。

由可变荷载效应控制，其内力设计值为

$$V = 1.2 V_{2x} + 1.4 V_{2x}^V, M = 1.2 M_{2x} + 1.4 M_{2x}^V \qquad (6-33)$$

由永久荷载效应控制，其内力设计值为

$$V = 1.35 V_{2x} + 1.4 \psi_c V_{2x}^V, M = 1.35 M_{2x} + 1.4 \psi_c M_{2x}^V \qquad (6-34)$$

式（6-33）和式（6-34）中：V_{2x}^V、M_{2x}^V—— 分别为活载作用下计算截面的剪力和弯矩；

ψ_c—— 可变荷载的组合值系数，应按《建筑结构荷载规范》（GB 50009—2012）的规定选用。

以上计算墙踵板内力的公式为按照库仑土压力理论的计算方法，按朗肯土压力计算方法可参考例 6-2。

③ 墙趾板的内力计算。

当无活荷载和地下水作用时，墙趾板受到的荷载主要为地基反力和上覆土重及墙板自重。

墙趾板受力如图 6-25 所示，各截面的剪力和弯矩分别为

$$V_{3x} = B_x \left[p_1 - \gamma_c h_p - \gamma(h - h_p) - \frac{(p_1 - p_2) B_x}{2B} \right] \qquad (6-35)$$

$$M_{3x} = \frac{B_x^2 \left[3[p_1 - \gamma_c h_p - \gamma(h - h_p)] - \dfrac{(p_1 - p_2) B_x}{B} \right]}{6} \qquad (6-36)$$

式中：V_{3x}、M_{3x}—— 每延米长墙趾板距墙趾为 B_x 截面的剪力和弯矩；

B_x—— 计算截面到墙趾的距离；

B—— 墙趾板长度；

h_p—— 墙趾板的平均厚度；

h—— 墙趾板的埋置深度。

按荷载效应组合设计值：$V = 1.35 V_{3x}, M = 1.35 M_{3x}$，若有活载作用，同样应计入活载作用下的内力，并进行荷载组合。

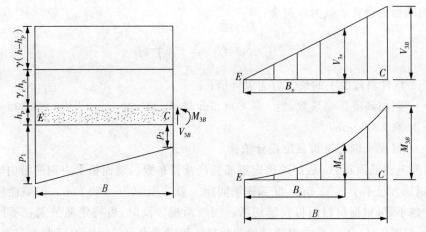

图 6 - 25 墙趾板内力计算

3. 墙身钢筋混凝土配筋设计

悬臂式挡土墙的墙面板和底板，按受弯构件设计。除构件正截面受弯承载能力和斜截面受剪承载能力外，还要进行裂缝宽度验算。

(1) 墙面板钢筋设计。

① 正截面受弯承载能力应符合：

$$M \leqslant \alpha_1 f_c bx \left(h_0 - \frac{x}{2}\right) \tag{6-37}$$

式中：M—— 弯矩设计值。

α_1—— 系数，当混凝土强度等级不超过 C50 时，α_1 取 1.0；当混凝土强度等级为 C80 时，α_1 取 0.94；其间按线性内插法确定；对于悬臂式挡土墙，取 1.0。

f_c—— 混凝土轴心抗压强度设计值。

b—— 矩形截面的宽度或倒 T 形截面的腹板宽度。

h_0—— 截面有效高度。

x—— 混凝土受压区高度。

混凝土

$$\alpha_1 f_c bx = f_y A_S \tag{6-38}$$

式中：f_y—— 普通钢筋抗拉强度设计值；

A_S—— 受拉区、受压区纵向普通钢筋的截面面积。

混凝土受压区高度还应满足：$x \leqslant \xi_b h_0$，ξ_b 为相对界限受压区高度。

由式(6-37)可求得混凝土受压区高度

$$x = h_0 \left(1 - \sqrt{1 - \frac{2M}{f_c bh_0^2}}\right) \tag{6-39}$$

代入式(6-38)得到钢筋面积

$$A_S = \frac{f_c}{f_y} bh_0 \left(1 - \sqrt{1 - \frac{2M}{f_c bh_0^2}}\right) \tag{6-40}$$

第 6 章　挡土墙支护设计与计算

② 斜截面的受剪承载力应符合：

$$V \leqslant 0.7\beta_h f_t b h_0, \beta_h = \left(\frac{800}{h_0}\right)^{1/4} \tag{6-41}$$

式中：V——构件斜截面上的最大剪力设计值；

β_h——截面高度影响系数：当 $h_0 < 800$ mm 时，h_0 取 800 mm；当 $h_0 > 2000$ mm 时，h_0 取 2000 mm；

f_t——混凝土轴心抗拉强度设计值。

求得所需钢筋面积 A_S 后即可确定钢筋直径及其布置。墙面板受力钢筋沿内侧竖直放置，一般钢筋直径不小于 12 mm，底部钢筋间距一般采用 100~150 mm。因墙面板承受弯矩越向上越小，可根据材料图将钢筋切断。当墙面板较高时，可将钢筋分别在不同高度分两次切断，仅将 1/4~1/3 受力钢筋延伸到板顶。顶端受力钢筋间距不应大于 500 mm。钢筋切断部位，应在理论切断点以上再加一钢筋锚固长度，而其下插入底板一个锚固长度。锚固长度一般取 $25d$~$30d$（d 为钢筋直径）。

在水平方向也应配置不小于 $\phi 6$ mm 的分布钢筋，其间距不大于 400~500 mm，截面面积不小于墙面板底部受力钢筋的 10%。

对于特别重要的悬臂式挡土墙，在墙面板的墙面一侧和墙顶，也按构造要求配置少量钢筋或钢丝网，提高混凝土表层抵抗温度变化和混凝土收缩的能力，以防止混凝土表层出现裂缝。

（2）底板钢筋设计。

墙踵板受力钢筋，设置在墙踵板的顶面。受力筋一端插入墙面板与底板连接处以左，不小于一个锚固长度；另一端按材料图切断，在理论切断点向外伸出一个锚固长度。

墙趾板的受力钢筋，应设置于墙趾板的底面，该筋一端伸入墙趾板与墙面板连接处以右，不小于一个锚固长度，另一端的一半延伸到墙趾，另一半在 $\frac{1}{2}$ 墙趾长度处再加一个锚固长度处切断。为了便于施工，底板的受力钢筋间距最好取与墙面板的间距相同或整数倍。

在实际中，常将墙面板的底部受力钢筋一半或全部弯曲作为墙趾板的受力钢筋。墙面板与墙踵板连接处应力较集中，最好做成贴角予以加强，并配以构造筋，其直径、间距可与墙踵板钢筋一致，底板也应配置构造钢筋。钢筋直径及间距均应符合有关规范的要求。

（3）裂缝宽度验算。

最大裂缝宽度可按下列公式计算

$$\omega_{max} = \alpha_{cr} \psi \frac{\sigma_{sk}}{E_S}\left(1.9c + 0.08\frac{d_{eq}}{\rho_{te}}\right) \tag{6-42}$$

式中：ψ——裂缝间纵向受拉钢筋应变不均匀系数，$\psi = 1.1 - 0.65\dfrac{f_{tk}}{\rho_{te}\sigma_{sk}}$，$\rho_{te} = \dfrac{A_S}{A_{te}}$，

$\sigma_{sk} = \dfrac{M_K}{0.87h_0 A_S}$。当 $\psi < 0.2$ 时，取 $\psi = 0.2$；当 $\psi > 1$ 时，取 $\psi = 1$；对直接承受重复荷载的构件，取 $\psi = 1$。

α_{cr}——构件受力特征系数，对于钢筋混凝土受弯构件取 2.1。

σ_{sk}——按荷载效应标准组合计算的钢筋混凝土构件受拉钢筋的应力。

E_S——钢筋弹性模量。

c——最外层纵向受拉钢筋外边缘至受拉区底边的距离。

ρ_{te}——按有效受拉混凝土截面面积计算的纵向受拉钢筋配筋率,当$\rho_{te}<0.01$时,取
$\rho_{te}=0.01$。

f_{tk}——混凝土轴心抗拉强度标准值。

A_{te}——有效受拉混凝土截面面积,对于受弯的矩形截面$A_{te}=0.5bh$。

A_S——受拉区纵向钢筋截面面积。

d_{eq}——受拉区纵向钢筋的直径。

M_K——按荷载效应标准组合计算的弯矩值。

h_0——截面的有效高度。

悬臂式挡土墙为钢筋混凝土结构,其受力较大时可能开裂钢筋净保护层厚度减小,受水侵蚀影响较大。为保证挡墙耐久性,迎土面的裂缝不应大于0.2 mm,背土面裂缝不应大于0.3 mm。

例6-2 设计一无石料地区挡土墙,墙背与墙前地面高差为2.4 m,填土表面水平,其上有均匀标准荷载$p_K=10$ kN/m²,修正后地基承载力特征值为$t_a=100$ kN/m²,填土的标准重度$\gamma_T=17$ kN/m²,内摩擦力$\varphi=30°$,底板与地基摩擦系数$\mu=0.45$,由于采用钢筋混凝土挡土墙,墙背竖直且光滑,可假定墙背与填土之间的摩擦角$\delta=0$。

解:(1)截面选择。

由于地处缺石地区,选择钢筋混凝土结构。墙高低于6 m,选择悬臂式挡土墙。尺寸按悬臂式挡土墙规定初步拟定,如图6-26所示。

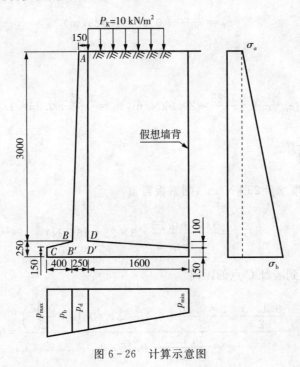

图6-26 计算示意图

(2)荷载计算。

① 土压力计算。

由于地面水平,墙背竖直且光滑,土压力计算选用朗肯土压力理论公式:

$$K_a = \tan^2\left(45° - \frac{\varphi}{2}\right) = \frac{1}{3}$$

地面活荷载 p_K 的作用,采用换算土柱高 $h_0 = \frac{p_K}{\gamma_T}$,地面处水平压力

$$\sigma_a = \gamma_T h_0 K_a = 17 \times \frac{10}{17} \times \frac{1}{3} \approx 3.33(\text{kN/m}^2)$$

悬臂底 B 点水平压力

$$\sigma_b = \gamma_T\left(\frac{p_K}{\gamma_T} + 3\right)K_a = 17 \times \left(\frac{10}{17} + 3\right) \times \frac{1}{3} \approx 20.33(\text{kN/m}^2)$$

底板 C 点水平压力

$$\sigma_c = \gamma_T\left(\frac{p_K}{\gamma_T} + 3 + 0.25\right)K_a = 17 \times \left(\frac{10}{17} + 3 + 0.25\right) \times \frac{1}{3} \approx 21.75(\text{kN/m}^2)$$

土压力合力

$$E_{a1} = \sigma_a \times 3.25 \approx 10.83(\text{kN/m}^2)$$

其作用点到墙趾 C 点的竖直距离

$$z_{f1} = \frac{3.25}{2} + 0.25 = 1.625(\text{m})$$

同理可得

$$E_{a2} = (\sigma_c - \sigma_a) \times \frac{3.25}{2} \approx 29.9\text{kN/m}, z_{f2} = \frac{3.25}{3} + 0.25 \approx 1.08(\text{m})$$

② 竖向荷载计算。

a. 墙面板自重

钢筋混凝土重度 $\gamma_c = 25 \text{ kN/m}^3$,则钢板自重

$$G_{1k} = \frac{0.15 + 0.25}{2} \times 3 \times 25 = 15(\text{kN})$$

b. 墙面板重心到墙趾 C 点的距离

$$x_1 = 0.4 + \frac{\frac{0.1 \times 3}{2} \times \frac{2 \times 0.10}{3} + 0.15 \times 3 \times \left(0.10 + \frac{0.15}{2}\right)}{\frac{0.1 \times 3}{2} + 0.15 \times 3} = 0.55(\text{m})$$

c. 墙底板自重

$$G_{2k} = \left[\frac{0.15+0.25}{2} \times 0.40 + 0.25 \times 0.25 + \frac{0.15+0.25}{2} \times 1.6 \right] \times 25$$

$$= 0.4625 \times 25$$

$$\approx 11.56 (kN)$$

d. 底板重心到墙趾 C 点的距离

$$x_2 = \left[\frac{0.15+0.25}{2} \times 0.40 \times \left(\frac{0.4}{3} \times \frac{2 \times 0.25 + 0.15}{0.25 + 0.15} \right) + 0.25 \times 0.25 \times (0.40 + 0.125) \right.$$

$$\left. + \frac{0.15+0.25}{2} \times 1.60 \times \left(\frac{1.6}{3} \times \frac{2 \times 0.15 + 0.25}{0.15 + 0.25} + 0.65 \right) \right] \div 0.4625$$

$$\approx 1.07 (m)$$

e. 填土重

$$G_{3k} = 17 \times 3 \times 1.60 = 81.60 (kN)$$

$$x_3 = 0.65 + 0.80 = 1.45 (m)$$

f. 地面均匀活荷载总重

$$G_{4k} = 10 \times 1.60 = 16 (kN)$$

$$x_4 = 0.65 + 0.80 = 1.45 (m)$$

（3）抗倾覆稳定性验算。

每延长稳定力矩 $\sum M_y = G_{1k} x_1 + G_{2k} x_2 + G_{3k} x_3 + G_{4k} x_4$

$$= 15 \times 0.55 + 11.56 \times 1.07 + 81.6 \times 1.45 + 16 \times 1.45$$

$$= 162.14 (kN \cdot m)$$

每延长倾覆力矩 $\sum M_0 = E_{a1} z_{f1} + E_{a2} z_{f2} = 10.8 \times 1.625 + 29.9 \times 1.08$

$$\approx 49.84 (kN \cdot m)$$

抗倾覆稳定系数 $F_T = \dfrac{\sum M_y}{\sum M_0} = \dfrac{162.14}{49.84} \approx 3.25 > 1.6$，满足要求。

（4）抗滑稳定性验算。

竖向力之和　　$\sum G = \sum G_{ik} = 15 + 11.56 + 81.6 + 16 = 124.16 (kN)$

抗滑力　　　　$f \sum G = 124.16 \times 0.45 \approx 55.87 (kN)$

滑移力　　　　$E_{ax} = E_{a1} + E_{a2} = 10.8 + 29.9 = 40.7 (kN)$

抗滑移稳定系数 $F_s = \dfrac{f \sum G}{E_{ax}} = \dfrac{55.87}{40.7} \approx 1.37 > 1.3$，满足要求。

（5）地基承载力验算。

地基承载力验算应按正常使用极限状态下荷载效应的标准组合。

要计算基础底面偏心距 e，应先计算总竖向力到墙趾的距离

$$z_N = \frac{M_v - M_h}{G_K}$$

式中：M_v——竖向荷载引起的弯矩，其值为

$$M_v = G_{1k}x_1 + G_{2k}x_2 + G_{3k}x_3 + G_{4k}x_4$$

$$= 15 \times 0.55 + 11.56 \times 1.07 + 81.6 \times 1.45 + 16 \times 1.45$$

$$\approx 162.14 (\text{kN} \cdot \text{m})$$

M_h——水平力引起的弯矩，其值为

$$M_h = E_{a1}z_{f1} + E_{a2}z_{f2} = 10.8 \times 1.625 + 29.9 \times 1.08$$

$$\approx 49.8 (\text{kN} \cdot \text{m})$$

计算求得

$$z_N = \frac{162.1 - 49.8}{124.16} \approx 0.9 (\text{m})$$

偏心距：$e = \dfrac{B}{2} - z_N = \dfrac{2.25}{2} - 0.90 = 0.225 (\text{m}) < \dfrac{B}{4}$，满足要求。

地基压力：$p_{min}^{max} = \dfrac{G_K}{B}\left(1 \pm \dfrac{6e}{B}\right) = \dfrac{124.2}{2.25}\left(1 \pm \dfrac{6 \times 0.225}{2.25}\right) = \begin{cases} 88.3(\text{kPa}) \\ 22.1(\text{kPa}) \end{cases} < 1.2 f_A =$

$1.2 \times 100 = 120 (\text{kPa})$，满足要求。

（6）结构设计。

墙面板与底板均采用 C20 混凝土和 HRB335 钢筋，$f_c = 9.6 \text{ N/mm}^2$，$f_T = 1.1 \text{ N/mm}^2$，$f_{tk} = 1.54 \text{ N/mm}^2$，$f_y = 300 \text{ N/mm}^2$，$E_S = 2 \times 10^5 \text{ N/mm}^2$。

① 墙面板设计。

采用承载能力极限状态下荷载效应的基本组合，永久荷载效应起控制作用，因此墙面板底截面设计弯矩值

$$M = 1.4 \times \frac{1}{2}\sigma_A h^2 + 1.35 \times \frac{1}{6}(\sigma_B - \sigma_A)h^3$$

$$= 1.4 \times \frac{1}{2} \times 3.33 \times 3^2 + 1.35 \times \frac{1}{6} \times 17 \times 3^3$$

$$\approx 55.42 (\text{kN} \cdot \text{m})$$

取保护层厚度为 40 mm，横截面有效高度 $h_0 = 250 - 40 = 210 (\text{mm})$，纵向上取单位长度 1 m 计算，即截面宽度 $b = 1000 \text{ mm}$。根据式（6-41），需配置的钢筋面积

$$A_S = \frac{f_c}{f_y} bh_0 \left(1 - \sqrt{1 - \frac{2M}{f_c bh_0^2}}\right)$$

$$= \frac{9.6}{300} \times 1000 \times 210 \times \left(1 - \sqrt{1 - \frac{2 \times 53.42 \times 10^6}{9.6 \times 1000 \times 210^2}}\right)$$

$$= 1040 (\text{mm}^2)$$

选用 $\phi 12@100$，则实际配筋面积 A_S 为 1131 mm^2。

② 墙面板裂缝宽度验算。

最大裂缝宽度应按正常使用极限状态验算，按式（6-42）计算。$\alpha_{cr} = 2.1, c = 35$ mm，

$d_{eq} = 12$ mm，$A_{te} = 0.5bh$，$\rho_{te} = \frac{A_S}{A_{te}} = \frac{1131}{0.5 \times 1000 \times 250} \approx 0.01$。

按正常使用极限状态荷载效应标准组合计算的弯矩值为

$$M = \frac{1}{2} \sigma_a h^2 + \frac{1}{6} (\sigma_b - \sigma_a) h^2$$

$$= \frac{1}{2} \times 3.33 \times 3^2 + \frac{1}{6} \times 17 \times 3^3$$

$$\approx 40.5 (\text{kN} \cdot \text{m})$$

$$\sigma_{sk} = \frac{M_K}{0.87 h_0 A_S} = \frac{40.5 \times 10^6}{0.87 \times 210 \times 1131}$$

$$\approx 196 (\text{N/mm}^2)$$

$$\psi = 1.1 - 0.65 \frac{f_{tk}}{\rho_{te} \sigma_{sk}} = 1.1 - 0.65 \times \frac{1.54}{0.01 \times 196} = 0.589$$

所以，最大裂缝宽度

$$\omega_{max} = \alpha_{cr} \psi \frac{\sigma_{sk}}{E_S} \left(1.9c + 0.08 \frac{d_{eq}}{\rho_{te}}\right)$$

$$= 2.1 \times 0.589 \times \frac{196}{2 \times 10^5} \left(1.9 \times 35 + 0.08 \times \frac{12}{0.01}\right)$$

$$= 0.197 (\text{mm})$$

$\omega_{max} < 0.2$ mm，满足要求。

③ 底板设计。

墙踵板根部 D 点的地基反力计算应按承载力极限状态荷载效应基本组合。首先求地基反力：

竖向力引起的弯矩设计值

$$M_v = (G_{1k} x_1 + G_{2k} x_2 + G_{3k} x_3) \times 1.35 + G_{4k} x_4 \times 1.4$$

$$= (15 \times 0.55 + 11.56 \times 1.07 + 81.6 \times 1.45) \times 1.35 + 16 \times 1.45 \times 1.4$$

$$\approx 220 (kN \cdot m)$$

水平力引起的弯矩设计值

$$M_h = 10 \times 1.75 \times 1.4 + 25.5 \times 1.25 \times 1.35 \approx 67.5 (kN \cdot m)$$

总竖向力

$$G_K = (G_{1k} + G_{2k} + G_{3k}) \times 1.35 + G_{4k} \times 1.4$$

$$= (15 + 11.56 + 81.6) \times 1.35 + 16 \times 1.4$$

$$\approx 168.4 (kN)$$

偏心距：$e_0 = \dfrac{B}{2} - \dfrac{M_v - M_h}{G_K}$

$$= \dfrac{2.25}{2} - \dfrac{220 - 67.5}{168.4}$$

$$\approx 0.22 (m) < \dfrac{B}{4}$$

地基反力

$$p_{min}^{max} = \dfrac{G_K}{B}\left(1 \pm \dfrac{6e_0}{B}\right) = \dfrac{168.4}{2.25}\left(1 \pm \dfrac{6 \times 0.22}{2.25}\right) = \begin{cases} 118.8 (kN/m^2) \\ 30.9 (kN/m^2) \end{cases}$$

墙踵板根部 D 点的地基压力设计值

$$p_d = 30.9 + \dfrac{118.8 - 30.9}{2.25} \times 1.6 \approx 93.4 (kN/m^2)$$

墙踵板根部 B 点的地基压力设计值

$$p_b = 30.9 + \dfrac{118.8 - 30.9}{2.25} \times 1.8 \approx 103.2 (kN/m^2)$$

墙踵板的截面面积

$$S_{墙踵} = \dfrac{(150 + 250) \times 1600}{2} = 320000 (mm^2) = 0.32 (m^2)$$

墙踵板自重

$$G = S_{墙踵} \times \gamma_c = 0.32 \times 25 = 8 (kN)$$

墙踵板重心到 D 点的水平距离

$$x_{墙踵} = 0.733 (m)$$

墙踵板根部 D 点的弯矩设计值 M_d 应由墙踵板自重引起的弯矩 $M_{墙踵}$、土体重力引起的弯矩 $M_{土体}$、超载引起的弯矩 $M_{超载}$ 和地基反力引起的弯矩 $M_{反力}$ 四项按承载能力极限状态基本组合而得，即

$$M_d = M_{\text{墙踵}} \times 1.35 + M_{\text{土体}} \times 1.35 + M_{\text{超载}} \times 1.4 + M_{\text{反力}}$$

$$= (0.32 \times 25 \times 0.733) \times 1.35 + (17 \times 3 \times 1.6 \times 0.8) \times 1.35 + (10 \times$$

$$1.6 \times 0.8) \times 1.4 + [-30.9 \times 1.6 \times 0.8 - \frac{1}{6} \times (93.4 - 30.9) \times 1.6^2]$$

$$\approx 47.74 (\text{kN} \cdot \text{m})$$

墙踵板根部 B 点的弯矩设计值

$$M_b = 103.2 \times 0.4 \times 0.2 + \frac{188.8 - 103.2}{2} \times 0.4 \times \frac{2 \times 0.4}{3} \approx 12.82 (\text{kN} \cdot \text{m})$$

墙踵板配筋：$h_0 = 210 \text{ mm}, b = 1000 \text{ mm}$，

$$A_S = \frac{f_c}{f_y} b h_0 \left(1 - \sqrt{1 - \frac{2M}{f_c b h_0^2}}\right)$$

$$= \frac{9.6}{300} \times 1000 \times 210 \left(1 - \sqrt{1 - \frac{2 \times 47.74 \times 10^6}{9.6 \times 1000 \times 210^2}}\right)$$

$$\approx 870 (\text{mm}^2)$$

根据计算，也选用 $\phi 12 @ 100$，实际配筋面积 A_S 为 1131 mm²。

（4）底板裂缝宽度验算。

首先求采用正常使用极限状态荷载效应标准组合时墙踵板的弯矩值：

$$z_N = \frac{M_{zk} - M_{qk}}{G_K} = \frac{162.14 - 49.38}{124.16} \approx 0.91 (\text{m})$$

$$e_0 = \frac{B}{2} - z_N = \frac{2.25}{2} - 0.91 = 0.215 (\text{m})$$

$$p_{\min}^{\max} = \frac{\sum G}{B} \left(1 \pm \frac{6e_0}{B}\right) = \frac{124.16}{2.25} \left(1 \pm \frac{6 \times 0.225}{2.25}\right) \approx \begin{cases} 86.63 (\text{kPa}) \\ 23.73 (\text{kPa}) \end{cases}$$

$$p_d = 23.73 + \frac{85.63 - 23.73}{2.25} \times 1.6 \approx 68.46 (\text{kN/m}^2)$$

$$M_d = M_{\text{墙踵}} + M_{\text{土体}} + M_{\text{超载}} + M_{\text{反力}}$$

$$= (0.32 \times 25 \times 0.733) + (17 \times 3 \times 1.6 \times 0.8) + (10 \times 1.6 \times 0.8)$$

$$+ [-23.73 \times 1.6 \times 0.8 - \frac{1}{6} \times (68.46 - 23.73) \times 1.6^2]$$

$$\approx 34.49 (\text{kN} \cdot \text{m/m})$$

$$\sigma_{sk} = \frac{M_d}{0.87 h_0 A_S} = \frac{34.49 \times 10^6}{0.87 \times 210 \times 1131} \approx 166.9 (\text{N/mm}^2)$$

$$\psi = 1.1 - 0.65 \frac{f_{tk}}{\rho_{te} \sigma_{sk}} = 1.1 - 0.65 \times \frac{1.54}{0.01 \times 1.669} \approx 0.5$$

所以，最大裂缝宽度

$$\omega_{max} = \alpha_{cr}\psi\frac{\sigma_{sk}}{E_s}\left(1.9c + 0.08\frac{d_{eq}}{\rho_{te}}\right)$$

$$= 2.1 \times 0.5 \times \frac{166.9}{2 \times 10^5}\left(1.9 \times 35 + 0.08 \times \frac{12}{0.01}\right)$$

$$\approx 0.142(\text{mm})$$

$\omega_{max} < 0.2\text{mm}$，满足要求。

6.3.3 扶壁式挡土墙的构造

1. 扶壁式挡土墙的构造

扶壁式挡土墙由墙面板、墙趾板、墙踵板和扶壁组成[图6-20(b)]，通常还设置凸榫。墙趾板和凸榫的构造与悬臂式挡土墙的相同。

扶壁式挡土墙墙高不宜超过10 m，分段长度不宜超过20 m。墙面板通常为等厚的竖直板，与扶壁和墙趾板固结相连。对于其厚度，低墙取决于板的最小厚度，高墙则根据配筋要求确定。墙面板的最小厚度与悬臂式挡土墙的相同。扶壁式挡土墙墙顶宽度不宜小于0.3 m。

墙踵板与扶壁的连接为固结，与墙面板的连接为铰接，其厚度的确定方式与悬臂式挡土墙的相同。

扶壁的经济间距与混凝土、钢筋、模板和劳动力的相对价格有关，应根据试算确定，一般为墙高的1/3～1/2，每段中宜设置三个或三个以上扶壁。其厚度取决于扶壁背面配筋的要求，宜取两扶壁间距的1/8～1/6，可采用300～400 mm。采用随高度逐渐向后加厚的变截面，也可采用等厚式以便于施工。

扶壁两端墙面板悬出端的长度，根据悬臂端的固端弯矩与中间跨固端弯矩相等的原则确定，通常采用两扶壁间净距的0.35倍。其余构造要求参考悬臂式挡土墙。

2. 扶壁式挡土墙设计

整体扶壁式挡土墙是一个比较复杂的空间受力系统，在计算时常将其简化为平面问题。扶壁式挡土墙的设计与悬臂式挡土墙相近，如墙面板与墙趾板长度的确定、土压力计算及墙趾板内力计算，但它也有其自己的特点。其中土压力计算、墙趾板内力计算同悬臂式挡土墙。

(1)墙面板的内力计算

墙面板为三向固结板，在进行墙面板内力计算时，可根据边界约束条件按三边固定、一边自由的板或连续板进行。为简化计算，通常将墙面板沿墙高和墙长方向划分为若干个单位宽度的水平和竖直板条，分别计算水平和竖向两个方向的弯矩和剪力。作用于墙面板的荷载可按梯形分布，H为墙面板高度，σ_h为墙面板底端内填料引起的法向土压应力

$$\sigma_h = \gamma H K_a \qquad\qquad (6-43)$$

墙面板的水平内力计算：假定每一水平板条为支承在扶壁上的连续梁，荷载沿板条均匀分布，其大小等于该板条所在深度的法向土压应力。

各水平板条的弯矩和剪力按连续梁计算。墙面板在土压力的作用下，除产生水平弯矩

外,将同时产生沿墙高方向的竖直弯矩。设计时,可采用中部 $2l/3$ 范围内的竖直弯矩不变,两端各 $l/6$ 范围内的竖直弯矩较跨中减少 $1/2$,为阶梯形分布(l 为两板之间的距离)。

(2)墙踵板的内力计算

墙踵板可视为支承于扶壁上的连续板,不计立板对它的约束,而视其为铰支。进行内力计算时,可将墙踵板顺墙长方向划分为若干单位宽度的水平板条,根据作用于墙踵上的荷载,对每连续板条进行弯矩、剪力计算,并假定每连续板条上的最大竖向荷载均匀作用在板条上。

作用在墙踵板上的力有墙背与实际墙背间的土重及活荷载、墙踵板自重、作用在墙踵板顶面上的土压力竖向分力、由墙趾板固端弯矩 M_1 作用在墙踵板上引起的等效荷载及地基反力等。

墙踵板弯矩引起的等效荷载的竖直压应力可假设为抛物线分布,其重心位于距固端 $5B/8$ 处,由弯矩的平衡可得墙踵处的应力

$$\sigma = \frac{2.4M_1}{B^2} \tag{6-44}$$

将上述荷载在墙踵板上引起的竖直压应力叠加,即可按照连续性求解墙踵板内力。由于假设墙踵板与墙面板为铰支连接,故不计算墙踵板横向板条的弯矩和剪力。

(3)扶壁的内力计算

扶壁可视为固支在墙踵板上的"T"形变截面悬臂梁,墙面板则作为该"T"形梁的翼缘板,扶壁为梁腹板。扶壁承受相邻两跨立墙面板中点之间的全部水平土压力,扶壁自重和作用于扶壁的竖直土压力,一般可忽略不计。另外,不考虑实际墙背与第二破裂面之间土柱的土压力,即将这部分的土柱作为墙身的一部分。T形截面的高度和翼缘板厚度均可沿墙高变化,计算方法与悬臂式挡土墙的墙面板相似。计算出各构件的内力后即可进行配筋设计,设计计算方法可参考悬臂式挡土墙的配筋的设计计算。

6.3.4 薄壁式挡土墙的施工

对于薄壁式挡土墙,在施工时应做好地下水、地表水及施工用水的排放工作,避免水软化地基,降低地基承载力。基坑开挖后应及时进行封闭和基础施工。

挡墙后填料应严格按设计要求就地选取,并应清除填土中的草、树皮树根等杂物。在结构达到设计强度的 70% 后进行回填。填土应分层压实,其压实度应满足设计要求。扶壁间的填土应对称进行,减小因不对称回填对挡墙的不利影响。挡墙泄水孔的反滤层应当在填筑过程中及时施工。当挡墙墙后表面的横坡坡度大于 $1:6$ 时,应在进行表面粗糙处理后再填土。

6.4 加筋土挡土墙设计

6.4.1 概述

加筋土挡土墙主要由墙面板、加筋材料和填料三部分组成,如图 6-27 所示;其工作原理是利用填料与加筋材料间的摩擦作用,把侧向土压力传递给筋材,使土体保持稳定(加筋土挡土墙的内部稳定),并以基础、墙面板、帽石、筋材和填料等组成的复合结构形成土墙抵挡加筋土体后部的土压力(加筋土挡土墙的外部稳定),从而保持整个结构的稳定。加筋土

挡土墙的筋带不仅连接了墙面板和破裂面之外的稳定土体,而且通过对填料的加筋形成了与重力式挡土墙相同的功能。加筋土挡土墙是一种轻型支挡结构,广泛用于加固路基填土工程。

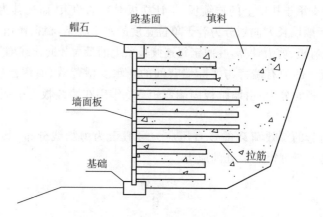

图 6-27　加筋土挡土墙示意图

加筋土挡土墙在岩土工程得到广泛应用,其特点概括起来有以下几点:

(1)可预制性。构成加筋土挡土墙的墙面板和拉筋可以预先制作,工程现场装配施工。施工简便、快速,缩短了工期,节省了劳动力。

(2)适应性强。加筋土是一种柔性结构,可以适应承载力较差的地区,适应一定范围内的地基变形,也具有较好的抗震能力。

(3)经济效益好。较之传统的重力式挡土墙,加筋土挡土墙的墙面板薄,基础小,占用土地资源少;其自重小,结构简单,可节省造价。

(4)造型美观。加筋土挡土墙墙面板的外观可配合周围环境与景观,将其做成具有欣赏性的建筑结构物。

6.4.2　加筋土挡土墙的构造

加筋土挡土墙由墙面板、基础、加筋材料和填料等部分组成,其与传统重力式挡土墙在概念上与构造上有很大区别。

(1)填料

填料是组成墙体的主体材料,必须易于填筑与压实、与筋材之间有可靠的摩阻力、不应对拉筋有腐蚀性、水稳定性好。选取填料应遵循就地取材的原则,通常选择有一定级配渗水的砂类土、砾石类土;禁止使用泥炭、淤泥、冻结土、盐渍土、垃圾、白垩土、中(强)膨胀土及硅藻土;采用黏性土和其他土作为填料时,必须有相应的防水、压实等工程措施;采用聚丙烯土工带为拉筋时,填料中不宜含有两价以上铜、镁、铁离子及氧化钙、碳酸钠、硫化物等化学物质;采用钢带作拉筋,填料应满足化学和电化学标准;其他材料在采取保证质量和结构稳定的措施后亦可使用。填料与筋材直接接触部分不应含有尖锐棱角的块体,填料中最大粒径不应大于 100 mm,且不宜大于单层填料压实厚度的 1/3。

(2)加筋材料

加筋材料在挡土墙中的作用至关重要,承受垂直荷载和水平荷载,并与填料产生摩擦力。加筋材料应具有较高的抗拉强度,延伸率小,蠕变小,不易产生脆性破坏;有较高抗拉强度,与填料之间具有足够的摩擦力,耐腐蚀和耐久性能好;具有一定的柔性;延伸率和蠕变变形小,便于制作,价格低廉,使用寿命长,施工简单等特点。使用土工格栅等平面型加筋材料时,竖向间距不宜大于 0.6 m,且不应小于 0.2 m。土工格栅的拉筋长度不应小于 60% 的墙高,且不应小于 4.0 m。当采用不等长拉筋设计时,同长度拉筋的墙段高度不应小于 3.0 m,且同长度拉筋的截面也应相同,相邻不等长拉筋的长度差不宜小于 1.0 m。包裹式加筋土挡土墙拉筋水平回折包裹长度不宜小于 2.0 m,加筋土体最上部 1~2 层拉筋的回折长度应适当加长。包裹式挡土墙墙面板宜采用在加筋体中预埋钢筋进行连接,钢筋埋入加筋体中的锚固长度不应小于 3.0 m,钢筋直径宜为 16~22 mm。用于加筋土结构的预埋钢筋、连接钢筋等应进行防锈处理。对路基面上设置杆架沟槽、管线地段,应采取措施保证加筋土挡土墙的完整和稳定。

(3)墙面板

墙面板的主要作用是防止筋材间填土从侧向挤出,并保证筋材、填料、墙面板构成有一定形状的整体,还有美化外观的作用。墙面板应具有足够的强度,保证拉筋部土体的稳定。按材料类型,墙面板可分为素混凝土墙面板、钢筋混凝土墙面板、条石墙面板和金属墙面板等。金属墙面板因造价过高而一般不用,前两种为我国使用的主要形式。混凝土墙面板按其外形,可分为十字形、槽形、六角形、L 形和矩形等,目前应用最多的是十字形和矩形。

路肩式挡土墙墙顶筋材宜设在基床表层底面高程处。路堤墙墙顶应设平台,平台宽度不宜小于 1.0 m。混凝土帽石段长度可取 2~4 块墙面板宽度,且不大于 4.0 m,厚度不小于 0.5 m,当设置栏杆时,可采用在帽石内预埋 U 形螺栓或预埋焊接钢板等处理措施。

(4)加筋材料与墙面板的连接

墙面板与筋材连接必须坚固可靠,其耐腐蚀性能应与筋材的相同。钢筋混凝土拉筋与墙面板之间、串联式钢筋混凝土拉筋节与节之间的连接,一般采用焊接。金属薄板拉筋与墙面板之间的连接一般采用圆孔内插入螺栓连接。聚丙烯拉筋与墙面板的连接,可用拉环,也可直接穿在墙面板的预留孔中。埋入土中的接头拉环,以浸透沥青的玻璃丝布绕裹两层防护。

(5)墙面板基础

墙面板下应设置厚度不小于 0.4 m 且埋置深度不小于 0.6 m 的混凝土或浆砌片石条形基础。加筋土挡土墙断面示意图如图 6-28 所示,墙面板基础能够调整地面的高差,其顶面的凹槽便于安装第一层墙面板。在土质斜坡地区,基础不能外露,其趾部到倾斜地面的水平距离不应小于 1 m。

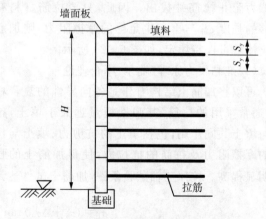

图 6-28 加筋土挡土墙断面示意图

(6)沉降缝与伸缩缝

在地基情况变化处及墙高变化处,通常每隔 $10\sim20$ m 设置沉降缝。伸缩缝与沉降缝统一考虑。在墙面板设缝处应设通缝,缝宽 $2\sim3$ cm,缝内宜用沥青麻布或沥青木板填塞,缝的两端常设置对称的半块墙面板。沿墙长每隔 $15\sim25$ m,应设置伸缩缝或沉降缝。

(7)帽石与栏杆

在加筋土挡土墙顶面,一般设置混凝土或钢筋混凝土帽石。帽石凸出墙面 $3\sim5$ cm,其作用是约束墙面板。栏杆高 $1.0\sim1.5$ m,栏杆柱埋于帽石中,以保证栏杆坚固稳定。

(8)加筋体的横断面形式

加筋体的断面尺寸由内部稳定性和外部稳定性的计算确定。一般情况下,上部筋带长度由抗拔稳定性所决定,而下部筋带长度则取决于加筋体的抗滑移稳定性、抗倾覆稳定性、地基承载力及加筋体的整体抗滑移稳定性等中的一种或若干种因素。

(9)排水

应在加筋土挡土墙墙面接近地面处设一排泄水孔,整体式面板、复合式面板应在整体墙面上设置泄水孔,孔径不小于 100 mm,整体墙面沿墙面自下而上按 $2\sim3$ m 梅花形设置。墙前应设 4% 的横向排水坡,在无法横向排水地段应设纵向排水沟,基础底面应设置于外侧排水沟底以下。

6.4.3 加筋土挡土墙的设计原理

加筋土挡土墙在墙后土体内埋设筋带,使土体与筋带组成复合土体共同作用,以增强其自身稳定性,能够弥补土的抗剪强度低和没有抗拉强度的弱点。筋带和土体之间相互作用可分为摩擦加筋原理和准黏聚力原理。

(1)摩擦加筋原理

填料自重和外力产生的土压力作用于墙面板,通过墙面板的拉筋连接件将此土压力传递给拉筋,而拉筋又被土压住,于是填土与拉筋之间的摩擦力阻止拉筋被拔出。因此,只要拉筋材料有足够的强度,并与土产生足够的摩擦阻力,则加筋的土体就可保持稳定,如图 $6-29$ 所示。

(2)准黏聚力原理(莫尔-库仑理论)

可以将加筋土结构看作是各向异性的复合材料,通常采用的拉筋,其弹性模量远大于填土,拉筋与填土共同作用,包括填土的抗剪力、填土与拉筋的摩擦阻力及拉筋的抗拉力,使得加筋土的强

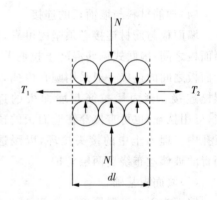

图 $6-29$ 摩擦加筋原理

度明显提高。按照三轴试验条件,加筋土试件达到新的极限平衡时应满足的条件为

$$\sigma_1 = (\sigma_3 + \Delta\sigma_3)\tan^2\left(45° + \frac{\varphi}{2}\right) \qquad (6-45)$$

若筋带所增加的强度以内聚力 C_r 加到土体内来表示,如图 $6-30$ 所示。则极限平衡状态时 σ_1 和 σ_3 保持如下基本关系:

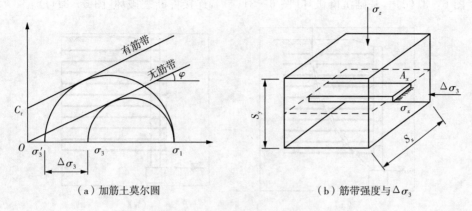

（a）加筋土莫尔圆　　　　　　　　　（b）筋带强度与$\Delta\sigma_3$

图 6 - 30　摩尔-库仑理论解释

$$\sigma_1 = \sigma_3 \, \tan^2\left(45° + \frac{\varphi}{2}\right) + 2C_r \tan\left(45° + \frac{\varphi}{2}\right) \tag{6-46}$$

由以上两式得

$$\Delta\sigma_3 \, \tan^2\left(45° + \frac{\varphi}{2}\right) = 2C_r \tan\left(45° + \frac{\varphi}{2}\right) \tag{6-47}$$

因此，由于筋带作用产生的内聚力 C_r 为

$$C_r = \frac{1}{2} \Delta\sigma_3 \tan\left(45° + \frac{\varphi}{2}\right) \tag{6-48}$$

对于线性膨胀及其横截面面积为 A_s、强度为 σ_s 的筋带，当其水平间距为 S_x 和垂直间距为 S_y 时，约束应力 $\Delta\sigma_3$ 的表达式为

$$\Delta\sigma_3 = \frac{\sigma_s A_s}{S_x S_y} \Rightarrow C_r = \frac{1}{2} \frac{\sigma_s A_s}{S_x S_y} \tan\left(45° + \frac{\varphi}{2}\right) \tag{6-49}$$

与两种设计原理相对应，加筋土挡墙的计算有两种方法：一种是基于摩擦加筋原理，把加筋土看成由土与拉筋两种不同性质的材料组成，两者通过界面相互影响、相互作用，设计时把拉筋、土体分开计算；另一种是基于准黏聚力原理，把加筋土看成复合材料，拉筋的相互作用表现为内力，只对复合材料的性质产生影响，而不直接出现在应力应变的计算中。

6.4.4　加筋土挡土墙的破坏形式

1. 破坏形式

加筋土挡土墙的破坏形式主要由内部不稳定和外部不稳定引起的破坏。

因内部不稳定造成挡土墙破坏主要有拉筋断裂造成挡土墙破坏（主要包括拉筋与墙面板连接能力不足、拉筋强度不足、超载、拉筋被腐蚀）和拉筋与土间结合力不足造成挡土墙破坏。主要有筋带拉断引起的破坏[图 6 - 31(a)]，筋带拔出引起的破坏[图 6 - 31(b)]。

因外部不稳定造成挡土墙破坏主要有挡土墙基底滑动破坏[图 6 - 31(c)]，挡土墙倾覆破坏[图 6-31(d)],基础沉降破坏[图 6-31(e)],连接件断裂破坏[图 6-31(f)]。

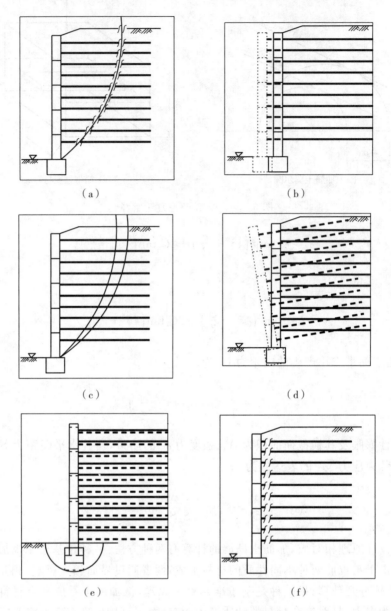

(a)   (b)

(c)   (d)

(e)   (f)

图 6-31　加筋土挡土墙的破坏模式

2.破裂面的确定

在筋土分开的计算方法中,加筋土挡土墙面板后填料中的破裂面的形状和位置是确定筋条尺寸的重要依据。破裂面形式有四种,即直线型、对数螺旋线型、折线型和复合型,如图 6-32 所示。

加筋土中拉筋拉力的最大值在墙的内部,最大拉力线通过墙面脚,在挡土墙上部,最大拉力线与墙面的距离不大于 $0.3H$。在加筋土体中,最大拉力线就是可能的破裂面。最大拉力线的位置随加筋土工程的几何形状、荷载情况、基础形式、土与拉筋间的摩擦力等因素而变化。

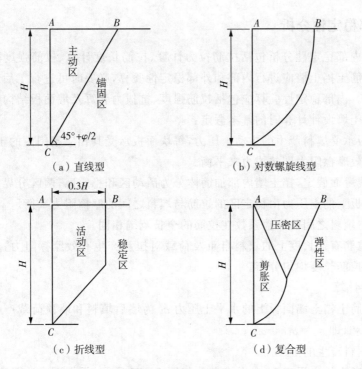

图 6 - 32 破裂面形式

在设计计算中确定破裂面通常选用折线型的 $0.3H$ 法。现行加筋土相关设计规范的 $0.3H$ 折线法确定破裂面有两种：

《铁路路基支挡结构设计规范》(TB 10025—2019)所推荐的确定方法如图 6 - 33(a)所示，破裂面上部 $\frac{H}{2}$ 取墙后 $0.3H$ 处的竖直面，下部 $\frac{H}{2}$ 取墙脚与 $0.3H$ 的连线。

《公路路基设计规范》(JTG D30—2015)的 $0.3H$ 折线法竖直部分取在墙后 $0.3H$ 处，破裂面下部的斜面为和水平面成 $45°+\varphi/2$ 的斜面，如图 6 - 33(b)所示。

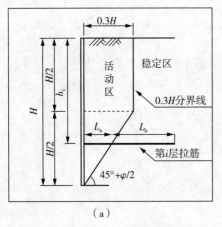

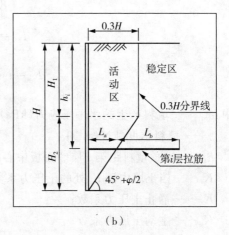

（a）   （b）

图 6 - 33 $0.3H$ 折线法确定破裂面

破裂面将墙后的土体分为活动区(非锚固区)和稳定区(锚固区)两部分。

6.4.5　内部稳定性分析

挡土墙的内部稳定性分析包括拉筋拉力计算、拉筋长度计算、拉筋强度验算和拉筋的间距确定。加筋土挡土墙应进行内部和外部稳定性验算,必要时可进行工后沉降验算及水平变形验算等。内部稳定性验算应包括拉筋强度、抗拔力验算及墙面板结构设计等。

加筋土挡土墙设计计算时的基本假定:

(1)墙面板承受填料产生的主动土压力,每块面板承受其相应范围内的土压力,将由墙面板上拉筋有效摩擦阻力即抗拔力来平衡。

(2)按折线滑面假定,挡土墙内部加筋体分为活动区和稳定区,两区分界面为土体破裂面。作用于面板上的土压力由稳定区的拉筋与填料之间的摩擦阻力平衡。

(3)拉筋与填料之间的摩擦系数在拉筋的全长范围相同。

(4)压在拉筋有效长度上的填料自重及荷载对拉筋产生有效摩擦阻力,且拉筋上受到的竖直荷载沿拉筋长度均匀分布。

1. 土压力计算

作用在加筋土挡土墙面板上的水平土压力 σ_{hi} 为墙后填料和墙顶荷载产生的水平土压力 σ_{h1i} 与 σ_{h2i} 之和,即 $\sigma_{hi}=\sigma_{h1i}+\sigma_{h2i}$。

(1)墙后填料产生的土压力

墙后填料产生的土压应力,其分布曲线如图 6-34 所示,根据下式计算:

$$\sigma_{h1i}=K_i\gamma h_i \tag{6-50}$$

当 $h_i\leqslant6$ m 时,

$$K_i=K_0\left(1-\frac{h_i}{6}\right)+K_a\frac{h_i}{6}$$

当 $h_i>6$ m 时,

$$K_i=K_a$$

$$K_0=1-\sin\varphi_0$$

$$K_a=\tan^2\left(45°-\frac{\varphi_0}{2}\right)$$

式中:σ_{h1i}——填料产生的水平压应力(kPa);

　　　γ——填料重度(kN/m³);

　　　h_i——墙顶填料距第 i 层墙面板中心的高度(m);

　　　K_i——挡土墙内深 h_i 处的土压力系数;

　　　K_0——静止土压力系数;

　　　K_a——主动土压力系数;

　　　φ_0——填料综合内摩擦角(°)。

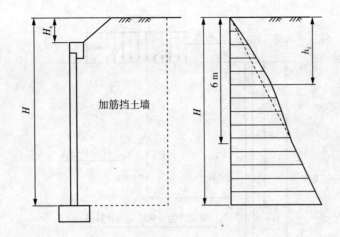

H_s—墙顶以上填料高度(m);H—墙高与H_s之和。

图 6-34　由填料产生的水平压应力分布曲线

(2)墙顶荷载产生的水平土压应力

墙顶荷载产生的水平土压应力,根据规范推荐的方法,利用弹性理论采用下式计算:

$$\sigma_{h2i}=\frac{\gamma h_0}{\pi}\left[\frac{bh_i}{b^2+h_i^2}-\frac{h_i(b+L_0)}{h_i^2(b+L_0)^2}+\arctan\frac{b+L_0}{h_i}-\arctan\frac{b}{h_i}\right] \tag{6-51}$$

式中:σ_{h2i}——荷载产生的水平土压应力(kPa);

b——荷载边缘至墙背的距离(m);

h_0——荷载换算土柱高(m);

L_0——荷载换算宽度(m)。

因此,对于路肩挡土墙,作用在墙背上的水平土压应力为:

$$\sigma_{hi}=\sigma_{h1i}+\sigma_{h2i} \tag{6-52}$$

(3)作用在拉筋上的竖向压应力计算

在计算填料与拉筋之间的摩擦阻力时,须确定该处的竖向压应力 σ_{vi},则填料和拉筋之间单位面积上的摩擦阻力为 $\sigma_{vi}\cdot f$,σ_{vi} 等于填料自重和墙顶填料自重竖向压应力与荷载引起的竖向压应力之和。即按下式计算:

$$\sigma_{vi}=\gamma h_i+\frac{\gamma h_0}{\pi}\left(\arctan X_1-\arctan X_2+\frac{X_1}{1+X_1^2}-\frac{X_2}{1+X_2^2}\right) \tag{6-53}$$

$$X_1=\frac{2x+l_0}{2h_i},X_2=\frac{2x-l_0}{2h_i} \tag{6-54}$$

式中:σ_{vi}——第 i 层面板所对应拉筋上的竖向压应力(kPa);

x——计算点至荷载中线的距离(m),如图 6-35 所示。

由于 x 是随距离变化的值,所以根据上式计算出的竖向土压力沿拉筋长度分布是不同的。在实际设计计算时,可取线路中心线下、拉筋末端和墙背三点所得应力的平均值作为计算值。

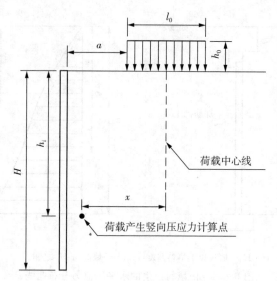

图 6-35 荷载引起的竖向压应力

5. 拉筋设计

（1）拉筋拉力计算。

拉筋的水平间距和竖直间距分别为 S_x 和 S_y，与拉筋对应的拉筋拉力由水平土压力乘以系数 K 计算：

$$T_i = K(E_{xi} + E_{\text{F}i}) \tag{6-55}$$

$$E_{xi} = \sigma_{\text{h}i} S_x S_y \tag{6-56}$$

式中：T_i——第 i 层面板所对应拉筋的计算拉力（kN）；

E_{xi}——第 i 层面板所承受的侧向压力（kN）；

$E_{\text{F}i}$——第 i 层面板所承受的地震侧向压力（kN）；

K——拉筋拉力峰值附加系数，可采用 1.5～2.0；

S_x、S_y——拉筋之间的水平和垂直间距（m）。

（2）拉筋截面面积计算。

拉筋截面设计，由于拉筋的设计拉力已知，根据拉筋材料及其抗拉强度设计值，即可确定拉筋截面面积。

① 钢板拉筋。

设计厚度为扣除预留腐蚀厚度并扣除螺栓孔后的计算净截面面积；钢板作拉筋时，可由下式计算：

$$A \geqslant \frac{T_i}{[\sigma]} \tag{6-57}$$

式中：$[\sigma]$ 为钢板抗拉强度设计值。

另外，若拉筋用螺栓连接，其剪切、抗压强度及焊接时强度，均应按有关规定计算确定。

② 钢筋混凝土拉筋。

钢筋有效净面积为扣除钢筋直径预留腐蚀量后的主钢筋截面面积总和；钢筋混凝土拉

筋,应按中心受拉构件计算

$$A_S \geqslant \frac{T_i}{f_y} \qquad (6-58)$$

式中:A_S——主筋的截面面积;

f_y——普通钢筋抗拉强度设计值。

计算求得的钢筋直径应增加 2 mm,作为预留腐蚀量。为防止钢筋混凝土拉筋被压裂,拉筋内应布置 $\phi4$ 的防裂钢丝。

③ 钢塑复合带、土工格栅、聚丙烯土工带,按统计原理确定其设计截面面积和极限强度,保证率为 98%。

④ 采用土工合成带作拉筋时,须换算为筋带条数,最后取偶数条。

(3)拉筋长度的确定。

拉筋总长度包括无效长度 L_{ai}(非锚固长度)和有效长度 L_{bi}(锚固长度)。

$$L_i = L_{ai} + L_{bi} \qquad (6-59)$$

拉筋的无效长度计算根据 $0.3H$ 折线法来确定。

$$
\begin{aligned}
&当 h_i \leqslant \frac{H}{2} 时, L_{ai} = 0.3H \\
&当 h_i > \frac{H}{2} 时, L_{ai} = 0.6(H - h_i)
\end{aligned}
\qquad (6-60)
$$

拉筋有效长度应根据填料及荷载在该层拉筋上产生的有效摩擦阻力,与相应拉筋设计拉力 T_i 平衡而求得。在计算拉筋与填料之间的摩擦阻力时,仅考虑上下两面,不考虑拉筋侧面的摩擦阻力,这是偏于安全的。则第 i 层拉筋和填料产生的有效摩擦阻力为

$$S_{fi} = 2af\sigma_{vi}L_{bi} = T_i \qquad (6-61)$$

式中:S_{fi}——拉筋抗拔力(kN)。

a——拉筋宽度(m)。

L_{bi}——拉筋有效锚固长度(m)。

f——拉筋与填料之间的摩擦系数,根据抗拔试验确定;当没有试验数据时,可采用 $0.3 \sim 0.4$。

$$L_{bi} = \frac{T_i}{2\sigma_{vi}af} \qquad (6-62)$$

(4)拉筋抗拉强度验算

拉筋容许抗拉强度 $[T]$ 根据式(6-63)计算,拉筋容许拉应力根据式(6-64)计算。在拉筋抗拉强度验算时,应满足拉筋最大拉力 T_{imax} 不大于拉筋抗拉强度,拉筋拉应力不大于拉筋容许拉应力。

拉筋容许抗拉强度

$$[T] = \frac{T}{F_K} > T_{imax} \qquad (6-63)$$

拉筋拉应力

$$\sigma = \frac{T_{imax}}{A'_i} \leqslant \frac{[\sigma]}{K} \qquad (6-64)$$

式中：T——由加筋材料拉伸试验测得的拉筋极限抗拉强度(kN)；

F_K——土工合成材料抗拉强度折减系数，考虑铺设时机械损伤、材料蠕变、化学及生物破坏等因素时，应按实际经验确定，无经验时可采用 2.5~5.0，当施工条件差、材料蠕变性大时，取大值；临时性工程可取小值；

T_{imax}——各分墙段拉筋层的最大拉力(kN)；

σ——拉筋拉应力(kPa)；

A'_i——扣除预留锈蚀量后的各分墙段拉筋截面面积(m^2)；

K——拉筋容许应力提高系数；

$[\sigma]$——拉筋容许拉应力(kPa)。

6.4.6 外部稳定性分析计算

在对加筋土挡土墙的外部稳定性设计计算时，将加筋体看作一个实体墙。外部稳定性验算应包括抗(水平)滑动稳定、抗倾覆稳定、地基承载力验算等，对软弱地基应进行路堤与地基的整体滑动稳定性分析。根据现行规范，加筋土挡土墙的外部稳定性计算方法与重力式挡土墙的相同。在进行外部稳定性验算时，加筋土挡土墙墙顶以上填土荷载应按填土几何尺寸计算。

(1)抗滑动稳定性验算。

挡土墙的抗滑稳定性是指在土压力和其他外荷载的作用下，基底摩阻力抵抗挡土墙滑移的能力，用抗滑稳定系数 F_s 表示，即作用于挡土墙最大可能的抗滑力与实际滑动力之比。一般情况下，有

$$F_s = \frac{f \cdot \left[\sum N + (\sum E_x - E_{x'}) \cdot \tan \alpha_0\right] + E_{x'}}{\sum E_x - \sum N \cdot \tan \alpha_0} \geqslant 1.3 \qquad (6-65)$$

式中：F_s——抗滑稳定系数；

$\sum N$——作用在基地上的竖向力总和(kN)；

$\sum E_x$——墙后主动土压力的水平力总和(kN)；

$E_{x'}$——墙前土压力的水平分力(kN)；

α_0——基底倾斜角(°)；

f——基底与土层间的摩擦系数；宜由试验确定，也可取 0.3 ~ 0.4。

(2)抗倾覆稳定性验算。

挡土墙的抗倾覆稳定性是指它抵抗墙身绕墙趾向外转动倾覆的能力，用抗倾覆稳定系数 F_T 表示，其值为对墙趾的稳定力矩之和与倾覆力矩之和的比值，表达式为

$$F_T = \frac{\sum M_y}{\sum M_o} \geqslant 1.6 \qquad (6-66)$$

式中:F_T——抗倾覆稳定系数;

$\sum M_y$——稳定力系对墙趾的总力矩(kN·m);

$\sum M_o$——倾覆力系对墙趾的总力矩(kN·m)。

(3)地基承载能力验算。

为了保证挡土墙的基底应力不超过地基的容许承载力,应进行基底应力验算,使挡土墙的墙型结构合理和避免发生显著的不均匀沉陷,还应控制作用于挡土墙基底的合力偏心距。

作用于基底合力的法向分力为 $\sum N$,它对墙趾的力臂为 z_N,则有

$$z_N = \frac{\sum M_y - \sum M_o}{\sum N} \tag{6-67}$$

$$e = \frac{B}{2} - z_N = \frac{B}{2} - \frac{\sum M_y - \sum M_o}{\sum N} \tag{6-68}$$

式中:e——基底合力偏心距(m);土质地基不应大于 $B/6$,岩石地基不应大于 $B/4$。

B——基底宽度(m)。

z_N——作用作用于基底上的垂直分力对墙趾的力臂(m)。

$\sum N$——作用在基地上的总竖向力(kN)。

基底压应力不应大于地基的容许承载能力,否则,应重新进行设计或对地基进行加固处理。

例 6-3 某高速公路采用整体式路基宽 24.5 m,其中:行车道宽 2 m×7.5 m,硬路肩宽 2 m×2.50 m,中间带宽 3.0 m(中央分隔带 2.0 m,左侧路缘带宽 2 m×0.50 m),土路肩宽 2 m×0.75 m。填料为砂性土,其标准重度 $\gamma_1 = 19\ kN/m^3$,内摩擦角 $\varphi = 35°$;地基为黄土,其标准重度 $\gamma_2 = 22\ kN/m^3$,内摩擦角 $\varphi = 30°$;黏聚力 $c = 55\ kPa$;地基容许承载力 $f_a = 600\ kPa$;基底摩擦系数 $f = 0.4$。设计荷载为高速公路I级标准载荷,设计速度为 100 km/h。原始地基已采用 CFG 桩进行了处理,处理后地基承载力可在 350 kPa 及以上。设计该公路的加筋土挡土墙。

表 6-4　主要地层及其参数表

地层	重度/(kN/m³)	黏聚力/kPa	内摩擦角/°	容许承载力/kPa
人工填土(粉黏)	19	20	15	—
淤泥质黏土(Q_4^{dl+pl})	17.2	6.22	3.45	60
松软土(Q_4^{dl+pl})	19.4	13.64	9.27	100
粉质黏土(Q_4^{dl+pl})	19	18	15	150
细砂(Q_4^{dl+pl})	18	—	25	100
粗圆砾土(Q_4^{dl+pl})	20	—	30	200
泥岩夹砂岩(K^{2p})	20	20	11	200

解:(1)截面尺寸设计。

根据工程实际情况,确定该设计宽度为 8.0 m,设计加筋土挡土墙墙高为 6.8 m。墙面板安装倾斜度为 1∶10。墙顶预留 0.4 m 厚铺装层,考虑了人行、行车等活载后,已换算为 1.4 m 高均布荷载。铺装层容重 $\gamma = 20$ kN/m³。

(2)拉筋初步选取。

拉筋采用 TGDG220 型聚乙烯复合土工带,截面尺寸为 50 mm×2.2 mm,极限抗拉强度为 220 kPa。

拉筋通过预埋在预制混凝土面板中的钢筋拉环与面板连接,接头处采用绑扎方式固定拉筋。拉筋水平间距 $S_x = 0.4$ m,垂直间距 $S_y = 0.4$ m,均匀布置在填料中。

通过加筋土挡土墙的整体稳定性(基底抗滑、抗倾覆稳定)验算,来初步确定拉筋的有效长度。根据库仑土压力理论计算墙后地震主动土压力。在初步确定拉筋长度时,将加筋体看作一个整体,假设其宽度为 L,并假设假想墙背竖直,即 $\varepsilon = 0$。

① 土压力计算。

主动土压力系数

$$K_a = \frac{\cos^2(33.5° - 0°)}{\cos^2 0° \cos(31.5° + 0°)\left(1 + \sqrt{\dfrac{\sin(31.5° + 33.5°)\sin(33.5° - 0°)}{\cos(31.5° + 0°)\cos(0° - 0°)}}\right)^2} \approx 0.261$$

根据公式计算主动土压力

$$E_a = \frac{1}{2}\gamma H^2 K_a = \frac{1}{2} \times 20 \times 6.8^2 \times 0.261 \approx 120.7 (\text{kN})$$

E_a 与竖直方向的夹角为 31.5°,作用点取距墙底 $H/3$。土压力的水平和垂直分力分别为

$$E_x = E_a \cos 31.5° = 120.7 \times \cos 31.5° \approx 102.9 (\text{kN})$$

$$E_y = E_a \sin 31.5° = 120.7 \times \sin 31.5° \approx 63.0 (\text{kN})$$

② 基底抗滑稳定性验算。

作用在基底上的竖向力总和

$$\sum N = 20 \times 6.8L + 20 \times 1.4L = 164L$$

根据公式有

$$F_s = \frac{f \cdot \sum N}{\sum E_x} > 2.0$$

取 $f = 0.33$,代入各值求解得

$$L > 3.80 \text{ m}$$

③ 抗倾覆稳定性检算。

稳定力系对墙趾的总力矩

$$\sum M_y = \frac{L}{2} \cdot \sum N + L \cdot \sum E_y = \frac{1}{2} \times 164L + 63.0L = 145L$$

倾覆力系对墙趾的总力矩

$$\sum M_o = \frac{H}{3} \cdot \sum E_x = \frac{6.8}{3} \times 102.9 = 233.24 (\mathrm{kN \cdot m})$$

根据公式有

$$F_s = \frac{\sum M_y}{\sum M_o} \geqslant 1.6$$

代入各值求解得

$$L \geqslant 2.57 \text{ m}$$

通过以上计算可知,初步确定拉筋的长度应不小于 3.80 m,取整数 $L = 4.0$ m。

(3) 荷载计算。

① 土压力计算。

$$K_0 = 1 - \sin 33.5° \approx 0.448$$

$$K_a = \tan^2 \left(45° - \frac{33.5°}{2} \right) \approx 0.289$$

当 $h_i \leqslant 6$ m 时,

$$K_i = 0.448 \times \left(1 - \frac{h_i}{6} \right) + 0.289 \times \frac{h_i}{6} = 0.448 - 0.159 \times \frac{h_i}{6}$$

$$\sigma_{h1i} = \left(0.448 - 0.159 \times \frac{h_i}{6} \right) \times 20 \, h_i = 8.96 \, h_i - 0.53 \, h_i^2$$

当 $h_i > 6$ m 时,

$$\sigma_{h2i} = 0.289 \times 20 \, h_i = 5.78 \, h_i$$

② 侧压力计算。

a. 列车荷载引起的侧向压力:

$$\sigma'_{h2i} = \frac{20 \times 3.1}{\pi} \times \left[\frac{8.8 \, h_i}{8.8^2 + h_i^2} - \frac{(8.8 + 3.3) \, h_i}{h_i^2 + (8.8 + 3.3)^2} + \arctan \frac{8.8 + 3.3}{h_i} - \arctan \frac{8.8}{h_i} \right]$$

b. 铺装层引起的侧向压力:

$$\sigma''_{h2i} = \frac{20 \times 1.4}{\pi} \times \left(\arctan \frac{8.0}{h_i} - \frac{8.0 \, h_i}{8.0^2 + h_i^2} \right)$$

$$\sigma_{h2i} = \sigma'_{h2i} + \sigma''_{h2i}$$

c. 第 i 层面板所受侧向压力:

$$E_{xi} = (\sigma_{h1i} + \sigma_{h2i}) S_x S_y$$

计算结果列于表 6-5。

表 6-5 各面板所受侧向压力计算表

序号	拉筋深度 h_i/m	σ_{h1i}/kPa	σ_{h2i}/kPa	E_{xi}/kN
1	0.2	1.772	13.555	2.438
2	0.6	4.926	12.913	2.854
3	1.0	8.004	12.524	3.284
4	1.4	10.917	12.142	3.689
5	1.8	13.664	11.768	4.069
6	2.2	16.247	11.399	4.423
7	2.6	18.664	11.035	4.752
8	3.0	20.916	10.674	5.054
9	3.4	23.003	10.315	5.331
10	3.8	24.925	9.959	5.581
11	4.2	26.682	9.604	5.806
12	4.6	28.273	9.250	6.004
13	5.0	29.700	8.899	6.176
14	5.4	30.961	8.550	6.322
15	5.8	32.058	8.204	6.442
16	6.2	33.604	7.863	6.635
17	6.6	35.772	7.527	6.928

③ 竖向压力计算。

a. 填料和预留铺装层引起的竖向压力:

$$\sigma_{v1i} = \gamma_E h_i + 1.4\gamma = 20 h_i + 28$$

b. 车辆荷载引起的竖向压力:

因其他车道离站台边缘的距离较远,其车辆荷载对加筋土挡土墙稳定性的影响很小,可忽略。取线路中心线下、拉筋末端和墙背三点所对应的 x 值,分别为 $x_1 = 0$、$x_2 = 3.5$、$x_3 = 10.45$,计算该三点处的竖向压力,然后求取平均值作为计算值,由式(6-53)计算而得。

$$X_1 = \frac{2x_i + 3.3}{2h_i}$$

$$X_2 = \frac{2x_i - 3.3}{2h_i}$$

$$\sigma_{v2i} = \frac{20 \times 3.3}{\pi}\left(\arctan X_1 - \arctan X_2 + \frac{X_1}{1 + X_1^2} - \frac{X_2}{1 + X_2^2}\right)$$

计算结果列于表 6-6。

表 6-6 竖向压力计算表

序号	拉筋深度h_i/m	σ_{v1i}/kPa	σ_{v2i}/kPa	σ_{vi}/kPa
1	0.2	32.000	0.000	32.000
2	0.6	40.000	20.657	60.657
3	1.0	48.000	20.430	68.430
4	1.4	56.000	19.811	75.811
5	1.8	64.000	18.926	82.926
6	2.2	72.000	17.963	89.963
7	2.6	80.000	17.034	97.034
8	3.0	88.000	16.182	104.182
9	3.4	96.000	15.412	111.412
10	3.8	104.000	14.717	118.717
11	4.2	112.000	14.087	126.087
12	4.6	120.000	13.514	133.514
13	5.0	128.000	12.988	140.988
14	5.4	136.000	12.506	148.506
15	5.8	144.000	12.062	156.062
16	6.2	152.000	11.651	163.651
17	6.6	160.000	11.270	171.270

④ 拉筋拉力计算。

拉筋拉力设计计算结果列于表 6-7。

表 6-7 拉筋拉力计算表

序号	拉筋深度h_i/m	E_{zi}/kN	T_i/kN
1	0.2	2.438	4.876
2	0.6	2.854	5.708
3	1.0	3.284	6.569
4	1.4	3.689	7.379
5	1.8	4.069	8.138
6	2.2	4.423	8.847
7	2.6	4.752	9.504
8	3.0	5.054	10.109

序号	拉筋深度h_i/m	E_{xi}/kN	T_i/kN
9	3.4	5.331	10.662
10	3.8	5.581	11.163
11	4.2	5.806	11.611
12	4.6	6.004	12.008
13	5.0	6.176	12.352
14	5.4	6.322	12.644
15	5.8	6.442	12.884
16	6.2	6.635	13.270
17	6.6	6.928	13.856

（4）拉筋长度计算。

① 无效长度。

根据 $0.3H$ 折线法，计算拉筋无效长度。

当$h_i \leqslant 3.4$ m 时，

$$L_{ai} = 0.3H = 0.3 \times 6.8 = 2.04 \text{(m)}$$

当$h_i > 3.4$ m 时，

$$L_{ai} = 0.6(H - h_i) = 0.6 \times (6.8 - h_i)$$

② 有效长度。

根据公式，计算拉筋有效长度。

$$L_{bi} = \frac{T_i}{2fa\sigma_{vi}} = \frac{T_i}{2 \times 0.4 \times 0.05 \times \sigma_{vi}}$$

$$T_i = K \cdot E_{xi}$$

③ 拉筋全长。

安全系数 K 取 2.0。拉筋最小长度应不小于 60% 的墙高，即 4.08 m。按公式计算拉筋全长。拉筋长度计算以及确定的最终长度列于表 6-8。

表 6-8 拉筋长度计算表

序号	拉筋深度h_i/m	L_{ai}/m	L_{bi}/m	L/m	L_{0i}/m	L'_{bi}/m
1	0.2	2.04	4.27	6.31	7.00	4.96
2	0.6	2.04	2.59	4.63	7.00	4.96
3	1.0	2.04	2.61	4.65	7.00	4.96
4	1.4	2.04	2.63	4.67	7.00	4.96

序号	拉筋深度 h_i/m	L_{ai}/m	L_{bi}/m	L/m	L_{0i}/m	L'_{bi}/m
5	1.8	2.04	2.63	4.67	7.00	4.96
6	2.2	2.04	2.62	4.66	7.00	4.96
7	2.6	2.04	2.60	4.64	7.00	4.96
8	3.0	2.04	2.57	4.61	7.00	4.96
9	3.4	2.04	2.52	4.56	7.00	4.96
10	3.8	1.80	2.46	4.26	7.00	5.20
11	4.2	1.56	2.40	3.96	5.00	3.44
12	4.6	1.32	2.33	3.65	5.00	3.68
13	5.0	1.08	2.25	3.33	5.00	3.92
14	5.4	0.84	2.18	3.02	5.00	4.16
15	5.8	0.60	2.10	2.70	5.00	4.40
16	6.2	0.36	2.06	2.42	5.00	4.64
17	6.6	0.12	2.04	2.16	5.00	4.88

注：表中 L_{0i} 为拉筋设计长度；L'_{bi} 为拉筋实际有效长度。

由表 6-8 中的计算结果可知，除下面 7 层拉筋外，其余拉筋的计算长度均大于 4.0 m。在拉筋设计长度取值时，拉筋的长度不应小于计算长度，且不同长度的拉筋的种类不应超过三种，每两种之间的长度差不宜小于 1.0 m。

(5)拉筋抗拔力计算。

根据公式计算拉筋的抗拔力，即

$$S_{fi} = 2\sigma_{vi} a L'_{bi} f$$

计算结果列于表 6-9。

表 6-9　拉筋抗拔力计算表

序号	拉筋深度 h_i/m	σ_{vi}/kPa	L'_{bi}/m	S_{fi}/kN
1	0.2	1.200	4.96	6.349
2	0.6	2.600	4.96	9.026
3	1.0	4.000	4.96	10.182
4	1.4	5.400	4.96	11.281
5	1.8	6.800	4.96	12.339
6	2.2	8.200	4.96	13.386
7	2.6	9.600	4.96	14.439
8	3.0	11.000	4.96	15.502

序号	拉筋深度h_i/m	σ_{vi}/kPa	L'_{bi}/m	S_{fi}/kN
9	3.4	12.400	4.96	16.578
10	3.8	13.800	5.20	18.520
11	4.2	15.200	3.44	13.012
12	4.6	16.600	3.68	14.740
13	5.0	18.000	3.92	16.580
14	5.4	19.400	4.16	18.534
15	5.8	20.800	4.40	20.600
16	6.2	22.200	4.64	22.780
17	6.6	23.600	4.88	25.074

（6）拉筋抗拔稳定性验算。

① 有荷载作用的抗拔稳定性验算。

a. 单根抗拔稳定：

由于拉筋长度取整数，其有效长度有所差异，设计选定拉筋长度为L_{0i}，则拉筋实际有效长度为

$$L'_{bi} = L_{0i} - L_{ai}$$

单根抗拔稳定性的计算结果列于表6-10，其中K_{si}均大于2.0，单根抗拔稳定安全满足要求。

表6-10 有荷载作用下单根抗拔稳定计算表

序号	拉筋深度h_i/m	E_{xi}/kN	S_{fi}/kN	K_{si}
1	0.2	2.438	6.349	2.33
2	0.6	2.854	9.026	2.87
3	1.0	3.284	10.182	2.85
4	1.4	3.689	11.281	2.83
5	1.8	4.069	12.339	2.83
6	2.2	4.423	13.386	2.84
7	2.6	4.752	14.439	2.86
8	3.0	5.054	15.502	2.90
9	3.4	5.331	16.578	2.95
10	3.8	5.581	18.520	3.17
11	4.2	5.806	13.012	2.15

序号	拉筋深度h_i/m	E_{xi}/kN	S_{fi}/kN	K_{si}
12	4.6	6.004	14.740	2.37
13	5.0	6.176	16.580	2.61
14	5.4	6.322	18.534	2.86
15	5.8	6.442	20.600	3.14
16	6.2	6.635	22.780	3.39
17	6.6	6.928	25.074	3.59

b. 全墙抗拔稳定：

$$F_s = \frac{\sum S_{fi}}{\sum E_{xi}} = \frac{258.922}{85.798} \approx 3.02 > 2.0，满足要求。$$

② 无荷载作用的抗拔稳定性验算。

a. 单根抗拔稳定：

单根抗拔稳定性的计算结果列于表 6-11。

表 6-11　无荷载作用下单根抗拔稳定计算表

序号	拉筋深度h_i/m	E_{xi}/kN	S_{fi}/kN	K_{si}
1	0.2	2.438	6.349	2.563
2	0.6	2.815	7.936	2.781
3	1.0	3.168	9.523	2.970
4	1.4	3.497	11.110	3.142
5	1.8	3.805	12.698	3.303
6	2.2	4.092	14.285	3.458
7	2.6	4.359	15.872	3.609
8	3.0	4.606	17.459	3.759
9	3.4	4.834	19.046	3.714
10	3.8	5.043	21.632	4.075
11	4.2	5.233	15.411	2.818
12	4.6	5.403	17.664	3.148
13	5.0	5.555	20.070	3.500
14	5.4	5.686	22.630	3.877
15	5.8	5.797	25.344	4.282
16	6.2	5.986	28.211	4.641
17	6.6	6.280	31.232	4.923

b. 全墙抗拔稳定：

由公式计算得无荷载作用下全墙的抗拔稳定性：$F_s = \dfrac{\sum S_{fi}}{\sum E_{xi}} = \dfrac{296.474}{78.597} \approx 3.77 >$ 2.0，满足要求。

（7）外部稳定性验算。

① 基底滑动稳定性验算。

取基底的宽度 $B = 5.0\ \mathrm{m}$，则

$$\sum N = 20 \times 6.8 \times 5.0 + 20 \times 1.4 \times 5.0 = 820(\mathrm{kN})$$

由公式验算基底抗滑稳定性：$F_T = \dfrac{f \cdot \sum N}{\sum E_x} = \dfrac{0.33 \times 820}{102.9} \approx 2.63 > 2.0$，满足要求。

② 全墙倾覆稳定性验算。

对于倾覆力系对墙趾的总力矩的计算，偏安全的取地震力合力作用点为距基底 $H/2$ 处，列车荷载引起的侧向压力的合力作用点取距基底 $H/3$ 处。

稳定力系对墙趾的总力矩

$$\sum M_y = \sum N \times \frac{B}{2} + E_y \times B = 820 \times \frac{5.0}{2} + 69.0 \times 5.0 = 2395(\mathrm{kN \cdot m})$$

倾覆力系对墙趾的总力矩

$$\sum M_o = E_x \cdot \frac{H}{3} = 102.9 \times \frac{6.8}{3} = 233.24(\mathrm{kN \cdot m})$$

$$F_T = \frac{\sum M_y}{\sum M_o} = \frac{2395}{233.24} \approx 10.3 > 1.3，满足要求。$$

③ 基底承载力验算。

先由公式计算基底合力偏心距

$$e = \frac{B}{2} - z_N = \frac{B}{2} - \frac{\sum M_y - \sum M_0}{\sum N} = \frac{5.0}{2} - \frac{2395 - 233.24}{820} \approx -0.1(\mathrm{m})$$

$|e| < \dfrac{B}{6} \approx 0.83(\mathrm{m})$，满足要求。

计算基底承载力：

$$\begin{matrix} p_{\max} \\ \\ p_{\min} \end{matrix} = \frac{\sum N}{B}\left(1 \pm \frac{6e}{B}\right) = \frac{820}{5.0}\left(1 \pm \frac{6 \times 0.1}{5.0}\right) = \begin{cases} 183.68(\mathrm{kPa}) \\ 144.32(\mathrm{kPa}) \end{cases}$$

本区段已采用 CFG 桩处理地基，其承载能力可在 350 kPa 及以上。因此，挡土墙基底承载能力满足要求，挡土墙不会因基底压应力过大而发生破坏。

思考与练习题

1. 什么是挡土墙？挡土墙有哪几种类型？试分析各类挡土墙的结构特点及使用条件。

2. 常用的重力式挡土墙一般由哪几部分组成？

3. 重力式挡土墙的基础类型有哪些？对基础的埋置深度有哪些要求？

4. 简述悬臂式挡土墙的类型及特点。

6. 什么是加筋土挡土墙，加筋土挡土墙有哪些优点？

7. 加筋土挡土墙的加筋机理是什么？

8. 设计一浆砌块石挡土墙。墙高 $H=6$ m，墙背竖直光滑，墙后填土水平，填土的物理力学指标：重度 $\gamma=20$ kN/m³，内摩擦角 $\varphi=40°$，黏聚力 $c=0$，基底摩擦系数 $f=0.6$，地基承载力设计值 $f_a=180$ kPa。

9. 已知某地区修建重力式挡土墙，高度 $H=5.0$ m，墙顶宽 $b=1.5$ m，墙底宽 $B=2.5$ m。墙面竖直；墙背俯斜，倾角 $\alpha=10°$；填土表面倾斜，坡度 $\beta=12°$；墙背摩擦角 $\delta=20°$。墙后填土为中砂，重度 $\gamma=17.0$ kN/m³，内摩擦角 $\varphi=30°$。地基为砂土，墙底摩擦系数 $f=0.4$，墙体材料重度 $\gamma_G=22.0$ kN/m³。验算此挡土墙的抗滑移及抗倾覆稳定安全系数是否满足要求。

第7章　抗滑桩设计与计算

7.1　概　述

　　抗滑桩工程是地质灾害治理工程中的一部分。抗滑桩通常布设在新老滑坡的剪切面处，桩身穿过滑面嵌入滑床中。其原理是桩与周围岩土共同作用，依靠锚固段提供抗力，起阻滑作用。抗滑桩多为矩形截面，属于大截面受荷桩。抗滑桩稳定边坡效果显著，在滑坡防治工程中得到了广泛运用，已成为整治滑坡和稳定边坡的主要措施之一。抗滑桩适用于浅层和中厚层的滑坡，是一种抗滑处理的主要措施，但对正在活动的滑坡打桩阻滑需要慎重，以免因震动而引起滑动。抗滑桩分为受荷段和锚固段，埋入滑动面以下部分称为锚固段，滑动面以上部分称为受荷段，其示意图如图 7-1 所示。

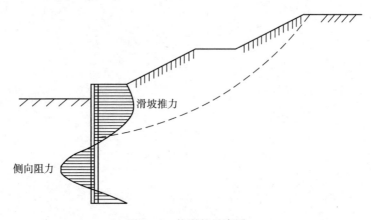

滑坡推力

侧向阻力

图 7-1　抗滑桩示意图

　　当桩横向受荷时，根据桩与周围土体的相互作用，可将桩分为两类：直接承受外荷并主动向桩周围土体中传递应力，称为"主动桩"；不直接承受外荷载，只是由于桩周围土体在自重或外荷作用下发生变形或运动而受到影响，称为"被动桩"，抗滑桩属于"被动桩"。

　　抗滑桩的破坏机理及桩土之间的相互作用问题十分复杂。在土坡或地基中，一般认为桩的抗滑作用来自两个方面：一是桩的表面摩阻力，它将土体滑动面以上的部分土重传至滑动面以下，从而减少滑动力；二是桩本身刚度提供的抗滑力，直接阻止土体的滑动。由于对桩表面摩阻力的抗滑机理研究不够，又无合理的计算方法，所以在桩的抗滑稳定性验算中，桩的这部分抗滑作用，一般略去不计。在工程实践中，主要计算后者的抗滑力。

　　抗滑桩在滑坡治理中的应用在国外开始于 20 世纪 30 年代，在国内开始于 20 世纪 50 年代，目前已成为边坡治理的主要工程措施之一。工程实践表明，抗滑桩能迅速、安全、经

济地解决一些特殊困难的工程,且具有如下特点:

(1)施工方便、安全、施工速度快,对原有边坡的破坏较小。施工时可间隔开挖,不致引起滑坡条件的恶化。因此,较适于整治已通车路段的滑坡或处在缓慢滑动阶段的滑坡。

(2)结构简单,使用材料少,充分发挥所用材料的性能,较为经济。

(3)抗滑能力大,圬工数量小,在滑坡推力大,滑动面深的情况下,较其他抗滑措施经济、有效。

(4)桩身布置灵活,可布置在滑坡最不利滑段处,可单独使用,也可与其他抗滑构造物配合使用。若分排设置,可将巨大的滑坡体切割成若干分散的单元体,对滑坡起分而治之的作用。

(5)开挖时能对土层情况进行实地校核,可使原有方案进行动态的优化分析,更适用于实际工程。

鉴于抗滑桩的作用原理和上述特点,其使用条件是:滑坡具有明显的滑动面,滑坡体为非塑流性的地层,能被桩所稳定,滑床为较完整的基岩或密实的土层,可以提供足够的锚固力。当锚固条件较好时,尽量充分利用桩前地层的被动抗力,使其效果显著,工程经济性更好。

抗滑桩与一般桩基类似,但主要是承担水平荷载。抗滑桩也是边坡处治工程中常用的处治方案之一,从早期的木桩,到近代的钢桩和目前在边坡工程中常用的钢筋混凝土桩,断面形式有圆形和矩形,施工方法有打入、机械成孔和人工成孔等方法,结构形式有单桩、排桩、群桩,有锚桩和预应力锚索桩等。

抗滑桩的分类形式较多,分类方法也很多。

按材质分类,抗滑桩有木桩、钢桩、钢筋混凝土桩和组合桩。

钢桩也可分为钢管桩、箱形钢桩、"工"形或"H"形钢桩等,最常用的是钢管桩。与钢筋混凝土桩相比,钢桩体积大、成本高,但由于其承载力大、强度高,易于处理和方便搬运。当轴承高度发生变化时,钢桩容易延长或缩短。由于"工"形和H形钢桩的体积小、表面摩擦力大,可以避免土的横向移动或地面的抬升。

根据施工方法,钢筋混凝土桩可分为灌注桩和预制桩。通常在现场,先挖孔再灌注混凝土桩。由于施工噪声小,能适应各种地质环境等优点,因此灌注桩得到了广泛地应用。1963年,中国首次采用灌注桩。随着经济的发展,我国的建筑技术也得到了很大的发展。研究表明,自1990年以来,灌注桩的年利用率已达一百万根及以上。预制桩通常是在工厂预制的,然后运到施工现场,最终被打入地基土中。不易锈蚀、耐久性好、强度高是预制桩的优点,能减少打桩时可能出现的裂缝。其缺点是施工噪声大、用钢量大、成本高,因此没有得到广泛地应用。

按桩的埋置情况和受力情况分类,抗滑桩可分为全埋式桩和悬臂式桩,如图7-2所示。全埋式桩被完全埋入土中,桩前桩后均受外力作用,悬臂式桩则只受桩后土体作用,桩后滑坡土体对桩不产生被动抗力。

按成桩方法分类,抗滑桩有打入桩、静压桩、就地灌注桩,就地灌注桩又分为沉管灌注桩、钻孔灌注桩两大类。对常用的钻孔灌注桩,又可分机械钻孔桩和人工挖孔桩。

按结构分类,抗滑桩分为单桩、排桩、群桩和有锚桩。排桩形式常见的有椅式桩墙、门式刚架桩墙、排架抗滑桩墙,如图 7-3 所示。有锚抗滑桩常见的有锚杆桩和锚索桩,锚杆桩有单锚和多锚,锚索抗滑桩多用单锚,如图 7-4 所示。

按桩身断面形式分类,抗滑桩分为方形桩、圆形桩、"工"字形桩等。

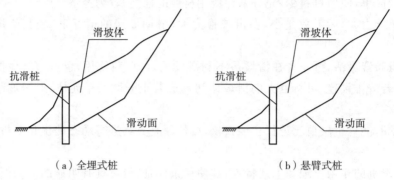

图 7-2　全埋式桩和悬臂式桩

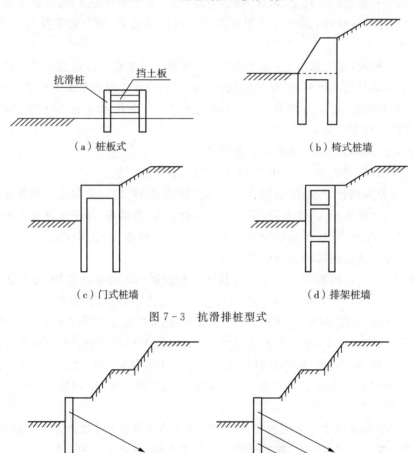

图 7-3　抗滑排桩型式

图 7-4　有锚抗滑桩

木桩是最早采用的桩,其特点是就地取材、方便、易于施工,但桩长有限,桩身强度不高,一般用于浅层滑坡的治理、临时工程或抢险工程。

钢桩的强度高、施打容易、快速,接长方便,但受桩身断面尺寸限制,横向刚度较小,造价偏高。

钢筋混凝土桩是边坡处治工程广泛采用的桩材,桩断面刚度大,抗弯能力高,施工方式多样,可打入、静压、机械钻孔就地灌注和人工成孔就地灌注,其缺点是混凝土抗拉能力有限。

采用打入桩时,应充分考虑施工振动对边坡稳定的影响,一般是全埋式抗滑桩或填方边坡可采用,同时下卧地层应有可打性。抗滑桩施工常用的是就地灌注桩,机械钻孔速度快,桩径可大可小,适用于各种地质条件。但对地形较陡的边坡工程,机械进入和架设困难较大。另外,钻孔时的水对边坡的稳定也有影响。人工成孔的特点是方便、简单、经济,但速度较慢,劳动强度高,遇不良地层(如流沙)时处理相当困难,另外,桩径较小时人工作业困难,桩径一般应在 1000 mm 以上才适宜人工成孔。

根据《铁路路基支挡结构设计规范》(TB 10025—2019),抗滑桩的桩位应设在滑坡体较薄、锚固段地基强度较高的地段,对其平面布置、桩间距、桩长和截面尺寸等的确定,应综合考虑以达到经济合理,桩间距宜为 6~10 m。

抗滑桩的截面形状宜为矩形。桩的截面尺寸应根据滑坡推力的大小、桩间距及锚固段地基的横向容许抗压强度等因素确定。桩最小边宽度不宜小于 1.25 m。

根据需要,对抗滑桩的工作方式、方法的设置和长度进行选择,使其能够适应不同环境下的地基工程。抗滑桩具有多种功能:抗压功能,即能够承受轴向的荷载;抗拔功能,能承受轴向荷载;抗弯功能,即能承受水平荷载;能承受组合荷载。

通过研究发现,以下情况可以运用抗滑桩:

(1)抗滑桩应放置在相对较薄的滑坡区域,推力作用较小,岩体的基础强度较高。有必要时采取措施防止滑坡体从桩顶滑落,或从桩底产生新的深滑。

(2)抗滑桩主要适用单列布置,当滑坡的推力较大时,可以对滑坡进行分段,防止滑坡。若弯矩过大,应采用预应力锚杆(索)抗滑桩。

(3)抗滑桩桩长宜小于 35 m。对于滑带埋深大于 25 m 的滑坡,应充分论证抗滑桩阻滑的可行性。

抗滑桩设计一般应满足以下要求:

(1)抗滑桩提供的抗滑力应使整个滑坡体具有足够的稳定性,即滑坡体的稳定安全系数应满足相应规范规定的安全系数或可靠指标,同时保证滑坡体不从桩顶滑出,不从桩间挤出。

(2)桩身要有足够的强度和稳定性。即桩的断面要有足够的刚度,桩的应力和变形满足规定要求。

(3)桩周的地基抗力和滑坡体的变形在容许范围内。

(4)抗滑桩的埋深及锚固深度、桩间距、桩结构尺度和桩断面尺寸都比较适当,安全可靠,施工可行、方便,造价较经济。

因此,抗滑桩的设计计算包括以下几个方面:①桩的平面布置,确定桩位;②桩截面尺寸及间距的确定;③桩长及锚固深度的确定;④作用于桩身的外荷载计算;⑤桩的内力和变位计算;⑥桩的配筋计算;⑦地基强度验算。

7.2 地基抗力计算

作用于桩身的荷载有滑坡体推力、受荷段滑坡体抗力、锚固段地层抗力、桩侧摩阻力、桩身自重及桩底反力等。其中桩侧摩阻力、桩身自重及桩底反力一般不予考虑。滑坡体的稳定性主要由受荷段地层抗力及锚固段地层抗力决定。

7.2.1 锚固段地基反力

抗滑桩将滑坡推力传递给滑动面以下的桩周围土体时,桩的锚固段土体受力后发生变形,并由此产生地基反力。地基反力是一个未知量,它的大小、分布与地基土的性质、桩的变形量有关。锚固段桩前、后岩土体受力后随应力大小而变形,处于弹性阶段时,应力与应变成正比,按弹性反力计算;处于塑形阶段变形时,侧应力增加不多而变形剧增,情况比较复杂,但地基反力应不超过锚固段地基上的侧向容许承载力;处于变形范围较大的塑性阶段时,采用极限平衡法计算土层反力值。一般条件下,如果不产生塑性变形,均可按弹性反力考虑。为简化计算过程,计算时不考虑桩身自重、桩身与周围土层的摩擦阻力及桩底反力。

基于弹性理论,根据地基系数计算桩周反力,即假定地层为弹性介质,地基反力与桩的位移量成正比,即:

$$P = K \cdot B_P \cdot x_y \tag{7-1}$$

式中:P——地基反力;

K——地基系数;

B_P——桩的计算宽度;

x_y——地层 y 处的位移量。

1. 地基系数 K

地基系数是指单位面积地层发生单位变形所需施加的力,它是地基土的一个物理量。由于土的可变性和复杂性,地基系数沿深度的变化规律也比较复杂,应根据地层的性质和深度来确定。

在同一地层中沿桩轴的地基系数的分布形状有矩形、梯形、抛物线形、三角形等,如图7-5所示。

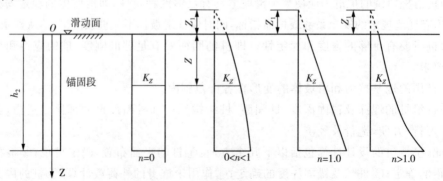

图 7-5 地基系数分布形状图

图中 n 为线性指数,当 $n=0$ 时,地基系数呈矩形分布;当 $0<n<1$ 时,地基系数呈抛物线分布;当 $n=1.0$ 时,地基系数呈梯形或三角形分布;当 $n>1.0$ 时,地基系数为反抛物线形分布。

(1)当地基土为较完整岩层或硬黏土时,地基系数应为矩形分布,即地基系数不随深度变化而变化,相应的计算方法称为 K 法,水平方向的地基系数以"K_h"表示,竖直方向地基系数以"K_v"表示。该法为我国学者张有龄先生于 1937 年提出,在日本和美国应用较多。

根据饱和极限抗压强度,表 7-1 给出了较完整岩层的地基系数 K_v 值。

表 7-1 较完整岩层的地基系数 K_v 值

序号	饱和极限抗压强度/kPa	K_v/kN/m³
1	10000	$(1.0\sim2.0)\times10^5$
2	15000	2.5×10^5
3	20000	3.0×10^5
4	30000	4.0×10^5
5	40000	5.0×10^5
6	50000	8.0×10^5

一般情况下,水平方向的地基系数可根据竖直方向的地基系数来确定。《铁路隧道工程施工手册》《建筑地基基础设计规范》(GB 50007—2011)和《建筑桩基技术规范》(JGJ 94—2008)分别给出了两个系数的比值,见表 7-2 所列。

表 7-2 水平方向与竖直方向地基系数比值

规范	《铁路隧道工程施工手册》	《建筑地基基础设计规范》	《建筑桩基技术规范》
$\dfrac{K_h}{K_v}$	0.8	0.5	0.7

(2)硬塑、半干塑的砂黏土或风化破碎的岩层时,认为地基系数是随深度而变化的,即

水平方向的地基系数: $$K_h=A_h+M_h z^n \tag{7-2}$$

竖直方向的地基系数: $$K_v=A_v+M_v z^n \tag{7-3}$$

式中:A_h,A_v——地层水平方向和竖直方向的地基系数(kN/m³);

M_h,M_v——水平方向和竖直方向地基系数随深度变化的比例系数(kN/m⁴);

z——从滑动面沿桩轴向下的距离(m);

n——一般取 $n=1$。

当桩前滑动面以上无滑坡体时,地基系数为三角形分布;当桩前滑动面以上有滑坡体时,地基系数为梯形分布。

《铁路路基支挡结构设计规范》(TB 10025—2019)给出了地基比例系数 M_h 和 M_v,见表 7-3 所列。

表 7-3 地基比例系数 M_h 和 M_v

序号	土层类别	水平方向比例系数 M_h	竖直方向比例系数 M_v
1	软塑黏土及粉质黏土	1000～200	500～1400
2	软塑粉质黏土及黏土	2000～4000	1000～2800
3	硬塑粉质黏土、细砂及中砂	4000～6000	2000～4200
4	坚硬的粉质黏土及黏土、粗砂	6000～10000	3000～7000
5	砾砂、碎石土、卵石土	10000～20000	5000～14000
6	密实的大漂石	80000～120000	40000～84000

注:表中数值为相应于桩顶位移 6～10 mm 时的地基比例系数 M_h 和 M_v。

2. 抗滑桩的计算宽度 B_P

土层对桩的弹性抗力及其分布与桩的作用范围有关,桩在水平荷载作用下,不仅桩身宽度内桩侧土受挤压,而且桩身宽度外的一定范围内也受影响。此外,对不同截面形状的桩,土体的影响范围也不尽相同。为了将三维受力简化为二维受力情况,并考虑桩截面形状的影响,将桩的设计宽度换算成实际工作条件下的矩形桩宽 B_P,即桩的计算宽度。

抗滑桩的计算宽度 B_P 是抗滑桩设计的重要参数之一。试验表明,对不同尺寸的圆形桩与矩形桩施加水平荷载时,直径为 d 的圆柱形桩与边长为 $0.9d$ 的矩形桩,其临界水平荷载值是相同的。因此,矩形桩的形状换算系数 $K_f=1$,圆形桩的形状换算系数 $K_f=0.9$。

同时,将桩的三维受力状态简化为平面受力状态,在决定桩的计算宽度时,对于边长为 b 的矩形桩,其换算系数 $K_B=1+1/b$,对于直径为 d 的圆形桩其受力换算系数为 $K_B=1+1/d$。

一般使用的计算公式如下:

矩形桩:当边宽 $b>1$ m 时,$B_P=K_f K_B b=b+1$ (7-4)

当边宽 $b\leqslant 1$ m 时,$B_P=1.5b+0.5$ (7-5)

圆形桩:当直径 $d>1$ m 时,$B_P=K_f K_B d=0.9(d+1)$ (7-6)

当直径 $d\leqslant 1$ m 时,$B_P=0.9(1.5d+0.5)$ (7-7)

7.2.2 受荷段地基抗力

设置抗滑桩后,当抗滑桩受到滑坡推力的作用而产生变形时,一部分滑坡推力通过桩体传给锚固段地层,另一部分传给桩前滑坡体。而桩前滑坡体的抗力、滑坡的性质与桩前滑坡体的大小等因素有关。试验表明,桩前滑坡体的体积越大,抗剪强度越高,滑动面越平缓,桩前滑坡体的抗力越大;反之则越小。

桩前滑坡体的抗力一般采用与滑坡体推力相同的应力分布形式,也可采用抛物线的分布形式。当采用抛物线分布形式时,可将抗力分布图形简化为一个三角形和一个倒梯形。如图 7-6 所示。

受荷段地层抗力按桩前滑坡体处于极限平衡时的滑坡推力和桩前被动土压力确定,二

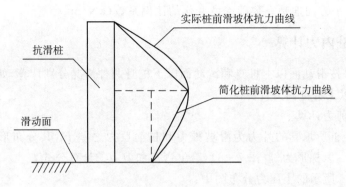

图 7-6　滑坡体抗力分布图的简化

者取小值。

　　若桩前滑动面以上滑坡体可能滑走,则桩前上部受荷段的前面无抗力作用,按悬臂桩计算;若桩前滑动面以上的滑坡体基本稳定,则应考虑受荷段的作用,但此抗力不应大于桩前滑坡体的剩余抗滑力或被动土压力。

7.3　抗滑桩的内力计算

　　抗滑桩受到滑坡推力作用后,将产生一定的变形。其变形分为两种情况:一是桩的位置发生偏离,但桩轴线仍然保持原有线型,桩的变形是由于桩周围土体的变形所致,这种桩被称为刚性桩;二是桩的位置和桩轴线均发生变化,即桩周围土体和桩轴线同时发生变形,这种桩被称为弹性桩。试验研究表明,当抗滑桩埋入稳定地层内的计算深度达到某一临界值时,可视为桩的刚度无限大,桩的侧向极限承载力仅取决于桩周围土体的弹性抗力。工程中把这个临界值作为判断刚性桩或弹性桩的标准。临界值确定包含以下两种:

　　(1)按 K 法计算。

　　当 $\beta h \leqslant 1$ 时,属刚性桩,当 $\beta h > 1$,属弹性桩。

　　其中 h 为锚固段长度;β 为桩的变形系数,以 m^{-1} 计,可按下式计算:

$$\beta = \left(\frac{K_h B_P}{4EI}\right)^{\frac{1}{4}} \tag{7-8}$$

式中:K_h——水平方向的地基系数,不随深度变化(kN/m^3);

　　B_P——桩的正面计算宽度(m);

　　E——桩的弹性模量(kPa);

　　I——桩截面惯性矩(m^4)。

　　(2)按 m 法计算

　　当 $\alpha h \leqslant 2.5$ 时,属于刚性桩;当 $\alpha h > 2.5$ 时,属于弹性桩。

　　其中 α 为桩的变形系数,以 m^{-1} 计,可按下式计算:

$$\alpha = \left(\frac{M_h B_P}{EI}\right)^{\frac{1}{5}} \tag{7-9}$$

式中:M_h——水平方向地基系数随深度变化的比例系数(kN/m^3)。

7.3.1 弹性桩内力计算

对于弹性桩按滑动面以上桩身和滑动面以下桩身两种情况分别计算,如图7-7所示。

1. 滑动面以上桩身内力计算

(1)弯矩和剪力计算。

滑动面以上桩所承受的外力为滑坡推力和桩前反力之差 H,其分布形式一般为三角形、梯形和矩形。以梯形为例(图7-8),给出弯矩和剪力的计算公式。

在如图7-8所示的土压力分布图中:

$$\begin{cases} T_1 = \dfrac{6M_0 - 2h_x h_1}{h_1^2} \\[3mm] T_2 = \dfrac{6h_x h_1 - 12M_0}{h_1^2} \end{cases} \tag{7-10}$$

当 $T_1 = 0$ 时,土压力呈三角形分布,当 $T_2 = 0$ 时,土压力呈矩形分布。

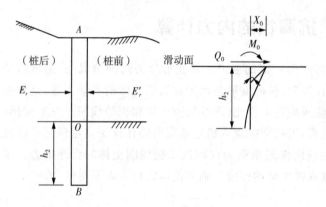

图7-7 弹性桩受力示意图

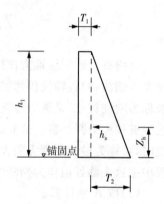

图7-8 梯形土压力分布图

锚固段顶点桩身的弯矩 M_0、剪力Q_0 为

$$M_0 = h_x Z_h \tag{7-11}$$

$$Q_0 = h_x \tag{7-12}$$

式中:Z_h——桩上外力的作用点至锚固点距离(m)。

滑动面以上桩身各点的弯矩 M_z 和Q_z 分别为

$$M_z = \frac{T_1 z^2}{2} + \frac{T_2 z^3}{6h_1} \tag{7-13}$$

$$Q_z = T_1 z + \frac{T_2 z^2}{2h_1} \tag{7-14}$$

式中:h_1——滑动面以上桩长(m);

z——锚固点以上桩身某点距桩顶的距离(m)。

（2）水平位移和转角计算。

桩身水平位移 x_z 和转角 φ_z 为：

$$x_z = x_0 - \varphi_0(h_1 - z) + \frac{T_1}{EI}\left(\frac{h_1^4}{8} - \frac{h_1^3 z}{6} + \frac{z^4}{24}\right) + \frac{T_2}{EIh_1}\left(\frac{h_1^5}{30} - \frac{h_1^4 z}{24} + \frac{z^5}{120}\right) \quad (7-15)$$

$$\varphi_z = \varphi_0 - \frac{T_1}{6EI}(h_1^3 - z^3) - \frac{T_2}{24EIh_1}(h_1^4 - z^4) \quad (7-16)$$

2. 滑动面以下桩身内力和变位计算

对于滑动面以下桩身，首先根据桩周地层的性质确定地基系数，建立桩的挠曲微分方程，然后求解得到滑动面以下桩身任一截面的内力计算的一般表达式。

为建立挠曲方程，作以下假设：

（1）弹性假设，桩的材料为弹性材料，应力与应变成正比；

（2）平面假设，当忽略剪力引起的变形时，任一截面变形前后均保持平面；

（3）小变形假设，桩的弹性变形与原尺寸相比很小，可忽略不计。

以下介绍按 K 法计算滑动面以下桩身内力和变位。

用 K 法计算滑动面以下的桩身内力和变位时，锚固段计算长度为 βh，那么桩顶受水平荷载作用的挠曲方程为：

$$EI\frac{\mathrm{d}^4 x}{\mathrm{d}z^4} + x K_h B_P = 0 \quad (7-17)$$

式中：$x K_h B_P$——地基作用于桩上的水平抗力。

引入变形系数 β，则式（7-17）可写成：

$$EI\frac{\mathrm{d}^4 x}{\mathrm{d}z^4} + 4\beta^4 x = 0 \quad (7-18)$$

通过求解可得到滑动面以下任一截面的变位、侧向应力和内力的计算公式：

变位
$$x_z = x_0\,\varphi_1 + \frac{\varphi_0}{\beta}\varphi_2 + \frac{M_0}{\beta^2 EI}\varphi_3 + \frac{Q_0}{\beta^3 EI}\varphi_4 \quad (7-19)$$

转角
$$\varphi_z = \beta\left(-4x_0\,\varphi_4 + \frac{\varphi_0}{\beta}\varphi_1 + \frac{M_0}{\beta^2 EI}\varphi_2 + \frac{Q_0}{\beta^3 EI}\varphi_3\right) \quad (7-20)$$

弯矩
$$M_z = -4x_0\,\beta^2 EI\,\varphi_3 - 4\varphi_0\beta EI\,\varphi_4 + M_0\,\varphi_1 + \frac{Q_0}{\beta}\varphi_2 \quad (7-21)$$

剪力
$$Q_z = -4x_0\,\beta^3 EI\,\varphi_2 - 4\varphi_0\,\beta^3 EI\,\varphi_3 - 4M_0\beta\varphi_4 + Q_0\,\varphi_1 \quad (7-22)$$

侧应力
$$\sigma_z = K_h x_z \quad (7-23)$$

式中：φ_1、φ_2、φ_3、φ_4——K 法的影响函数值。

$$\varphi_1 = \cos(\beta z)\,\mathrm{ch}(\beta z) \quad (7-24)$$

$$\varphi_2 = \frac{1}{2}\left[\sin(\beta z)\,\mathrm{ch}(\beta z) + \cos(\beta z)\,\mathrm{ch}(\beta z)\right] \quad (7-25)$$

$$\varphi_3 = \frac{1}{2}\sin(\beta z)\,\text{sh}(\beta z) \tag{7-26}$$

$$\varphi_4 = \frac{1}{4}\big[\sin(\beta z)\,\text{ch}(\beta z) - \cos(\beta z)\,\text{ch}(\beta z)\big] \tag{7-27}$$

式(7-19)～式(7-23)为 K 法的一般表达式,计算时先求滑动面处的 x_0、φ_0,然后根据边界条件可求出任一截面的变位、内力和侧向应力。

(1)当桩底为固定端时,$x_B = 0$,$\varphi_B = 0$ 时,将其代入式(7-19)、式(7-20),求解可得:

$$x_0 = \frac{M_0}{\beta^2 EI} \cdot \frac{\varphi_2{}^2 - \varphi_1\,\varphi_3}{4\,\varphi_4\,\varphi_2 + \varphi_1{}^2} + \frac{Q_0}{\beta^3 EI} \cdot \frac{\varphi_2\,\varphi_3 - \varphi_1\,\varphi_4}{4\,\varphi_4\,\varphi_2 + \varphi_1{}^2} \tag{7-26}$$

$$\varphi_0 = -\frac{M_0}{\beta EI} \cdot \frac{\varphi_1\,\varphi_2 + 4\,\varphi_3\,\varphi_4}{4\,\varphi_4\,\varphi_2 + \varphi_1{}^2} - \frac{Q_0}{\beta^2 EI} \cdot \frac{\varphi_1\,\varphi_3 + 4\,\varphi_4{}^2}{4\,\varphi_4\,\varphi_2 + \varphi_1{}^2} \tag{7-29}$$

(2)当桩底为铰支端时,$x_B = 0$、$M_B = 0$,不考虑桩底弯矩的影响,将其代入公式(7-19)、式(7-21),联立求解可得:

$$x_0 = \frac{M_0}{\beta^2 EI} \cdot \frac{4\,\varphi_3\,\varphi_4 + \varphi_1\,\varphi_2}{4\,\varphi_2\,\varphi_3 - 4\,\varphi_1\,\varphi_4} + \frac{Q_0}{\beta^3 EI} \cdot \frac{4\,\varphi_4{}^2 + \varphi_2{}^2}{4\,\varphi_2\,\varphi_3 + 4\,\varphi_1\,\varphi_4} \tag{7-30}$$

$$\varphi_0 = -\frac{M_0}{\beta EI} \cdot \frac{\varphi_1{}^2 + 4\,\varphi_3{}^2}{4\,\varphi_2\,\varphi_3 - 4\,\varphi_1\,\varphi_4} - \frac{Q_0}{\beta^2 EI} \cdot \frac{4\,\varphi_3\,\varphi_4 + \varphi_1\,\varphi_2}{4\,\varphi_2\,\varphi_3 - 4\,\varphi_1\,\varphi_4} \tag{7-31}$$

(3)当桩底为自由端时,$Q_B = 0$、$M_B = 0$,将其代入公式(7-21)、(7-22),联立求解可得:

$$x_0 = \frac{M_0}{\beta^2 EI} \cdot \frac{4\,\varphi_4{}^2 + \varphi_1\,\varphi_3}{4\,\varphi_3{}^2 - 4\,\varphi_2\,\varphi_4} + \frac{Q_0}{\beta^3 EI} \cdot \frac{\varphi_2\,\varphi_3 - \varphi_1\,\varphi_4}{4\,\varphi_3{}^2 - 4\,\varphi_2\,\varphi_4} \tag{7-32}$$

$$\varphi_0 = -\frac{M_0}{\beta EI} \cdot \frac{4\,\varphi_3\,\varphi_4 + \varphi_1\,\varphi_2}{4\,\varphi_3{}^2 - 4\,\varphi_2\,\varphi_4} - \frac{Q_0}{\beta^2 EI} \cdot \frac{\varphi_2{}^2 - \varphi_1\,\varphi_3}{4\,\varphi_3{}^2 - 4\,\varphi_2\,\varphi_4} \tag{7-33}$$

将各边界条件相对应的 x_0、φ_0 代入式(7-19)～式(7-23),可得滑动面以下桩身任一截面的变位和内力。

7.3.2　刚性桩内力与变位计算

刚性桩在滑坡推力作用下,将沿滑动面以下桩轴线某点旋转 φ 角度,使得桩周岩土体受到压缩,当桩底嵌入完整、坚硬岩层中时,抗滑桩将绕桩底转动。

滑动面以上桩身内力和变形的计算同弹性桩。

滑动面以下桩身内力计算方法目前常用的有:滑动面以上抗滑桩受荷段上所有的力视为外荷载,桩前的滑坡体抗力按其大小从外荷载中予以折减,将滑坡推力和桩前滑动面以上的抗力折算为滑动面上作用的弯矩并视为外荷载。将桩周岩土体视为弹性体,由此来计算侧向应力和土体抗力,进而计算锚固段的变形和内力。

计算时采取以下假设:

(1)不考虑滑动面以上桩前滑坡体的弹性抗力,桩前滑坡体的抗力则取决于桩前滑坡体的剩余抗滑力或被动土压力(取小值)。

(2)假定滑动面以下地层为弹性变形介质,在水平力作用下,其变形性质可根据组成的岩土体不同,用不同的地基系数表示,密实土层和岩层地基系数随深度成正比。

(3)不考虑桩与土之间的黏结力和摩擦力,基底应力的影响也忽略不计。

对于单一地层而言,滑动面以下为同一 m 值,桩底自由,滑动面处的地基系数分别为 A_1、A_2,H 为滑坡推力和剩余抗滑力之差,z_0 为下部桩段转动轴心距滑动面的距离,φ 为旋转角,Z_h 为滑坡推力至滑动面的距离,如图 7-9 所示。

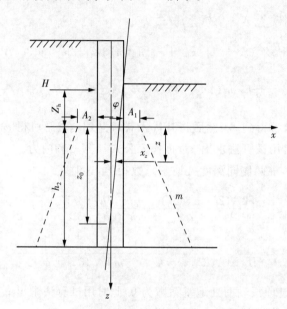

图 7-9　刚性桩内力和变位计算示意图

① 当 $0 \leqslant z \leqslant z_0$ 时:

变位
$$x_z = (z_0 - z)\tan\varphi = (z_0 - z)\varphi \tag{7-34}$$

侧应力
$$\sigma_z = (A_1 + mz)(z_0 - z)\varphi \tag{7-35}$$

剪力
$$Q_z = H - \frac{1}{2}B_P A_1 \varphi z(2z_0 - z) - \frac{1}{6}B_P m\varphi z^2(3z_0 - 2z) \tag{7-36}$$

弯矩
$$M_z = H(Z_h + z) - \frac{1}{6}B_P A_1 \varphi z^2(3z_0 - z) - \frac{1}{12}B_P m\varphi z^3(2z_0 - z) \tag{7-37}$$

② 当 $z_0 \leqslant z \leqslant h_2$ 时

变位
$$x_z = (z_0 - z)\varphi \tag{7-38}$$

侧应力
$$\sigma_z = (A_2 + mz)(z_0 - z)\varphi \tag{7-38}$$

剪力
$$Q_z = H - \frac{1}{2}B_P A_1 \varphi z_0{}^2 - \frac{1}{6}B_P m\varphi z^2(3z_0 - 2z) + \frac{1}{2}B_P A_2 \varphi(z - z_0)^2 \tag{7-40}$$

弯矩 $M_z = H(Z_h + z) - \frac{1}{6} B_P A_1 \varphi z_0^2 (3z - z_0) + \frac{1}{6} B_P A_2 \varphi (z - z_0)^3 + \frac{1}{12} B_P m \varphi z^3 (z - 2z_0)$

$$(7-41)$$

根据 x 方向合力为 0,求解可得:

$$\varphi = \frac{6H}{B_P [3z_0^2 (A_1 - A_2) + 3h_2 z_0 (mh_2 + 2A_2) - h_2^2 (2mh_2 + 3A_2)]} \quad (7-42)$$

根据静力平衡条件 $\sum X = 0$ 和 $\sum M = 0$

$$(A_1 - A_2) z_0^3 + 3Z_h (A_1 - A_2) z_0^2 + z_0 [h_2^2 m (3Z_h + 2h_2) + 3h_2 A_2 (2Z_h + h_2)]$$

$$- \frac{1}{2} h_2^3 m (4Z_h + 3h_2) - h_2^2 A_2 (3Z_h + 2h_2) = 0 \quad (7-43)$$

根据式(7-43)求解得到 z_0,然后将其代入式(7-42),求解可得 φ。

a. 当 $A_1 \neq A_2$ 时,用试算法求出 z_0,再代入公式计算 φ 和内力。

b. 当 $A_1 = A_2$ 时,桩两侧同深度处地基系数相等,这时,

$$z_0 = \left[\frac{2A(2h_2 + 3Z_h) + mh_2 (3h_2 + 4Z_h)}{3A(h_2 + 2Z_h) + mh_2 (2h_2 + 3Z_h)} \right] \cdot \frac{h_2}{2} \quad (7-44)$$

$$\varphi = \frac{6H}{B_P [3A(2h_2 z_0 - h_2^2) + mh_2^2 (3z_0 - 2h_2)]} \quad (7-45)$$

c. 当 $A_1 = 0$ 时,桩前滑动面处地基系数为 0,此时用试算法求出 z_0。

d. 当 $m = 0$ 时,桩侧地基系数为常数,此时,

$$z_0 = \frac{h_2 (3Z_h + 2h_2)}{3(2Z_h + h_2)} \quad (7-46)$$

$$\varphi = \frac{2H}{B_P A h_2 (2z_0 - h_2)} \quad (7-47)$$

根据以上公式,可求出单一地层各情况下刚性桩的内力分布情况。

7.3.3 抗滑桩内力计算示例

例 7-1 某滑坡体拟采用抗滑桩治理,抗滑桩设计示意图如图 7-10 所示。滑坡体为碎石层,$\gamma_1 = 18.0 \text{ kN/m}^3$,$\varphi_1 = 26°$,滑动面以下滑床为风化泥岩,设计时按密实土层计算,$\gamma_2 = 22.0 \text{ kN/m}^3$,$\varphi_2 = 40°$,假设桩前后土体厚度相等,滑动面处地基系数为 $A = 85000 \text{ kN/}$ m^3,滑动面为水平滑动面,滑坡推力 $E_n = 1200 \text{ kN/m}$,桩前剩余抗滑力 $E_n' = 600 \text{ kN/m}$,滑动面以下地基比例系数 $M_h = 40000 \text{ kN/m}^4$。桩为钻孔灌注桩,采用 C20 混凝土,其弹性模量为 $E_h = 2.6 \times 10^7 \text{ kN/m}$,桩截面尺寸为 $a \times b = 3 \times 2 \text{ m}^2$,桩间距为 $L = 6 \text{ m}$。试对该抗滑桩进行内力计算分析。

解:桩的截面惯性矩为

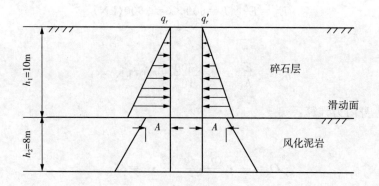

图 7 - 10 抗滑桩设计示意图

$$I = \frac{1}{12}ba^3 = \frac{1}{12} \times 2 \times 3^3 = 4.5(\mathrm{m}^4)$$

桩的截面模量：

$$W = \frac{1}{6}ba^2 = \frac{1}{6} \times 2 \times 3^2 = 3(\mathrm{m}^3)$$

桩的抗弯刚度：

$$E_h I = 2.6 \times 10^7 \times 4.5 = 1.17 \times 10^8 (\mathrm{kN \cdot m^2})$$

桩的计算宽度：

$$B_P = b + 1 = 3(\mathrm{m})$$

桩的变形系数：

$$\alpha = \sqrt[5]{\frac{M_h B_P}{EI}} = \sqrt[5]{\frac{40000 \times 3}{1.17 \times 10^8}} \approx 0.252(\mathrm{m}^{-1})$$

桩的计算深度：$\alpha h = 0.252 \times 8 = 2.016(\mathrm{m}) < 2.5(\mathrm{m})$，故按刚性桩来计算。

外荷载计算：

每根桩承受的滑坡推力为

$$E_R = E_n \times L = 1200 \times 6 = 7200(\mathrm{kN})$$

故

$$q_R = 2\frac{E_R}{h_1} = 2 \times \frac{7200}{10} = 1440(\mathrm{kN})$$

桩前被动土压力：

$$E_P = \frac{1}{2}\gamma_1 h_1^2 \tan^2\left(45° + \frac{\varphi_1}{2}\right) = \frac{1}{2} \times 18 \times 100 \times \tan^2\left(45° + \frac{26°}{2}\right) \approx 2304.9(\mathrm{kN/m}) > E_n'$$

采用剩余抗滑力作为桩前地层抗力。每根桩的剩余抗滑力为

$$E'_R = E'_n \times L = 600 \times 6 = 3600(\text{kN})$$

故

$$q'_R = 2\frac{E'_R}{h_1} = 2 \times \frac{3600}{10} = 720(\text{kN/m})$$

受荷段桩身内力计算：
剪力

$$Q_z = \frac{1}{2} \cdot \frac{(q_R - q'_R)z}{h_1} \cdot z = 36z^2$$

弯矩

$$M_z = \frac{1}{2} \cdot \frac{(q_R - q'_R)z}{h_1} \cdot z \cdot \frac{z}{3} = 12z^3$$

受荷段桩身内力计算结果见表 7-4 所列。

表 7-4　受荷段桩身内力计算表

z/m	0	1	2	3	4	5	6	7	8	9	10
Q_z/kN	0	36	144	324	576	900	1296	1764	2304	2916	3600
$M_z/(\text{kN} \cdot \text{m})$	0	12	96	324	768	1500	2592	4116	6144	8748	12000

(1)锚固段桩身内力计算。

视桩周围土体为弹性体，计算桩身内力：

$$Z_h = \frac{10}{3}(\text{m})$$

$$H = E_R - E'_R = 7200 - 3600 = 3600(\text{kN})$$

由式(7-44)、式(7-45)可得：

$$z_0 = 8/2 \times [2 \times 85000 \times (2 \times 8 + 3 \times 10/3) + 40000 \times 8 \times (3 \times 8 + 4 \times 10/3)]/$$

$$[3 \times 85000 \times (8 + 2 \times 10/3) + 40000 \times 8 \times (2 \times 8 + 3 \times 10/3)] \approx 5.428(\text{m})$$

$$\varphi = (6 \times 3600)/\{3 \times [3 \times 85000 \times (2 \times 8 \times 5.428 - 64) + 40000 \times 64 \times (3 \times 5.428 - 16)]\}$$

$$\approx 0.000916(\text{rad})$$

(2)桩侧应力计算。

由公式(7-35)可得：

$$\sigma_z = (A_2 + mz)(z_0 - z)\varphi = (85000 + 40000z)(5.428 - z) \times 0.000916$$

$$= 422.624 + 121.022z - 36.64z^2$$

由 $\frac{d\sigma_z}{dz} = 0$，得 $z = 1.625$ m 时侧应力最大，$\sigma_{z(\max)} = 522.56$ kPa。

(3)当 $0 \leqslant z \leqslant 5.428$ m 时,剪力计算如下：

由公式(7-36)可得

$$Q_z = H - \frac{1}{2}B_P A_1 \varphi z(2z_0 - z) - \frac{1}{6}B_P m \varphi z^2(3z_0 - 2z)$$

$$= 3600 - \frac{1}{2} \times 3 \times 85000 \times 0.000916z(2 \times 5.428 - z) - \frac{1}{6} \times 3 \times 40000$$

$$\times 0.000916z^2(3 \times 5.428 - 2z)$$

$$= 3600 - 1267.872z - 181.53z^2 + 36.64z^3$$

由 $\dfrac{\mathrm{d}Q_z}{\mathrm{d}z} = 0$,得 $z = 5.428$ m 时 Q_z 取最大值,$Q_{z(\max)} = -2770.85$(kN)。

弯矩计算如下：

由式(7-37)可得

$$M_z = H(Z_h + z) - \frac{1}{6}B_P A_1 \varphi z^2(3z_0 - z) - \frac{1}{12}B_P m \varphi z^3(2z_0 - z)$$

$$= 3600 \times \left(\frac{10}{3} + z\right) - \frac{1}{6} \times 3 \times 85000 \times 0.000916z^2(3 \times 5.428 - z)$$

$$- \frac{1}{12} \times 3 \times 40000 \times 0.000916z^3(2 \times 5.428 - z)$$

$$= 12000 + 3600z - 633.936z^2 - 60.511z^3 + 9.16z^4$$

由 $\dfrac{\mathrm{d}M_z}{\mathrm{d}z} = 0$,得

$$36.64z^3 - 181.533z^2 - 1267.872z + 3600 = 0$$

解得：$z = 2.412$ m,$M_{z\max} = 16461.48$ kN·m。

(4)当 5.428 m $\leqslant z \leqslant 8$ m 时,剪力计算如下：

由公式(7-40)可得

$$Q_z = H - \frac{1}{2}B_P A_1 \varphi z_0{}^2 - \frac{1}{6}B_P m \varphi z^2(3z_0 - 2z) + \frac{1}{2}B_P A_2 \varphi(z - z_0{}^2)$$

$$= 3600 - \frac{1}{2} \times 3 \times 85000 \times 0.000916 \times 5.428^2 - \frac{1}{6} \times 3 \times 40000 \times 0.000916z^2$$

$$(3 \times 5.428 - 2z) + \frac{1}{2} \times 3 \times 85000 \times 0.000916(z - 5.428^2)$$

$$= 2332.128 - 181.533z^2 + 36.64z^3$$

弯矩计算如下：

由公式(7-41)可得

$$M_z = H(Z_h + z) - \frac{1}{6}B_P A_1 \varphi z_0{}^2(3z - z_0) + \frac{1}{6}B_P A_2 \varphi(z - z_0)^3 + \frac{1}{12}B_P m \varphi z^3(z - 2z_0)$$

$$= 3600 \times \left(\frac{10}{3} + z\right) - \frac{1}{6} \times 3 \times 85000 \times 0.000916 \times 5.428^2 \, (3 \times z - 5.428) + \frac{1}{6} \times 3 \times$$

$$85000 \times 0.000916 \, (z - 5.428)^3 + \frac{1}{12} \times 3 \times 40000 \times 0.000916 z^3 \, (z - 2 \times 5.428)$$

$$= 12000 + 3600z - 633.936z^2 - 60.511z^3 + 9.16z^4$$

锚固段各截面位置处的桩侧应力、剪力、弯矩计算结果见表7-5所列。

表 7-5 锚固段桩身内力计算表

z/m	侧应力/kPa	剪力/kN	弯矩/(kN·m)
0	422.624	3600.000	12000.000
0.5	473.975	2925.261	13634.52
1	507.006	2187.238	14914.713
1.5	521.717	1413.4095	15815.791
1.625	522.532	1217.578	15980.23
2	518.108	631.256	16326.728
2.412	501.366	−0.055	16456.038
2.5	496.179	−131.742	16450.228
3.5	397.361	−1490.354	15614.447
4	320.472	−2031.008	14729.28
4.5	225.263	−2442.586	13604.903
5	111.734	−2697.61	12312.725
5.428	0.0003	−2770.766	11137.34
5.5	−20.115	−2768.598	10937.89
6	−170.284	−2628.072	9579.288
6.5	−338.773	−2248.55	8349.543
7	−525.582	−1602.554	7375.023
7.5	−730.711	−662.602	6795.834
8	−954.16	598.784	6765.824

7.4 抗滑桩的结构设计

7.4.1 抗滑桩设计步骤

(1)根据野外勘察,了解滑坡的成因、性质、范围、厚度,分析滑坡体的稳定性状态、破坏形式及发展趋势。

（2）依据野外勘察结果，确定滑坡体的地质模型和计算模型，选择合理的计算参数。

（3）根据稳定性计算结果，确定需要防治的区域并计算滑坡推力。

（4）根据地形、地质、施工条件及理论计算，综合确定设桩的位置和范围。

（5）根据设计滑坡推力的大小、地形、地层性质及理论计算，拟定桩长、锚固深度、桩截面尺寸及桩间距。

（6）确定桩的计算宽度，并根据滑坡体的地层性质，选定地基系数。

（7）根据选定的地基系数和桩的截面形式，计算桩的变形系数及其计算深度，判断是弹性桩还是刚性桩。

（8）根据桩底边界条件采用相应的方法计算桩身各截面的变位、内力及侧壁应力等，并确定最大剪力、弯矩及其部位。

（9）校核地基强度。

（10）根据计算结果绘制桩身剪力图、弯矩图和侧壁应力图。

（11）对钢筋混凝土进行配筋设计。

7.4.2　抗滑桩的平面布置

抗滑桩的平面布置一般根据边坡的地层性质、推力大小、滑动面坡度和滑坡体厚度、施工条件等因素综合确定，在滑坡体滑动面较缓或下滑力较小处是适宜设置抗滑桩的部位；同时也要考虑施工的方便程度。对地质条件简单的中小型滑坡，一般在滑体前缘布设一排抗滑桩，桩排方向应与滑体垂直或近垂直。对于轴向很长的多级滑动或推力很大的滑坡，可考虑将抗滑桩布置成两排或多排，进行分级处治，分级承担滑坡推力，也可考虑在抗滑地带集中布置 2～3 排、平面上呈品字形或梅花形的抗滑桩或抗滑排架。对于滑坡推力特别大的滑坡，可考虑采用抗滑排架或群桩承台。对于轴向很长的具有复合滑动面的滑体，应根据滑面情况和坡面情况分段设立抗滑桩或采用抗滑桩与其他抗滑结构组合布置方案。

7.4.3　抗滑桩的截面形状及桩间距

抗滑桩的截面形状要求使其上部受荷段正面能产生较大的阻滑力而侧面产生较大的摩擦阻力，使其下部锚固段能产生较大的反力。抗滑桩的截面形状应使抗滑桩具有良好的抗剪能力和抗弯刚度，最常用的截面形状有矩形和圆形两种。为了便于施工，截面最小边长不应小于 1.25 m，一般边长为 2～4 m，1.5 m×2.0 m 及 2.0 m×3.0 m 两种截面尺寸较为常见。在主滑方向不确定的情况下，可采用圆形截面。

抗滑桩的间距受滑坡推力大小、桩型及截面尺寸、抗滑桩的长度和锚固深度、锚固段地层强度、滑坡体的密实度和强度、施工条件等诸多因素的影响，目前尚无较成熟的计算方法。合适的桩间距应该使桩间滑体具有足够的稳定性，在下滑力作用下不致滑体从桩间挤出。可按在能形成土拱的条件下，两桩间土体与两侧被桩所阻止滑动的土体的摩阻力不少于桩所承受的滑坡推力来估计。一般采用的间距为 6～10 m。若桩间采用了结构连接来阻止桩间楔形土体的挤出，则桩间距完全决定于抗滑桩的抗滑力和桩间滑体的下滑力。

当抗滑桩集中布置成 2～3 排排桩或排架时，排间距可采用桩截面宽度的 2～3 倍。

7.4.4 抗滑桩的长度及锚固深度

抗滑桩的长度及锚固深度须经过计算确定,当抗滑桩的位置确定后,抗滑桩的长度等于滑坡体厚度加桩的锚固深度。抗滑桩锚固段长度与滑坡推力大小、锚固段地层强度、桩的相对刚度有关,桩前滑动面以上滑坡体对桩身的反力,也会对桩的锚固段长度产生影响。原则上由桩的锚固段传递到滑动面以下地层的侧向应力不得大于该地层的容许侧向抗压强度,桩基底的最大压应力不得大于地基容许承载力。

锚固深度是抗滑桩发挥抵抗滑体推力的前提和条件,若锚固深度不足,抗滑桩不足以抵抗滑体推力,容易引起桩的失效。但锚固过深则又造成工程浪费,并增加了施工难度。可通过采取缩小桩的间距,减少每根桩所承受的滑坡推力或增加桩的相对刚度等措施来适当减少锚固深度。

当锚固段地层为土层及严重风化破碎岩层时,桩身对地层的侧压力应符合下列条件:

$$\sigma_{max} \leqslant \frac{4}{\cos\varphi}(\gamma h \tan\varphi + c) \tag{7-48}$$

式中:σ_{max}——桩身对地层的侧压应力(kPa);

γ——地层岩(土)的重度(kN/m³);

φ——地层岩(土)的内摩擦角(°);

c——地层岩(土)黏聚力(kPa);

h——地面至计算点的深度(m)。

当锚固段地层为比较完整的岩层、半岩质地层时,桩身对地层的侧压应力应符合下列条件:

$$\sigma_{max} \leqslant K_1' K_2' R_0 \tag{7-49}$$

式中:K_1'——折减系数,根据岩层产状的倾角大小,取 0.5～1.0;

K_2'——折减系数,根据岩层的破碎和软化程度,取 0.3～0.5;

R_0——岩石单轴极限抗压强度(kPa)。

根据经验,对于土层或软质岩层,锚固深度取 1/3～1/2 桩长比较合适;对于完整、较坚硬的岩层,锚固深度可取 1/4 桩长。

抗滑桩的顶端一般为自由支承,而桩底由于锚固程度的不同,可以分为自由支承、铰支承、固定支承三种,通常采用前两种支承条件。

(1)自由支承

如图 7-11 所示,当锚固段地层为土体、松软破碎岩层时,在滑坡推力作用下,桩底有明显的位移和转动,此时,桩底可按自由支承处理,即$Q_B = 0$,$M_B = 0$。

(2)铰支承

当桩底岩体完整,但桩嵌入此层不深时,桩底可按铰支承处理,此时 $x_B = 0$,$M_B = 0$。

(3)固定支承

当桩底岩体完整、极坚硬且桩嵌入此层较深时,桩底可按固定端处理,即 $x_B = 0$,$\varphi_B = 0$。

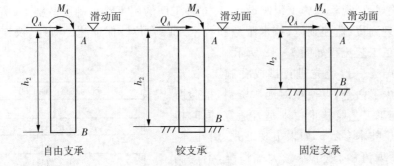

图 7-11　桩底支承条件

7.4.5　构造要求

(1)桩身混凝土

① 混凝土强度等级不应低于 C20,当有地下水侵蚀时,应按有关规定选用水泥。

② 抗滑桩井口应设置锁口,桩井位于土和风化破碎的岩层时应设置护臂,锁口和护壁混凝土等级不应低于 C15。

(2)钢筋

① 主筋一般采用 HRB400 带肋钢筋,箍筋一般采用 HPB300 或 HPB235 光圆钢筋,构造钢筋则采用 HPB235 光圆钢筋。

② 纵向受力钢筋直径不应小于 16 mm,沿桩身均匀布置,净距不宜小于 120 mm,困难情况下可适当减小,但不得小于 80 mm。

③ 箍筋宜采用封闭式,直径不宜小于 14 mm,间距不应大于 500 mm。在钢筋骨架中,应每隔 2 m 左右设一道焊接加强箍筋。在滑动面和地表处的箍筋要适当加密。

④ 抗滑桩内不宜设置斜筋,可采用调整箍筋的直径、间距和桩身截面尺寸等措施,满足斜截面的抗剪强度要求。

⑤ 桩的两侧和受压边,应当配置纵向构造钢筋,其间距宜为 40~50 cm,直径不宜小于 12 mm。桩的受压边两侧应配置架立钢筋,使钢筋骨架具有足够的刚度,其直径不宜小于 16 mm。当桩身较长时,应加大纵向构造钢筋和架立钢筋的直径,使钢筋骨架具有足够的刚度。

⑥ 钢筋的连接应采用焊接。焊接接头的种类和质量控制要求按《钢筋焊接及验收规程》(JGJ 18—2012)执行。

⑦ 配筋率一般不低于 0.65%~0.2%(小桩径取大值,大桩径取小值)。

(3)混凝土保护层

受力钢筋的混凝土保护层厚度不应小于 60 mm;箍筋和构造钢筋的保护层厚度一般不宜小于 15 mm。

7.5　抗滑桩的施工要求

抗滑桩施工多采用机械钻孔或人工成孔、现场灌注混凝土施工。

灌注桩施工是一项质量要求高、施工工序须在一个短时间内连续完成的地下隐蔽工程。因此,施工时按程序进行,备齐技术资料,编制施工组织设计,做好施工准备。应按设计要求、有关规范、规程及施工组织设计,建立各工序的施工管理制度。施工、监理、设计和业主各方管理到位、监控到位、技术服务和技术跟踪到位。保证施工有序、快速、高质量地进行。其施工工艺流程如图 7-12 所示。

灌注桩施工一般应先进行试成孔施工,试成孔的数量不少于两个,以便核对地质资料,检验所选的设备、施工工艺及技术要求是否适宜,同时检验并修正施工技术参数。如果出现缩颈、坍孔、回淤、吊脚或出现流沙、地下水量大等情况,不能满足设计要求或增加了施工难度、达不到工期要求时,应重新制定施工方案,考虑新的施工工艺,甚至选择更适合的桩型。

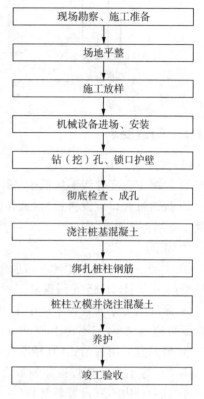

图 7-12　抗滑桩施工工艺流程图

7.5.1　灌注桩混凝土要求

灌注桩混凝土应符合下述要求:

(1)所用水泥除应符合国家现行标准外,其初凝时间不宜早于 2.5～3.5 h,强度等级不低于 42.5 级。

(2)水泥用量不宜小于 350 kg/m³,当掺有减水剂、缓凝剂或粉煤灰时不可小于 300 kg/m³。

(3)粗集料应优先使用卵石,若采用碎石则应适当增加含砂率,并应有良好的级配,最小粒径不应小于 4.75 mm,最大粒径不应大于导管内径的 1/8～1/6 和钢筋最小净距的 1/4,同时不应大于 37.5 mm。

(5)含砂率宜采用 40%～50%,水灰比宜为 0.5～0.6,当有试验依据时,含砂率和水灰比可增大或减小。

(6)坍落度以 18～22 cm 为宜,应具备足够的流动性,并具有良好的和易性,在运输和灌注过程中无离析、沁水现象。

(7)实际初凝时间,应满足灌注工作时间的需要。

7.5.2　抗滑桩孔内爆破

为确保施工安全,孔内爆破时应注意:①导火线起爆须有工人迅速离孔的设备,导火线应做燃烧速度试验,据此决定导火线所需长度,孔深超过 10 m 时采用电引爆;②必须打炮眼放炮,严禁裸露药包,对于软岩石,炮眼深度不得超过 0.8 m,对于硬岩石,炮眼深度不得超过 0.5 m,炮眼数目、位置和斜插方向,应按岩层断面方向来定,中间一组集中掏心,四周斜插挖边;③严格控制药量,以松动为宜,一般中间炮眼装硝铵炸药 1/2 节,边眼装药 1/3～1/4 节;④有水眼孔要用防水炸药,尽量避免瞎炮,如有瞎炮要按安全规程办理;⑤炮眼附件的支撑应加固,以免支撑炸坏引起塌孔;⑥孔内放炮后须迅速排烟,可采用电动鼓风机放入孔底吹风等措施；⑦终孔检查处理：挖孔达到设计标高后，应进行孔底处理，必须做到平整、无松渣、污泥及沉渣，嵌入岩层深度应符合设计要求，开挖过程中应经常检查了解地质情况，如果与设计资料不符，应提出变更设计；⑧抗滑桩炮眼布置根据实际情况。

7.5.3 钢筋笼制作

① 施工前确保使用的设备机具状态良好，所使用的钢筋材料必须有试验报告；②钢筋加工时主筋搭接位置应错开，错开间距不小于 $35d$ 且不小于 $500\ mm$，范围内接头数目不得超过总受力钢筋面积的 50%，主筋焊接必须保证搭接长度不小于规范值，纵向主筋在桩顶以下 $2\ m$ 内不设接头，水平加力筋必须和纵筋点焊成牢固钢筋笼，保证钢筋笼不变形、不扭转；③箍筋与主筋间采用 22 号钢丝全部进行绑扎，须绑扎牢固，适当加以点焊；④根据工期及现场实际情况，采用孔外人工绑扎钢筋笼。钢筋笼数量、规格、尺寸及绑扎等按设计及规范施工，施工完毕后报监理单位验收，待验收合格后方可进行混凝土灌注；⑤钢筋在加工场地加工完成后通过人工搬运安放至孔内。由钢筋工按设计图定位，控制各钢筋笼间距、数量、长度，绑好保护层垫块，确保保护层厚度，然后进行绑扎焊接，成型后采取有效措施，以固定钢筋笼。在同一圈可用 3～5 个 $300～500\ mm$ 长 $\phi18\ mm$ 钢筋，一端焊接在架立筋上，另一端顶在护壁上，以防钢筋笼在灌注过程中位置偏移。抗滑桩钢筋笼如图 7-13 所示。

图 7-13 抗滑桩钢筋笼

7.5.4 桩身混凝土灌注

桩身混凝土灌注施工要求如下：

① 严格按设计要求施工，挖至设计标高，桩基成孔后，认真清理浮渣，抽净积水，经自检合格后请监理单位验收，验收合格后方可进行灌注混凝土；②桩身混凝土灌注前，落实现场各作业班组、质检员、值班人员职责，并做好桩身混凝土灌注记录；③浇注前认真检查机具工作状态，符合处理要求；④浇注采用干式浇注法：在混凝土浇注过程中，采用串筒。保证串筒端部距离混凝土的浇注面不大于 $2\ m$，防止粗骨料与水泥砂浆离散，出现离析现象。桩身混凝土每下料 $0.5\ m$ 左右，用插入式振动器振捣一次，保证混凝土的密实度；⑤浇注过程中，扩大部分每 $1\ m$ 振捣一次，振动棒振点间距 $0.4～0.5\ m$，每点振捣时间不少于 $20\ s$，

振动棒插入混凝土面不小于 1 m,桩身部分每 1.2 m 振捣一次。振捣程度以混凝土面不再明显沉落和无气泡溢出为限。振捣由专业人员穿戴安全防护品并有两人在孔口护送下孔进行作业;⑥桩身混凝土必须连续浇注,不得留设施工缝。浇注完成后,24 h 内用水养护,灌注混凝土时,做好混凝土试块,认真养护,达到龄期后送检。

7.5.5 施工质量保证措施

抗滑桩施工质量保证措施一般包括技术措施和管理措施。

(1)技术措施:①施工过程中的系统检查、签证工作是工程质量的保证,签证前要认真进行自检,合格后方可填写检查证并报请监理工程师会同检查签认;②桩孔采用人工挖孔时,抗滑桩应由两侧向中间靠,跳桩开挖施工;③精确测定桩位,根据桩位中心十字交叉放出护桩;④检查桩孔净空尺寸和平面位置,使孔的中线误差、截面尺寸、孔口平面位置满足设计要求;⑤上下节护壁的搭接长度不得小于 50 mm,每节护壁均应在当日连续施工完毕。必须保证护壁混凝土密实,根据土层渗水情况使用速凝剂,护壁拆模宜在 24 h 后进行。桩身钢筋的接头,按钢筋设计图进行;⑥孔内混凝土一次性连续浇注,不得中途停顿。桩孔灌注完成后及时进行桩顶混凝土养护;⑦人工挖孔桩挖出的弃土,应堆砌在指定地点,挖桩弃土在抗滑桩施工完成前不允许外运;⑧严格控制钢筋的加工质量,加强对加工后的钢筋的存放管理,保证钢筋的绑扎和焊接质量。

(2)管理措施:①实行三级质检责任制和质量奖罚制;②施工过程中实行全工序控制,严格监理程序;③优化施工方案,使施工作业程序化和标准化;④通过合理的组织与正确的施工方法,尽快形成生产能力,加快施工进度,保持稳定生产,使施工作业程序化和标准化。

7.5.6 安全施工

安全施工要求如下:

(1)安全管理实行三级检查责任制,即现场安全员自查自纠、专职安全员跟班旁站,实行监督检查,随时整改,安全工程师实行巡视监督、检查、验收。

(2)施工现场应有明显的安全标志,危险地区必须悬挂“危险”“禁止通行”“严禁烟火”等标志,夜间设红灯示警。

(3)施工所用机具和劳动保护用品应定期进行检查和必要的试验,保证其处于良好的状态,严禁使用不合格的机具设备和劳动保护用品。

(4)孔内必须设置应急软梯,供人员上下井,使用的电葫芦、吊笼等应安全可靠,并配有自动卡保险装置,不得使用麻绳和尼龙绳吊挂或脚踏井壁凸缘上下,电葫芦宜用按钮式开关,使用前必须检验其安全起吊能力。

(5)用吊斗出土时,应设有信号指挥,土斗上应栓溜绳,装土或卸土后应将斗门关好,吊机扒杆和土斗下面严禁站人。

(6)孔口四周必须设置护栏,一般加 0.8 m 高围栏围护,挖出的土石方应及时运离孔口,不得堆放在孔口四周 1 m 范围内,机动车辆的通行不得对井壁的安全造成影响。

(7)混凝土灌注平台的减速漏斗,应以吊具固定在平台方木或钢件上,不得用扒钉或钢丝拴挂,减速漏斗外边的缝隙,应以木板封闭,漏斗串筒之挂钩、吊环均应牢固可靠,悬挂之串筒应有保险钢丝绳。

(8)施工现场所有用电设备,除作保护接零外,必须在设备负荷线的首端处加设两极漏电保护装置,遇到跳闸时,应查明原因,排除故障后再进行合闸。

(9)每个操作平台应悬挂安全操作规程,操作人员必须严格按程序操作,道路出入口、重要安全装置等处要悬挂安全警告标志。

(10)配电箱开关要分开设置,必须坚持一机一闸用电,并采用两极漏电保护装置;配电箱、开关箱必须安装牢固,电具齐全完好,注意防尘、防湿。

(11)各种电器应配有专用开关,室外使用的开关、插座应外装防水箱并加锁,在操作处加设绝缘垫层。

7.5.7 环境保护措施

(1)施工中采取一切可靠合理措施,保护施工现场内外的环境,避免由于施工机械操作等引起的粉尘、有害气体、噪声等对环境造成污染。

(2)采用可靠的措施,保护原有交通的正常通行和维持沿线村镇的居民饮水、农田灌溉、生产生活用电及通信管线的正常使用。

(3)施工中发现文物古迹不得移动和收藏,做好现场保护工作,停止施工,报监理工程师和业主,听候处理,防止文物流失。

(4)营造良好环境,在施工现场和生活区设置足够的临时卫生设施,经常进行卫生清理。

(5)工程完成后,及时彻底进行现场清理,并按设计要求采用植被覆盖或其他处理措施。

思考与练习题

1. 试述抗滑桩的特点及适用条件。
2. 试述弹性桩及刚性桩的定义,如何判别?
3. 论述地基系数的定义及地基系数的分布图。
4. 简述抗滑桩的设计要求。
5. 抗滑桩的结构设计包含哪些方面?
6. 试述抗滑桩的平面布置原则。
7. 抗滑桩桩底支承条件有哪几种?如何确定?
8. 简述抗滑桩的施工工艺流程。
9. 某滑坡体拟采用抗滑桩治理,滑坡体为碎石层,滑动面以下滑床为风化泥岩,设计时按密实土层计算,假设桩前后土体厚度相等,滑动面处地基比例系数为 $A = 70000 \text{ kN/m}^3$,滑动面为水平滑动面,滑坡推力 $E_n = 1300 \text{ kN/m}$,桩前剩余抗滑力 $E'_n = 700 \text{ kN/m}$,滑动面以下地基比例系数 $M_h = 35000 \text{ kN/m}^4$。桩为钻孔灌注桩,采用 C20 混凝土浇注,其弹性模量为 $E_h = 2.6 \times 10^7 \text{ kN/m}$,桩截面为圆形,截面尺寸为 $d = 1.5 \text{ m}$,桩间距为 $L = 6 \text{ m}$。试对该抗滑桩进行内力计算分析。

第8章 锚固结构设计

8.1 概 述

岩土工程所面临的地质体通常含有节理、断层、软弱夹层等地质缺陷,在岩土工程施工过程中会导致其原有的应力场重新分布,从而使岩土体发生变形,甚至产生坍落、塌陷、滑坡等地质灾害。锚杆支护作为一种支护方式,可有效地预防此类地质灾害。锚杆支护与传统的支护方式有本质区别,传统的支护方式常常是被动地承受坍塌岩土体产生的荷载,而锚杆可以主动地加固岩土体,用以调动并提高岩土自身强度和自稳能力,有效地控制其变形,从而防止地质灾害的发生。

8.1.1 锚杆支护的优点

锚杆支护有以下优点:

(1)锚杆支护作为一种主动支护形式,与岩土体共同工作,在支护原理上符合现代岩石力学和围岩控制理论,安装锚杆以后在围岩内部对围岩进行加固,能够调动和利用围岩自身的稳定性,充分发挥围岩自身的承载能力。

(2)锚杆杆体质量小、省材料,与传统的棚式支护相比,易于安装,支护成本低。

(3)深层加固,可根据工程需要确定预应力锚索的长度,加固深度可达数十米。

(4)提供开阔的施工空间,极大地方便土方开挖和主体结构施工。锚杆施工机械及设备的作业空间不大,适合各种地形及场地。

(5)对岩土体的扰动小,在地层开挖后,能立即提供抗力,且可施加预应力,控制变形发展。

(6)可以根据需要灵活调整锚杆的作用部位、方向、间距、密度和施工时间。

(7)用锚杆代替钢或钢筋混凝土支撑,可以节省大量钢材、减少土方开挖量、改善施工条件,尤其对于面积很大、支撑布置困难的基坑。

(8)可通过试验来确定锚杆的抗拔力,以保证设计有足够的安全度。

(9)通过对锚杆施加预应力,能够主动控制岩土体变形,调整岩土体应力状态,有利于岩土体的稳定。

(10)随机补强,应用范围广。喷射混凝土、锚杆、预应力锚索等,都可以根据反馈信息随机增加喷层厚度,增加锚杆、锚索数量,调整锚索的张拉预应力等,以增强对围岩变形的控制,这就是锚固技术随机补强的特点。另外,岩土锚固既可对有缺陷或存在病害的既有建筑物、支挡结构进行加固补强,又可在新建工程中显示其独特的功能,具有应用范围广的特点。

（11）超前预支护。超前预加固技术，能对不稳定岩土体进行预先支护，既能控制围岩在开挖（或掘进）时的变形与位移，又能防止不稳定岩体坍塌破坏，保证施工安全。

8.1.2　锚杆支护的发展与现状

锚杆技术是 20 世纪 50 年代开始发展起来的一项技术，早先锚杆只作为施工过程中的一种临时措施，如临时的螺旋地锚及采矿工业中的临时性木锚杆或钢锚杆等。20 世纪 50 年代中期，在国外的隧道工程中开始广泛采用小型永久性灌浆锚杆和喷射混凝土代替以往的隧道衬砌结构。20 世纪 60 年代以来，锚固技术得到迅速发展，锚杆不仅在临时性的建（构）筑物基坑开挖中使用，亦在修建永久性建（构）筑物中得到较为广泛的应用。与此同时，可供锚固的地层不仅限于岩石，而且还在软岩、风化层及砂卵石、软黏土等岩（土）层中取得锚固的经验。1969 年，在墨西哥召开的第七届国际土力学和基础工程会议上，曾有一个分组专门讨论了土层锚固技术问题。20 世纪 70 年代以来在召开的多次地区性的国际会议上，均涉及锚固技术的经验与研究。瑞典、德国、法国、英国、美国、日本等国家中的土木建筑公司分别研制了不同类型的锚杆施工机具、锚头和专利的灌浆工艺，并且还各自制定了锚杆设计和施工的技术标准。

20 世纪 50 年代，我国在矿山支护、加固隧洞洞顶等工程中应用锚杆的例子已有很多。1962 年安徽梅山水库在修筑溢洪道消力池加固工程中采用了预应力灌浆锚杆；1972 年，在湘黔铁路凯里车站路边坡（强风化的软岩）中采用了锚杆挡墙和锚固桩综合治理滑坡；1976 年，北京修建地下铁道直门车站时，首次采用土层锚杆与钢板桩相结合的支护结构代替钢横撑的施工方法，取得了良好的效果。20 世纪 80 年代以来，高层建筑建造迅速发展，要求开挖基础的深度加大。与此同时，高效锚杆钻机的引进和制造开发，使得锚杆在深基坑支护工程中得到广泛应用。

虽然，锚杆技术在我国基坑支护、边坡加固、滑坡治理、地下结构抗浮、挡土结构锚固和结构抗倾等工程中得到了广泛应用，积累了丰富的工程经验，但由于锚杆的作用多种多样，锚固的地层或岩层复杂多变，锚杆技术中的许多问题有待进一步研究，而且随着技术的发展，施工更简便、技术上更可靠的新型锚杆技术也不断出现。近年来，提高锚固效率的扩孔锚杆、受力性能和防腐性能均较好的压力分散型锚杆，以及避免地下空间污染的可回收式锚杆等新的锚杆技术应用日益广泛。

8.1.3　锚杆的应用范围

随着锚固技术的拓宽和发展，锚固工程几乎遍及土木建筑领域的各个方面，目前国内外广泛采用锚固技术加固临时和永久性建筑物结构，且其应用正在日益扩大，概括起来，锚固工程主要有以下几个方面的用途：

（1）深基础和地下结构工程支护。主要用于深基坑支挡、高层建筑地下室抗浮、地下结构工程支护与加固等。

（2）边坡稳固工程。主要有边坡加固、边坡防护、锚固挡墙和滑坡防治等。

（3）结构抗倾覆应用。如防止高塔倾倒、防止高架桥倾倒、防止坝体倾倒、防止挡土墙倾覆等。

（4）在加压装置中的应用。如桩的静荷载试验装置、沉箱下沉加重等。

（5）井巷及隧道工程支护。主要是用来防止隧道（井巷）围岩坍塌和控制隧道（井巷）围岩变形等。

（6）道梁基础加固。如防止桥墩基础滑动、悬臂桥锚固、吊桥桥墩锚固、大跨度拱形结构物稳固等。

（7）现有结构物补强与加固。主要是指利用锚固技术对已产生裂缝、变形和滑移等破坏的现有结构物进行加固治理。

（8）其他工程方面的应用。如对水坝下游冲击区和排洪隧洞冲击区实施锚固保护等。

8.1.4　锚杆的分类

为满足不同地质条件、不同岩土性质和不同工况条件下的工程结构的需要，人们研制了各种各样的锚杆，因此，衍生出了各种类型的锚固技术和方法。在工程上，常按如下方法分类：

按应用对象划分，有岩石锚杆、土层锚杆。

按是否预先施加应力划分，有预应力锚杆、非预应力锚杆。

按锚固机理划分，有黏结式锚杆、摩擦式锚杆、端头锚固式锚杆和混合式锚杆。

按锚固体传力方式划分，有压力式锚杆、拉力式锚杆和剪力式锚杆。

按锚固体形态划分，有圆柱型锚杆、端部扩大型锚杆和连续球型锚杆。

目前国内外工程上多按锚固长度、锚固方式分类。

（1）现有锚杆按锚固长度可划分为两大类，即集中（端头）锚固类锚杆和全长锚固类锚杆。锚固装置或杆体只有一部分和锚孔壁接触的锚杆，称为集中锚固类锚杆；锚固装置或杆体全部和锚孔壁接触的锚杆，称为全长锚固类锚杆。

（2）上述两类锚杆分别按锚固方式又可分为两种形式，即机械锚固型和黏结锚固型。锚固装置或杆体直接和孔壁接触，以摩擦阻力为主起锚固作用的锚杆，称为机械型锚杆；杆体部分或全长利用胶结材料（水泥浆、水泥砂浆、树脂等）把杆体和锚固孔孔壁黏结住，以黏结力为主起锚固作用的锚杆，称为黏结型锚杆。

几种常用锚杆有：

（1）拉力型锚杆：圆柱状钻孔，在锚固段拉杆由注浆体与孔壁岩土层黏结在一起，锚杆的自由段注浆与拉杆不黏结。

（2）压力型锚杆：拉杆在端部设置一块承压板，拉杆与注浆体全长不黏结。

（3）拉力分散型锚杆：多拉杆，各拉杆在锚固段与注浆体黏结的长度不同。

（4）压力分散型锚杆：多拉杆，各拉杆端部承载板在锚固段的位置不同。

（5）可重复高压灌浆型锚杆：在锚固段扩大了钻孔的直径。

几种常用锚杆的特点如下：

（1）拉力型锚杆应力分布不均匀，锚固段前部应力水平高，锚固体受拉易开裂，结果造成锚杆的防腐性能差，锚固效率低，其结构简图如图 8-1 所示。

（2）压力型锚杆锚固体受压，锚杆全长无黏结，拉力由端部承压板传递到锚固体，在锚固段的底端锚固体与岩土侧壁的应力水平高，靠近孔口方向荷载明显减小，整个锚固端的

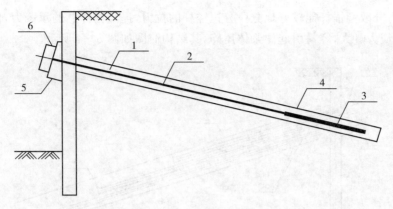

1—杆体;2—杆体自由段;3—杆体锚固段;4—钻孔;5—台座;6—锚具。

图 8-1　拉力型预应力锚杆结构简图

锚固体受压。由于受压体积膨胀趋势改善了锚固体与钻孔壁之间的摩阻力,可提高锚固效率,锚固体受压应力不易开裂,防腐性能好,其结构简图如图 8-2 所示。

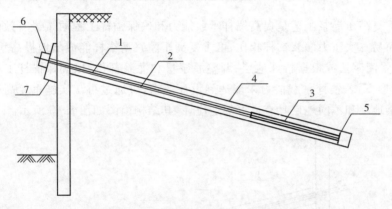

1—杆体;2—杆体自由段;3—杆体锚固段;4—钻孔;5—承载体;6—锚具;7—台座。

图 8-2　压力型预应力锚杆结构简图

(3)拉力分散型锚杆能大幅提高承载能力,相比压力分散型锚杆,其有制作简单、施工方便的优点,其结构简图如图 8-3 所示。

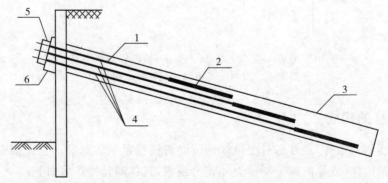

1—拉力型单元杆体自由端;2—拉力型单元杆体锚固段;3—钻孔;4—杆体;5—锚具;6—台座。

图 8-3　拉力分散型预应力锚杆结构简图

(4)压力分散型锚杆能较好地分段分担锚杆的拉力,提高锚杆总的承载力,但在承载体端部因局部应力过大,容易引起注浆体压碎,其结构简图如图8-4所示。

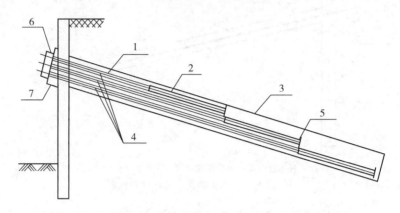

1—压力型单元杆体自由端;2—压力型单元杆体锚固段;3—钻孔;4—杆体;5—承载体;6—锚具;7—台座。

图8-4　压力分散型预应力锚杆结构简图

(5)可重复高压灌浆工艺是提高锚杆承载能力和确保锚杆工程质量最有效的手段。与常压灌浆、简易二次压力灌浆锚杆相比,可重复高压灌浆型锚杆能成倍地提高承载能力,并通过实施定量灌浆法或根据特殊地层,调整灌浆量和灌浆部位,以确保锚杆工程质量。即使在特殊情形下,若锚杆承载能力未能达到设计要求,可通过再次实施重复高压灌浆加以弥补,对复杂地层和不同地层具有良好的适应性,其结构简图如图8-5所示。

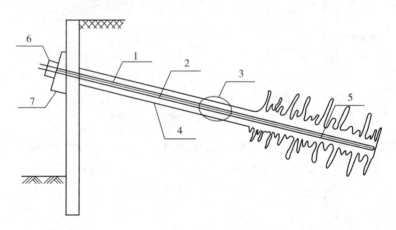

1—杆体;2—自由段;3—密封袋;4—钻孔;5—袖阀管;6—锚具;7—台座。

图8-5　可重复高压灌浆型锚杆结构简图

8.1.5　锚杆的构成

工程上所指的锚杆,通常是对受拉杆件所处的锚固系统的总称。它由锚头(或称外锚头)、拉杆及锚固体(或称内锚头)3个基本部分组成,其各部分的作用如下:

(1)锚头。锚头是构筑物与拉杆的连接部分,它的作用是将来自构筑物的力有效地传给拉杆。通常拉杆是沿水平线向下倾斜方向设置,因此与作用在构筑物上的侧向土压力不在同一方向上,为能牢固地将来自结构物的力传给拉杆,一方面必须保证构件本身的材料有足够的强度,相互的构件能紧密固定;另一方面又必须将集中力分散开。为此,锚头由台座、承压板和紧固器等部件组成。在设计时,根据锚固目的,锚头应具有能够补偿张拉、松弛的功能。

(2)拉杆。锚杆中的拉杆要求位于锚杆装置中的中心线上,其作用是将来自锚头的拉力传递给锚固体。由于拉杆通常要承受一定的荷载,所以它一般采用抗拉强度较高的钢材制成。在预应力锚杆中,拉杆分为锚固段和自由段,在被张拉时,通过自由段的弹性伸长而在拉杆中产生预加应力。对于普通的全黏结锚杆,由于不需要施加预应力,也就没有锚固段和自由段之分。

(3)锚固体。锚固体在锚杆的尾部,与岩土体紧密相连。它的作用是将来自拉杆的力通过摩阻抵抗力(或支承抵抗力)传递给稳固的地层。在岩土锚固工程中,锚固体的可靠性直接决定着整个锚固工程的可靠程度,因此,锚固体的设计是否合理将是锚杆支护的关键,它关系到锚固工程的成败。而锚固体装置的好坏,不能单纯地从接合的破坏原理来判断,更主要的是从锚固装置是否适应该地层来决定。

8.1.6　锚索的构成

当采用预应力钢绞线(预应力锚索)时,锚具、张拉机具等都有成熟的配套产品,其结构如图 8-6 所示。

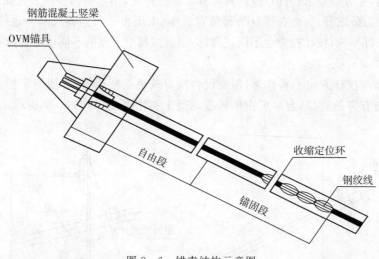

图 8-6　锚索结构示意图

1. 拉杆

拉杆是锚杆的最基本构件,对材料的主要要求是高强度、耐腐蚀、易于加工和安装。拉杆所用的材料及其主要特点如下:

(1)钢筋:一般采用 HRB335 级钢以上的钢筋或精轧螺纹钢,具有施工安装简便、较耐腐蚀、取材容易、造价经济等优点;其缺点是强度较低,而且普通钢筋的预应力锚头制作复杂等。钢筋拉杆一般用于非预应力锚杆。当采用高强钢筋锚杆时,钢筋锚杆吨位偏小的问题可以解决,若采用精轧螺纹钢等特种材料也能够作为预应力锚杆的拉杆,精轧螺纹钢有与之配套的螺纹套筒,可以方便地用来施加预应力并锁定。

（2）钢绞线:具有强度高、易于施加预应力、造价经济等优点;其缺点是易松弛、防腐问题比较突出等。钢绞线是国内目前应用最广泛的预应力锚索的拉杆材料。无黏结钢绞线一般用于压力型锚杆,该种钢绞线外包塑料,防腐蚀性能好。

（3）非金属材料:为近几年出现的新型材料,其主要特点是强度高、耐腐蚀,目前应用的主要有碳纤维拉带和聚合物拉带等。由于在国内应用还不普遍,而且应用时间较短,推广应用还需要一定的过程。

在实际工作中,锚杆拉杆的选型应遵循以下原则:

（1）在设计大吨位抗拔力的锚杆时,优先考虑采用钢绞线,它的强度高,相同设计吨位的情况下,钢材用量少,质量小,便于安装和运输,特别是设计吨位较高时,还可以减少钻孔数量,减少安装和张拉工作量。

（2）当中等设计吨位(300 kN 左右)时,可以选精轧螺纹钢,它具有强度高、安装方便等优点。当设计吨位小于 200 kN 且为非预应力锚杆时,可以优先考虑采用 HRB335 级或 HRB400 级钢筋。

（3）在工作环境恶劣,对锚杆的防腐蚀性能有特殊要求的情况下,可考虑使用聚合物材料或碳纤维等材料作为锚杆的拉杆。

2. 锚头构造

锚杆头部是围护结构与拉杆的联结部分,为了能够可靠地将来自围护结构的力传递到后侧稳定土体内,一方面要求构件自身的材料有足够的强度,相互的构件能紧密固定;另一方面又必须将集中力分散开,为此在锚杆头部须对台座、承压板及紧固器三部分进行设计。因实际现场施工条件不同,设计拉力也不同,所以必须根据每个工点的不同情况进行一一设计。

（1）台座

当构筑物与拉杆方向不垂直时,需要设台座以调整拉杆受力,并能固定拉杆位置,防止其横向滑动与有害的变位,台座可由钢板或混凝土制作而成,如图 8-7 所示。

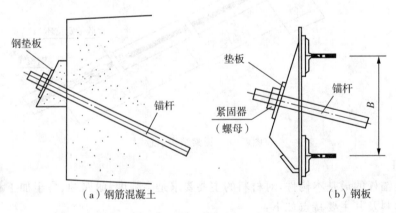

图 8-7　台座形式

（2）承压垫板

为使拉杆的集中力分散传递,并使紧固器与台座的接触面保持平顺,拉杆(钢筋或钢绞线)必须与承压垫板正交,一般采用 20～30 mm 厚的钢板。

（3）锚具

拉杆通过锚具的紧固作用将其与垫板、台座、构筑物紧贴并牢固连接。如拉杆采用粗钢筋，则用螺母或专用的连接器，配合焊接在锚杆端头的螺杆等。

拉杆采用钢丝或钢绞线时，采用专用锚具，应选用与设计锚索钢绞线根数一致的低松弛锚具。锚具由锚盘及锚片组成，锚盘的锚孔根据设计钢绞线的根数而定。多根钢绞线锚具如图 8-8 所示。

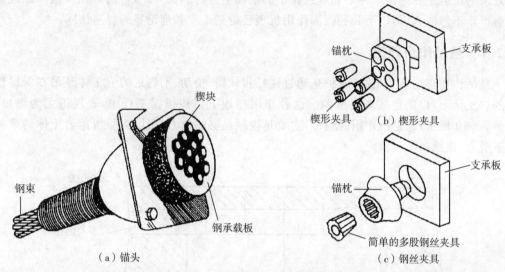

（a）锚头　　（b）楔形夹具　　（c）钢丝夹具

图 8-8　多根钢绞线锚具

（4）腰梁

在拉锚式围护结构中，腰梁起分散拉锚集中力的作用。当锚杆设置在围护结构的顶部时，可以利用锁口梁作为腰梁；当拉锚设置在锁口梁以下位置并在围护桩间布置锚杆时，应设腰梁。地下连续墙作为围护结构时，吨位大的拉锚宜设腰梁；小吨位的拉锚可在地下连续墙的本幅宽度中对称设置，不设腰梁。腰梁有型钢制作和现浇的钢筋混凝土两种形式，在实际工程中应结合工程实际条件选用坚固可靠、施工方便的腰梁形式。两种形式腰梁示意图如图 8-9 所示。

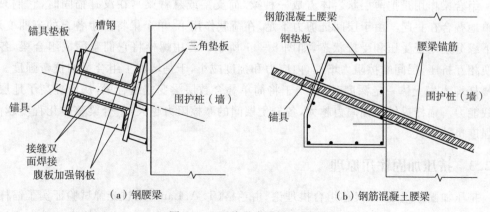

（a）钢腰梁　　（b）钢筋混凝土腰梁

图 8-9　两种形式腰梁示意图

8.2 锚固作用机理

由于与锚杆直接联系的对象是复杂多变的岩土体,加之锚杆埋在岩土体中,这给观测和研究锚杆的力学行为及锚固作用原理带来极大的困难。多数现有的有关锚杆支护作用和效果的试验是在限定条件下和理想化了的基础上进行的。因此,目前对锚杆锚固原理的了解得还不够深入,但以下几种锚固作用机理已得到工程和理论界的普遍认同。

8.2.1 悬吊作用理论

悬吊作用理论认为,锚杆支护是通过锚杆将软弱、松动、不稳定的岩土体悬吊在深层稳定的岩土体上,以防止其离层滑脱。这种作用在地下结构锚固工程中,表现得尤为突出。如图 8-10 所示,起悬吊作用的锚杆,主要是提供足够的拉力,用以克服滑落岩土体的重力或下滑力,以维持工程稳定。

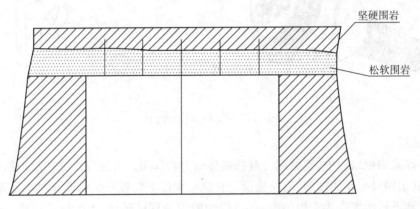

图 8-10 锚杆的悬吊作用

8.2.2 组合梁作用原理

组合梁作用是把薄层状岩体看成一种梁(简支梁或悬臂梁),在没有锚固时,它们只是简单地叠合在一起。由于层间抗剪力不足,在荷载作用下,单个梁将产生各自的弯曲变形,上下缘分别处于受压和受拉状态,如图 8-11 所示。若用螺栓将它们紧固成组合梁,各层板便相互挤压,层间摩擦阻力增加,内应力和挠度减小,于是增加了组合梁的抗弯强度。当把锚杆埋入岩土体一定深度时,相当于将简单叠合数层梁变成组合梁,从而提高了地层的承载能力。锚杆提供的锚固力越大,各岩土层间的摩擦阻力越大,组合梁整体化程度越高,其强度也就越大。

8.2.3 挤压加固作用原理

挤压加固作用原理,又称组合拱理论,由兰格(T. A. Lang)通过光弹试验证实了锚杆的挤压加固作用。当在弹性体上安装具有预应力的锚杆时,会发现在弹性体内形成以锚杆两

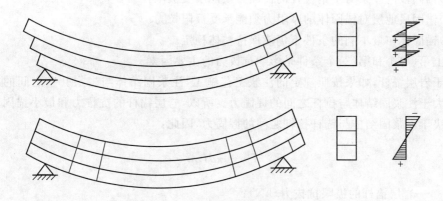

图 8-11　组合梁前后的挠度及应力对比

头为顶点的锥形体压缩区。若将锚杆以适当间距排列，使相邻锚杆孔的锥形体压缩区相重叠，便形成一定厚度的连续压缩带，如图 8-12 所示。

上述锚杆的锚固作用原理在实际工程中并非孤立存在，往往是几种作用同时存在并综合作用，只不过在不同的地质条件下，某种锚固作用占主导地位。

8.2.4　灌浆型锚索结构与抗拔力作用机理

资料表明，锚杆锚固体与孔壁周边土层之间的黏结强度由于地层土质不同、埋深不同及灌浆方法不同而有很大的变化和差异。对于锚杆的抗拔作用原理可从其受力状态进行分析。图 8-13 表示一个灌浆锚杆的注浆锚固段，若将锚固段的注浆固结体作为自由体，其作用力受力机理如下。

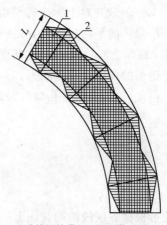

1—连续压缩带；2—锥形体压缩区。
图 8-12　连续压缩带的形成

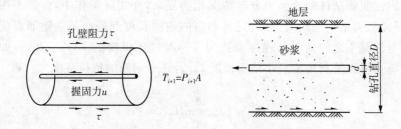

图 8-13　灌浆锚杆锚固段受力状态

当锚固段受力时，拉力 T，首先通过钢拉杆周边的握固力（u）传递到锚固体中，然后再通过锚固段钻孔周边的地层摩阻力或称黏结力（τ）传递到锚固的地层中。因此锚杆如受到拉力的作用，除钢筋本身需要足够的截面面积（A）承受拉力外，即 $T_i = P_i \cdot A$（式中 P 为钢筋单位面积上的应力），锚杆的抗拔作用还必须同时满足以下 3 个条件：

(1)锚固段的砂浆对于钢拉杆的握固力须能承受极限拉力。

(2)锚固段地层对锚固体的摩阻力须能承受极限拉力。

(3)锚固体在最不利的条件下仍能保持整体稳定。

以上第(1)个和第(2)个条件是影响抗拔力的主要因素。

对于岩层锚杆,如果按照规定的注浆工艺施工,注浆固结体与岩层孔壁之间的摩阻力一般会大于注浆固结体与拉杆之间的握固力。所以,岩层锚杆的抗拔力和最小锚固段长度一般取决于注浆固结体与锚杆拉杆之间的握固力,因此:

$$T_{u岩} \leqslant \pi d L_e u \tag{8-1}$$

式中:T——岩层锚杆的极限抗拔力(kN);

d——钢拉杆的直径(m);

L_e——锚杆的有效锚固长度(m);

u——砂浆对于钢筋的平均握固力(kPa)。

注浆体的平均握固力 u 是一个关键的参数,假定图中 8-13 中的 T_i 和 T_{i+1} 分别为钢筋在 i 截面上和 $i+1$ 截面上所受的拉力,P_i 为钢筋单位面积上的应力,令 u_i 为这一段砂浆对于钢筋的单位面积握固力。

由此可见,只要将孔口内的钢筋划分成不同的区段,则有

$$T_i - T_{i+1} = u_i \pi d L_i \tag{8-2}$$

$$u_i = \frac{T_i - T_{i+1}}{\pi d L_i} = \frac{(p_i - p_{i+1})d}{4L_i} \tag{8-3}$$

因此可根据各区段两端截面上的钢筋应力 p 的数值,按式(8-3)计算求得各个区段中砂浆对于钢筋的握固力(u)。资料表明,砂浆对于钢筋的握固力,取决于砂浆与钢筋之间的黏结强度。如果采用螺纹钢筋,砂浆对于钢筋的握固力取决于螺纹凹槽内部的注浆固结体与其周边以外注浆固结体之间的抗剪力,也就是注浆固结体本身的抗剪强度。

锚杆孔内注浆固结体的握固力分布情况相当复杂,在实际工作中,可暂不探讨这些变化细节,而只需获得平均握固力,并研究其必需的锚固长度问题。某些钢筋混凝土试验资料建议钢筋与混凝土之间的黏结强度大约为其标准抗压强度的 $10\% \sim 20\%$,如果按照这种方法去计算一根钢筋所需的最小锚固长度 L_{emin},并令钢筋的抗拉强度 f_{sk},则

$$\left(\frac{\pi d^2}{4}\right) f_{sk} = \pi d L_{emin} u$$

$$L_{emin} = \frac{f_{sk} \cdot d}{4u} \tag{8-4}$$

按式(8-4)计算,在岩层中一般直径 25 mm 的钢筋锚杆所需的锚固长度为 1~2 m,这已被中国铁道科学研究院集团有限公司的研究人员在多次岩层拉拔试验中得到证实。试验资料表明:当采用热轧螺纹钢筋作为拉杆时,在完整硬质岩层的锚孔中其应力传递深度

不超过2 m,在风化岩层中,应力传递深度达7～9 m,影响岩层锚杆抗拔能力的主要因素是注浆固结体的握固能力。例如,当岩层锚固深度大于2 m,采用$\phi25$ mm的钢筋时,往往钢筋被拉断而锚固段不会从锚杆孔中被拔出;$\phi32$ mm的Ⅱ级钢筋被拉到屈服点(290 kN),以及$2\phi32$ mm的20MnSi钢筋被拉到屈服点(550 kN)都未发现岩层有较明显的变化。这表明一般锚杆在完整岩层中的锚固深度只要超过2 m即可。但在使用中,为了保证岩质锚杆的可靠性,还必须事先判别锚固区山坡岩体有无坍塌和滑坡的可能,并防止个别被节理分割的岩体承受拉力后发生松动。因此,建议灌浆锚固段达到岩层内部(除表面风化层外)的深度应不小于4 m。

必须指出,上述的平均握固力和最小锚固长度的估算只适用于锚固在岩层中的锚杆,如果灌浆锚固段在土层或风化岩中,则岩土层对于锚杆孔注浆固结体的单位长度的黏结力小于注浆固结体对钢筋的单位长度握固力,因此,土层锚杆的最小锚固长度将主要受岩土层性质的影响,锚杆的抗拔力主要取决于锚固段提供的注浆固结体与土层之间的粘结力。

8.2.5 拉力型锚杆(索)的荷载传递规律

了解拉力型锚杆(索)的荷载传递规律,便于合理设计拉锚的锚固段。拉力型锚杆(索)的荷载传递规律可以根据图8-14所示来说明。图8-14中的曲线Ⅰ代表锚杆(索)拉力较小的阶段,主要在锚固段的前端发挥锚固作用。随着拉力荷载的增大,锚固体与钻孔侧壁之间的摩阻力分布进入曲线Ⅱ状态,表明锚固段的受力区后移;需要注意的是,锚固段的前部由于摩阻力达到极限强度后迅速衰减,显然,与曲线Ⅰ状态相比,抗拔力增大了。进一步增加拉拔力,则进入曲线Ⅲ状态,此时锚索的拉力达到了极限值,此时锚索前端随着锚索拉杆的变形增大,摩阻力进一步衰减,锚固段的受力区进一步后移,直至接近端部摩阻力达到极限值。

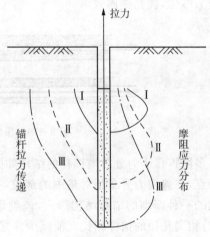

图8-14 拉力型锚杆(索)荷载
传递与摩擦应力分布示意图

通过以上分析和阐述,对于拉力型锚杆(索),有效锚固端会随着拉拔荷载的增大而出现后移的现象。所以在设计时,对于拉力型锚杆(索)增加锚固段设计长度,锚索的抗拔力并不会线性增长。

图8-15(a)进一步说明普通拉力型锚杆(索)随着拉力荷载增大黏结应力分布区后移的现象。解决该问题有效的方法是分段受力。即将锚杆的拉杆分成不同长度的区段,分别锚固在不同的锚固段中,锚固段中的黏结应力分布如图8-15(b)所示,此时锚杆的总拉力是若干个应力分布区提供的拉拔力之和。

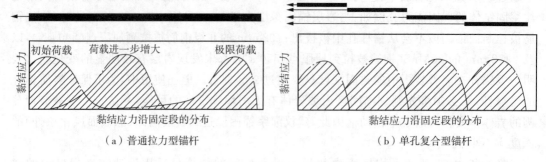

|（a）普通拉力型锚杆|（b）单孔复合型锚杆|

图 8-15　普通拉力型锚杆与单孔复合锚固型锚杆的比较

8.2.6　压力型锚杆(索)抗拔力作用机理

1. 压力型锚杆(索)的基本结构

圆柱状钻孔条件下的压力型锚杆(索)、压力分散型锚杆(索)的构造如图 8-16 所示。压力型锚杆(索)的拉杆采用无黏结钢绞线,端部设承压板,锚杆的拉力通过无黏结钢绞线传递到锚固段注浆固结体的底部。压力分散型锚杆(索)的承压板设置在不同的深度,以减小应力峰值,提高锚固效率。

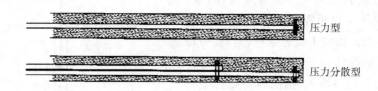

图 8-16　压力型锚杆(索)构造示意图

多段扩孔压力分散型锚杆的结构如图 8-17 所示,该类锚杆根据压力分散型锚杆的受力特点,在剪应力分布相对集中的部位,扩大钻孔直径,增加注浆体与岩土体的接触面积,形成的一种新型的锚杆结构形式,该类锚杆在减小锚固体端部应力的同时,提高锚固承载力,与相同孔径的锚杆相比又能减少注浆量,经济性更好。

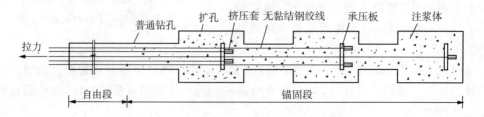

图 8-17　多段扩孔压力分散型锚杆的结构示意图

2. 压力型锚杆(索)的荷载传递规律

1977 年,马斯特兰托诺(Mastrantuono)和托苗洛(Tomiolo)对同一场地压力型锚杆和拉力型锚杆的锚固效果进行了对比试验,得出了在同等荷载下拉力型锚杆的注浆固结体轴向应变比压力型锚杆的应变大的结论,其荷载分布如图8-18所示。从图8-18中的锚固段应力分布可以看出,拉力型锚杆的注浆固结体承受拉应变,前部注浆固结体的轴向拉应变大,随着深度迅速减小;压力型锚杆的锚固段注浆固结体承受压应变,分布相对较均匀。

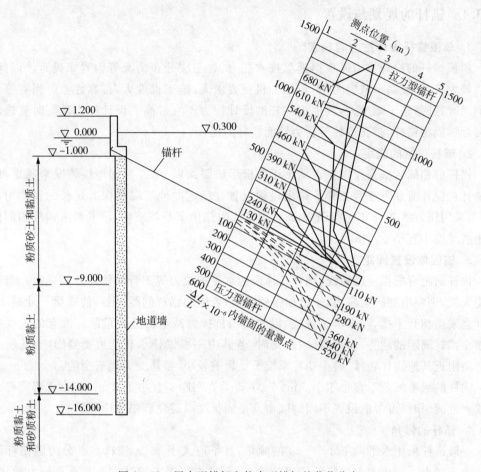

图8-18 压力型锚杆和拉力型锚杆的荷载分布

压力型锚杆的受力原理如图8-19所示,在拉杆拉力的作用下,锚固体受压应力,锚固体与钻孔岩土层之间的黏结力提供抗拔力。锚杆的抗拔力受两个条件的制约:一是锚固体的抗压强度,当端部锚固体所受的压力超过抗压强度时,锚杆就发生破坏;二是锚固段与岩土钻孔壁之间的黏结力。

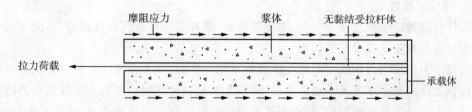

图8-19 压力型锚杆的受力原理示意图

8.3 锚杆(索)的设计

8.3.1 锚杆的规划与设置

1. 单根锚杆设计拉力的确定

单根锚杆的设计拉力需根据施工技术能力、岩土层分布情况等因素来确定。以前,锚杆以较大孔径、较高承载力为主,但施工机械要求高,施工难度大,可靠性差。当有施工质量问题时,补强施工难度大,故单根锚杆的设计拉力不宜过高。设计拉力较高时宜选用单孔复合锚固型锚杆、扩孔锚杆等受力性能较好的锚杆。

2. 锚杆位置的确定

锚杆的锚固区应当设置在主动土压力楔形破裂面以外,并根据地层情况来确定,以保证锚杆在设计荷载下正常工作。锚固段须设置在稳定的地层以确保有足够的锚固力。同时,当采用压力灌浆时,应保证地表面在灌浆压力作用下不被破坏,一般要求锚杆锚固体上覆土层厚度不宜小于 4 m。

3. 锚固体设置间距

锚杆间距应根据地层情况、锚杆杆体所能承受的拉力等进行经济比较后确定。若锚杆间距太大,则将增加腰梁应力,须增加腰梁断面;若缩小锚杆间距,则可使腰梁尺寸减小,但锚杆会发生相互干扰,产生群锚效应,以致极限抗拔力减小而造成危险。现有的工程实例有缩小锚杆间距的趋势。因锚杆较密集时,若其中一根锚杆承载能力受到影响,其所受荷载会向附近其他锚杆转移,整个锚杆系统所受影响较小,整体受力是安全的。

锚杆的水平间距不宜小于 1.5 m,上、下排垂直间距不宜小于 2 m。如果工程需要必须设置更近间距时,可考虑设置不同的倾角及锚固长度以避免群锚效应的影响。

4. 锚杆的倾角

一般锚杆采用水平向下 15°～25°的倾角,且不应大于 45°。锚杆水平分力随锚杆倾角的增大而减小。倾角太大将降低锚固的效果,而且作用于支护结构上的垂直分力增加,可能造成挡土结构和周围地基的沉降。为有效利用锚杆抗拔力,最好使锚杆与侧压力作用方向平行。

锚杆的具体设置方向与可锚岩土层的位置、挡土结构的位置及施工条件等有关。锚杆倾角应避开与水平面的夹角为 $-10°～+10°$,因为倾角接近水平的锚杆注浆后灌浆体的沉淀和泌水现象会影响锚杆的承载能力。

5. 锚杆的层数

锚杆的层数应根据土压力分布、岩土层分布、锚杆最小垂直间距等而定,还应考虑基坑允许变形量和施工条件等综合因素。

当预应力锚杆结合钢筋混凝土支撑或钢支撑支护时,须考虑预应力锚杆与钢筋混凝土支撑或钢支撑的水平刚度及承载能力的不同,尤其是锚杆与钢筋混凝土支撑的受力特性不同。可先主动对锚杆施加预应力,在围护桩(墙)变形前就可提供承载力、限制变形;而钢筋混凝土支撑是被动受力,在围护桩(墙)变形使得支撑受压后,钢筋混凝土支撑才会受力、阻止变形进一步发展。确定锚杆与支撑的间距时,既要控制好围护桩(墙)变形,又要充分发挥围护桩(墙)的抗弯、抗剪能力和支撑抗压承载力高的优势,合理分配锚杆和支撑所要承担的荷载。

6. 锚杆自由长度的确定

锚杆自由长度必须使锚杆锚固于比破坏面更深的稳定地层上,以保证锚杆系统的整体稳定性,使锚杆能在张拉荷载作用下有较大的弹性伸长量,不至于在使用过程中因锚头松动而引起预应力的明显衰减。《建筑基坑支护技术规程》(JGJ 120—2012)中规定锚杆自由长度不宜小于 5 m 并应超过潜在滑裂面 1.5 m。

7. 锚杆的安全系数

在锚杆设计中应考虑两种安全系数:对锚固体设计的安全系数和对杆体筋材截面尺寸设计的安全系数。锚固体设计的安全系数须考虑锚杆设计中的不确定因素及风险程度,如岩土层分布的变化、施工技术的可靠性、材料的耐久性、周边环境的要求等。锚杆安全系数的取值取决于锚杆服务年限的长短和破坏后的影响程度。

8.3.2　土层锚杆的勘察设计

在基坑支护工程方案论证之前,应初步了解基坑场地的地质、周边地下建(构)筑物的分布等条件,要了解当地的锚固工程经验等。当确定基坑支护工程采用拉锚式围护结构方案之后,应根据锚杆的工程特点,进行必要的地质详勘、环境调查、收集当地规范和工程经验等工作;应根据工程条件,进一步分析论证锚杆的适用条件,选取锚固类型。经论证,支护方案通过之后,要结合围护结构进行锚索设计、选定施工工艺和方法、进行现场锚杆拉拔试验,根据试验结果改进设计,然后开展现场施工、检验验收、张拉锁定,最后根据需要拆卸锚索。

1. 场地勘察

(1)场地地质勘察

当基坑工程选用拉锚式围护结构支护方案时,除应按建筑基础或一般基坑的勘察要求,进行调查、钻探、原位测试和土工试验外,还应根据锚固工程的特点,对地质勘察工作有所侧重,应主要了解基坑以外锚固区地层的分布和性质。一般要求:当场地地层变化较大时,勘察场地范围应超过基坑边线之外 1.5～2.0 倍基坑深度;查明地层分布及厚度、土质性状;地下水位及水质对锚杆(索)的侵蚀性影响;通过工程地质钻探及土工试验,掌握锚固层土的颗粒级配、抗剪强度和渗透系数等物理力学性质指标;当不能在基坑外布置勘探点时,应通过调查取得周边相关的勘察资料并结合场地内的勘察资料综合分析基坑周边的土层分布状况。

设计锚杆依据的地勘资料应包括以下内容:

① 地层、地质剖面、地层分布及厚度、土质性状。

② 提供各土层的物理及力学性质指标。

③ 地下水及水质对锚杆(索)的侵蚀性影响。

④ 提供锚固土层的颗粒级配和渗透系数。

⑤ 提供锚固土层的抗剪强度指标。如有经验,应提供锚固土层的锚固体与岩土层黏

结强度参考值。室内试验所提供的资料,试验条件必须与锚固段的工作状态一致:若基坑外是降水的,对于砂性土则可采用排水固结以后的土力学指标;若基坑外不降水,则应采用不固结、不排水土力学指标;对于渗透性很小的软黏土,不论降水条件如何,均宜采用不固结、不排水强度指标。

(2)环境调查

基坑支护采用拉锚式围护结构时,应调查基坑场地周边的地上和地下环境条件,包括附近建(构)筑物,以及建筑物的基础类型和埋置深度;邻近的地下建(构)筑物及保护要求、各种管线分布(上下水和煤气管道、动力和通信电缆的埋深,管线材料和接头形式等),以及地面上的道路、交通、气象等情况;要了解周边地段地下空间的规划情况,如是否有规划的轨道交通路线、共同管沟和地下通道等。

(3)其他调研工作

在编制拉锚式围护结构设计方案之前,除上述勘查工作外,还应了解当地基坑支护技术标准,以及对于锚杆使用的限制和其他要求;应了解地方有关地下环境保护的条例和法规。

近年来,随着地下空间开发力度加大,城市轨道交通建设的跨越式发展,后续建设的地下工程遇到先前施工锚杆干扰的事件层出不尽。为了避免锚杆对地下空间造成"污染",许多城市出台了地方性的法规或规定,对锚杆的使用提出限制条件:一是,要求基坑支护锚杆不得永久侵入相邻场地地下,除非取得相邻地块业主的许可;二是,锚杆进入红线外道路等公共用地地下时,不得影响规划的地下空间开发和轨道交通建设;三是,在上述情况下不得已使用锚杆时,应选用可回收锚杆。

在有软黏土层、易流沙塌孔的粉质土和砂层的场地,锚杆的钻孔施工也会产生地面沉降等影响,所以有的城市规定锚杆不得进入天然地基的建筑物之下。所以,了解当地对于锚杆使用的限制要求、地方有关地下环境保护的条例和法规,是锚杆设计的重要条件,是一项十分重要的调研工作。

在设计工作之前,还应该调查该地区锚杆应用的工程经验,通过调研了解可锚固的地层、各种土层的锚固黏结强度值等。同时,要注意积累锚杆工程经验,统计锚杆试验得出的锚固黏结强度值,总结不同锚固地层锚杆变形性状等。丰富的当地工程经验对于提高锚固工程技术水平有不可替代的作用。

2. 锚固地层

设置锚杆锚固段的岩土层简称为锚固地层。要求锚固地层自身稳定,能够提供较大的锚固力,注浆锚固体和周边岩土层之间具有较小的蠕变特性等。

工程实际中,选取合理、可靠的锚固地层应遵循以下基本原则:

(1)锚固地层应能保持自身稳定,不得在基坑围护结构后侧极限平衡状态的破裂面之内,不能设置在滑坡地段和有可能顺层滑动地段的潜在滑动面以内。

(2)锚杆的锚固段不应设置在未经处理的下列土层:

① 有机质土。

② 液限 $w_L > 50\%$ 的土层。

③ 相对密实度 $D_r < 0.3$ 的砂土层。

(3)对于锚固段设置在岩层的锚杆,应尽量避开基岩的破碎带;

(4)当有节理构造面存在时,应分析锚固受力之后对基岩稳定性的影响,若有不利影响,则应予以避开;

(5)基坑变形限制较为严格的锚杆,要注意锚固段的蠕变特性,尽量将锚固段避开软土层,设置在蠕变特性小的基岩层、密实的砂砾土层和硬黏土层。

3. 锚固形式

不同类型锚杆的区别主要体现在锚固段,根据设置锚固段的岩土体性质和工程特性与使用要求等,锚固段可以有多种形式,常用的有圆柱型、端部扩大型和分段扩孔型三种类型。

在实际工程中应结合地下空间条件、地质条件和基坑支护要求等合理选用锚固形式。

有关选取锚固形式的建议如下:

(1)在有较好锚固土层,锚杆抗拔力要求适中、地下空间限制少的条件下,可选普通拉力型锚杆。

(2)锚固地层较差,围护结构变形控制要求较高时,可选扩大头式锚杆。

(3)地下空间受限制时,优先选用扩大头式锚杆。

(4)锚杆的设计吨位较大,锚固段长度超出 20.0 m 时,宜采用拉力分散型或压力分散型锚杆,若采用分段扩孔则效果更好。

(5)基坑支护兼做长期支挡使用的锚杆,宜选用压力型锚杆。

圆柱型锚固体锚杆,直接由钻孔注浆形成,施工最为简便。端部扩孔型锚杆采用机械扩孔,或高压旋喷扩孔。分段扩孔型锚杆可以采用分段高压注浆的简易方法形成,也可以采用分段机械扩孔的方法形成。由于岩层的锚固力大,锚固段设置在岩层的锚杆,优先选用圆柱型锚固体锚杆,施工时既方便,锚固力又可靠。对于锚固段设在硬黏土层并要求有较高锚固力时,宜选用端部扩孔型锚杆,通过扩大锚固端部,达到缩短锚固长度、减少注浆量而增加锚固力的目的。对于锚固段设置在黏性土或砂土层的情况,为了获得可靠的锚固力,宜采用分段扩孔型锚杆,一般通过高压注浆的方法,在设置的锚固段,按一定的间隔进行高压扩孔注浆,形成分段受力的锚固体形式。分段扩孔型锚杆的优点还在于可以减少锚固长度、改善锚杆孔周边土层的力学性质,提供较大的单位长度抗拔力,同时可以有效地减小锚固段的应力水平,从而改善锚杆的蠕变性能。

4. 拉杆的设计

(1)锚固拉杆材料的选取

锚杆应采用高强度的材料,如钢绞线、高强度钢丝或高强度螺纹钢筋等。具体选择时应根据工程要求,考虑锚杆所处地层、锚杆承载力、锚杆长度、拉杆的强度、延展性、松弛性、抗腐蚀性能、施工工艺、造价等因素。选择拉杆材料时可参考表 8-1。

表 8-1 拉杆材料表

锚杆所处地层	材料	锚杆承载力设计值/kN	锚杆长度/m	应力状况	备注及主要特点
土层锚杆	钢筋(Ⅱ级、Ⅲ级)	<450	<16	非预应力	锚杆超长时,施工安装难度较大
	钢绞线高强钢丝	450~480	>10	预应力	锚杆超长时施工方便
	精轧螺纹钢筋	400~800	>10	预应力	杆体防腐蚀性好,施工安装方便

锚杆所处地层	材料	锚杆承载力设计值/kN	锚杆长度/m	应力状况	备注及主要特点
岩石锚杆	钢筋（Ⅱ级、Ⅲ级）	＜450	＜16	非预应力	锚杆超长时,施工安装难度较大
	钢绞线高强钢丝	500～3000	＞10	预应力	锚杆超长时施工方便
	精轧螺纹钢筋	400～1100	＞10	预应力或非预应力	杆体防腐蚀性好,施工安装方便

对非预应力全黏结型锚杆,当锚杆承载力设计值较低(＜450 kN)、长度不大(＜16 m)时,拉杆通常采用Ⅱ级或Ⅲ级钢筋。其构造简单,施工方便,造价较低。

在大预应力、长锚杆或有徐变的地层,宜采用钢绞线或高强钢丝。一是因为其抗拉强度远高于Ⅱ级、Ⅲ级钢筋;二是其产生的弹性伸长总量远小于Ⅱ级、Ⅲ级钢筋,由锚头松动、钢筋松弛等引起的预应力损失值较小。

高强精轧螺纹钢则适用于中级承载能力的预应力锚杆,其具有钢绞线和普通粗钢筋类似的优点,其防腐蚀性好,处于水下、腐蚀性较强地层中的预应力锚杆宜优先采用。

锚固拉杆的截面积应按照下式计算:

$$A \geqslant \frac{KN_t}{f_{pck}}$$ (8-5)

式中:A——锚固拉杆截面面积(m^2);

N_t——锚杆轴向拉力设计值(kN);

K——锚杆安全系数,按表8-2选取;

f_{pck}——锚筋或预应力钢绞线抗拉强度标准值(kPa),按表8-3、表8-4选取。

表8-2　锚杆锚固段注浆体与地层间的粘结抗拔安全系数

锚杆工程安全等级	破坏后果	安全系数	
		临时锚杆	永久锚杆
		＜2年	≥2年
Ⅰ	危害大,会构成公共安全问题	1.8	2.2
Ⅱ	危害较大,但不致出现公共安全问题	1.6	2.0
Ⅲ	危害较轻,不构成公共安全问题	1.5	2.0

注:蠕变明显地层中永久锚杆锚固体的最小抗拔安全系数宜取3.0。

我国《岩土锚杆与喷射混凝土支护技术规范》(GB 50086—2015)规定的锚杆杆体筋材截面尺寸设计安全系数,临时锚杆与永久锚杆不同,主要是因为锚杆受张拉后预应力筋的各股钢绞线受力往往是不均匀的。另外受张拉后若锚头位移继续增大,则预应力筋的拉伸量增加,相应的预应力筋受力也会增大。

表 8-3 钢绞线强度标准值

种类		符号	d/mm	f_{pck}/MPa
钢绞线	三股	φ'	8.6,10.8	1860,1720,1570
			12.9	1720,1570
	七股		9.5,11.1,12.7	1860
			15.2	1860,1720

注:钢绞线直径 d 系指钢绞线外接圆直径,即现行国家标准《预应力混凝土用钢绞线》(GB/T 5224—2014)中的公称直径 D_g。

表 8-4 精轧螺纹钢筋的物理力学性能

级别	牌号	公称直径/mm	屈服强度 σ_s/MPa	抗拉强度 σ_b/MPa	断后伸长率 δ_s/%	冷弯
540/835	40Si₂MnV 45SiMnV	18	≥540	≥835	≥10	$d=5\alpha$ 90°
		25				$d=6\alpha$ 90°
		32				
		36			≥8	$d=7\alpha$ 90°
		40				
735 935 (980)	K40Si₂MnV	18	≥735 (≥800)	≥935 (≥980)	≥8	$d=5\alpha$ 90°
		25				$d=6\alpha$ 90°
		32	≥735 (≥800)	≥935 (≥980)	≥7	$d=7\alpha$ 90°

(2)锚杆自由段长度设计

锚杆的自由段按下式计算:

$$l_f = \frac{(a_1 + a_2 - d\tan\alpha) \cdot \sin\left(45° - \dfrac{\varphi_m}{2}\right)}{\sin\left(45° + \dfrac{\varphi_m}{2} + \alpha\right)} + \frac{d}{\cos\alpha} + 1.5 \qquad (8-6)$$

式中:l_f——锚杆自由段(非锚固段)的长度(m);

α——锚杆与水平面的倾角(°);

d——围护结构的水平宽(厚)度(m);

φ_m——土层按厚度加权平均的等效摩擦角(°);

a_1——锚杆的锚头中点至基坑底面的距离(m);

a_2——基坑底面至基坑外侧主动土压力强度与基坑内侧被动土压力强度等值点 O 的距离(m),对于成层土,存在多个等值点时,按最深点计算。

在实际问题中,自由段长度的设定除满足上述条件外,还要根据地层条件来确定锚杆的锚固区,以保证锚杆在设计荷载下具备正常工作的条件。为此锚固段应设置在稳定的地层,以确保有足够的锚固力。同时,对于采用压力注浆的情况,锚固段应有足够的埋深,一般要求不小于 5 m,锚固区宜布置在距现有建筑物基础不小于 5 m 的范围之外。

(3)锚杆锚固段设计

锚杆的承载力主要取决于锚固体的抗拔力,而锚固体的抗拔力可以从两方面考虑:一方面是锚固体抗拔力应具有一定的安全系数;另一方面是它在受力情况下发生的位移不得超过一定的允许值。对于一般的基坑和支挡结构,允许有一定量的位移,因而主要是由稳定破坏控制。如果对结构有严格的变形要求,这时锚杆的承载力应根据变形控制要求确定。当锚固段受力时,拉力 T 首先通过钢拉杆周边的注浆固结体握固力(u)传递到砂浆中,然后再通过锚固段钻孔周边的地层摩阻力(τ)传递到地层中,因此锚杆的锚固体必须满足以下四个条件:

① 拉杆本身必须有足够的截面面积。

② 注浆固结体与钢拉杆之间的握固力须能承受极限拉力。

③ 锚固段地层对于砂浆的摩擦力须能承受极限拉力。

④ 锚固土体在最不利的条件下,但能保持整体稳定。

对于第②和第③条件,需要作一些说明。在一般较完整的岩层中灌注锚杆时(砂浆或纯水泥浆的强度等级不小于 M30),只要严格按照规定的灌浆工艺施工,岩层孔壁的摩阻力一般大于砂浆的握固力,所以锚固长度实际上由锚固体本身的强度控制。如果锚孔在土层中灌浆,土层对于锚孔砂浆的单位摩阻力远小于砂浆对钢筋的握固力,因此,土层锚杆的最小锚固长度将受土层性质的影响,主要由注浆固结体与钻孔周边土层的黏结强度所控制。

5. 拉杆对中器设计

锚杆拉杆设计对中器的目的是:

(1)使拉杆处在锚固体砂浆的中央,当拉杆受力时,锚固体能均匀受力。

(2)使拉杆四周的砂浆厚度均匀分布且满足防腐要求(即杆体周围保护层厚度不得小于 10 mm)。

拉杆对中器的设计应保证两点:一是要能满足对中器如上所述的功能要求;二是要满足锚杆安装对中器时,能平顺地支放在锚孔中。图 8 - 20 给出了几种常见的钢筋拉杆对中器。

6. 锚头设计

锚头的结构构造和形状尺寸应根据锚杆的设计荷载、岩土地层条件、支挡结构施工条件而定。锚杆头部一般由台座、承压板及紧固器三部分组成。台座通常由钢筋混凝土加钢板组成,其中放置承压板的外表面必须与锚杆垂直。承压板须用高强度钢板制成,不致因锚杆预应力而使之变形过大,导致台座表面不均匀受力而发生破坏。紧固器有时又称为锚具,对于预应力钢筋的锚具普遍使用的是螺母。螺母的尺寸根据钢筋的直径、螺纹规格和预应力大小来确定。对于钢绞线锚具,如 OVM 锚、JM 系列和 QM 系列锚具,台座的设计应符合现行钢筋混凝土设计规范要求,紧固器或锚具和承压板应满足机械零件设计要求。表 8 - 5 为 OVM 锚的参数表。

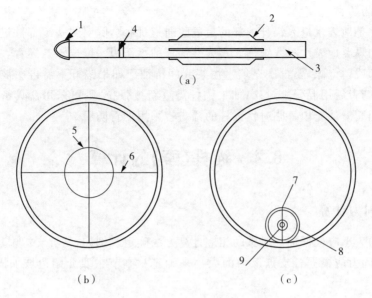

1—挡土板；2—支承滑条；3—拉杆；4—半圆环；5—锚杆通管；6—支撑条；7—拉杆；8—钢管；9—灌浆管。

图 8-20　几种常见的钢筋拉杆对中器

表 8-5　OVM 锚参数表

OVM 锚具	钢绞线直径/mm	钢绞线数/根	锚垫板边长×厚度×直径/mm
OVM15-6、7	15.2～15.7	6、7	200×180×140
OVM15-12	15.2～15.7	12	270×250×190
OVM15-19	15.2～15.7	19	320×310×240

7. 锚杆的防腐设计

岩层中锚杆的使用寿命取决于锚具及杆体的耐久性，而影响其耐久性的最直接和最主要的因素是腐蚀，所以对锚固工程中的锚杆特别是永久性锚杆必须进行防腐设计。

(1)锚固体防腐

在一般腐蚀环境中的永久性锚杆，其锚固段内杆体可以采用水泥浆或水泥砂浆封闭防腐，但杆体一定要使用对中定位器使其居中，保证杆体周围水泥砂浆保护层最小厚度不小于 20 mm。在严重腐蚀环境中的永久性锚杆，其锚固段内杆体宜用波纹管外套，管内空隙用环氧树脂、水泥浆或水泥砂浆填充，套管周围保护层厚度不得小于 10 mm。临时性锚杆，因其服务时间不长，如无特殊要求或在特别严重腐蚀环境中，其锚固段一般采用水泥浆封闭防腐，杆体周围保护层厚度只要不小于 10 mm 即可。

(2)自由段防腐

防腐构造不得影响锚杆杆体的自由伸长。临时性锚杆的自由段杆体可采用涂润滑油或防腐漆，再包裹塑料布等简易防腐措施。永久性锚杆自由段内杆体表面宜涂润滑油或防腐漆，然后包裹塑料布，在塑料布上再涂润滑油或防腐漆，最后装入塑料套管中，形成双层防腐。为防地表水进入锚杆，也可在经过以上防腐处理后，再用水泥浆或水泥砂浆充填锚杆自由段的空隙。

（3）锚头的防腐

锚头部位是地表水进入锚杆内部的最危险通道,因此,除对锚头零部件进行防腐外,还应注意封堵和隔离地表水浸入锚杆。永久性锚杆的承压板一般要涂敷沥青,一次灌浆硬化后承压板下部残留空隙,要再次充填水泥浆或润滑油。如果锚杆不需再次被张拉,则锚头涂以润滑油、沥青后用混凝土封死;如果锚杆需重新被张拉,则可采用盒具密封,但盒具的空腔内必须用润滑油充填。临时性锚杆的锚头宜采用沥青防腐。

8.4　锚杆(索)的计算

8.4.1　加固力计算

加固力的大小应根据加固对象的相应计算方法确定。例如,基坑支护中用锚杆作为桩的支点,则加固力应根据各支点反力的大小来确定。本节主要介绍边坡加固中的加固力计算。

需要加固的边坡,通常是稳定性系数不足,有沿潜在滑裂面破坏的可能。因此,需要通过施加加固力 T 来提高边坡的稳定性系数,使之达到要求。根据滑裂面的形式不同,计算方法有以下几种。

1. 平面型单滑面加固力计算

边坡平面型破坏多出现在岩质边坡中,分坡顶(面)有张拉裂缝和无张拉裂缝两种情况。但大多数平面破坏边坡在破坏前坡顶会出现不同程度的张拉裂缝,如图 8-21(a)所示。导致边坡发生平面破坏的前提是:有一组边坡较软弱结构面,走向与坡面走向近似,其倾角小于边坡倾角但大于结构弱面摩擦角。

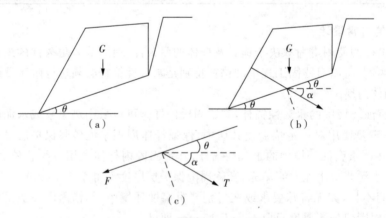

图 8-21　平面型滑面受力分析简图

采用平面滑动法时,根据力的平衡,在不考虑水的作用时,边坡稳定性系数:

$$K_s = \frac{抗滑力}{滑动力} = \frac{G\cos\theta\tan\varphi + cL}{G\sin\theta} \tag{8-7}$$

式中:G——单位宽度岩土体的自重(kN/m);

c——结构面的黏聚力(kPa)；

φ——结构面的内摩擦角(°)；

L——滑动面长度(m)；

θ——结构面的倾角(°)。

若施加一与水平面成夹角 α 的加固力 T，如图 8 - 21(b)，T 和滑动面法向的夹角为 $(90° - \alpha - \theta)$，此时的稳定性系数：

$$K_s = \frac{抗滑力}{滑动力}$$

$$= \frac{G\cos\theta\tan\varphi + cL + T\cos(90° - \alpha - \theta)\tan\varphi}{G\sin\theta - T\sin(90° - \alpha - \theta)} \quad (8 - 8)$$

$$= \frac{G\cos\theta\tan\varphi + cL + T\cos(\alpha + \theta)\tan\varphi}{G\sin\theta - T\cos(\alpha + \theta)}$$

对于给定的稳定安全系数值 K，例如对二级边坡取 $K = 1.30$，由上式可求得单位宽度需要施加的加固力：

$$T = \frac{G(K_s\sin\theta - \cos\theta\tan\varphi) - cL}{K_s\cos(\alpha + \theta) + \sin(\alpha + \theta)\tan\varphi} \quad (8 - 9)$$

前述确定锚固力的思路：在施加加固力 T 后，边坡的稳定性系数达到指定的安全系数。从另一个角度考虑，首先不考虑加固力 T，在式(8 - 7)令抗滑力与滑动力相抵消后的下滑力：

$$F = 滑动力 - 下滑力 \quad (8 - 10)$$

$$= GK_s\sin\theta - G\cos\theta\tan\varphi - cL$$

再施加加固力 T 与下滑力平衡，如图 8 - 18(c)，则有

$$F = T\cos(\alpha + \theta) + T\sin(\alpha + \theta)\tan\varphi$$

由此得

$$T = \frac{F}{\cos(\alpha + \theta) + \sin(\alpha + \theta)\tan\varphi} \quad (8 - 11)$$

式中：F——单位宽度滑坡下滑力(kN/m)；

T——单位宽度设计加固力(kN/m)；

φ——滑动面内摩擦角(°)；

θ——锚杆与滑动面相交处滑动面倾角(°)；

α——锚杆与水平面的夹角(°)；

式(8 - 10)为《铁路路基支挡结构设计规范》(TB 10025—2019)建议的预应力锚索加固力计算公式。该公式不仅考虑了锚杆沿滑动面产生的抗滑力 $T\cos(\alpha + \theta)$，还考虑了锚杆在滑动面法向的分力产生的摩擦阻力 $T\sin(\alpha + \theta)\tan\varphi$。对土质边坡、加固厚度(锚杆自由段)较大的岩质边坡或非预应力锚杆，不能充分发挥摩擦阻力的作用，因此应对(8 - 11)式作一

定的折减,即

$$T = \frac{F}{\cos(\alpha+\theta) + \lambda\sin(\alpha+\theta)\tan\varphi} \tag{8-12}$$

式中:λ——折减系数,在 $0\sim1$ 之间选取。对式(8-9)作相应折减可得

$$T = \frac{G(K_s\sin\theta - \cos\theta\tan\varphi) - cL}{K_s\cos(\alpha+\theta) + \lambda\sin(\alpha+\theta)\tan\varphi} \tag{8-13}$$

2. 圆弧形滑面加固力计算

圆弧形破坏模式常发生在土质或破碎岩体边坡中。图 8-22 所示的圆弧形边坡按瑞典条分法可得边坡稳定性系数:

$$K_s = \frac{\sum(G_i\cos\theta_i\tan\varphi_i + c_il_i)}{\sum G_i\sin\theta_i} \tag{8-14}$$

式中:K_s——边坡稳定性系数;

c_i——第 i 计算条块滑动面上岩土体的黏结强度标准值(kPa);

φ_i——第 i 计算条块滑动面上岩土体的内摩擦角标准值(°);

l_i——第 i 计算条块滑动面长度(m);

θ_i——第 i 计算条块底面倾角(°);

G_i——第 i 计算条块单位宽度岩土体自重(kN/m)。

当施加一锚固力 T 后,边坡的稳定性系数为

$$K_s = \frac{\sum(G_i\cos\theta_i\tan\varphi_i + c_il_i) + T\cos\alpha\tan\varphi}{\sum G_i\sin\theta_i - T\sin\alpha} \tag{8-15}$$

对于指定的稳定安全系数值 K,由上式可求得需要施加的锚固力:

$$T = \frac{K_s\sum G_i\sin\theta_i - \sum(G_i\cos\theta_i\tan\varphi_i + c_il_i)}{K_s\sin\alpha + \lambda\cos\alpha\tan\varphi} \tag{8-16}$$

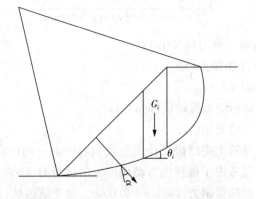

图 8-22 圆弧形破坏边坡锚固受力分析图

在上述的各计算方法中,稳定安全系数 K 的取值须满足表8-6的要求。

表8-6　边坡稳定安全系数

计算方法	一级边坡	二级边坡	三级边坡
平面滑动法 折线滑动法	1.35	1.30	1.25
圆弧滑动法	1.30	1.25	1.20

8.4.2　锚固体长度计算

1. 圆柱型锚杆锚固体长度计算

在外荷载 T 的作用下,圆柱型锚杆的受力如图8-23所示,f_{rb} 为锚固体与地层的黏结力,f_b 为锚固体砂浆与拉杆的黏结力。要保证锚杆不被破坏拔出,应保证:①砂浆和拉杆之间有足够的黏结力;②把拉杆和锚固体看作一个整体时,地层和锚固体之间必须有足够的黏结力。由此两个条件来确定锚固体的长度。

图8-23　圆柱型锚杆受力示意图

(1)锚固体与地层的锚固长度计算。

根据锚固体与地层的黏结强度可得锚杆的极限抗拔力为

$$P = \pi \cdot D \cdot q_s \cdot l_a \qquad (8-17)$$

考虑到安全性,令锚杆设计锚固力 $N_t = \dfrac{P}{K}$,代入上式可得锚固体与地层的锚固长度:

$$l_a \geqslant \frac{K N_t}{\pi D q_s} \qquad (8-18)$$

式中:K——锚杆安全系数;

　　　N_t——锚杆设计锚固力(kN);

　　　l_a——锚固段长度(m);

　　　D——锚固体直径(m);

　　　q_s——锚固体与周围岩土体间的黏结强度(kPa),按表8-7选取。

(2)锚杆钢筋与锚固砂浆间的锚固长度计算。

锚杆钢筋与锚固砂浆间的锚固长度应满足下式要求:

$$l_a \geqslant \frac{KN_t}{\pi d \tau_s} \tag{8-19}$$

式中:K——锚杆安全系数;

$\quad N_t$——锚杆设计锚固力(kN);

$\quad l_a$——锚固段长度(m);

$\quad d$——拉杆直径(m),对钢绞线或钢线应采用表观直径;

$\quad \tau_s$——钢筋与锚固砂浆间的黏结强度(kPa),一般由试验确定,当无试验数据时,可取砂浆标准抗压强度的10%。

锚杆杆体与锚固体材料之间的黏结力一般高于锚固体与土层间的黏结力,所以土层锚杆锚固段长度一般均由式(8-18)计算确定;极软岩或软质岩中的锚固破坏一般发生于锚固体与岩层之间,硬质岩中的锚固段破坏可发生在锚杆杆体与锚固材料之间。因此岩石锚杆锚固段长度应分别按式(8-18)和式(8-19)计算,取其中大值。

表 8-7　土体与锚固体黏结强度特征值

土层种类	土的状态	q_s/kPa
黏性土	软塑	30~40
	可塑	40~50
	硬塑	50~60
	坚塑	60~100
粉土	中密	100~150
砂土	松散	80~140
	稍密	160~200
	中密	220~250
	密实	270~400
岩石	泥岩	600~1200
	风化岩	600~1000
	软质岩	1000~1500
	硬质岩	1500~2500

2. 端部扩大型锚杆锚固力与锚固体长度计算

与圆柱型锚杆相比,端部扩大型锚杆的极限承载力多了锚固体扩大部分的面承载力 R_f 一项,该面的面积为 $\frac{\pi(D_2^2 - D_1^2)}{4}$,分在砂土中和黏性土中两种情况计算:

(1)在砂土中,端部扩大型锚杆的锚固长度

R_f 的计算可参考国外锚定板抗拔力计算成果:

$$R_f = \gamma h \beta_c \tag{8-20}$$

式中:γ——土体重度(kN/m³);

$\quad h$——扩大头部上覆土层厚度(m);

$\quad \beta_c$——锚固力因素。

端部扩大型锚杆的极限承载力为

$$P = \gamma h \beta_c \frac{\pi(D_2^2 - D_1^2)}{4} + \pi D_2 l_2 q_s + \pi D_1 l_1 q_s \qquad (8-21)$$

端部扩大型锚杆受力如图 8-24 所示。

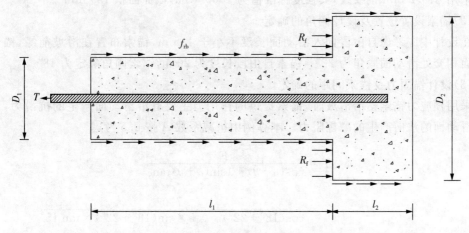

图 8-24 端部扩大型锚杆受力示意图

锚固体长度为 $l_a = l_1 + l_2$。在实际工程中,扩孔段长度 l_2 一般较小,所以忽略锚孔直径变化带来的摩擦阻力差异,则式(8-21)中端部扩大型锚杆的极限承载力 P 变为

$$P = \gamma h \beta_c \frac{\pi(D_2^2 - D_1^2)}{4} + \pi D_1 l_a q_s \qquad (8-22)$$

令 $N_t = \dfrac{P}{K}$,代入上式可得锚固长度:

$$l_a \geqslant \frac{1}{\pi D_1 q_s} \left[K N_t - \gamma h \beta_c \frac{\pi(D_2^2 - D_1^2)}{4} \right] \qquad (8-23)$$

(2)在黏性土中,端部扩大型锚杆的锚固长度

在黏性土中,端部扩大型锚杆的锚固长度计算与在砂土中的计算类似:

$$l_a \geqslant \frac{1}{\pi D_1 q_s} \left[K N_t - \beta_c \tau \frac{\pi(D_2^2 - D_1^2)}{4} \right] \qquad (8-24)$$

式中：τ——土体不排水抗剪强度;

　　β_c——扩大头承载力系数,取 0.9;

　　D_1——锚固体直径;

　　D_2——扩大头直径。

在砂土中,端部扩大型锚杆的锚固长度应取按式(8-19)和式(8-23)分别计算锚固长度,取其大值作为实际采用的锚固长度。

在黏性土中,应按式(8-19)和式(8-24)分别计算锚固长度,取其大值作为实际采用的锚固长度。

例 8 - 1 某边坡,滑面倾角为 22°。滑坡下滑力 $F = 700$ kN/m,滑面综合摩擦角 $\varphi = 15°$。拟采用预应力锚索进行整治,试进行设计计算。

解:(1)锚索钢绞线规格的确定。

采用 $\phi 15.2$ mm 钢绞线,其强度标准值为 1860 MPa,截面面积 139 mm²。

(2)锚索设置位置及设计倾角的确定。

在设计中应考虑自由段伸入滑动面长度不小于 1.5 m,锚索布置在滑坡前缘,锚索与滑动面相交处滑动面倾角为 22°。锚索自由段长度为 20 m,锚索倾角确定为 18°。

(3)设计锚固力及锚索间距的确定。

采用预应力锚索整治滑坡时,锚索提供的作用力主要有沿滑动面产生的抗滑力,及锚索在滑动面的法向产生的摩擦阻力。本算例中折减系数 A 按 0.5 考虑。

$$T = \frac{F}{\cos(\alpha + \theta) + \lambda \sin(\alpha + \theta) \tan\varphi}$$

$$= \frac{700}{\cos(18° + 22°) + 0.5 \times \sin(18° + 22°) \times \tan 15°}$$

$$\approx 821.7 (\text{kN})$$

设计锚索水平间距 $d = 4$ m,锚杆排数 $n = 4$,则每孔锚索设计锚固力为

$$N_t = \frac{T \times d}{4} = \frac{821.7 \times 4}{4} = 821.7 \text{ (kN)}$$

(4)拉杆设计

锚杆安全系数取 $K = 1.8$,每股钢绞线的截面面积为 139 mm²,拉杆所需钢绞线股数为

$$m = \frac{A}{139} = \frac{KN_t}{f_{pck} \times 139} = \frac{1.8 \times 821.7 \times 1000}{1860 \times 139} \approx 5.72$$

取整数 $m = 6$,则采用 6 束 $\phi 15.2$ mm 钢绞线的锚索。

(5)锚固体设计计算

设计采用锚索钻孔直径 $D = 110$ mm,单根钢绞线直径 $d = 0.0152$ m;注浆材料采用 M35 水泥砂浆,锚索拉杆钢材与水泥砂浆的黏结强度 $\tau_s = 2340$ kPa;锚索锚固段置于中等风化的软岩中,锚孔壁与砂浆之间的黏结强度 $q_s = 800$ kPa。锚索锚固段设计为枣核状。

按水泥砂浆与锚索拉杆钢材黏结强度确定锚固段长度 l_a

$$l_a \geq \frac{KN_t}{m \cdot \pi d \tau_s} = \frac{1.8 \times 821.7}{6 \times 3.14 \times 0.0152 \times 2340} \approx 2.2 (\text{m})$$

按锚固体与孔壁的黏结强度确定锚固段长度 l_a

$$l_a \geq \frac{KN_t}{\pi D q_s} = \frac{1.8 \times 821.7}{3.14 \times 0.11 \times 800} \approx 5.4 (\text{m})$$

锚索的锚固段长度取 2.2 m 和 5.4 m 的大值,并取整得锚固段长度 $l_a = 6$ m。

8.5 锚杆(索)的施工

锚杆的施工质量是决定锚杆承载能否达到设计要求的关键。应根据工程的交通运输条件、周边环境情况、施工进度要求、地质条件等,选用合适的施工机械、施工工艺,组织人员、准备材料,以高效、安全、高质量地完成施工任务。

8.5.1 施工组织设计

为满足设计要求,制成可靠的锚杆,必须综合对锚杆使用的目的、环境状况、施工条件等制订详细的施工组织设计。锚杆是在复杂的条件下,而且又在不能直接观察的状况下进行施工,属于隐蔽工程,应根据设计书的要求和调查、试验资料,制订切实可行的施工组织设计。锚固工程的施工组织设计一般应包括以下项目:

(1)工程概况:工程名称、地点、工期、工程量、工程地质和水文地质情况等,现场供水、供电、施工场地条件、施工空间等。

(2)设计对锚固工程的要求。

(3)锚固工程材料。

(4)施工机械。

(5)施工组织。

(6)施工平面布置及临时设施。

(7)施工程序及各工种人员的配备。

(8)工程进度计划。

(9)施工管理及质量控制计划。

(10)安全、卫生管理计划。

(11)应交付工程验收的各种技术资料。

(12)编制施工管理程序示意图。

8.5.2 钻孔

锚杆孔的钻凿是锚固工程质量控制的关键工序。应根据地层类型和钻孔直径、长度及锚杆的类型来选择合适的钻机和钻孔方法。

在黏性土中钻孔最合适的是带十字钻头和螺旋钻杆的回转钻机。在松散土和软弱岩层中,最适合的是带球形合金钻头的旋转钻机。在坚硬岩层中的直径较小钻孔,适合用空气冲洗的冲击钻机。钻直径较大钻孔,须使用带金刚石钻头和潜水冲击器的旋转钻机,并采用水洗。

在填土、砂砾层等塌孔的地层中,可采用套管护壁、跟管钻进,也可采用自钻式锚杆或打入式锚杆。

跟管钻进工艺主要用于钻孔穿越填土、砂卵石、碎石、粉砂等松散破碎地层。通常用锚杆钻机钻进,采用冲击器、钻头冲击回转全断面造孔钻进,在破碎地层、造孔的同时,冲击套管管靴使得套管与钻头同步进入地层,从而用套管隔离破碎松散易坍塌的地层,使得造孔施工得以顺利进行。

8.5.3 锚杆杆体的制作与安装

1. 锚杆杆体的制作

钢筋锚杆(包括各种钢筋、精轧螺纹钢筋、中空螺纹钢管)的制作相对比较简单,按设计预应力筋长度切割钢筋,按有关规范要求进行对焊或绑条焊或用连接器接长钢筋和用于张拉的螺纹杆。预应力筋的前部常焊有导向帽以便于预应力筋的插入,在预应力筋长度方向每隔1~2 m焊有对中支架,支架的高度不应小于25 mm,必须满足钢筋保护层厚度的要求。自由段须外套塑料管隔离,对防腐有特殊要求的锚固段钢筋提供双重防腐作用的波形管并注入灰浆或树脂。

钢绞线通常为一整盘方式包装,宜使用机械切割,不得使用电弧切割。杆体内的绑扎材料不宜采用镀锌材料。钢绞线分为有黏结钢绞线和无黏结钢绞线,有黏结钢绞线锚杆制作时应在锚杆自由段的每根钢绞线上涂敷防腐层和隔离层。

压力分散型锚杆采用无黏结钢绞线、特殊部件和工艺加工制作,也可采用挤压锚头作为承载体。

可重复高压灌浆型锚杆采用环轴管原理设置注浆套管和特殊的密封及注浆装置,可重复实现对锚固段的高压灌浆处理,大大提高锚杆的承载力。注浆套管是一根直径较大的塑料管,其侧壁每隔1 m开有环向小孔,孔外用橡胶环圈盖住,使浆液只能从该管内流入钻孔,但不能反向流动。将一根小直径的注浆钢管插入注浆套管,注浆钢管前后装有限定注浆段的密封装置,当其位于一定位置的注浆套管的橡胶圈处,在压力作用下即可向钻孔内注入浆液。

2. 锚杆的安装

安装锚杆前应检查钻孔孔距及钻孔轴线是否符合规范及设计要求。

锚杆一般由人工安装,对于大型锚杆有时采用吊装。在进行锚杆安装前应对钻孔重新检查,发现塌孔、掉块时应进行清理。安装锚杆前同时应对锚杆体进行详细检查,对损坏的防护层、配件、螺纹应进行修复。在推送过程中用力要均匀,以免在推送时损坏锚杆配件和防护层。当锚杆设置有排气管、注浆管和注浆袋时,推送时禁止锚杆体转动,并不断检查排气管和注浆管,以免管子折死、压扁和磨坏,并确保锚杆在就位后排气管和注浆管畅通。在遇到锚索推送困难时,宜将锚索抽出,查明原因后再推送,必要时应对钻孔重新进行清洗。

3. 锚头的施工

锚具、垫板应与锚杆体同轴安装,对于钢绞线或高强钢丝锚杆,锚杆体锁定后其偏差应不超过±5°。垫板应安装平整、牢固,垫板与垫墩接触面无空隙。

切割锚头多余的锚杆体宜采用冷切割的方法,锚具外保留长度不应小于100 mm。当需要补偿张拉时,应考虑保留张拉长度。

打筑垫墩用的混凝土标号一般大于C30。当锚头处地层不太规则时,为了保证垫墩混凝土的质量,应确保垫墩最薄处的厚度大于10 cm,对于锚固力较高的锚杆,垫墩内应配置环形钢筋。

8.5.4　注浆

黏结式锚杆一般用水泥浆或水泥砂浆作为锚固黏结剂,锚固黏结剂将锚杆与地层固定并对锚杆拉杆进行保护。因此,注浆材料的性能、拌制质量及施工工艺会直接影响锚杆的黏结强度和防腐效果。

灌浆材料性能应符合下列要求:

(1)水泥宜采用普通硅酸盐水泥,必要时可采用抗硫酸盐水泥,其强度不应低于42.5 MPa。

(2)砂的含泥量按质量计不得大于1%。

(3)水中不应含有影响水泥正常凝结和硬化的有害物质,不得使用污水。

(4)外加剂的品种和掺量应由试验确定。

(5)浆体配置的灰砂比宜为0.8~1.5,水灰比宜为0.38~0.5。

(6)浆体材料28 d的无侧限抗压强度,用于全黏结型锚杆时不应低于25 MPa,用于锚索时不应低于30 MPa。

锚固孔注浆操作程序大致如下:

(1)对锚孔用风、水冲洗,排尽残渣和污水。

(2)将组装好的杆体(包括注浆管)平顺、缓缓报送至孔底。

(3)从注浆管注入拌合好的水泥浆或水泥砂浆。对于锚索杆体,采用高压注浆时,先在锚固段上界面处设置一个隔离塞,在孔中插入一根排气管,然后进行有压注浆。注浆完成后静置待凝。

8.5.5　张拉锁定

1. 锚具

锚杆的锚头通过锚具的张拉锁定。锚具的类型与预应力筋的品种相适应,主要有以下几种:用于锁定预应力钢丝的墩头锚具、锥形锚具;用于锁定预应力钢绞线的挤压锚具,如JM锚具、XM锚具、QM锚具和OVM锚具;用于锁定精轧螺纹钢筋的精轧螺纹钢筋锚具;用于锁定中空锚杆的螺纹锚具;用于锁定钢筋的螺丝杆锚具。

锚具应满足分级张拉、补偿张拉等张拉工艺要求,并具有能放松预应力筋的性能。

2. 垫板

锚杆用垫板的材料一般为普通钢板,外形为方形,其尺寸和厚度应由锚固力确定。为了确保垫板平面与锚杆的轴线垂直和提高垫墩的承载力,可使用与钻孔直径相匹配的钢管焊接成套筒垫板。

3. 张拉

当注浆体达到设计强度的80%后可进行张拉。一次性张拉较方便,但是这种张拉方法存在许多不可靠性。因为高应力锚杆由许多根钢绞线组成,要保证每一根钢绞线受力的一致性是不可能的,特别是很短的锚杆,其微小的变形可能会出现很大的应力变化,须采用有效施工措施以减小锚杆整体的受力不均匀性。

采用单根预张拉后再整体张拉的施工方法,可以大大减小应力不均匀现象。另外,使用小型千斤顶进行单根对称和分级循环的张拉方法同样有效,但这种方法在张拉某一根钢绞线时会对其他的钢绞线产生影响。分级循环次数越多,其相互影响和应力不均匀性越小。在实际工程中,根据锚杆承载力的大小一般分为3～5级。

考虑到张拉时应力向远端分布的时效性,以及施工的安全性,加载速率不宜太快,并且在达到每一级张拉应力的预定值后,应使张拉设备稳压一定时间,在张拉系统出力值不变时,确定油压表无压力向下漂移后再进行锁定。

张拉应力的大小应按设计要求进行,对于临时锚杆,预应力不宜超过锚杆材料强度标准值的65%,由于锚具回缩等原因造成的预应力损失时,宜采用超张拉的方法克服,超张拉值一般为设计预应力的5%～10%。

为了能安全地将锚杆张拉到设计应力,在张拉时应遵循以下要求:

(1)根据锚杆类型及要求,可采取整体张拉、先单根预张拉然后整体张拉或单根—对称—分级循环张拉方法。

(2)采用先单根预张拉然后整体张拉的方法时,锚杆各单元体的预应力值应当一致,预应力总值不宜大于设计预应力的10%,也不宜小于5%。

(3)采用单根—对称—分级循环张拉的方法时,不宜少于3个循环,当预应力较大时不宜少于4个循环。

(4)张拉千斤顶的轴线必须与锚杆轴线一致,锚环、夹片和锚杆张拉部分不得有泥沙、锈蚀层或其他污物。

(5)张拉时,加载速率要平缓,速率宜控制在设计预应力值的10%/min左右,卸荷载速率宜控制在设计预应力值的20%/min。

(6)在进行张拉时,应采用张拉系统出力与锚杆体伸长值来综合控制锚杆应力,当实际伸长值与理论值差别较大时,应暂停张拉,待查明原因并采取相应措施后方可进行张拉。

(7)预应力筋锁定后48 h内,若发现预应力损失大于锚杆拉力设定值的10%,应进行补偿张拉。

(8)锚杆的张拉顺序应避免相近锚杆相互影响。

(9)单孔复合锚固型锚杆必须先对各单元锚杆分别张拉,当各单元锚杆在同等荷载条件下因自由长度不等引起的弹性伸长差得到补偿后,方可同时张拉各单元锚杆。先张拉最大自由长度的单元锚杆,后张拉最小自由长度的单元锚杆,再同时张拉全部单元锚杆。

(10)为了确保张拉系统能可靠地进行张拉,其额定出力值一般不应小于锚杆设计预应力值的1.5倍。张拉系统应能在额定出力范围内以任一增量对锚杆进行张拉,且可在中间相对应荷载水平上进行可靠稳压。

思考与练习题

1. 锚杆使用的锚具有哪些要求?
2. 锚杆位置如何确定?
3. 简述锚杆布置的具体要求。
4. 与其他支护形式相比,锚杆支护具有哪些特点?

5. 简述锚杆的应用范围。

6. 锚杆由哪些部分构成？

7. 某边坡，滑面倾角为 $25°$。滑坡下滑力 $F=600\ kN/m$，滑面综合摩擦角 $\varphi=16°$。拟采用预应力锚索进行整治，采用 $\phi15.2\ mm$ 钢绞线，强度标准值为 $1860\ MPa$、截面面积 $139\ mm^2$，经设计锚索自由段长度为 $21\ m$，锚索倾角确定为 $19°$，其中折减系数 λ 按 0.5 考虑。

(1)设计锚索水平间距 $d=4\ m$，锚杆排数为 $n=5$，求每孔锚索设计锚固力。

(2)锚杆安全系数取 $K=1.8$，每股钢绞线的截面面积为 $139\ mm^2$，求拉杆所需钢绞线股数。

(3)采用锚索钻孔直径 $D=110\ mm$，单根钢绞线直径 $d=0.0152\ m$；注浆材料采用 M35 水泥砂浆，锚索拉杆钢材与水泥砂浆的黏结强度 $\tau_s=2340\ kPa$；锚索锚固段置于中等风化的软岩中，锚孔壁与砂浆之间的黏结强度 $q_s=800\ kPa$。

① 按水泥砂浆与锚索拉杆钢材黏结强度确定锚固段长度 l_a；

② 按锚固体与孔壁的黏结强度确定锚固段长度 l_a。

参考文献

[1] 孔德森,吴燕开. 基坑支护工程[M]. 北京:冶金工业出版社,2012.

[2] 周勇,郝哲,李永靖. 基坑与边坡工程[M]. 北京:人民交通出版社股份有限公司,2017.

[3] 朱合华. 地下建筑结构[M]. 3版. 北京:中国建筑工业出版社,2016.

[4] 中华人民共和国住房与城乡建设部. 混凝土结构后锚固技术规程:JGJ 145—2013[S]. 北京:中国建筑工业出版社,2013.

[5] 中华人民共和国住房与城乡建设部. 混凝土结构设计规范:GB 50010—2010[S]. 北京:中国建筑工业出版社,2011.

[6] 中华人民共和国住房与城乡建设部. 建筑基坑支护技术规程:JGJ 120—2012[S]. 北京:中国建筑工业出版社,2012.

[7] 刘国彬,王卫东. 基坑工程手册[M]. 2版. 北京:中国建筑工业出版社,2009.

[8] 赵其华,彭社琴. 岩土支挡与锚固工程[M]. 成都:四川大学出版社,2008.

[9] 龚晓南. 深基坑工程设计施工手册[M]. 2版. 北京:中国建筑工业出版社,2017.

[10] 刘起霞. 基坑工程[M]. 北京:中国电力出版社,2015.

[11] 王春,李春忠. 深基坑工程降水技术研究与实践[M]. 济南:山东大学出版社,2016.

[12] 丛蔼森,杨晓东,田彬. 深基坑防渗体的设计施工与应用[M]. 北京:知识产权出版社,2012.

[13] 中华人民共和国住房与城乡建设部. 钢结构设计标准:GB 50017—2017[S]. 北京:中国建筑工业出版社,2017.

[14] 中华人民共和国住房与城乡建设部. 建筑边坡工程技术规范:GB 50330—2013[S]. 北京:中国建筑工业出版社,2014.

[15] 中华人民共和国住房与城乡建设部. 管井技术规范:GB 50296—2014[S]. 北京:中国计划出版社,2015.

[16] 中华人民共和国住房与城乡建设部. 建筑基坑工程监测技术规范:GB 50497—2009[S]. 北京:中国建筑工业出版社,2010.

[17] 郑刚,焦莹. 深基坑工程:设计理论及工程应用[M]. 北京:中国建筑工业出版社,2010.

[18] 佴磊,徐燕,代树林. 边坡工程[M]. 北京:科学出版社,2010.

[19] 陈忠达,原喜忠. 路基支挡工程[M]. 北京:人民交通出版社,2013.

基坑与边坡工程

[20] 中华人民共和国住房与城乡建设部. GB 50007—2011 建筑地基基础设计规范[S]. 北京:中国计划出版社,2012.

[21] 中华人民共和国住房与城乡建设部. JGJ 94—2008 建筑桩基技术规范[S]. 北京:中国建筑工业出版社,2008.

[22] 中华人民共和国住房与城乡建设部. 建筑深基坑工程施工安全技术规范:JGJ 311—2013[S]. 北京:中国建筑工业出版社,2014.

[23] 朱大勇,姚兆明. 边坡工程[M]. 武汉:武汉大学出版社,2014.

[24] 刘兴远,雷用,康景文. 边坡工程——设计·监测·鉴定与加固[M]. 2 版. 北京:中国建筑工业出版社,2015.

[25] 贾金青. 深基坑预应力锚杆柔性支护法的理论及实践[M]. 2 版. 北京:中国建筑工业出版社,2014.

[26] 陈忠汉,黄书秩,程丽萍. 深基坑工程[M]. 2 版. 北京:机械工业出版社,2002.

[27] 中华人民共和国住房与城乡建设部. 岩土锚杆与喷射混凝土支护工程技术规范:GB 50086—2015[S]. 北京:中国建筑工业出版社,2016.

[28] 中国土木工程学会土力学及岩土工程分会. 深基坑支护技术指南[M]. 北京:中国建筑工业出版社,2012.

[29] 龚晓南. 地基处理手册[M]. 3 版. 北京:中国建筑工业出版社,2008.

图书在版编目(CIP)数据

基坑与边坡工程/朱亚林主编 . —合肥:合肥工业大学出版社,2022.7
ISBN 978 - 7 - 5650 - 5141 - 8

Ⅰ.①基… Ⅱ.①朱… Ⅲ.①市政工程—地下工程—基坑工程—高等学校—教材
②市政工程—地下工程—边坡—高等学校—教材 Ⅳ.①TU94

中国版本图书馆 CIP 数据核字(2021)第 052355 号

基坑与边坡工程

主 编	朱亚林		责任编辑	张择瑞 童晨晨
出 版	合肥工业大学出版社	版 次	2022 年 7 月第 1 版	
地 址	合肥市屯溪路 193 号	印 次	2022 年 7 月第 1 次印刷	
邮 编	230009	开 本	787 毫米×1092 毫米 1/16	
电 话	理工图书出版中心:0551 - 62903204	印 张	19.25	
	营销与储运管理中心:0551 - 62903198	字 数	445 千字	
网 址	www. hfutpress. com. cn	印 刷	安徽昶颉包装印务有限责任公司	
E-mail	hfutpress@163. com	发 行	全国新华书店	

ISBN 978 - 7 - 5650 - 5141 - 8 定价:48.00 元
如果有影响阅读的印装质量问题,请与出版社营销与储运管理中心联系调换。